BIM 工程造价应用

主　编　李正焜　高　洁　王　杰
副主编　杨　波　朱余佳　李　茹
　　　　李　勇　刘倩昆　赵星雨
　　　　童　进

北京理工大学出版社
BEIJING INSTITUTE OF TECHNOLOGY PRESS

内容提要

本书按照教育部最新要求，编写为工作手册式活页教材，以工作任务为导向，突出理实一体。本书主要内容有工程预览——工程概况及图纸说明、新建工程、柱工程量计算、剪力墙工程量计算、梁工程量计算、板工程量计算、基础工程量计算、楼梯工程量计算、点工程量计算、砌块墙工程量计算、门窗工程量计算、二次结构工程量计算、装饰装修工程量计算、防水保温工程量计算、地下部分工程量计算、工程量清单的编制共 16 个模块。各项目由若干任务组成，并附有配套图纸，供读者练习。

本书可作为工程造价、建设工程管理、建筑工程技术等土木建筑类专业教材，也可作为应用性本科工程造价专业教材，还可作为 1+X 工程造价数字化应用职业技能等级证书与造价工程师培训、函授教育和高等教育自学考试辅导教材，特别是对于希望快速掌握工程造价基本技能的入门者，本书是不可多得的学习资料。

图书在版编目（CIP）数据

BIM 工程造价应用 / 李正焜，高洁，王杰主编 . --北京：北京理工大学出版社，2023.9

ISBN 978-7-5763-2912-4

Ⅰ . ① B… Ⅱ . ①李… ②高… ③王… Ⅲ . ①建筑工程—工程造价—应用软件 Ⅳ . ① TU723.32-39

中国国家版本馆 CIP 数据核字（2023）第 183832 号

责任编辑： 钟　博　　**文案编辑：** 钟　博
责任校对： 周瑞红　　**责任印制：** 王美丽

出版发行 / 北京理工大学出版社有限责任公司
社　　址 / 北京市丰台区四合庄路6号
邮　　编 / 100070
电　　话 / （010）68914026（教材售后服务热线）
（010）68944437（课件资源服务热线）
网　　址 / http：//www.bitpress.com.cn

版 印 次 / 2023年9月第1版第1次印刷
印　　刷 / 河北鑫彩博图印刷有限公司
开　　本 / 787 mm × 1092 mm　1/16
印　　张 / 16.5
字　　数 / 390千字
定　　价 / 89.00元

前言

党的二十大报告中明确指出，我国必须“加快发展数字经济，促进数字经济和实体经济深度融合，打造具有国际竞争力的数字产业集群。优化基础设施布局、结构、功能和系统集成，构建现代化基础设施体系”。

数字经济作为一种新的经济形态，已成为转型升级的重要驱动力，也是全球新一轮产业竞争的制高点，对把握新时代新要求和“一带一路”倡议，加快推进工程造价全过程咨询工作，促进建筑业持续健康发展发挥了重要作用，具有重大历史意义。学习 BIM 工程造价应用知识，了解工程造价领域最新数字科技的底层工作逻辑，掌握最新工程造价数字化 BIM 应用软件的具体操作方法，帮助传统的工程造价管理向数字化方向加速深度转型，是工程造价专业学生立足建筑行业推进数字经济落地应用的重要任务。

BIM 工程造价应用是一门实践性很强的专业课，也是工程造价、建设工程管理等专业的核心课程之一。本书根据全国住房和城乡建设职业教育教学指导委员会编制的《高等职业教育工程造价专业教学基本要求》相关内容，在编者多年从事工程造价专业工作及一体化教学实践经验的基础上，以校企合作的形式编写成工作手册式活页教材。

本书根据高等院校学生学习的认知规律，着力提高学生职业岗位技能以适应企业对于工程造价岗位职业能力的需求。本书内容通俗易懂，重点突出实际应用，有助于学生理解、掌握与实务操作，本书主要特点如下：

（1）依据国家现行《建设工程工程量清单计价规范》（GB 50500—2013）、《房屋建筑与装饰工程工程量计算规范》（GB 50854—2013）、《混凝土结构施工图平面整体表示方法制图规则和构造详图》（22G101—1 ～ 3）、《建筑安装工程费用项目组成》的通知（建标〔2013〕44 号)、《建筑工程建筑面积计算规范》(GB/T 50353—2013）、《财政部 国家税务总局关于全面推开营业税改征增值税试点的通知》(财税〔2016〕36 号）、2018 版安徽省建设工程计价依据等规范、标准，结合房屋建筑工程实例，利用 BIM 技术建立模型，坚持理论知识与实务训练有机结合，突出了先进性和实用性。

（2）立足于建筑工程计价的基本理论和工程量计算、工程量清单编制、招标控制价与投标报价编制等要求，按照“教、学、做”一体化的课程编排思路，以“项目引领、任务驱动”，注重运用行业广泛使用的 BIM 软件培养数字化造价应用实践操作能力，突出了针对性和实践性。

（3）坚持工程计量与计价分离的特点，其中工程计量严格按照现行国家规范和标准，运用广联达 BIM 土建计量平台 GTJ2021 建模完成；工程计价则结合地区相关计价定额，运用广联达云计价平台 GCCP6.0 计算出费用，突出了建筑工程计量与计价的统一性和地区差异性。

读者可通过访问链接：https://pan.baidu.com/s/1KOCw2S2Bg8n7XSTU3dECJQ?pwd=ak45（提取码：ak45）或扫描右侧的二维码下载获取本书采用的案例工程施工图纸。

本书由安徽粮食工程职业学院李正焜、安徽审计职业学院高洁、安徽格源信息科技有限责任公司王杰担任主编，由安徽职业技术学院杨波，安徽审计职业学院朱余佳、李茹，安徽职业技术学院李勇，吉安职业技术学院刘倩昆，安徽格源信息科技有限责任公司赵星雨，安徽审计职业学院童进担任副主编，全书由李正焜统稿并校订。本书的编写和出版活动受到 2021 年安徽省高校学科（专业）拔尖人才学术资助项目（项目编号：gxbjZD2021132）、2021 年度安徽省高等学校省级质量工程项目（项目编号：2021gkszgg022）、2021 年度安徽省职业与成人教育学会教育教学研究规划课题（课题编号：Azcj2021114）和教育部供需对接就业育人项目（项目编号：20220106169）的资助。

本书在编写过程中引用了大量的规范、专业文献和资料，在本书中未一一注明出处，在此对有关作者深表感谢，并对所有支持和帮助本书编写的人员一并表示谢意。

本书中的数字化 BIM 造价软件操作的具体做法和实例，仅代表编者对规范、定额和相关规定的理解，由于编者水平有限，书中难免存在不妥和疏漏之处，恳请广大读者批评指正。

编　者

目录

绪 论

以广联达BIM土建计量平台和广联达云计价平台软件为代表的数字造价软件是推动数字经济在建筑行业落地应用的重要工具，本教材以数字造价软件的操作应用知识为主要内容，具体介绍如下。

1. 广联达BIM土建计量平台GTJ2021软件介绍

广联达BIM土建计量平台GTJ2021软件是把原来“广联达BIM土建算量软件GCL2013”和“广联达BIM钢筋算量软件GGJ2013”合二为一的量筋合一软件，即该软件将广联达钢筋算量业务和土建算量业务进行了整合。该软件通过绘图建模的方式，快速建立建筑物的计算模型，该软件会自动根据内置的《房屋建筑与装饰工程工程量计算规范》（GB 50854—2013）及全国各地定额计算规则、各版本G101平法钢筋规则，实现土建和钢筋工程量的自动计算，在计算过程中工程造价人员能够快速准确地计算和校对，达到算量方法的实用化、算量过程的可视化、算量结果的准确化。实现一次建模，同时作用于钢筋及土建工程，完成两者工程量的计算。

2. 广联达BIM土建计量平台GTJ2021软件算量的特点

（1）对于各种计算的全部内容，不用记忆规则，该软件自动规则扣减。

（2）一图两算，清单规则和定额规则平行扣减，画一次图同时得出两种量。

（3）按图读取构件属性，该软件按构件完整信息计算代码工程量。

（4）内置清单规范，形成完善的清单报表。

（5）属性不仅可以做施工方案，而且可以随时看到不同方案下的方案工程量。

（6）CAD导图：完全导入设计院图纸，不用画图，直接出量，让算量轻松。

（7）该软件直接导入清单工程量，同时提供多种方案量的代码，在复核招标方提供的清单量的同时计算投标方提供的清单量和计算投标方自己的施工方案量。

（8）该软件具有极大的灵活性，同时提供多种方案量的代码，计算出所需的任意工程量。利用广联达BIM土建计量平台GTJ2021软件计算土建钢筋工程量的主要操作流程：新建工程→工程设置→楼层设置→绘图输入→汇总查看结果。

针对主要建筑结构形式，构件画图顺序如下。

（1）砖混结构：砖墙→门窗洞→构造柱→过梁→圈梁→现浇板→零星→装修；

（2）框架结构：框架柱→框架梁→现浇板→砌体墙→门窗→过梁→零星→装修；

（3）剪力墙结构：剪力墙→暗柱→连梁→暗梁→现浇板→砌体墙→门窗→过梁→零星→装修；

（4）框架－剪力墙结构：框架柱（剪力墙）→框架梁→现浇板→砌体墙→门窗→过梁→零星→装修。

总的绘图顺序为：首层→地上→地下→基础→装修。

3. 广联达云计价平台软件介绍

广联达云计价平台（GCCP6.0）是迎合广联达公司互联网＋平台服务商战略转型，为计价客户群提供概算、预算、结算阶段的数据编制、审核、积累、分析和挖掘再利用的平台产品。该平台基于大数据、云计算等信息技术，实现计价全业务一体化，全流程覆盖，从而使造价工作更高效、更智能。

广联达云计价平台软件详细功能包括以下几项。

（1）全业务，更完整。进行全新业务整合，全面深度优化支持概算、预算、结算、审核业务，计价业务更全面专业。

（2）大数据，云应用。丰富的云应用＋大数据的体验，带来计价行业的全新升级，全面进入第五代计价时代。

（3）多终端，广协同。借助互联网技术可以多人协同编制招标投标报价文件，随时查看造价，云端批注共享。支持广域协同，审计更加便捷。

（4）全业务一体化。各业务阶段数据无缝对接，实现概、预、结、审之间数据零损耗，一键转化。

（5）概算二类费计算器。做概算时该软件提供专业完整的二类费计算等工具，解决各种复杂费用的计算问题。

（6）智能组价。充分利用行业数据、自积累数据，可快速对清单自动完成定额组价。

（7）手机移动端查看工程文件。利用手机或平板电脑可随时查看计价工程，对文件疑问进行批注，批注信息云端同步；提供全国造价文件，方便用户随时查阅，结合 GPS 定位，优先查阅当地文件。

（8）结算管理功能。提供进度报量及结算计价两种模式，进度报量可输入每期工程量，自动计算合价，人材机消耗量自动计算，一个界面可完全显示往期报量，方便查看；每期报量完成后，同步计算累计完成情况，累计完成 100% 时给出预警提示。

（9）审核功能。结算审核时支持合同、送审、审定三方数据对比，可打印三方对比表；审核报告智能生成，审核报告的编制与修改同 Word 文档操作，编制的报告模板还可在其他工程中再利用。

（10）指标分析。计价文件自动分析指标，设置计算口径后，该软件自动分析量价指标；同时该软件支持同类工程对比，将工程传至指标神器，指标神器根据大数据对比分析工程数据，并与行业或者自积累的数据进行对比，从而快速分析出对比结果。

广联达云计价平台软件计价的特点如下：

（1）面向客户，具有编制工程造价和管理业务的单位与部门，如建设单位、咨询公司、施工单位、设计院等。

（2）全业务体验更极致，完善全业务编制，概预结审全覆盖，产品使用更高效、更便捷。

（3）量价一体，实现与算量工程的数据互通、实时刷新、图形反查，提量效率翻倍。

（4）基于云应用，使用更智能，可实现智能组价、智能提量、在线报表。

（5）从组价、提量、成果文件整个编制过程提高效率，新技术带来全新体验。

（6）安装更便捷，政策文件修改发布后，可分秒级更新最新定额库。

广联云计价平台软件的操作流程：启动软件→新建项目→编制清单及招投标报价→新建单项工程→新建单位工程输入清单→设置项目特征及其显示规则→定额组价→措施项目→其他项目→人材机调价→费用汇总。

在进行计价工作之前必须完成以下两项工作：

（1）已经完成了该工程的土建工程量计算；

（2）已经完成了该工程的钢筋量计算。

本书主要介绍广联达云计价平台软件进行计价的整个操作流程，以前言中二维码所承载的案例工程施工图为对象，以建筑工程计量与计价的基本理论为基础，以任务为驱动介绍工程量清单计价的相关内容，将工程量计算结果输入广联达云计价平台软件进行综合单价的组价，并独立完成一个单位工程的招标工程量清单和招标控制价的编制。

广联达云计价平台软件思路：采用《建设工程工程量清单计价规范》（GB 50500—2013）进行计价，单位工程造价由分部分项工程费、措施项目费、其他项目费、规费和税金组成。将本书案例（多层办公楼工程量）计算结果输入该软件进行综合单价的组价。

模块 1
工程预览——工程概况及图纸说明

1.1 工程概况

在新建广联达模型前，必须先对工程的整体概况有所了解。先对结构及建筑施工图进行阅读，特别是设计说明的文字部分，提前了解有关钢筋量或者与算量有关的信息，以便后期准确建模。根据图纸分析提取对建模有影响的内容，钢筋部分建模的对应信息一般在结构图中可以找到。下面对工程概况进行简单的解析。

本工程为框架结构工程，多层办公建筑，地下 1 层，地上 5 层，其中第 5 层也就是顶层为斜屋面，总建筑面积为 3 438.581 m^2。根据工程要求，本项目需要采用广联达绘制工程主体构件、二次构件及装饰装修部分，如图 1.1.1 ～ 图 1.1.3 所示。

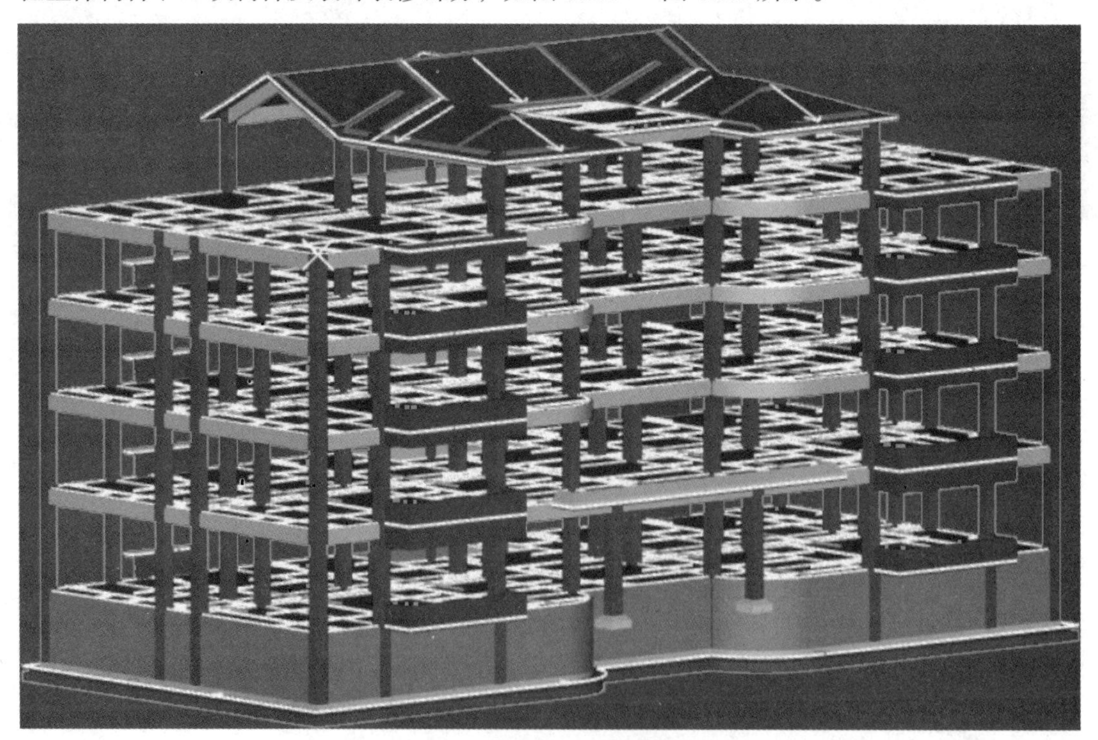

图 1.1.1　主体框架三维视图

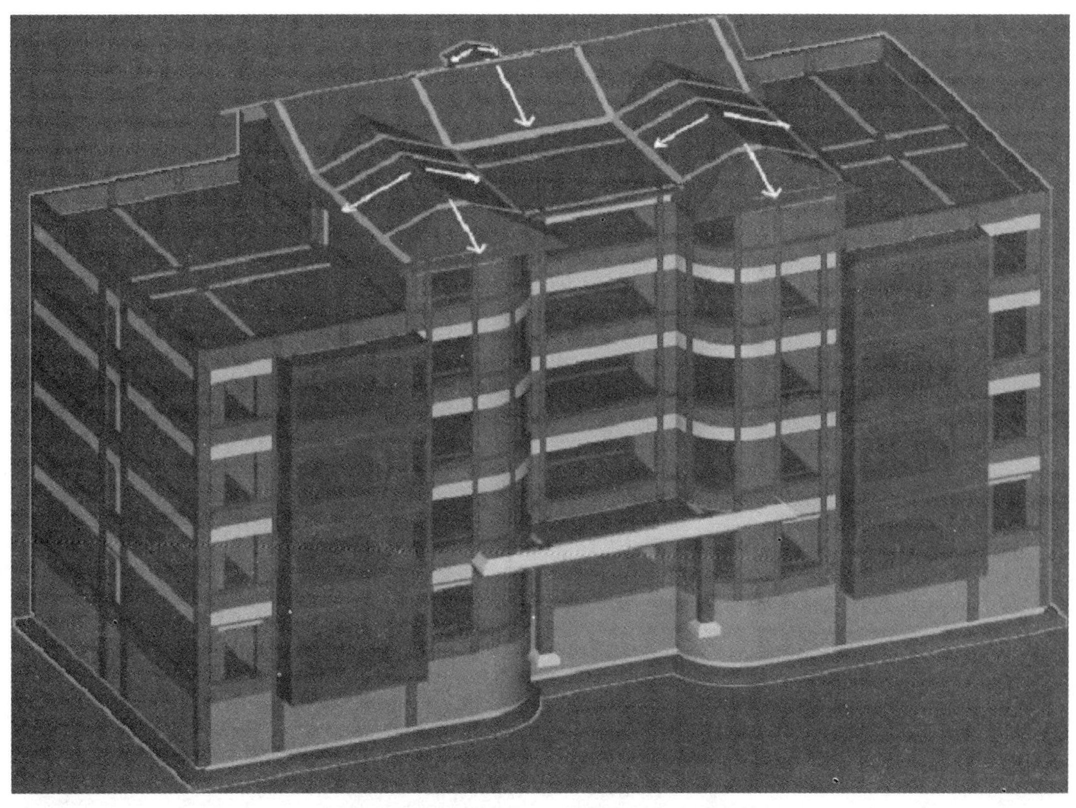

图 1.1.2　主体结构加二次结构部分三维视图

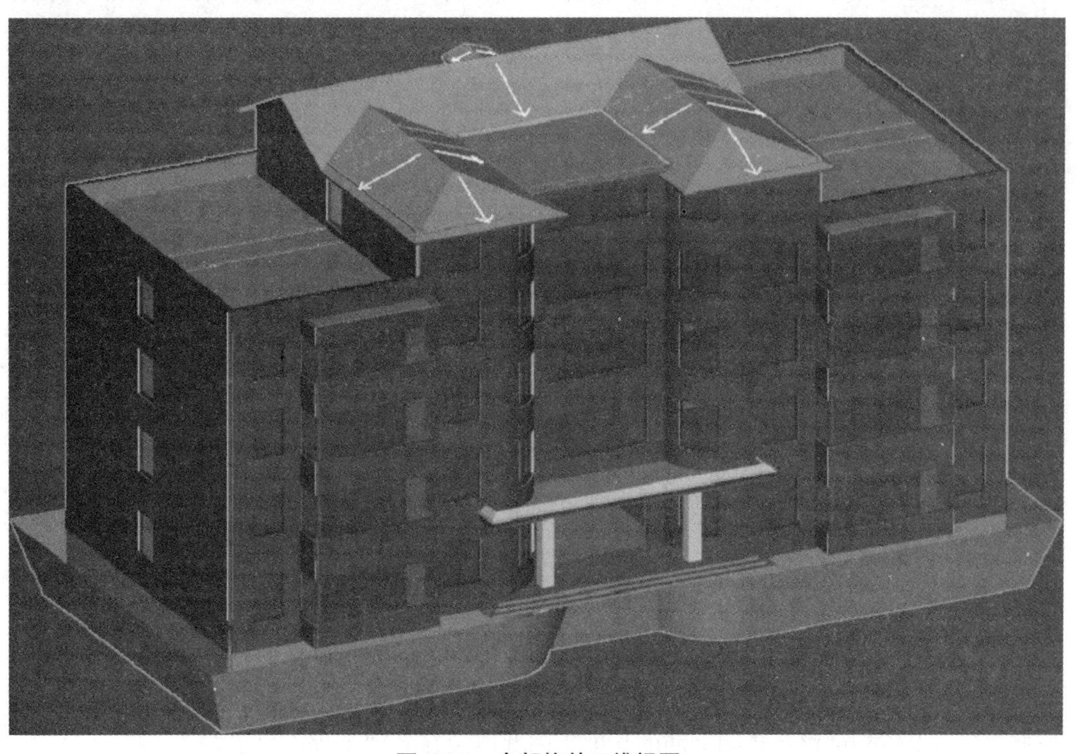

图 1.1.3　全部构件三维视图

1.2 图纸分析

图 1.2.1 和图 1.2.2 所示为本工程的结构施工图 -01（1）和结构施工图 -01（2）的标题栏。内容为结构说明，包括工程概况、钢筋信息、混凝土信息及具体构件的详细做法，在新建工程和后期具体构件的定义绘制上都会使用到。

设计	一砖一瓦	工程名称	二号办公楼	日期	2019.3
QQ		图名	结构说明(一)	图号	结施-01(1)

图 1.2.1　结构说明（一）

设计	一砖一瓦	工程名称	二号办公楼	日期	2019.3
QQ	4000647776	图名	结构说明(二)	图号	结施-01(2)

图 1.2.2　结构说明（二）

新建工程时需要填写钢筋规则，根据图纸说明，本工程编制采用图集 22G101，如图 1.2.3 所示。

图 1.2.3　钢筋规则

图 1.2.4 所示为工程概况及结构布置与自然条件。工程结构类型、层数、工程的抗震等级、抗震设防烈度都会影响钢筋的长度，因此需要在新建工程中设置好。

图 1.2.5 所示为本工程的各个构件的混凝土强度等级。混凝土强度等级会影响钢筋的锚固与搭接长度，因此在工程设置中需要进行设置，并且在后期的定义绘图阶段也需要对应使用。

图 1.2.6 所示为本工程混凝土构件的保护层厚度。需要在工程设置和构件定义中修改保护层厚度，保护层厚度会直接影响钢筋的长度。

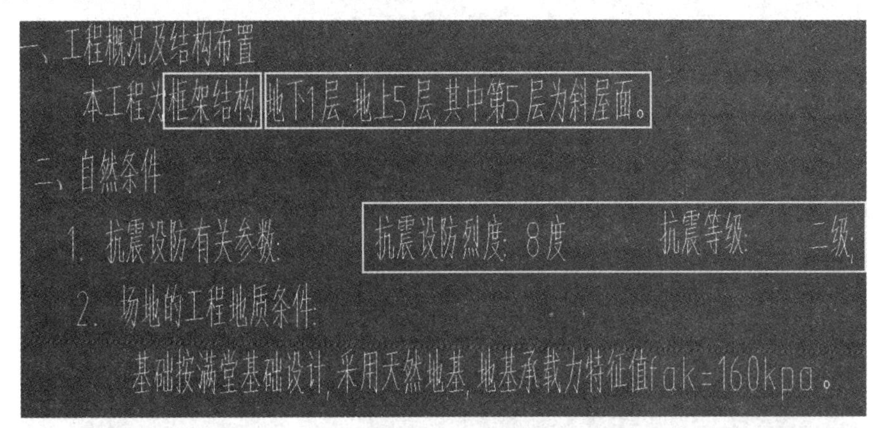

一、工程概况及结构布置

本工程为框架结构，地下1层，地上5层，其中第5层为斜屋面。

二、自然条件

1. 抗震设防有关参数：抗震设防烈度：8度　抗震等级：二级；

2. 场地的工程地质条件：

基础按满堂基础设计，采用天然地基，地基承载力特征值fak=160kpa。

图 1.2.4　工程概况及结构布置与自然条件

2. 混凝土：

混凝土所在部位	混凝土强度等级	备　注
基础垫层	C15	
满堂基础	C30	
地下一层～屋面主体结构：墙、柱、梁、板、楼梯	C30	
其余各结构构件：构造柱、过梁、圈梁等	C25	

图 1.2.5　混凝土强度等级

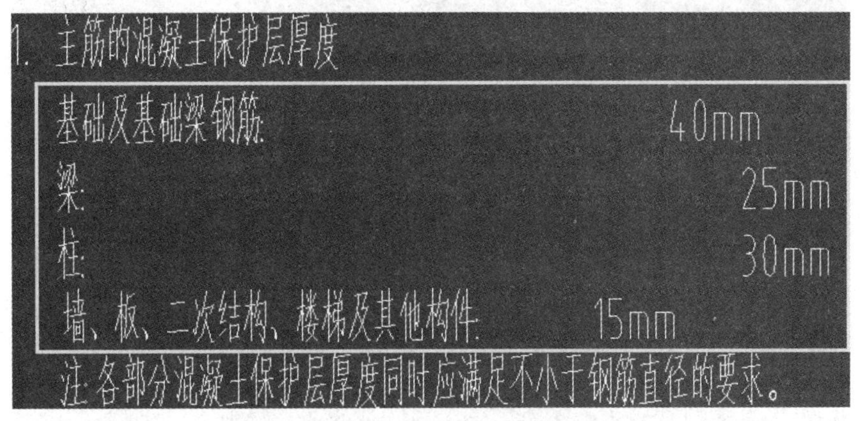

1. 主筋的混凝土保护层厚度

基础及基础梁钢筋：40mm

梁：25mm

柱：30mm

墙、板、二次结构、楼梯及其他构件：15mm

注：各部分混凝土保护层厚度同时应满足不小于钢筋直径的要求。

图 1.2.6　混凝土构件的保护层厚度

图 1.2.7 所示为本工程使用钢筋的连接方式。由于不同的钢筋连接方式对应的造价不同并可能对钢筋工程量有所影响，所以需要结合图纸进行区分。在工程设置时对钢筋进行设置即可。

2. 钢筋接头形式及要求

(1).框架梁、框架柱、抗震墙暗柱当受力钢筋直径Φ≥16时采用直螺纹机械连接,接头性能等级为一级;当受力钢筋直径< Φ16 时可采用绑扎搭接。

(2).接头位置执行18G901图集,在同一根钢筋上应尽量少设接头。

图 1.2.7　钢筋连接方式

定义绘制板钢筋时，在水电管井处的板钢筋如果没有标注时，需要按说明进行设置，如图 1.2.8、图 1.2.9 所示。

(6)水,暖,电管井的板为后浇板(定位详建筑),当注明配筋时,钢筋不断;未注明配筋时,均双向配筋Φ8@200置于板底,待设备安装完毕后,再用同强度等级的混凝土浇筑,板厚同周围楼板。

图 1.2.8　水电管井处的板钢筋设置

(7)板内分布钢筋(包括楼梯跑板),除注明者外见下表:

楼板厚度	<110	120~160
分布钢筋直径 ,间距	Φ6@200	Φ8@200

注:分布钢筋还需同时满足截面面积不宜小于受力钢筋截面面积的15%。

图 1.2.9　楼板分布筋配置

图 1.2.10 所示为本工程二次结构过梁尺寸及配筋信息，对应门窗洞口宽度进行选择设置。

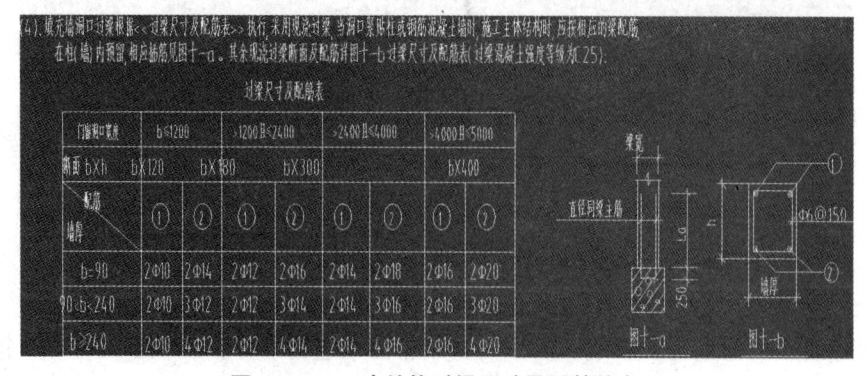

(4).填充墙洞口过梁根据<<过梁尺寸及配筋表>>执行,采用现浇过梁,当洞口紧贴柱或钢筋混凝土墙时,施工主体结构时,应按相应的梁配筋在柱(墙)内预留,相应插筋见图十-a。其余现浇过梁断面及配筋详图十-b过梁尺寸及配筋表(过梁混凝土强度等级为C25):

过梁尺寸及配筋表

门窗洞口宽度	b≤1200		>1200且≤2400		>2400且≤4000		>4000且≤5000	
断面 bXh	bX120		bX180		bX300		bX400	
配筋 / 墙厚	①	②	①	②	①	②	①	②
b=90	2Φ10	2Φ14	2Φ12	2Φ16	2Φ14	2Φ18	2Φ16	2Φ20
90<b<240	2Φ10	3Φ12	2Φ12	3Φ14	2Φ14	3Φ16	2Φ16	3Φ20
b≥240	2Φ10	4Φ12	2Φ12	4Φ14	2Φ14	4Φ16	2Φ16	4Φ20

图 1.2.10　二次结构过梁尺寸及配筋信息

通过以上几个说明信息的处理，可以总结出总说明中的信息大致可分为以下两类。

第一类是指导整个工程的，如工程采用 22G101 系列图集，则工程中所有的钢筋做法没有特别说明的就根据 22G101 系列图集进行设置计算，影响整个工程的一般在计算设置中进行修改设置。

第二类是指导个别构件的，如洞口加强筋的布置方法。如此类信息影响某个单独构件，则需要在定义、绘制构件时进行修改编辑。

模块 2
新建工程

下面开始使用广联达 GTJ2021 土建计量软件来计算二号办公楼的工程量。应用本书的前提是计算机上已经安装广联达 GTJ2021 土建计量软件，本书使用的版本号是 1.0.33.0，如果所使用版本与此版本不一致，可能产生小的误差，但是没有关系，只要掌握本书所介绍的工程量计算方法即可。

2.1　打开软件及新建工程

学习目的

根据本工程建筑施工图与结构施工图内容，完成新建工程的各项设置。

学习内容

计算规则设置；清单定额设置；钢筋规则设置；工程信息设置。

操作步骤

思维导图如图 2.1.1 所示。

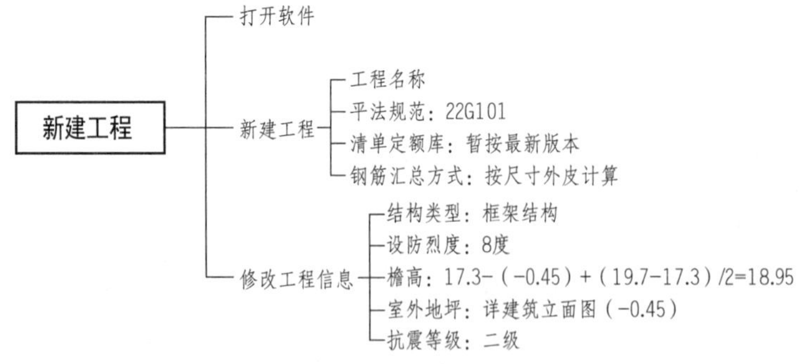

图 2.1.1　新建工程思维导图

1．新建工程

双击鼠标左键打开广联达 GTJ2021 土建计量软件，弹出“欢迎使用 GTJ2021”界面，单击“新建向导”按钮，弹出“新建工程”对话框，在“工程名称”文本框中，将工程名

称修改为“二号办公楼”，按所在地区分别选择清单规则、定额规则、清单库、定额库、平法规则、汇总方式（本书以安徽规则为例，下同），如图 2.1.2 所示。

新建工程

工程名称：二号办公楼

计算规则

清单规则：房屋建筑与装饰工程计量规范计算规则(2021-安徽)（新清单体验）

定额规则：安徽省建设工程计价定额计算规则(2018)(R1.0.35.3)

清单定额库

清单库：安徽省建设工程工程量清单(2018)

定额库：安徽省建筑工程计价定额(2018)

钢筋规则

平法规则：22系平法规则

汇总方式：按照钢筋图示尺寸-即外皮汇总

《钢筋汇总方式详细说明》《计算规则选择注意事项》 创建工程 取消

图 2.1.2　新建工程

2. 工程信息

单击“创建工程”按钮，弹出“工程信息”对话框，展开“工程信息”选项卡，蓝色字体是影响钢筋工程量计算的，其中结构类型、檐高、设防烈度共同影响抗震等级。因此，根据结施 -01（1）填写结构类型、设防烈度、抗震等级，根据建施 -12 北立面图和结施 -15 计算檐高，檐高＝ 17.3 －（-0.45）＋（19.7 － 17.3）/2 ＝ 18.95（m）。黑色字体对计算工程量没有影响，可以不填写，但是建议将建筑面积根据建筑图纸建施 -01 填写，以便后期计算相关工程量指标，根据建施 -11 将第 27 行信息的室外地坪相对标高修改为 -0.45 m（其余序号对工程量并无影响，可不填写），如图 2.1.3 所示（檐高：斜屋面，按自然室外地坪至斜屋面的平均高度计算）。

工程信息

工程信息　计算规则　编制信息　自定义

	属性名称	属性值
4	详细地址：	
5	建筑类型：	居住建筑
6	建筑用途：	住宅
7	地上层数(层)：	
8	地下层数(层)：	
9	裙房层数：	
10	建筑面积(m²)：	3438.581
11	地上面积(m²)：	(0)
12	地下面积(m²)：	(0)
13	人防工程：	无人防
14	檐高(m)：	18.95
15	结构类型：	框架结构
16	基础形式：	筏形基础
17	建筑结构等级参数：	
18	抗震设防类别：	
19	抗震等级：	二级抗震
20	地震参数：	
21	设防烈度：	8
22	基本地震加速度（g）：	
23	设计地震分组：	
24	环境类别：	
25	施工信息：	
26	钢筋接头形式：	

图 2.1.3　工程信息

计算规则为新建工程时所选的清单、定额计算规则，不需要修改。编制信息中的相关内容可根据实际填写，不填写不影响工程量。

思 考

在广联达工程信息中，檐高和哪些因素会影响抗震等级？

2.2 新建楼层

学习目的

根据本工程结构施工图内容，完成楼层的建立与设置。

学习内容

计算楼层标高；新建、设置楼层；修改楼层混凝土强度等级及保护层厚度。

操作步骤

思维导图如图 2.2.1 所示。

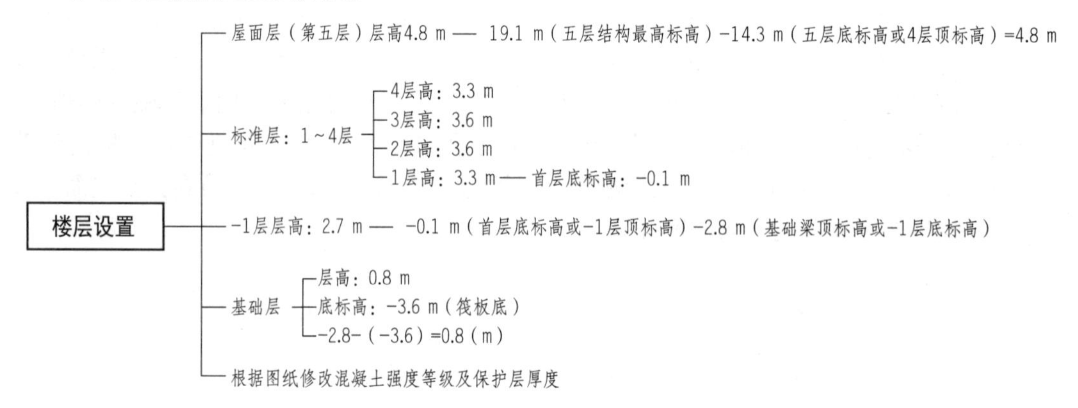

图 2.2.1　楼层设置思维导图

1. 熟悉图纸

首先需要说明，本工程全部根据结构标高建立楼层，因为施工时以结构标高为标准，从梁配筋图和板配筋图可以看出每层的结构标高。

从结施 -02 可以看出，基垫层底标高为 -3.770 m，可以计算出满堂基底标高为 -3.600 m，基础梁顶标高为 -2.800 m，即基础层结构顶标高为 -2.800 m（从结施 -11 的说明 5 可以看出），地下一层结构顶标高为 -0.100 m；从结施 -12 的说明 5 可以出，首层结构顶标高为 3.800 m；从结施 -13 的说明 5 可以看出，二层的结构顶标高为 7.400 m，三层结构顶标高为 11.000 m；从结施 -14 的说明 5 可以看出，四层的结构顶标高为 14.300 m；五层将结构顶标高设置为 17.300 m；从结施 -15 可以看出，屋顶层最高点的结构标高为

19.100 m（此处以结构最高点建立层高），由此可以列出二号办公楼的结构层高计算表，见表 2.2.1。

表 2.2.1　结构层高计算表

<table>
<tr><th>层号</th><th>层顶结构标高</th><th>层底结构标高</th><th>结构层高（层顶标高－层底标高）/m</th><th>备注</th></tr>
<tr><td>屋面层</td><td>19. 1</td><td>17.3</td><td>19.1 － 17.3 ＝ 1.8</td><td rowspan="9">此处基础层高采用 0.8 m 为层高，是因为软件默认筏板基础底标高为层底标高。采用默认垫层。顶标高为基础底标高，将来修改量较小，效率较高，选择 0.97 m 也对，只是要注意修改基础和垫层的标高，效率较低</td></tr>
<tr><td>5 层</td><td>17.3</td><td>14.3</td><td>17.3 － 14.3 ＝ 3</td></tr>
<tr><td>4 层</td><td>14.3</td><td>11</td><td>14.3 － 11 ＝ 3.3</td></tr>
<tr><td>3 层</td><td>11</td><td>7.4</td><td>11 － 7.4 ＝ 3.6</td></tr>
<tr><td>2 层</td><td>7.4</td><td>3.8</td><td>7.4 － 3.8 ＝ 3.6</td></tr>
<tr><td>1 层</td><td>3.8</td><td>-0.1</td><td>3.8 －（-0.1）＝ 3.9</td></tr>
<tr><td>-1 层</td><td>-0.1</td><td>-2.8</td><td>-0.1 －（-2.8）＝ 2.7</td></tr>
<tr><td rowspan="2">基础层</td><td rowspan="2">-2.8</td><td rowspan="2">-3.4</td><td>-2.8 －（-3.6）＝ 0.8</td></tr>
<tr><td>或 -2.8 －（-3.77）＝ 0.97</td></tr>
</table>

2. 建立楼层

根据表 2.2.1 建立层高，操作步骤：执行“工具栏”→“工程设置”→“楼层设置”→“插入楼层”命令进行调整，如图 2.2.2 所示。

首层	编码	楼层名称	层高(m)	底标高(m)	相同层数	板厚(mm)	建筑面积(m2)
☐	6	屋顶层	1.8	17.3	1	120	(0)
☐	5	第5层	3	14.3	1	120	(0)
☐	4	第4层	3.3	11	1	120	(0)
☐	3	第3层	3.6	7.4	1	120	(0)
☐	2	第2层	3.6	3.8	1	120	(0)
☑	1	首层	3.9	-0.1	1	120	(0)
☐	-1	第-1层	2.7	-2.8	1	120	(0)
☐	0	基础层	0.8	-3.6	1	500	(0)

图 2.2.2　楼层设置

注意：底标高只有首层可以修改，插入地上层从首层插入，插入地下层从基础层插入。

3. 楼层信息设置

对混凝土强度等级及保护层进行设置，混凝土强度等级不同，钢筋的锚固长度与搭接长度都会发生变化，楼层下面的“混凝土强度等级及保护层设置”根据结施 -01（1）结构说明中关于混凝土强度等级及保护层的规定进行调整，如图 2.2.3 所示。

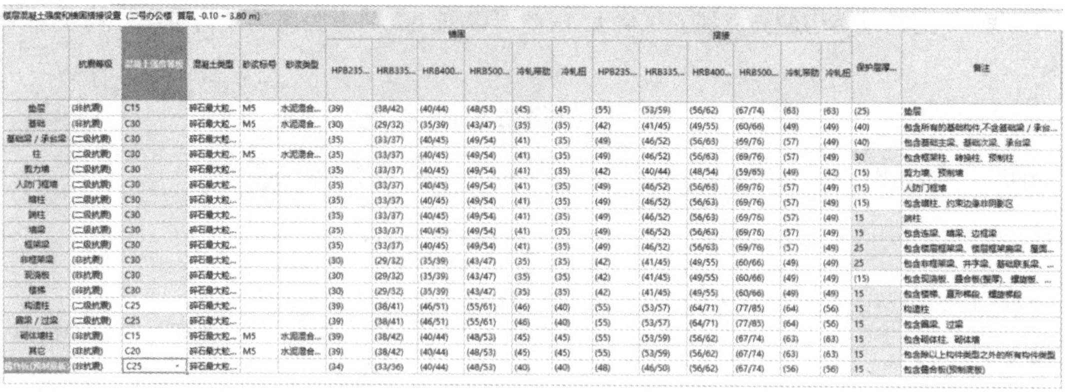

楼层混凝土强度和锚固搭接设置（二号办公楼 首层, -0.10 ~ 3.80 m）

	抗震等级	混凝土强度等级	混凝土类型	砂浆标号	砂浆类型	锚固						搭接						保护层厚...	备注
						HPB235...	HRB335...	HRB400...	HRB500...	冷轧带肋	冷轧扭	HPB235...	HRB335...	HRB400...	HRB500...	冷轧带肋	冷轧扭		
垫层	(非抗震)	C15	碎石最大粒...	M5	水泥混合...	(39)	(38/42)	(40/44)	(48/53)	(45)	(45)	(55)	(53/59)	(56/62)	(67/74)	(63)	(63)	(25)	垫层
基础	(非抗震)	C30	碎石最大粒...	M5	水泥混合...	(30)	(29/32)	(35/39)	(43/47)	(35)	(35)	(42)	(41/45)	(49/55)	(60/66)	(49)	(49)	(40)	包含所有的基础构件,不含基础梁 / 承台...
基础梁 / 承台梁	(二级抗震)	C30	碎石最大粒...			(35)	(33/37)	(40/45)	(49/54)	(41)	(35)	(49)	(46/52)	(56/63)	(69/76)	(57)	(49)	(40)	包含基础主梁、基础次梁、承台梁
柱	(二级抗震)	C30	碎石最大粒...	M5	水泥混合...	(35)	(33/37)	(40/45)	(49/54)	(41)	(35)	(49)	(46/52)	(56/63)	(69/76)	(57)	(49)	30	包含框架柱、转换柱、预制柱
剪力墙	(二级抗震)	C30	碎石最大粒...			(35)	(33/37)	(40/45)	(49/54)	(41)	(35)	(42)	(40/44)	(48/54)	(59/65)	(49)	(42)	(15)	剪力墙、预制墙
人防门框墙	(二级抗震)	C30	碎石最大粒...			(35)	(33/37)	(40/45)	(49/54)	(41)	(35)	(49)	(46/52)	(56/63)	(69/76)	(57)	(49)	(15)	人防门框墙
暗柱	(二级抗震)	C30	碎石最大粒...			(35)	(33/37)	(40/45)	(49/54)	(41)	(35)	(49)	(46/52)	(56/63)	(69/76)	(57)	(49)	(15)	包含暗柱、约束边缘非阴影区
端柱	(二级抗震)	C30	碎石最大粒...			(35)	(33/37)	(40/45)	(49/54)	(41)	(35)	(49)	(46/52)	(56/63)	(69/76)	(57)	(49)	15	端柱
墙梁	(二级抗震)	C30	碎石最大粒...			(35)	(33/37)	(40/45)	(49/54)	(41)	(35)	(49)	(46/52)	(56/63)	(69/76)	(57)	(49)	15	包含连梁、暗梁、边框梁
框架梁	(二级抗震)	C30	碎石最大粒...			(35)	(33/37)	(40/45)	(49/54)	(41)	(35)	(49)	(46/52)	(56/63)	(69/76)	(57)	(49)	25	包含楼层框架梁、楼层框架扁梁、屋面...
非框架梁	(非抗震)	C30	碎石最大粒...			(30)	(29/32)	(35/39)	(43/47)	(35)	(35)	(42)	(41/45)	(49/55)	(60/66)	(49)	(49)	25	包含非框架梁、井字梁、基础联系梁、...
现浇板	(非抗震)	C30	碎石最大粒...			(30)	(29/32)	(35/39)	(43/47)	(35)	(35)	(42)	(41/45)	(49/55)	(60/66)	(49)	(49)	(15)	包含现浇板、叠合板(整厚)、螺旋板、...
楼梯	(非抗震)	C30	碎石最大粒...			(30)	(29/32)	(35/39)	(43/47)	(35)	(35)	(42)	(41/45)	(49/55)	(60/66)	(49)	(49)	15	包含楼梯、直形梯段、螺旋梯段
构造柱	(二级抗震)	C25	碎石最大粒...			(39)	(38/41)	(46/51)	(55/61)	(46)	(40)	(55)	(53/57)	(64/71)	(77/85)	(64)	(56)	15	构造柱
圈梁 / 过梁	(二级抗震)	C25	碎石最大粒...			(39)	(38/41)	(46/51)	(55/61)	(46)	(40)	(55)	(53/57)	(64/71)	(77/85)	(64)	(56)	15	包含圈梁、过梁
砌体墙柱	(非抗震)	C15	碎石最大粒...	M5	水泥混合...	(39)	(38/42)	(40/44)	(48/53)	(45)	(45)	(55)	(53/59)	(56/62)	(67/74)	(63)	(63)	15	包含砌体柱、砌体墙
其它	(非抗震)	C20	碎石最大粒...	M5	水泥混合...	(39)	(38/42)	(40/44)	(48/53)	(45)	(45)	(55)	(53/59)	(56/62)	(67/74)	(63)	(63)	15	包含除以上构件类型之外的所有构件类型
叠合板(预制底板)	(非抗震)	C25	碎石最大粒...			(34)	(33/36)	(40/44)	(48/53)	(40)	(40)	(48)	(46/50)	(56/62)	(67/74)	(56)	(56)	15	包含叠合板(预制底板)

图 2.2.3　混凝土强度及保护层设置

本工程整个项目混凝土强度等级与保护层一致，可以单击屏幕左下角的“复制到其他楼层”按钮，弹出“复制到其他楼层”对话框，勾选本工程的所有楼层，单击“确定”按钮，如图 2.2.4、图 2.2.5 所示。

楼层混凝土强度和锚固搭接设置（二号办公楼 首层, -0.10 ~ 3.80 m）

	抗震等级	混凝土强度等级	混凝土类型	砂浆标号	砂浆类型	HPB235...
垫层	(非抗震)	C15	碎石最大粒...	M5	水泥混合...	(39)
基础	(非抗震)	C30	碎石最大粒...	M5	水泥混合...	(30)
基础梁 / 承台梁	(二级抗震)	C30	碎石最大粒...			(35)
柱	(二级抗震)	C30	碎石最大粒...	M5	水泥混合...	(35)
剪力墙	(二级抗震)	C30	碎石最大粒...			(35)
人防门框墙	(二级抗震)	C30	碎石最大粒...			(35)
暗柱	(二级抗震)	C30	碎石最大粒...			(35)
端柱	(二级抗震)	C30	碎石最大粒...			(35)
墙梁	(二级抗震)	C30	碎石最大粒...			(35)
框架梁	(二级抗震)	C30	碎石最大粒...			(35)
非框架梁	(非抗震)	C30	碎石最大粒...			(30)
现浇板	(非抗震)	C30	碎石最大粒...			(30)
楼梯	(非抗震)	C30	碎石最大粒...			(30)
构造柱	(二级抗震)	C25	碎石最大粒...			(39)
圈梁 / 过梁	(二级抗震)	C25	碎石最大粒...			(39)
砌体墙柱	(非抗震)	C15	碎石最大粒...	M5	水泥混合...	(39)
其它	(非抗震)	C20	碎石最大粒...	M5	水泥混合...	(39)
叠合板(预制底板)	(非抗震)	C25	碎石最大粒...			(34)

基本锚固设置　复制到其他楼层　恢复默认值(D)　导入钢筋设置　导出钢筋设置

图 2.2.4　“复制到其他楼层”按钮

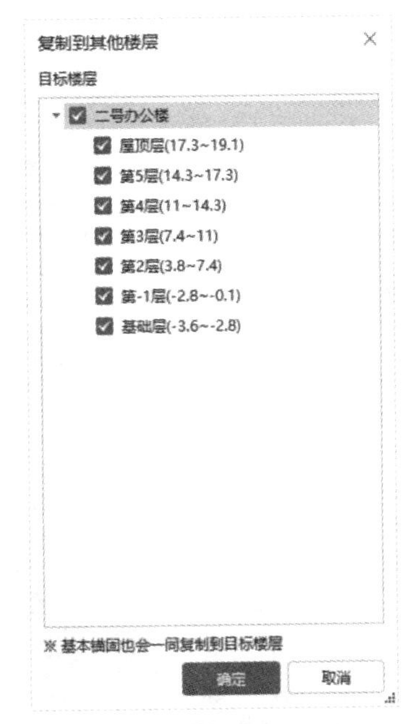

图 2.2.5 “复制到其他楼层”对话框

思 考

混凝土强度等级会影响什么工程量?

2.3 土建计算设置与土建计算规则

学习目的

根据本工程建筑施工图及结构施工图内容，完成土建计算设置及土建计算规则设置。

学习内容

土建计算设置；土建计算规则设置。

操作步骤

计算设置与计算规则设置针对清单和定额的工程量计算规则，每个地区的清单和定额都有明确的工程量计算规则。图 2.3.1 所示的构造柱清单工程量计算规则选用的《安徽省建设工程工程量清单计算规则（2018）》。图 2.3.2 所示圈梁的定额工程量计算规则，同样选用《安徽省建设工程计价定额计算规则（2018）》。因此，当图纸设计、合同中无另外的规定时，不需要修改。如果规定与规则不一致，则需要根据实际情况修改。

图 2.3.1 计算规则 - 清单规则

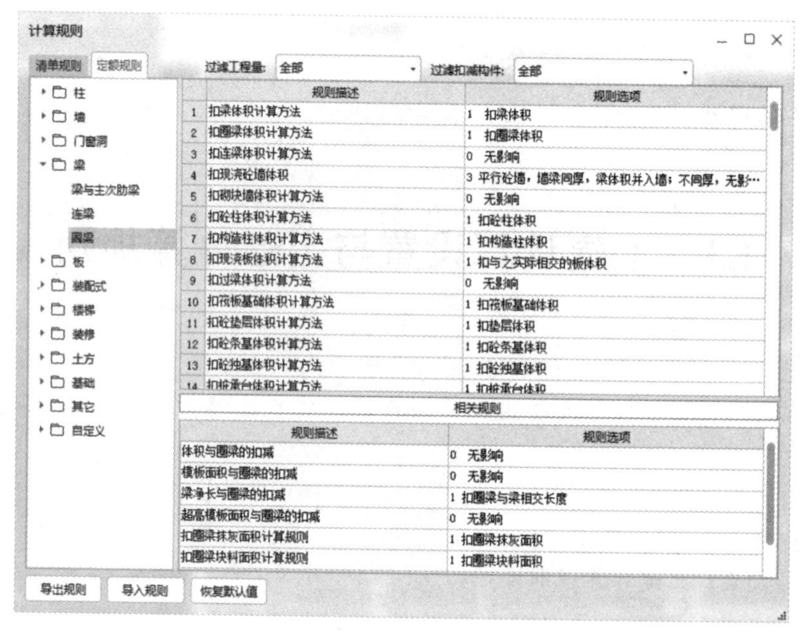

图 2.3.2 计算规则 - 定额规则

2.4 钢筋计算设置

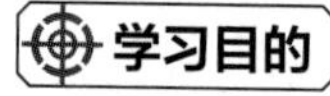

根据本工程结构施工图内容，完成钢筋设置中的计算设置。

学习内容

计算规则；搭接设置。

操作步骤

计算规则与搭接设置如下。

图 2.4.1 所示的计算设置，分为“计算规则”“节点设置”“箍筋设置”“搭接设置”“箍筋公式”五部分，其中默认的数据由选择的钢筋平法规则 22G101 平法得来，因此，除非图纸中钢筋设置与图集 22G101 不符合时需要按图纸实际调整，否则不需要调整。

计算设置

计算规则 | 节点设置 | 箍筋设置 | 搭接设置 | 箍筋公式

柱 / 墙柱
剪力墙
人防门框墙
连梁
框架梁

	类型名称	设置值
1	公共设置项	
2	柱/墙柱在基础插筋锚固区内的箍筋数量	间距500
3	梁(板)上柱/墙柱在插筋锚固区内的箍筋数量	间距500
4	柱/墙柱第一个箍筋距楼板面的距离	50
5	柱/墙柱箍筋加密区根数计算方式	向上取整+1
6	柱/墙柱箍筋非加密区根数计算方式	向上取整-1

图 2.4.1　钢筋“计算设置”对话框

计算设置中的搭接设置，是修改钢筋不同直径需要的连接形式，根据图纸结构总说明进行设置，如图 2.4.2 所示，与说明一致时可以不调整。

计算设置

计算规则 | 节点设置 | 箍筋设置 | 搭接设置 | 箍筋公式

	钢筋直径范围	连接形式								墙柱垂直筋定尺	其余钢筋定尺
		基础	框架梁	非框架梁	柱	板	墙水平筋	墙垂直筋	其它		
1	HPB235,HPB300										
2	3~10	绑扎	绑扎	绑扎	绑扎	绑扎	绑扎	绑扎	绑扎	8000	8000
3	12~14	绑扎	绑扎	绑扎	绑扎	绑扎	绑扎	绑扎	绑扎	10000	10000
4	16~22	直螺纹连接	直螺纹连接	直螺纹连接	电渣压力焊	直螺纹连接	直螺纹连接	电渣压力焊	电渣压力焊	10000	10000
5	25~32	套管挤压	套管挤压	套管挤压	套管挤压	套管挤压	套管挤压	套管挤压	套管挤压	10000	10000
6	HRB335,HRB335E,HRBF335,HRBF335E										
7	3~10	绑扎	绑扎	绑扎	绑扎	绑扎	绑扎	绑扎	绑扎	8000	8000
8	12~14	绑扎	绑扎	绑扎	绑扎	绑扎	绑扎	绑扎	绑扎	10000	10000
9	16~22	直螺纹连接	直螺纹连接	直螺纹连接	电渣压力焊	直螺纹连接	直螺纹连接	电渣压力焊	电渣压力焊	10000	10000
10	25~50	套管挤压	套管挤压	套管挤压	套管挤压	套管挤压	套管挤压	套管挤压	套管挤压	10000	10000
11	HRB400,HRB400E,HRBF400,HRBF400E,RR...										
12	3~10	绑扎	绑扎	绑扎	绑扎	绑扎	绑扎	绑扎	绑扎	8000	8000
13	12~14	绑扎	绑扎	绑扎	绑扎	绑扎	绑扎	绑扎	绑扎	10000	10000
14	16~22	直螺纹连接	直螺纹连接	直螺纹连接	电渣压力焊	直螺纹连接	直螺纹连接	电渣压力焊	电渣压力焊	10000	10000
15	25~50	套管挤压	套管挤压	套管挤压	套管挤压	套管挤压	套管挤压	套管挤压	套管挤压	10000	10000
16	冷轧带肋钢筋										
17	4~12	绑扎	绑扎	绑扎	绑扎	绑扎	绑扎	绑扎	绑扎	8000	8000
18	冷轧扭钢筋										
19	6.5~14	绑扎	绑扎	绑扎	绑扎	绑扎	绑扎	绑扎	绑扎	8000	8000

□单（双）面焊统计搭接长度

导入规则 | 导出规则 | 恢复默认值

图 2.4.2　钢筋搭接设置

思 考

在什么情况下需要修改计算设置？

2.5　其他设置

学习目的

根据本工程结构施工图内容，完成钢筋设置中的相对密度设置。

学习内容

根据实际修改相对密度。

操作步骤

广联达计量软件根据标准图集计算出的工程量为钢筋的长度，由于市场上购买钢筋时是按质量计算的，因此要通过不同型号钢筋的相对密度来确认质量。相对密度即单位长度（每米）对应的钢筋的质量（kg），软件内置的数值均为正确数值，不用修改，如图 2.5.1 所示。

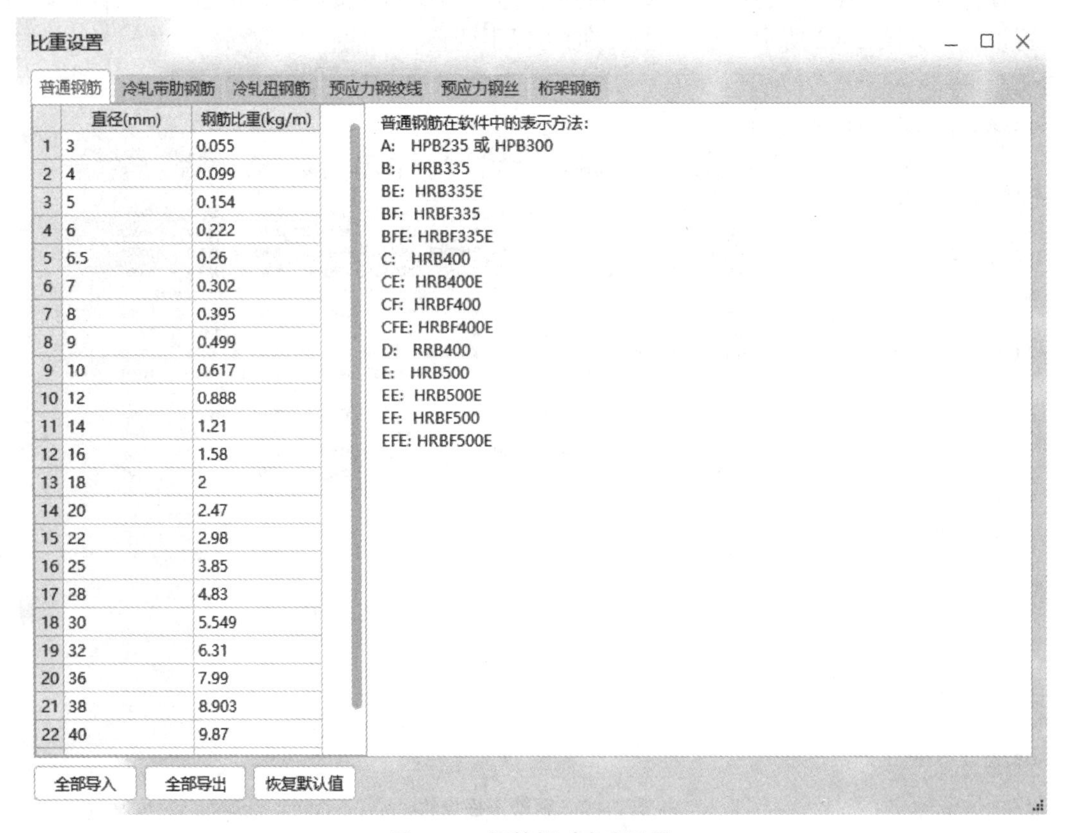

	直径(mm)	钢筋比重(kg/m)
1	3	0.055
2	4	0.099
3	5	0.154
4	6	0.222
5	6.5	0.26
6	7	0.302
7	8	0.395
8	9	0.499
9	10	0.617
10	12	0.888
11	14	1.21
12	16	1.58
13	18	2
14	20	2.47
15	22	2.98
16	25	3.85
17	28	4.83
18	30	5.549
19	32	6.31
20	36	7.99
21	38	8.903
22	40	9.87

图 2.5.1　钢筋相对密度设置

对于“普通钢筋”“冷轧带肋钢筋”“冷轧扭钢筋”“预应力钢绞线”“预应力钢丝”“桁架钢筋”这六项内容按照图纸进行设置以后，就可以准备进入绘图阶段了。

2.6　添加图纸

学习目的

将结构施工图添加到软件中，为后续构件的识别做准备。

学习内容

图纸管理→添加图纸。

操作步骤

将工程设置完成后，即可进入建模阶段，本次图纸的建模，采用识别构件+手动绘制构件的方法进行操作，识别构件需要有图纸，因此先将结构施工图添加进软件，单击“图纸管理”→“添加图纸”按钮，找到二号办公楼结构图纸存储的位置，单击“打开”按钮即可，如图 2.6.1 所示。

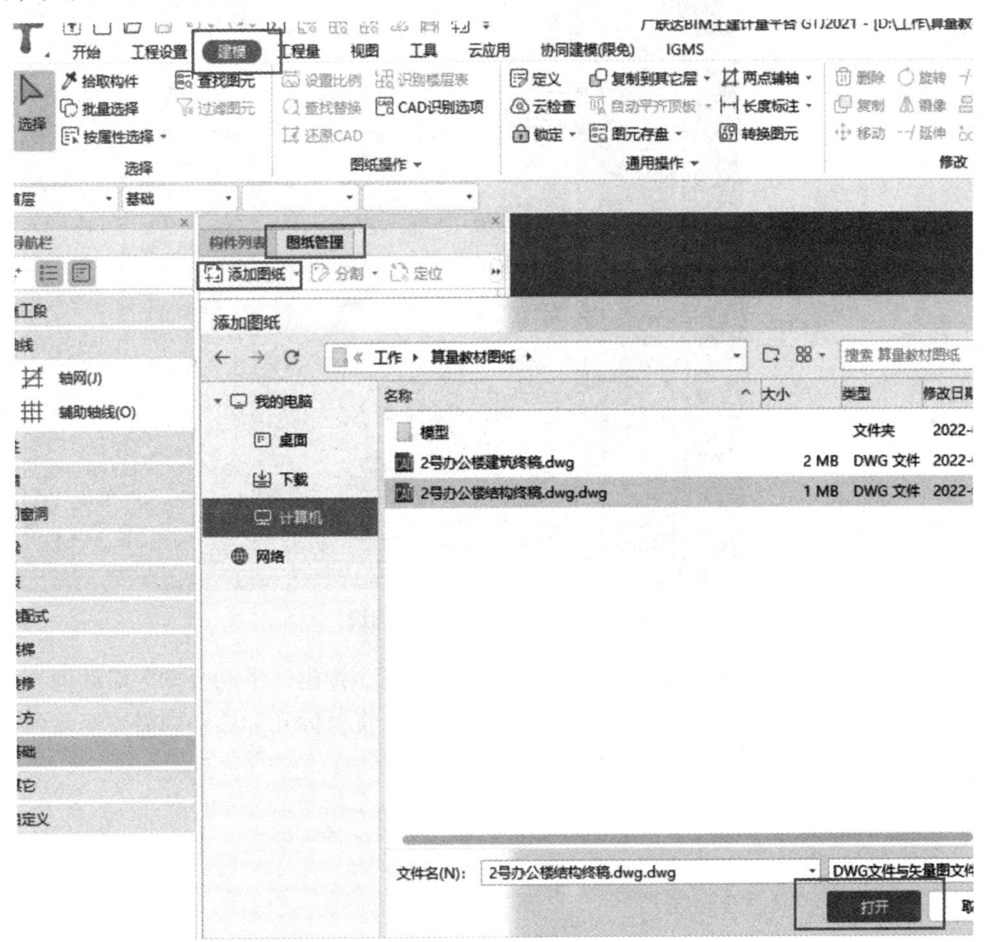

图 2.6.1　添加图纸

2.7　分割图纸

学习目的

将添加的图纸根据自己的需求进行分割，形成单张的图纸。

学习内容

图纸管理→分割→手动分割。

操作步骤

将图纸添加进软件之后，双击添加进来的结构施工图，单击“分割”按钮选择“手动分割”选项，然后框选需要分割的图纸（一般带轴网的图纸都需要分割），如图 2.7.1 所示。

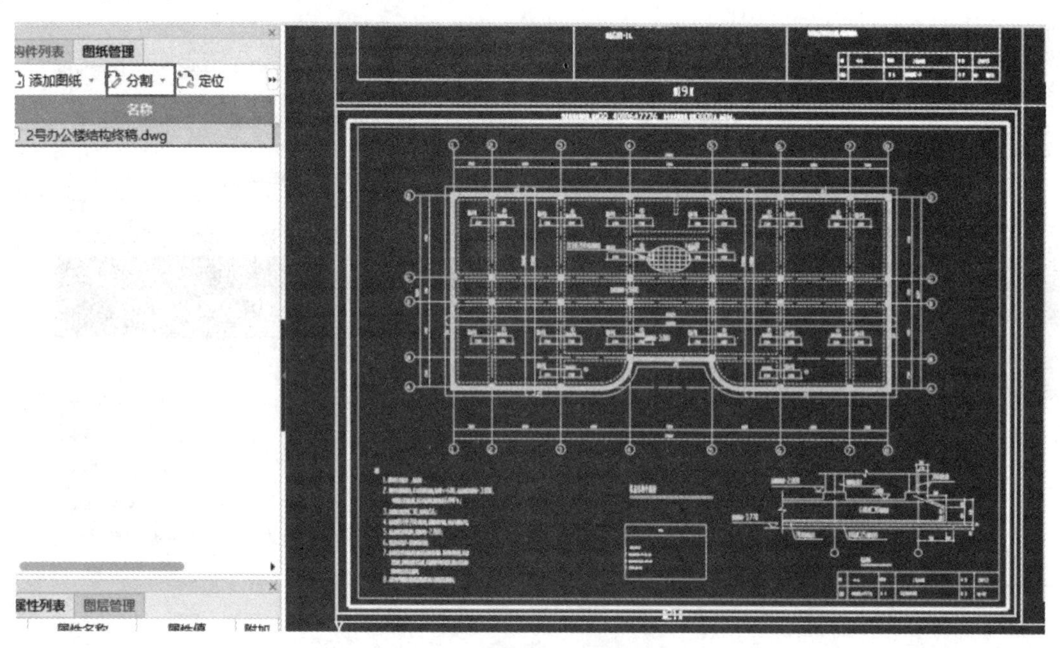

图 2.7.1　框选需要分割的图纸

框选需要分割的范围之后，单击鼠标右键确定范围，弹出“手动分割”对话框，检查“图纸名称”及“对应楼层”，如果需要修改图纸名称，将鼠标光标移动到需要修改名称的部位，单击“确定”按钮即可，如图 2.7.2 所示。

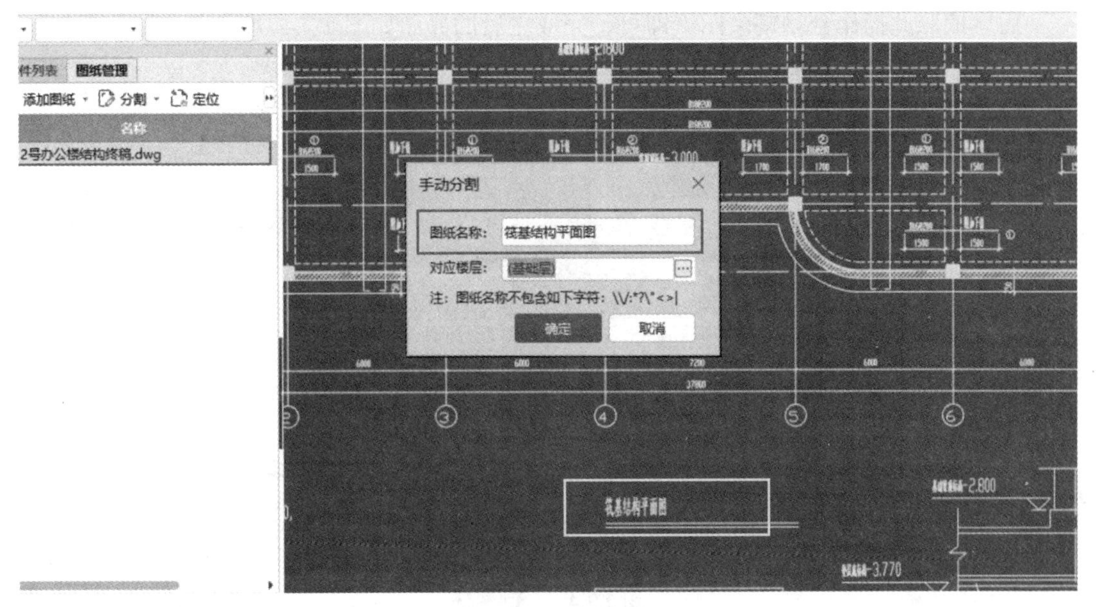

图 2.7.2　图纸名称

以图纸结施 -02 :《筏板结构平面图》的分割为例，单击“对应楼层”后面的“…”按钮，将“所有楼层”的勾选去掉，同时勾选“基础层”，如图 2.7.3 所示，然后连续单击“确定”按钮即完成第一张图纸的分割。

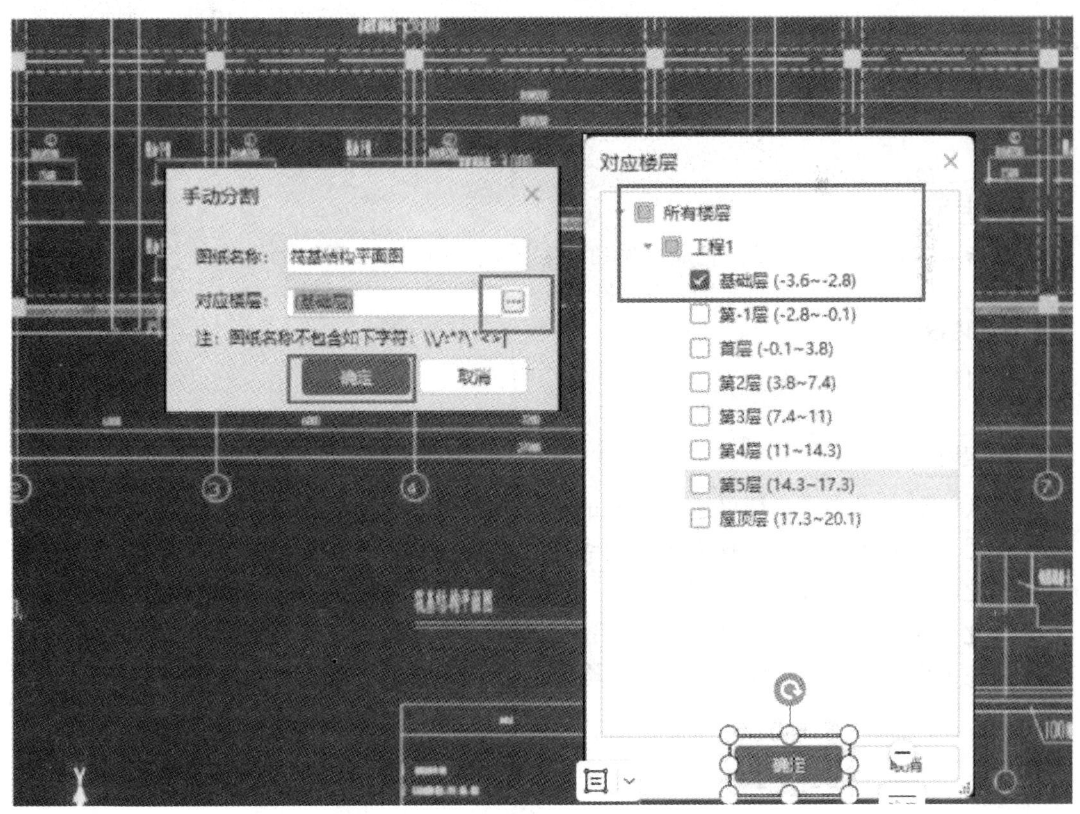

图 2.7.3　对应楼层

后续依照此操作分割剩余图纸即可，完成之后的界面如图 2.7.4 所示。

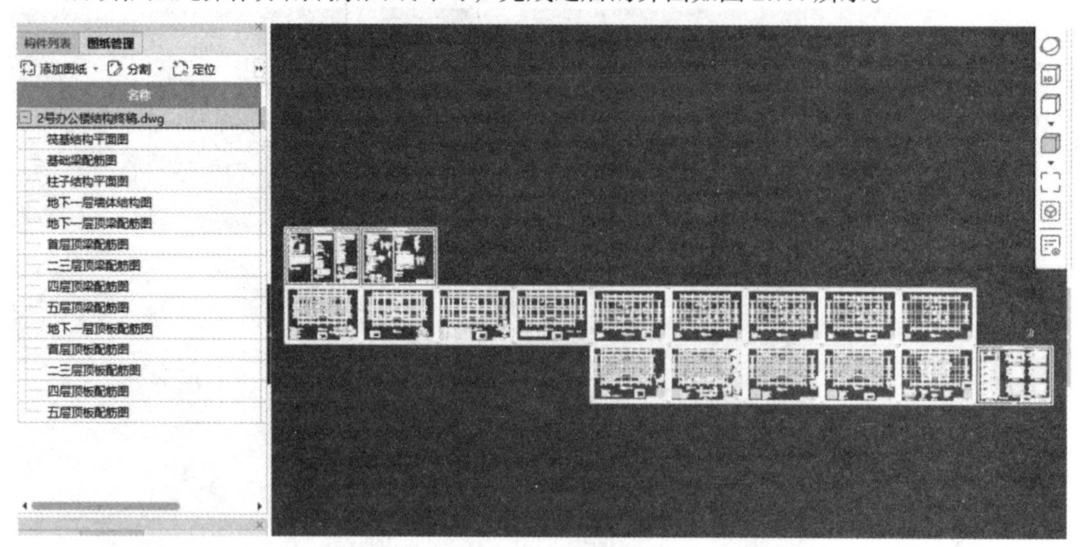

图 2.7.4　分割图纸

思 考

哪些图纸需要进行分割?

2.8　识别轴网

学习目的

根据本工程结构施工图，完成轴网的识别（绘制轴网）及图纸的定位。

学习内容

识别轴网；定位图纸。

操作步骤

图纸分割完成之后，即可进行轴网的识别，在首层识别轴网即可，轴网由轴线、轴号、轴距三部分组成，在工程中主要起到定位的作用，对于后续的建模非常重要。在进行识别之前，需要提前规划好选择哪一张图纸进行识别，所选择图纸的轴网应尽可能全，因此一般选择梁图为识别的图纸，这里选择结施 -07 首层顶梁配筋图。同时，还需要注意在识别的时候一定要先将楼层、构件命令、图纸这三项一一对应正确，如图 2.8.1 所示。

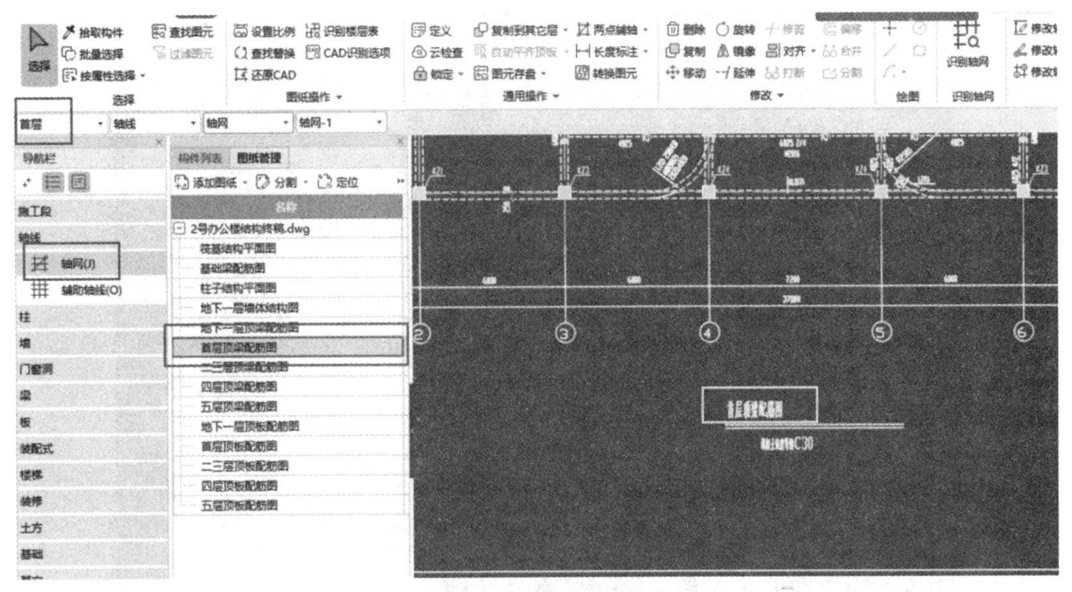

图 2.8.1　对应图纸

准备工作完成后，单击识别轴网，按照提取轴线→提取标注→自动识别的步骤操作，提取轴线时，单击选择图纸中轴线，注意检查轴线是否全部选择，确认无误后单击鼠标右键提取，如图 2.8.2 所示。

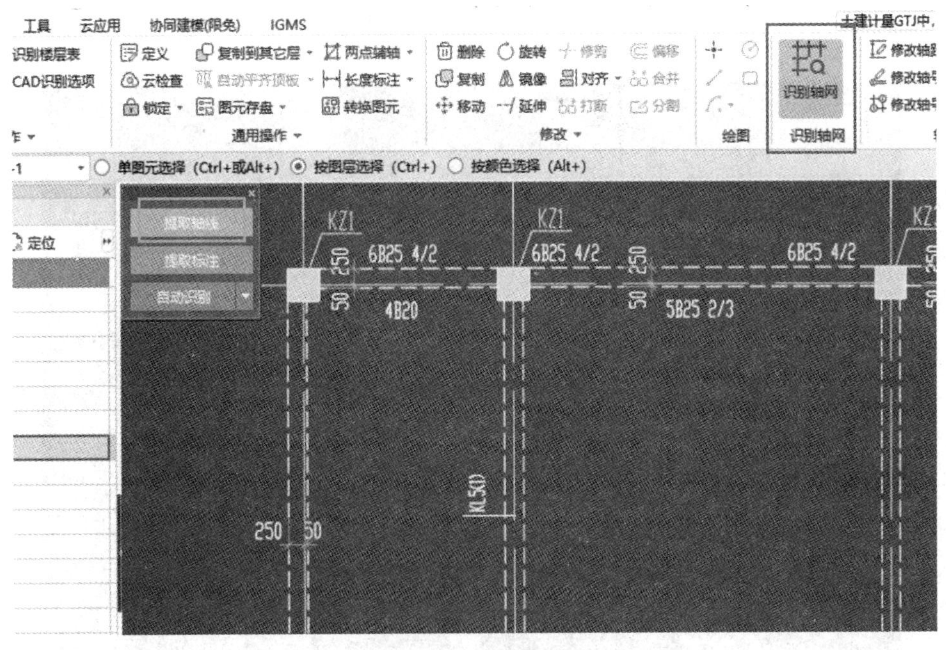

图 2.8.2　提取轴线

如果不清楚选择了操作命令之后如何进行操作，可以查看软件状态栏中的提示，如图 2.8.3 所示。

提取标注时也需要检查标注是否选择完全，轴网标注包括轴号及轴距，不要漏提，选择完全后，单击鼠标右键进行确定，如图 2.8.4 所示。

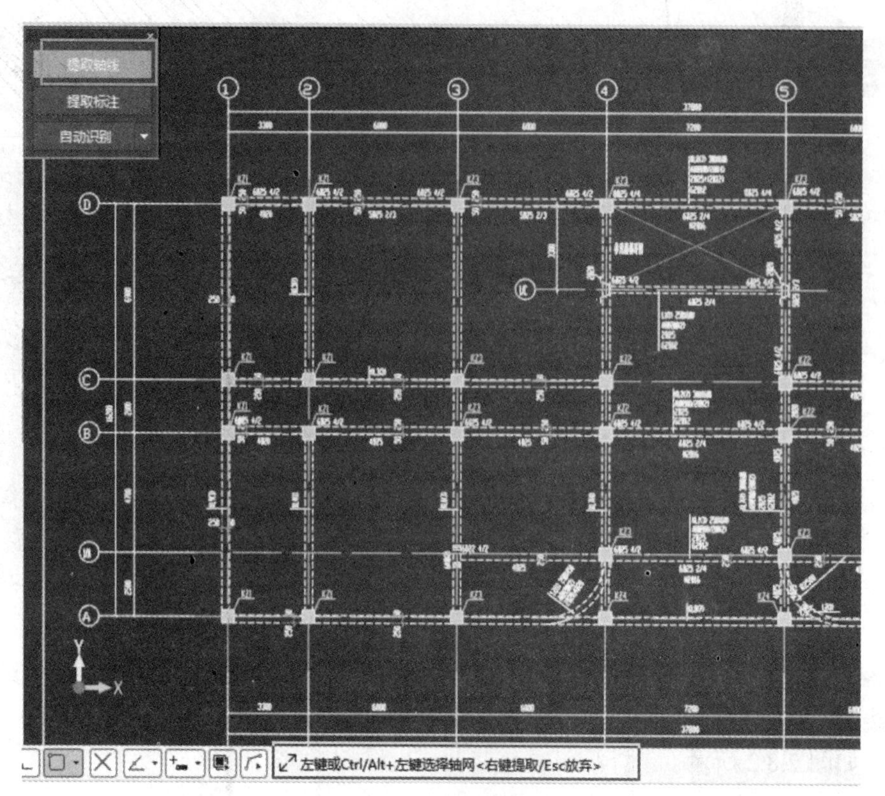

图 2.8.3　状态栏提示

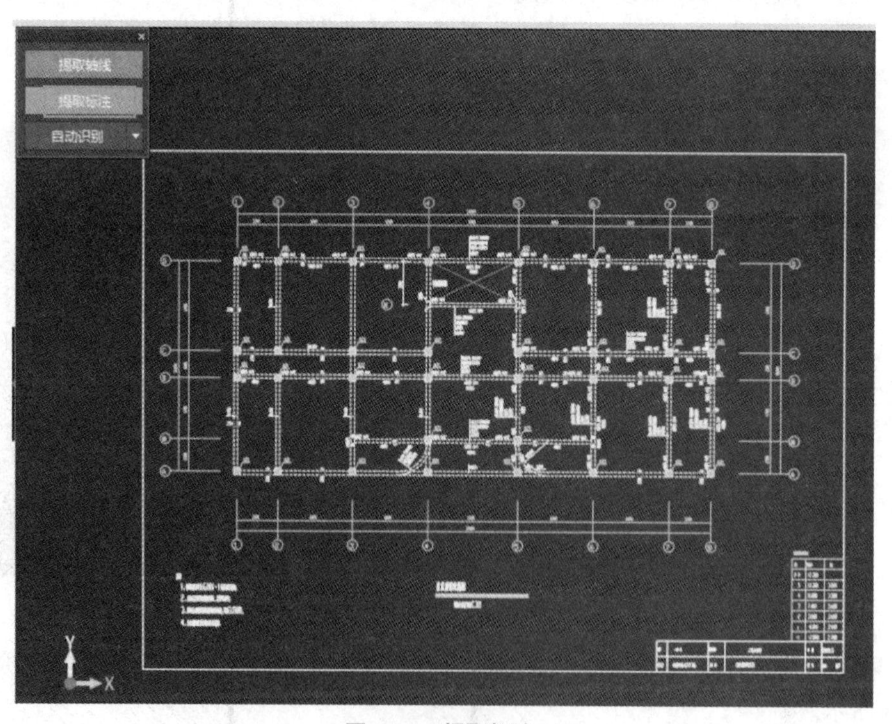

图 2.8.4　提取标注

将轴线及标注提取完毕后，单击“自动识别”按钮即完成轴网的识别，如图 2.8.5 所示。

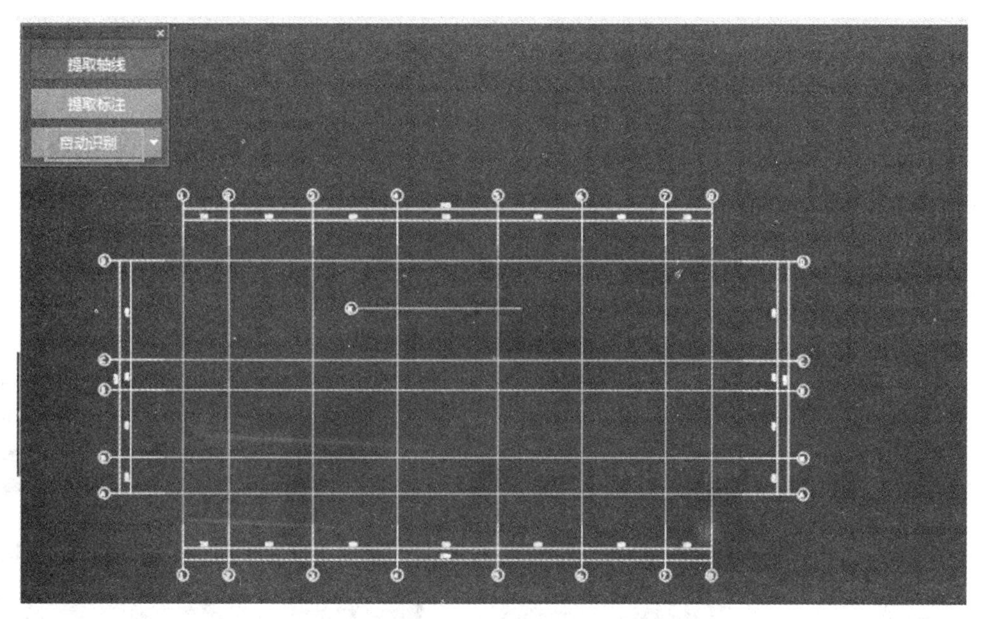

图 2.8.5　识别轴网

将轴网识别出来之后，还要进行两步非常重要的操作，即设置原点和定位图纸。

设置原点就是将轴网与软件中的原点重合在一起，以方便后续定位图纸的操作，具体操作步骤如下。切换到工具界面，单击“设置原点”按钮，然后单击轴网①轴与Ⓐ轴的交点即可（一般选择此点为原点），如图 2.8.6 所示。

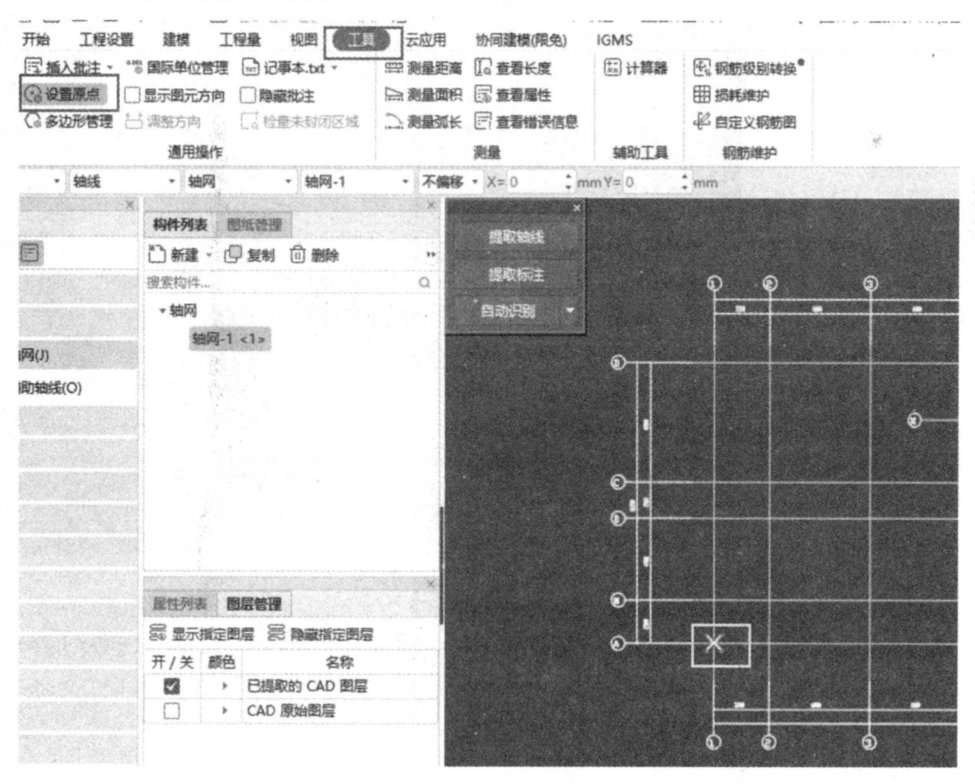

图 2.8.6　设置原点

定位图纸是一定要执行的操作，因为构件是通过图纸上的标注及信息来识别的，所以需要将图纸与识别的轴网进行定位，而且每张有轴网的图纸都需要定位，如果没有定位则可能出现各个楼层构件位置不统一的情况，必须避免。具体操作步骤如下。按照分割的图纸顺序，双击切换到第一张图纸，单击“定位”按钮，找到图纸的①轴与Ⓐ轴的交点，即可拖动图纸，将其拖动到与轴网对应的点（①轴与Ⓐ轴的交点，即之前设置的原点），单击鼠标左键即可完成第一张图纸的定位，如图 2.8.7 所示。定位成果如图 2.8.8 所示。

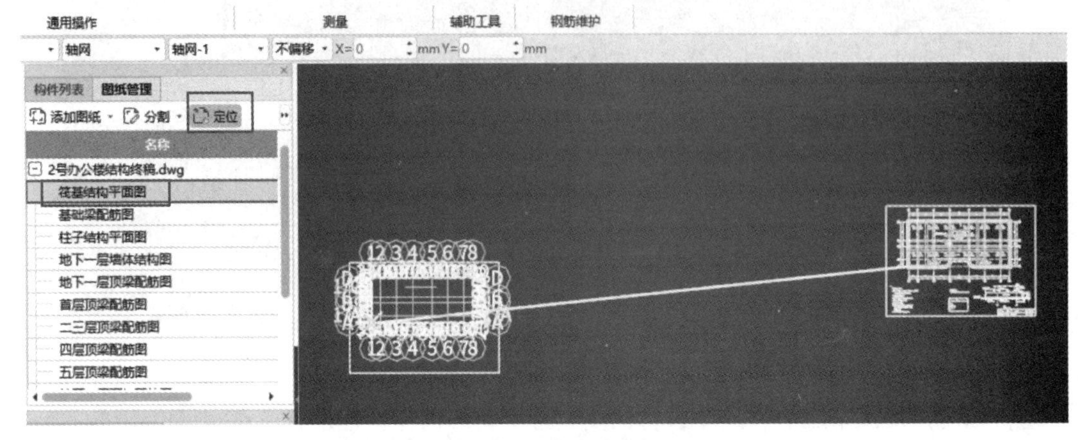

图 2.8.7　定位图纸

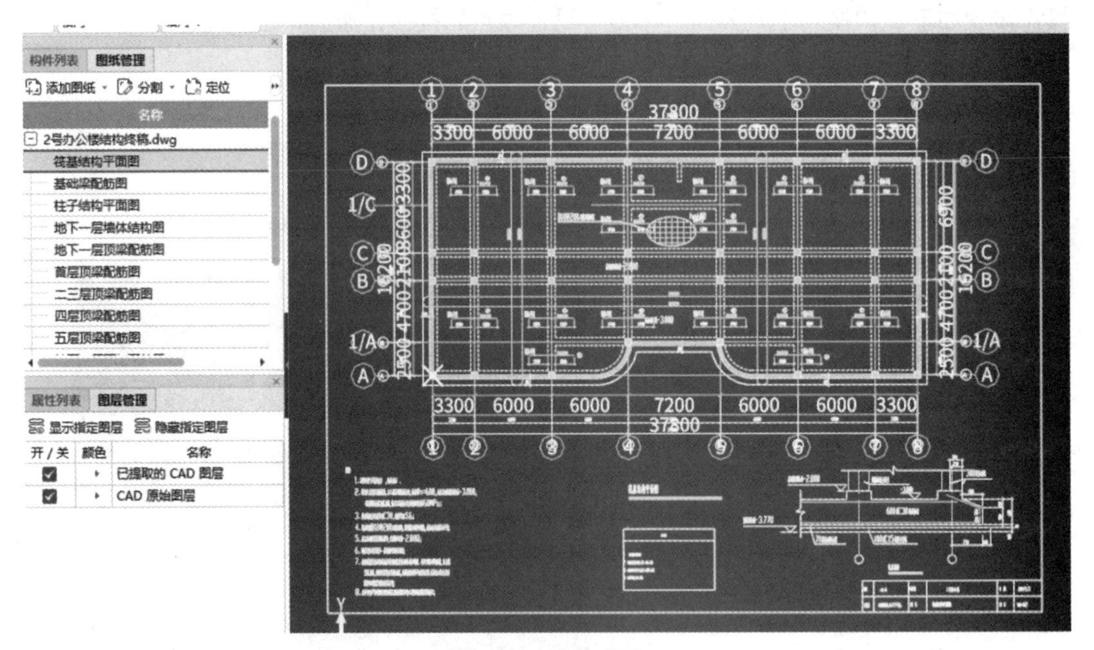

图 2.8.8　定位成果

然后，依次将所有有轴网的图纸按照此方法一一定位，就完成本部分内容的学习。按照建模习惯，接下来就可以识别柱了，一般从首层开始进行柱的建模计算。

模块 3
柱工程量计算

从结施 -04 柱结构平面图中的柱表可以看出，框架柱为 KZ1 ～ KZ4，都是由基础顶开始 KZ1 标高到 14.3 m，KZ2、KZ3 标高到屋面板，KZ4 标高到 3.8 m，下面开始识别柱，软件操作详见本模块。

3.1 识别柱表

学习目的

根据本工程结构施工图内容，完成柱构件的识别。

学习内容

识别柱表。

操作步骤

1. 准备工作

在操作界面单击“建模”按钮，首先将楼层切换到首层，将构件命令切换到柱，将图纸（双击）切换到结施 -04 柱子结构平面图，每次执行识别命令之前都建议先确定这 3 项是否按照自己的需求对应正确，如图 3.1.1 所示。

2. 识别柱表

在软件界面找到识别柱板块，单击“识别柱表”按钮，然后框选图纸右下角的柱表，如图 3.1.2 所示。框选之后单击鼠标右键确定，即弹出“识别柱表”对话框，需要对弹出的对话框进行处理，删除不需要的行或列，注意识别柱表时标高中的汉字是无法识别的，需要改成对应的数字标高，基础顶标高为 −2.8 m，屋面板标高按 19.1 m 处标高考虑，绘制完毕坡屋面板后再平齐板底即可。处理完成界面如图 3.1.3 所示。

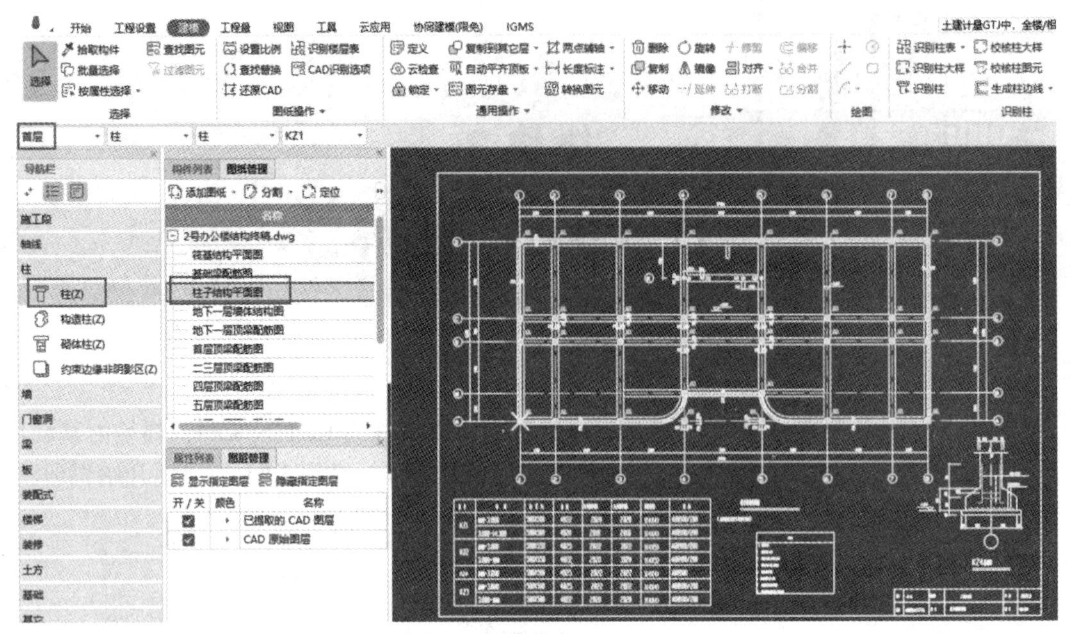

图 3.1.1　识别柱准备工作

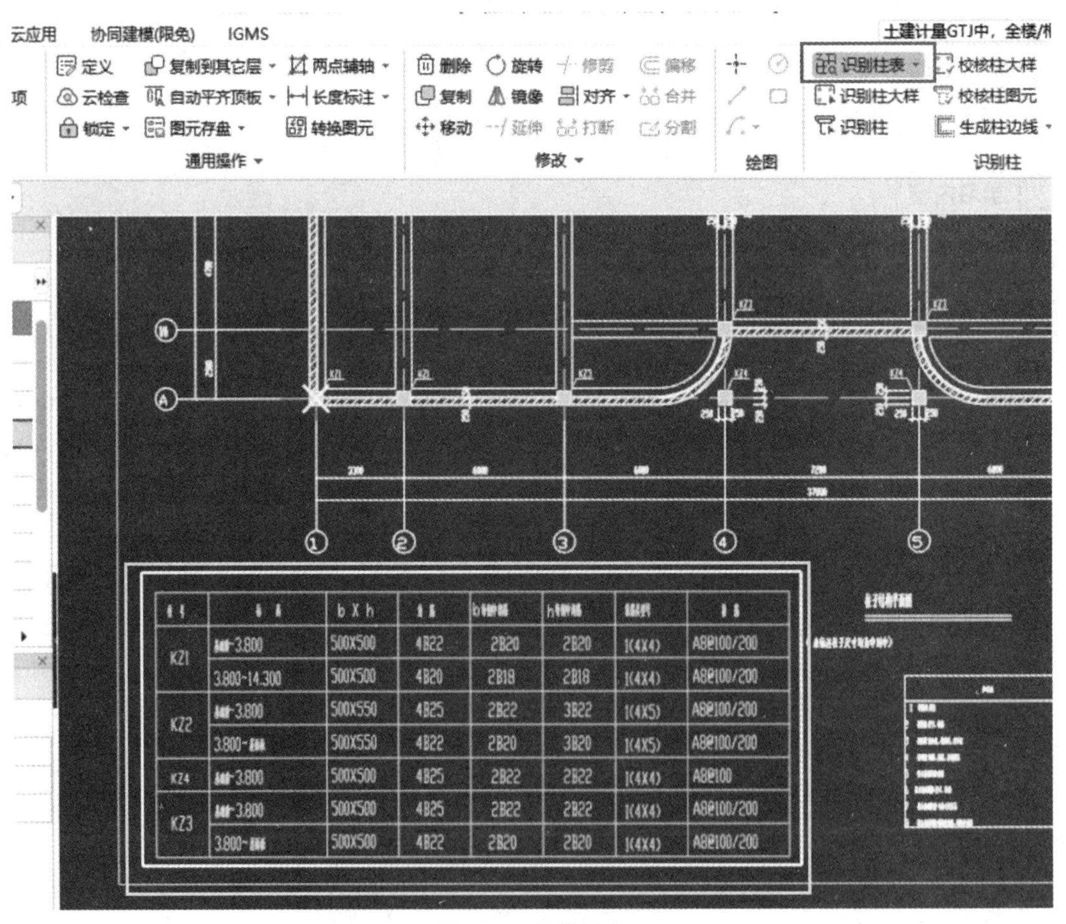

图 3.1.2　框选柱表

柱号	标高	b*h(圆...	角筋	b边一...	h边一...	肢数	箍筋
KZ1	-2.8~3.800	500*500	4B22	2B20	2B20	1(4*4)	A8@100/200
KZ1	3.800~14.300	500*500	4B20	2B18	2B18	1(4*4)	A8@100/200
KZ2	-2.8~3.800	500*550	4B25	2B22	3B22	1(4*5)	A8@100/200
KZ2	3.800~19.1	500*550	4B22	2B20	3B20	1(4*5)	A8@100/200
KZ4	-2.8~3.800	500*500	4B25	2B22	2B22	1(4*4)	A8@100
KZ3	-2.8~3.800	500*500	4B25	2B22	2B22	1(4*4)	A8@100/200
KZ3	3.800~19.1	500*500	4B22	2B20	2B20	1(4*4)	A8@100/200

图 3.1.3　识别柱表

3. 生成构件

处理好柱表中的信息之后，单击“识别”按钮，即完成对柱构件的识别，代表柱构件已经定义新建完成。检查各框架柱尺寸信息及配筋信息与图纸是否一致、是否有误，如图 3.1.4 所示。

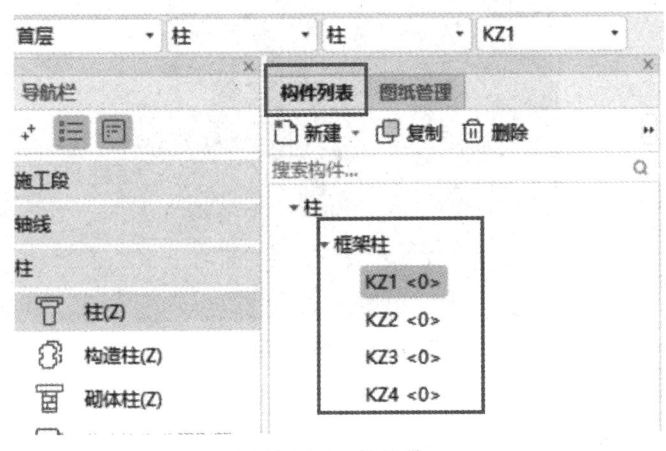

图 3.1.4　柱构件

有了柱构件之后，接下来将柱构件绘制到绘制图区，也就是进行识别柱的操作。

3.2 识别柱

学习目的

根据本工程结构施工图内容，完成柱的识别。

学习内容

识别柱。

操作步骤

1. 提取边线

图纸还是结施 -04 柱子平面图，因为只有一张柱图，所以代表整个工程的柱的位置是一致的，只需要区分不同柱的标高，在不同的楼层进行处理即可。单击“识别柱”按钮，执行“提取边线”→“提取标注”命令进行识别操作，提取边线即提取柱平面图中的柱边线，单击鼠标左键选择柱边线，检查没有遗漏及错误之后，单击鼠标右键提取，如图 3.2.1 所示。

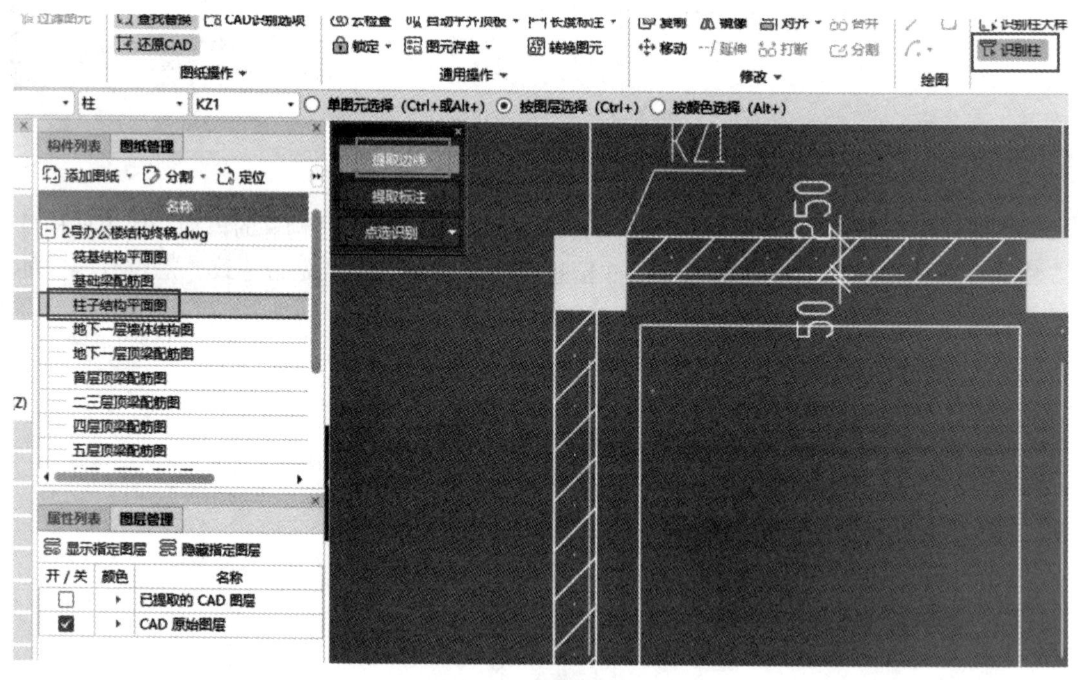

图 3.2.1　提取边线

2. 提取标注

柱边线提取完成之后，进行提取标注操作，柱标注为平面图中柱的编号，也就是 KZ1、KZ2，引线也要一并提取，如图 3.2.2 所示。

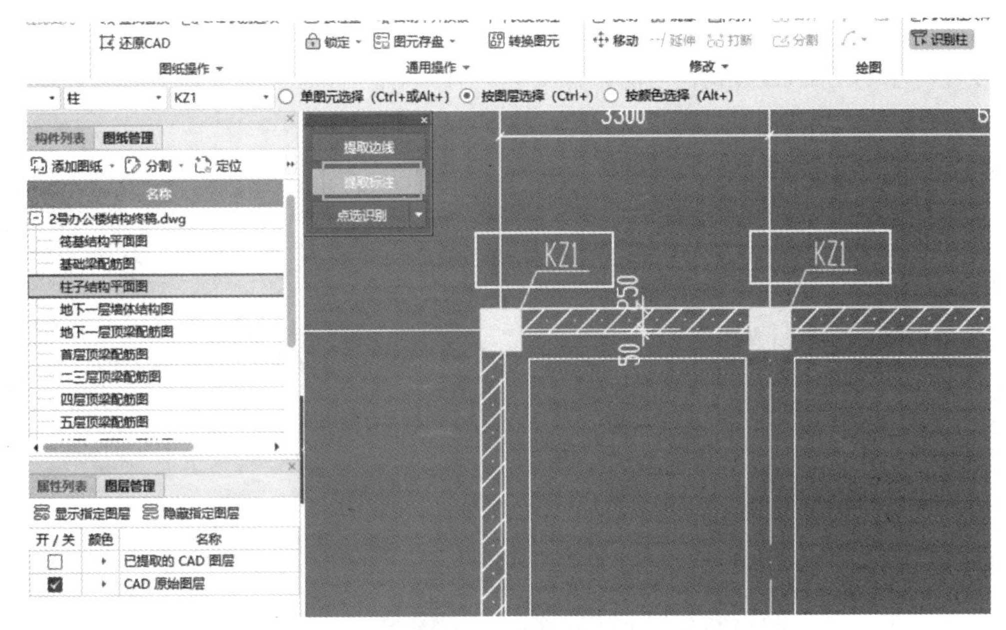

图 3.2.2 提取标注

3. 框选识别

提取步骤完成之后，执行识别命令，这里选择框选识别（其他识别方法只要能保证正确率也可以使用），建议单个框选需要识别的柱，需要将柱边线与柱标识同时框选，如图 3.2.3 所示。

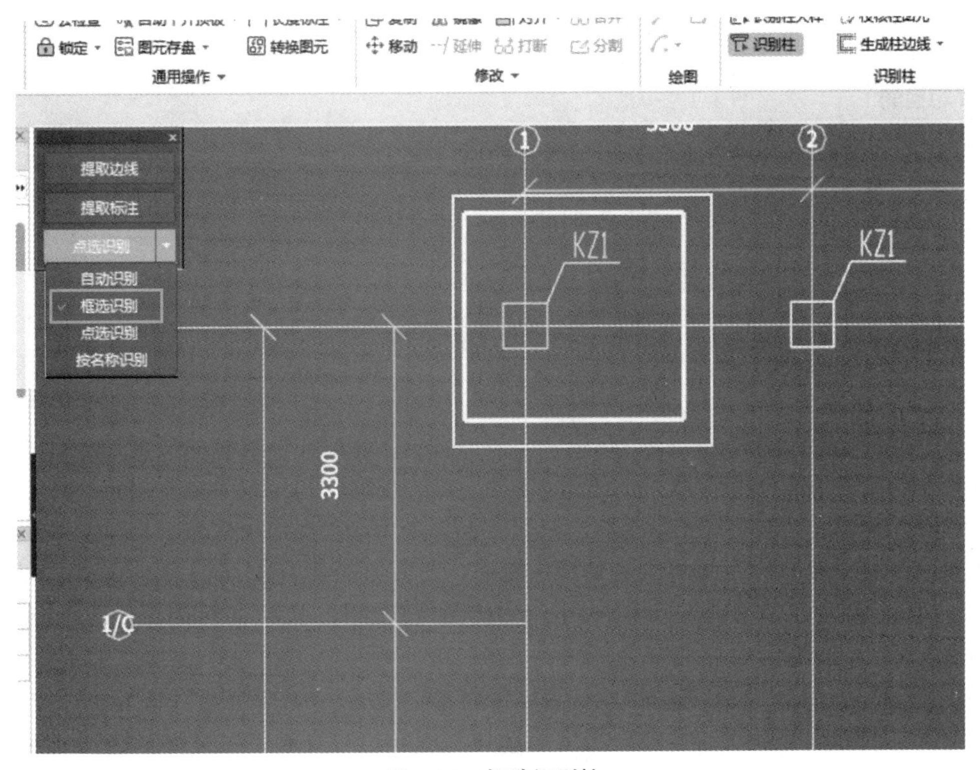

图 3.2.3 框选识别柱

重复框选操作，即可完成首层的柱识别，注意编号为 TZ 的柱可暂时不识别，以避免出现反建构件（识别的反建构件可能只有尺寸没有配筋），后期在楼梯的部分单独处理。完成首层柱的绘制，首层柱图元绘制完成的三维显示如图 3.2.4 所示。

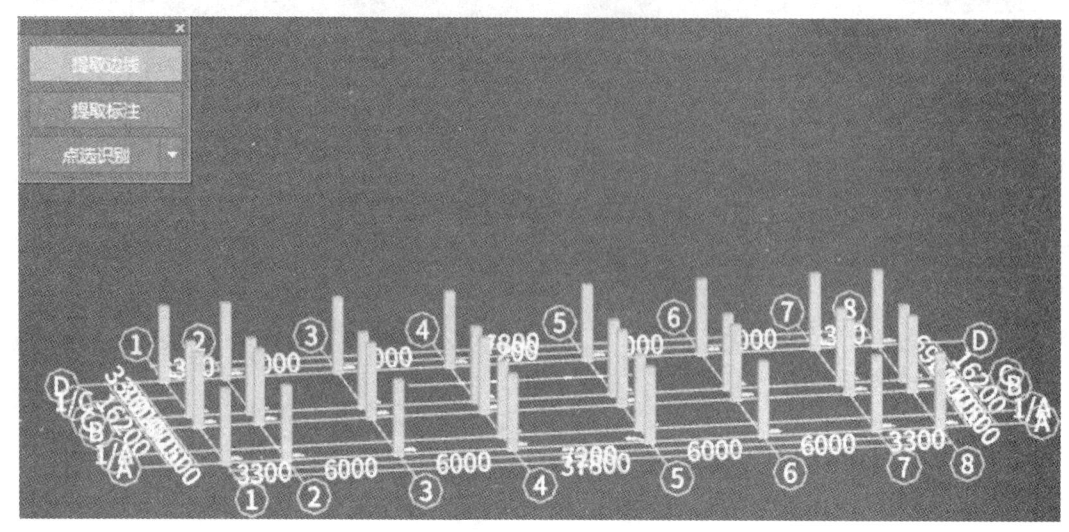

图 3.2.4　首层柱三维显示

3.3　柱二次编辑

学习目的

根据本工程结构施工图，完成其余楼层的柱绘制。

学习内容

复制柱图元；二次编辑柱。

操作步骤

1. 复制柱图元

有了识别首层柱的经验，结合结施 -04 可以看出，各框架柱绘制的位置是一致的，但是因为各框架柱标高有所区别，所以不同的楼层所绘制的柱图元数量并不相同，KZ1 标高为基础顶～ 14.3 m，即 1 ～ 4 层都有，只是不同标高钢筋信息有所区别；KZ2、KZ3 标高为基础顶～屋面板，代表整个项目的楼层都有，也是部分标高钢筋信息不一致；KZ4 标高为基础顶～ 3.8 m，通过结施 -04 右下角大样图可以看出，KZ4 的标高为 −0.7 ～ 3.8 m，所以只是 −1 ～ 1 层有。

有了这些分析，再加上之前识别柱表已经将各个楼层柱构件的信息识别正确，可以直接切换楼层再继续识别，也可以直接批量选择柱图元进行复制，这里以复制图元为例讲解，操作过程如下。在源楼层单击“批量选择”按钮，在弹出的“批量选择”对话框中勾

选需要复制的图元名称，单击“确定”按钮，如图 3.3.1 所示。单击“复制到其它层”按钮，选择需要复制的目标楼层，单击“确定”按钮，如图 3.3.2 所示。

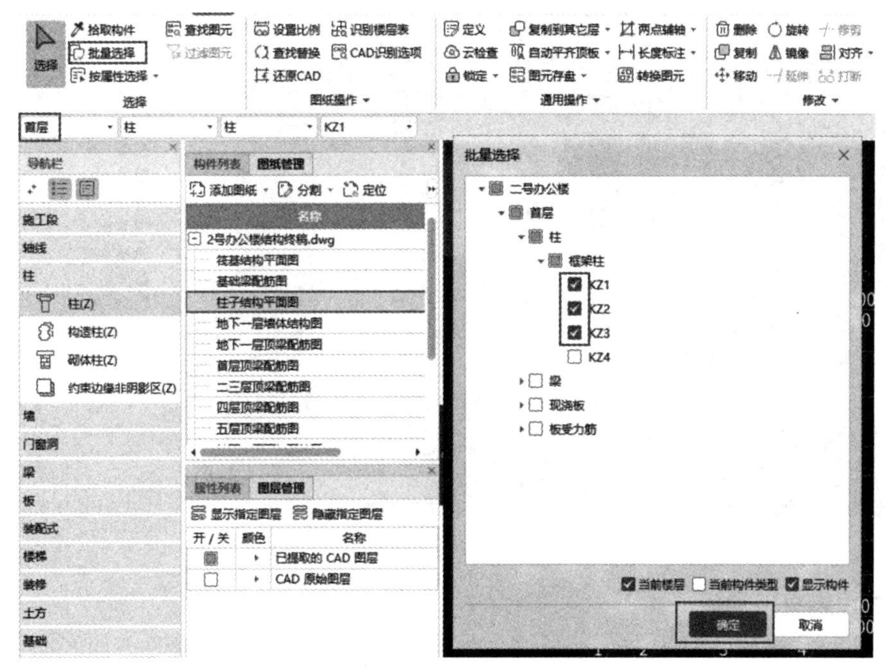

图 3.3.1　批量选择柱图元

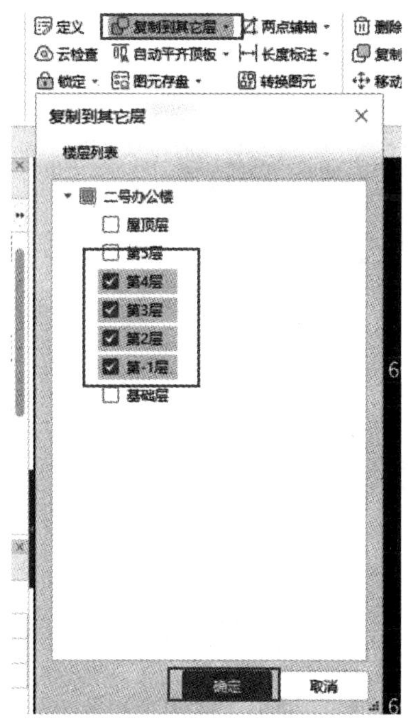

图 3.3.2　“复制到其它层”对话框

结合上述各框架柱对应楼层的分析，可以选择复制图元的方法，也可以选择识别单独楼层的方法，将所有楼层的框架柱进行绘制，完成之后可以在“显示设置”对话框勾选

所有楼层，查看全部楼层的图元三维显示。本工程全部楼层柱绘制结束之后的三维显示如图 3.3.3 所示。

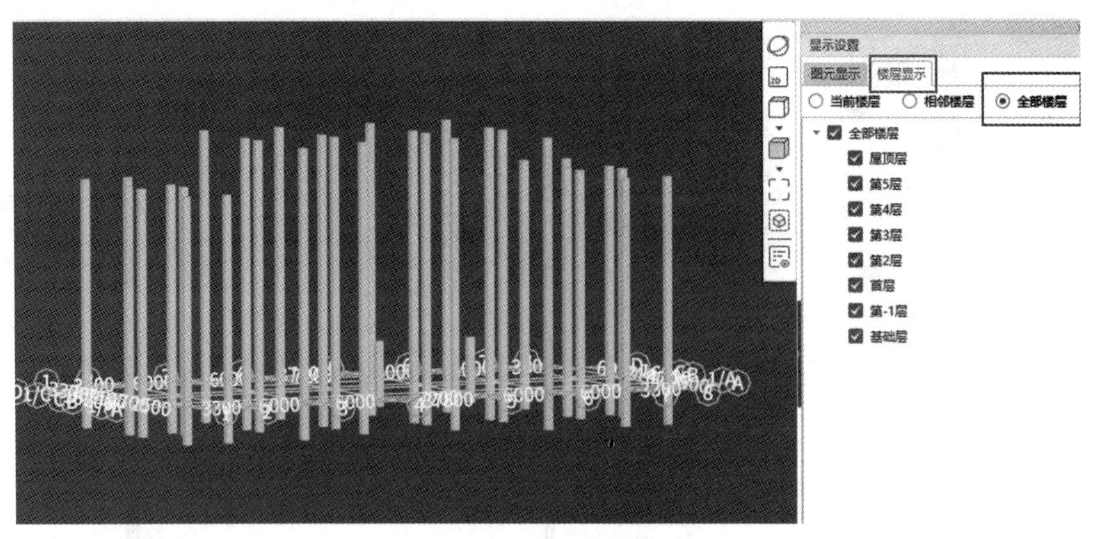

图 3.3.3　柱三维视图

2. 二次编辑柱

在识别和绘制柱的过程中，不可避免地会进行一些信息上的修改，如 KZ4，分析出 KZ4 的底标高为 −0.7 m，因此在绘制 −1 层的时候需要修改底标高，如图 3.3.4 所示。

图 3.3.4　修改柱底标高

另外，需要注意所有构件的属性名称的区别，蓝色字体为公有属性，当修改公有属性时，本楼层该名称的构件与图元的信息都会随着修改而变化；黑色字体为私有属性，当构件的私有属性被修改后，不会影响已经绘制在绘图区的图元信息，当修改绘图区的图元私有属性时，该楼层的同名构件信息是不会发生变化的，特别注意名称是比较特殊的公有属性。

如果要手动绘制偏心柱，即柱的位置与轴线的位置不是对称的，具体操作步骤为：二次编辑柱→查改标注→修改绿色数值，如图 3.3.5 所示。

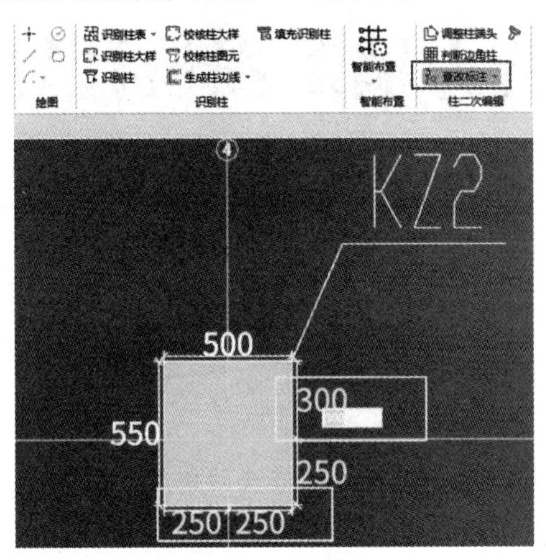

图 3.3.5　查改标注

思 考

对于公有属性与私有属性，在修改过程中应注意哪些问题？

模块 4
剪力墙工程量计算

4.1 识别剪力墙表

学习目的

根据本工程结构施工图内容，完成剪力墙表的识别。

学习内容

识别剪力墙表。

操作步骤

1. 准备工作

通过结施 -05 可以发现 -1 层是有剪力墙的，而且只有 -1 层有，因此在正式识别剪力墙表之前需要先将楼层切换到 -1 层，将构件命令切换到剪力墙构件，将图纸切换到结施 -05 地下一层墙体结构图，如图 4.1.1 所示。

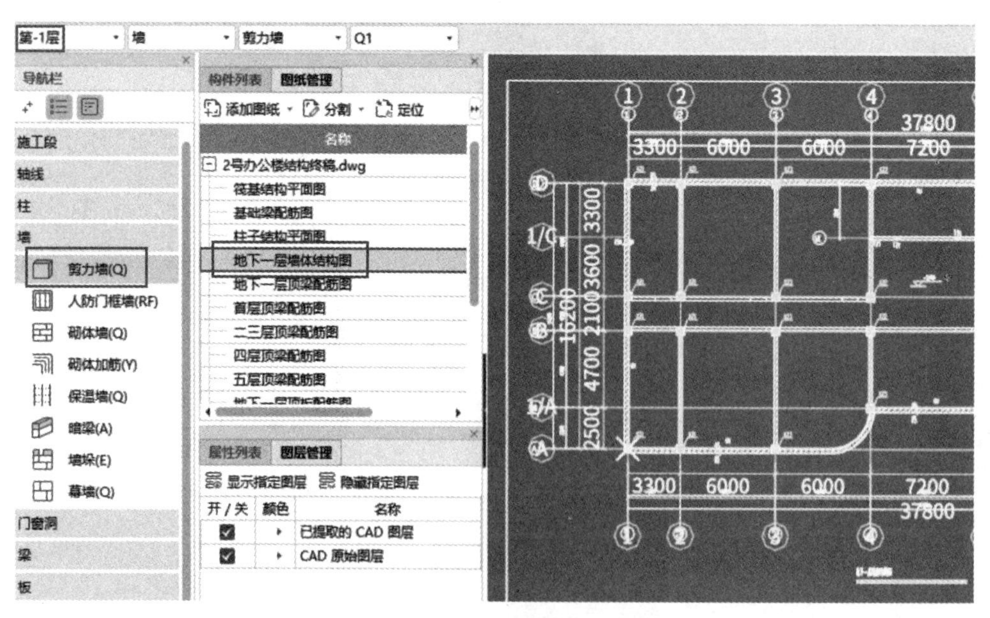

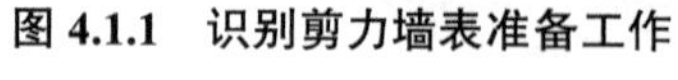
图 4.1.1 识别剪力墙表准备工作

2. 识别剪力墙表

接下来即可开始识别剪力墙表的操作，单击“识别剪力墙表”按钮，然后框选本结构图左下角的剪力墙表，如图 4.1.2 所示。

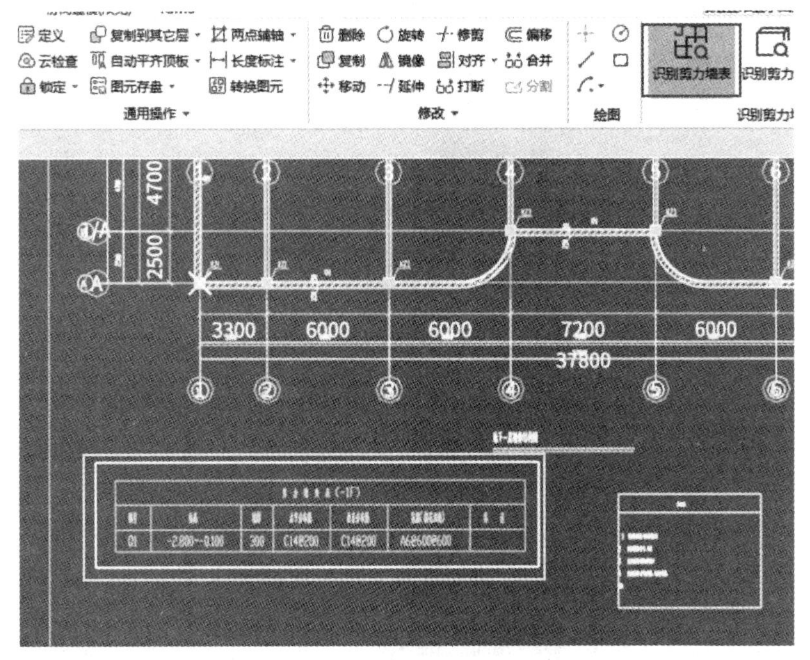

图 4.1.2　框选剪力墙表

框选完成之后，单击鼠标右键确认，弹出“识别剪力墙表”对话框，与识别柱表类似，需要将多余的行或列删除，检查标高及信息是否需要修改，修改完成之后的界面如图 4.1.3 所示。

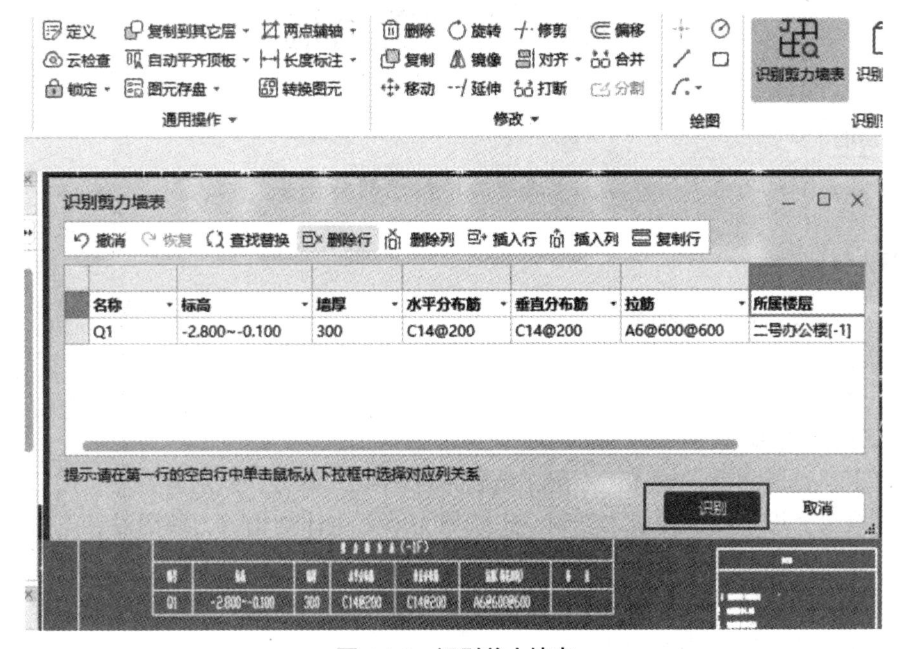

图 4.1.3　识别剪力墙表

单击“识别”按钮，因为只有 -1 层有剪力墙，所以只识别出 1 个构件，且识别出的构件默认为内墙，但此剪力墙为外墙，需要点开构件属性列表，找到“内 / 外墙标志”，将属性由“内墙”改为“外墙”，而且需要检查尺寸及钢筋信息是否有误，如图 4.1.4 所示。

图 4.1.4　剪力墙“内 / 外墙标志”

4.2　识别剪力墙

学习目的

根据本工程结构施工图内容，完成剪力墙的识别与合并。

学习内容

识别剪力墙；合并剪力墙。

操作步骤

1. 识别剪力墙

构件识别完成之后，软件还停留在结施 -05 图纸，单击“识别剪力墙”按钮，操作步骤为：提取剪力墙边线→提取墙标识→识别剪力墙。主体结构剪力墙图没有门窗线，不需要提取操作。在绘制砌体墙和门窗时需要用到提取门窗线。

提取剪力墙边线，单击图层中的剪力墙边线，注意不要选择错误的线条，提取的线条完整性也需要检查，如图 4.2.1 所示。

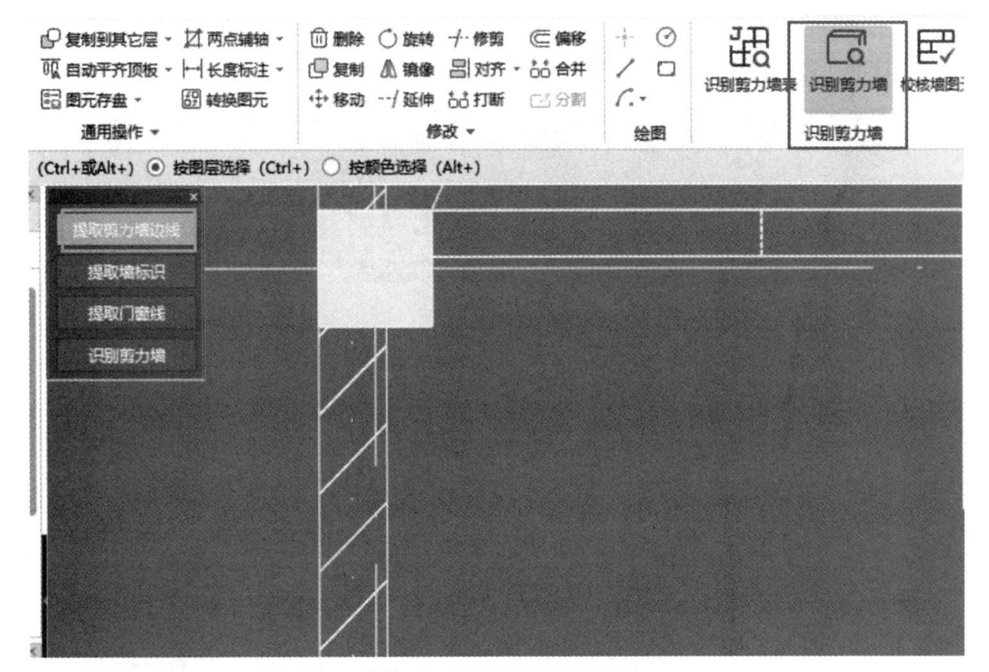

图 4.2.1　提取剪力墙边线

检查无误后，单击鼠标右键提取，再执行“提取墙标识”命令，墙标识即图纸中剪力墙的名称 Q1，如图 4.2.2 所示。

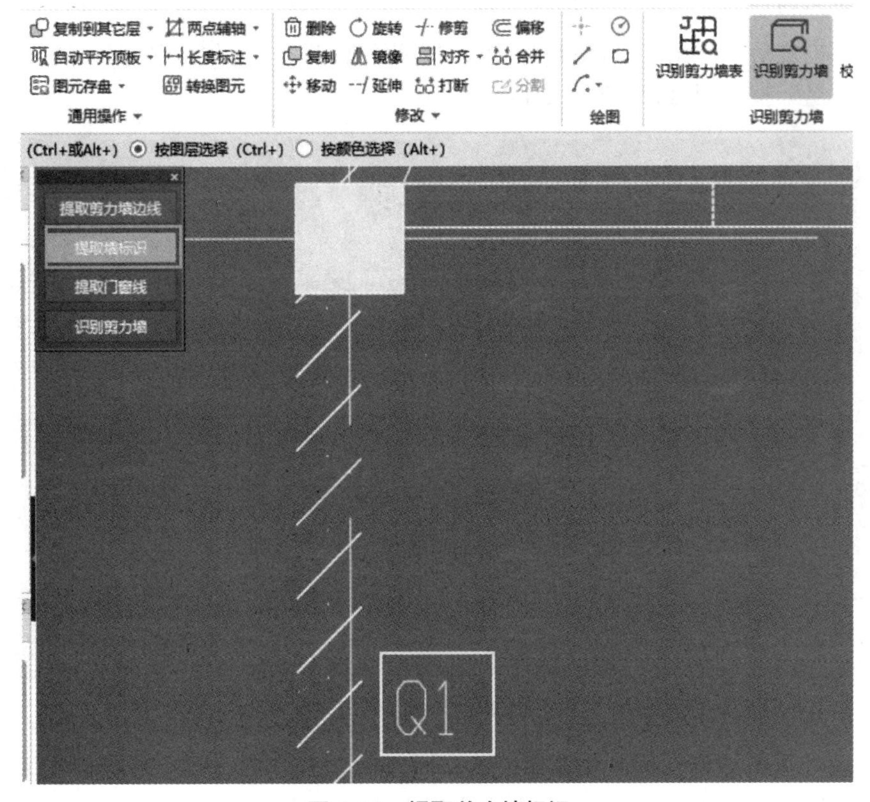

图 4.2.2　提取剪力墙标识

检查无误后，单击鼠标右键提取，就可以操作识别剪力墙，软件可以提供“自动识别”“框选识别”“点选识别”3 种识别方法，如图 4.2.3 所示。

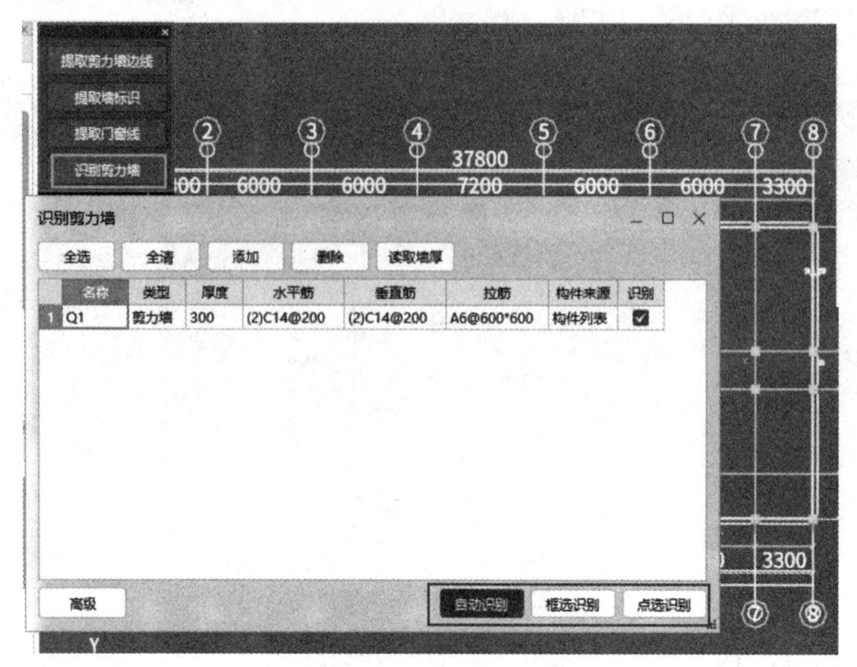

图 4.2.3　剪力墙识别方法

因为本项目只有一个剪力墙构件，所以 3 种识别方法都可以使用，这里以自动识别为例介绍，单击之后会弹出一个提示对话框，提醒绘制墙之前应先绘制好柱，柱已经绘制完成，单击“是”按钮即可，如图 4.2.4 所示。

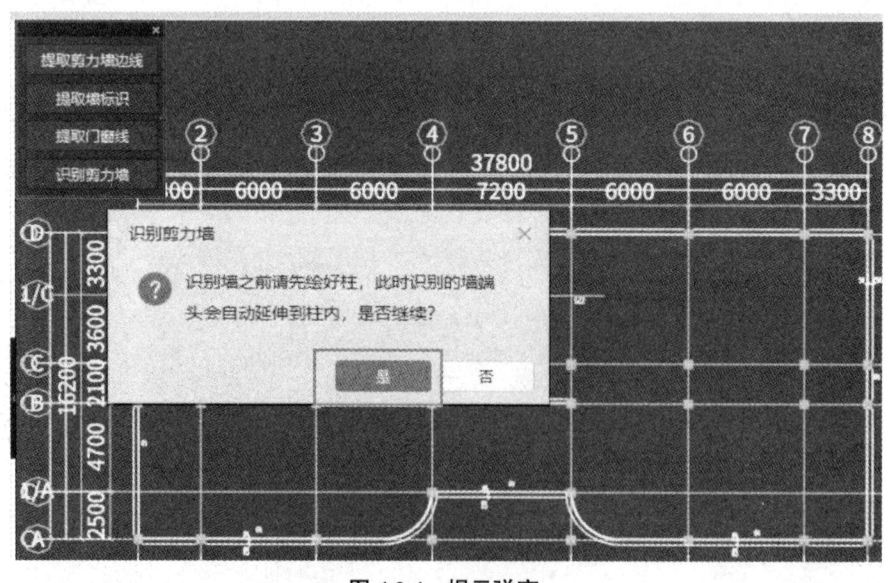

图 4.2.4　提示弹窗

之后软件进行识别，同时校核墙图元，本工程识别之后会弹出校核墙图元的问题描述，此时会发现墙体已经识别好，但是会出现未使用的墙边线的弹窗，如图 4.2.5 所示。

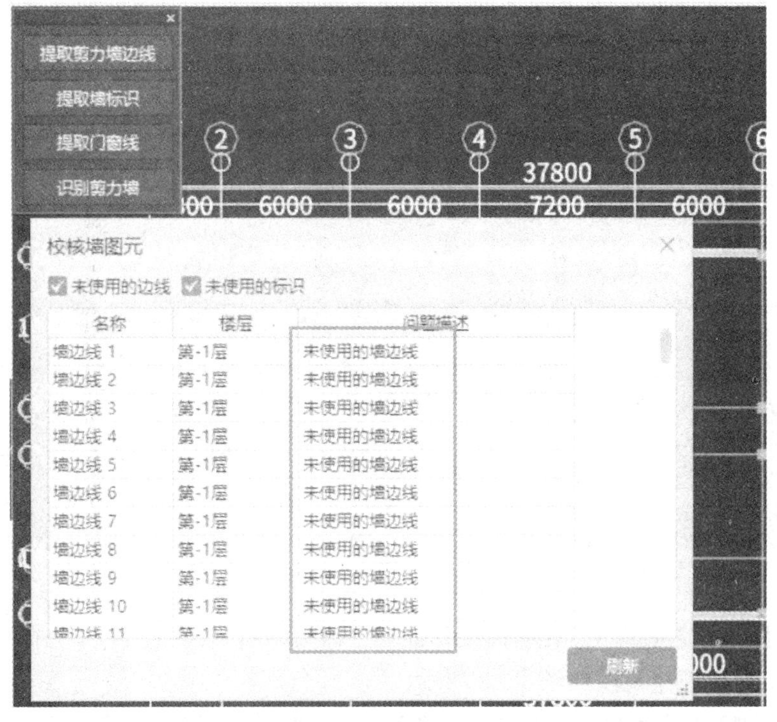

图 4.2.5　校核墙图元

双击第一个问题描述，软件会自动追踪描述的墙边线，发现确实是不需要识别的，那么剩下的问题也就不需要关注了（都是没有问题的），剪力墙识别完成。

2. 合并剪力墙

剪力墙识别完成后，检查发现，南立面弧形部分的剪力墙是断开的状态，如图 4.2.6 所示。

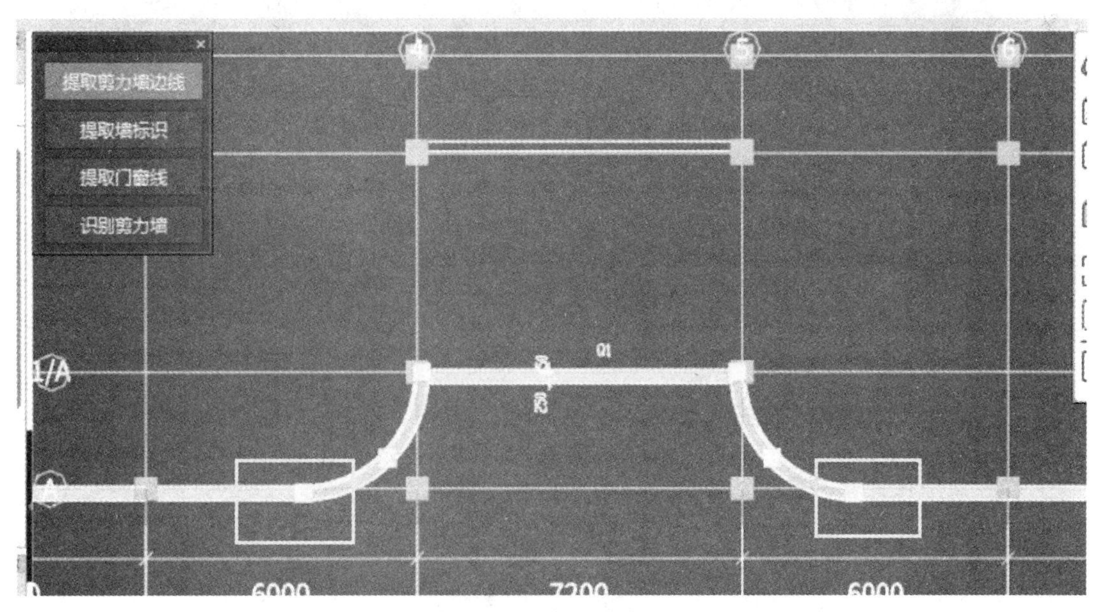

图 4.2.6　检查剪力墙图元

这样对钢筋量是有影响的，这里不应该断开，因此需要将①～④轴、⑤～⑧轴的剪力墙合并，操作步骤如下。选中①～④轴的剪力墙，单击鼠标右键，执行“合并”命令或直接单击“修改”面板中的“合并”按钮即可，⑤～⑧轴操作同上，如图 4.2.7 所示。

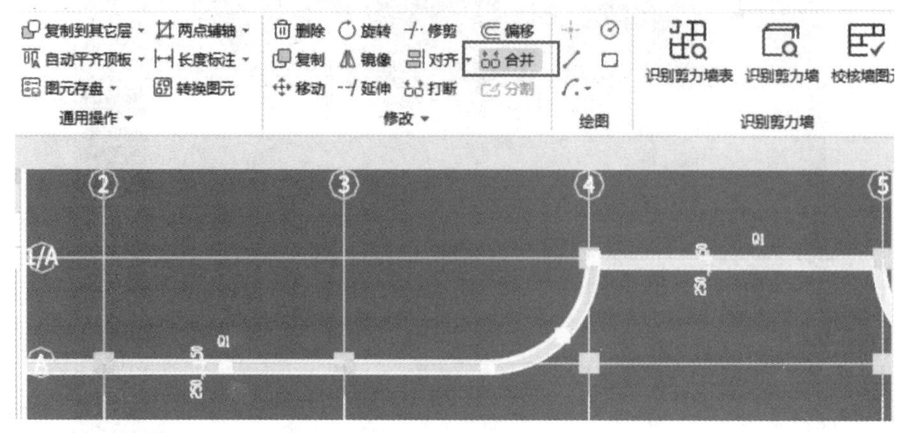

图 4.2.7　合并剪力墙

软件弹出合并完成提示，代表此操作成功，剪力墙绘制结束，同样选择显示全部楼层的所有构件。柱墙三维视图如图 4.2.8 所示。

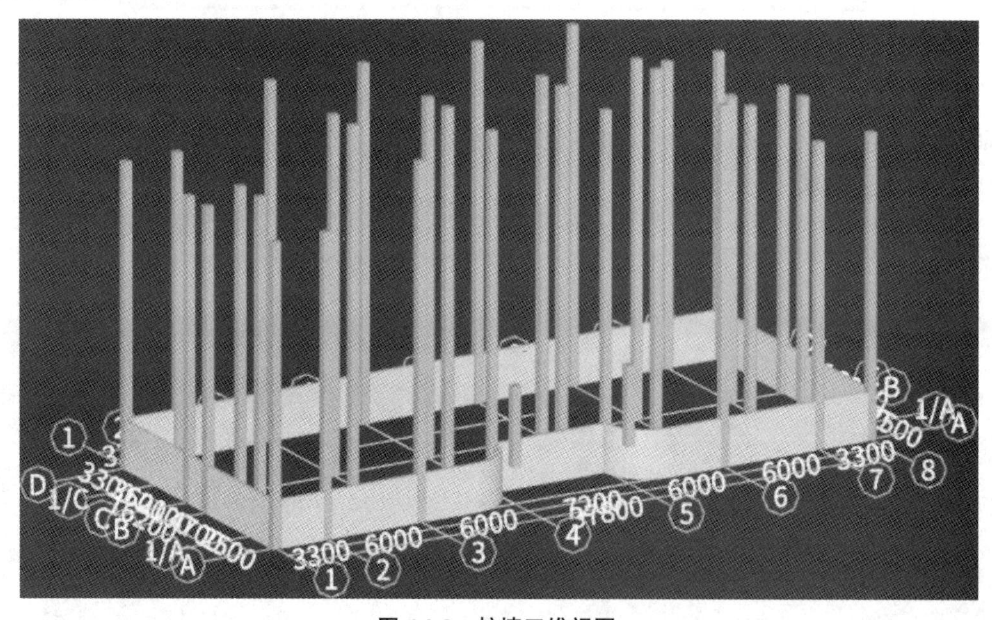

图 4.2.8　柱墙三维视图

思 考

在什么阶段提取门窗线？

模块 5 梁工程量计算

5.1 地下一层识别梁

学习目的

根据本工程结构施工图内容，完成地下一层梁的识别和绘制。

学习内容

提取边线；自动提取标注；点选识别。

操作步骤

1. 准备工作

剪力墙绘制完成后，接下来操作 -1 层的梁。首先还是确定楼层是否在 -1 层，将构件命令切换到梁，将图纸切换对应结施 -06 地下一层顶梁配筋图，如图 5.1.1 所示。

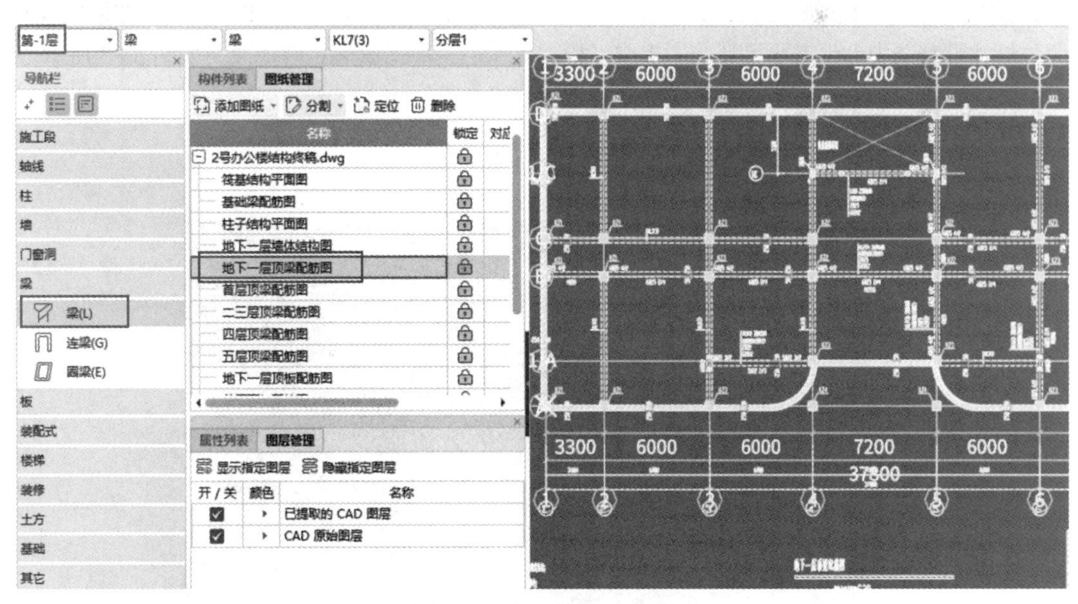

图 5.1.1　识别梁准备工作

2. 识别梁

单击“识别梁”按钮，识别步骤为：识别梁→提取边线→自动提取标注→点选识别梁。提取边线即提取梁边线，单击选择梁边线，需要注意在提取过程中要检查提取的边线是否完整，避免部分梁边线漏提，检查无误后，单击鼠标右键提取，如图 5.1.2 所示。

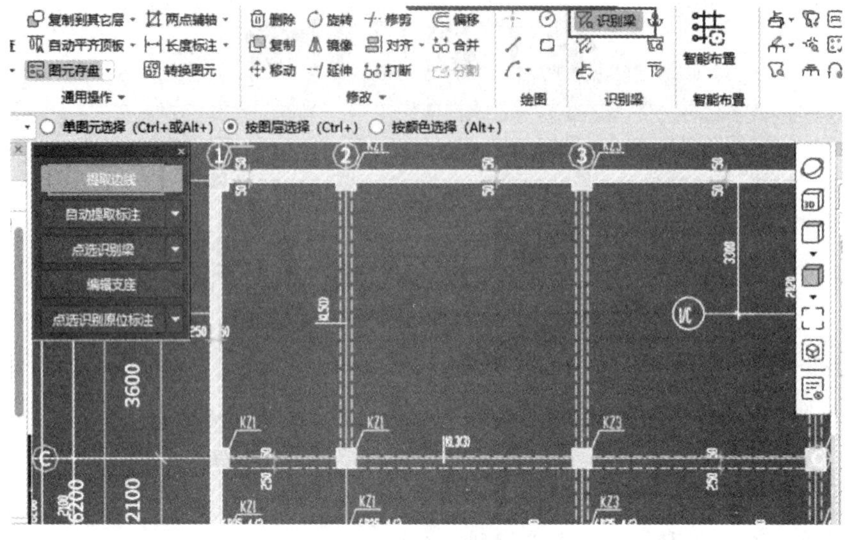

图 5.1.2　提取边线

接下来提取标识，软件提供自动提取标注、提取集中标注、提取原位标注 3 种提取方式。自动提取标注：软件会自动判定所选择的标注信息为集中标注还是原位标注；提取集中标注：软件会将所选择的标注信息提取为集中标注信息；提取原位标注：软件会将所选择的标注信息提取为原位标注信息。

这里选择自动提取标注方式，在结构平面图中选择图纸中的集中标注及引线，如果发现有原位标注没有选中，也需要将其选中提取，检查无误后，单击鼠标右键提取，如图 5.1.3 所示。

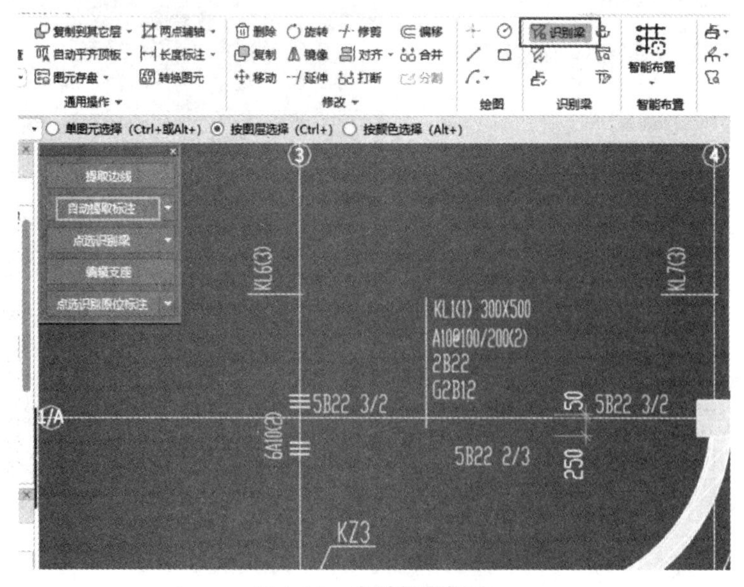

图 5.1.3　自动提取标注

集中标注呈现为黄色，原位标注呈现为粉色，梁边线与标注信息都提取完毕后，就开始识别梁，这里建议采用点选识别梁方式，如果能解决正确率的问题，也可选择自动识别和框选识别方式。本书以点选识别梁为例进行介绍。单击“点选识别梁”按钮，弹出“点选识别梁”对话框，可以根据状态栏中的提示操作（“左键点选梁集中标注 < 右键确认 / Esc 放弃 >”），如图 5.1.4 所示。

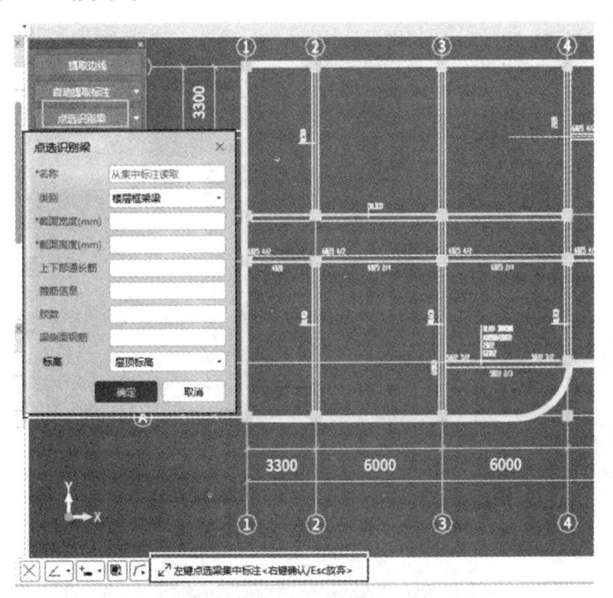

图 5.1.4 “点选识别梁”对话框

接下来选择需要识别的梁的集中标注，建议在识别的时候先识别有集中标注信息的梁，因为图纸中可能存在相同名称的梁，相同名称的梁的信息一致。遇到没有集中标注信息的梁，在进行识别的时候直接单击名称即可，如在弹窗中没有尺寸及钢筋等信息，则可以先对有集中标注的梁先进行识别，此处以Ⓑ轴交①～⑧轴的 KL2（7）为例，单击它的集中标注，会发现，KL2（7）的尺寸及配筋信息会在对话框中体现出来，再根据状态栏提示继续操作，信息无误后，单击鼠标右键确认，如图 5.1.5 所示。

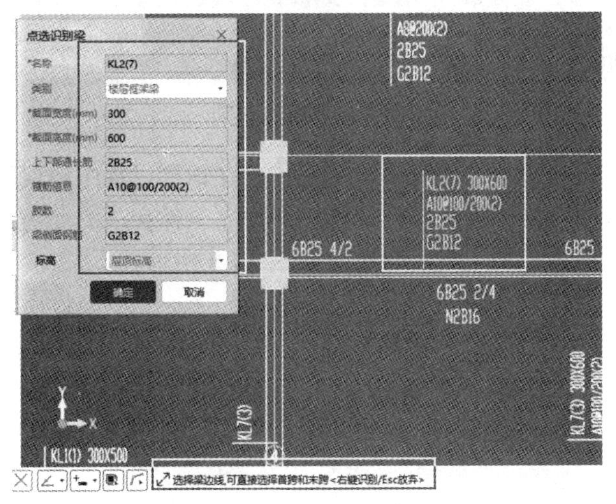

图 5.1.5 集中标注

根据提示单击 KL2（7）的梁边线，注意跨数，如果识别的梁在平面上是齐平的，则可以按照提示直接选择首跨和末跨，但如果整道梁部分跨平面并不齐平，要完成图纸要求，则需要每跨都选择，这样就能完成要求。选择好首跨和末跨之后单击鼠标右键确定即完成第一道梁的识别，图元呈现的颜色为粉色，在构件列表中能看到识别的第一个构件，如图 5.1.6 和图 5.1.7 所示。

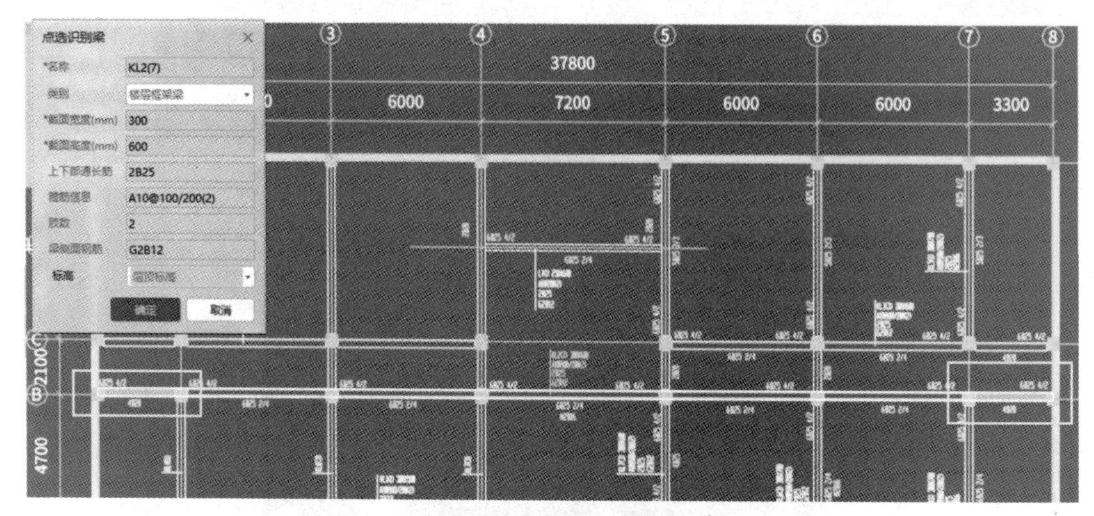

图 5.1.6　选择首跨和末跨

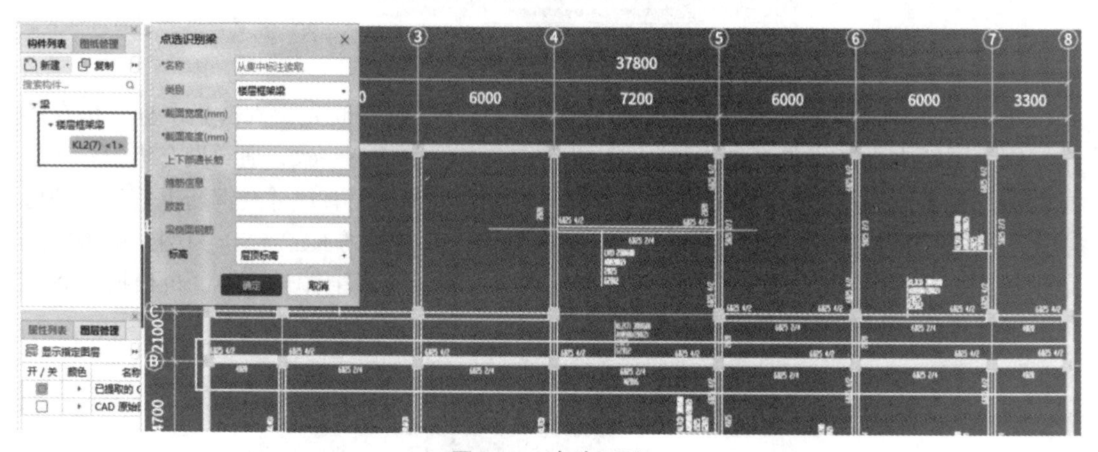

图 5.1.7　点选识别

按照相同的操作，将剩下的所有梁识别完成，在识别过程中建议先对可以形成支座的梁进行识别，因为如果识别的梁支座与属性不一致，软件会以图元为大红色来表示，后期需要进行处理，将所有梁识别完成后的界面如图 5.1.8 所示。

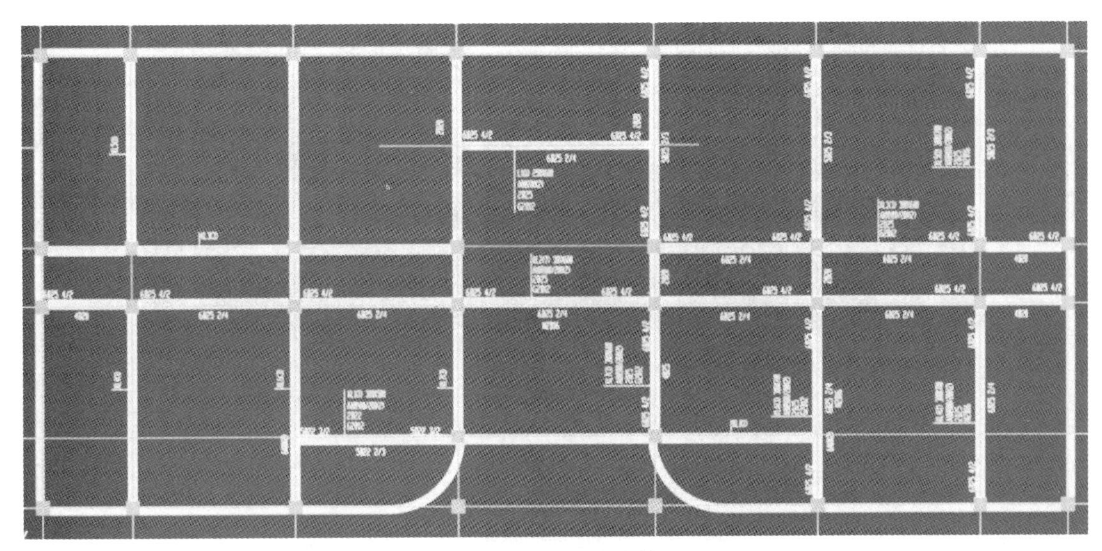

图 5.1.8 −1 层识别梁

5.2 地下一层识别原位标注

学习目的

根据本工程结构施工图内容，完成地下一层梁的原位标注识别。

学习内容

单构件识别原位标注。

操作步骤

在没有梁跨错误的情况下，接下来进行梁的原位标注，梁的集中标注和原位标注组成一道梁的完整信息，因此原位标注很重要，即使一道梁没有原位标注信息，也需要在软件中执行原位标注操作。软件用单构件识别原位标注，如果用单构件识别有没有识别上的原位标注，再用点选识别原位标注补充。单击识别梁，再单击单构件识别原位标注，建议识别原位标注时，先识别带有原位标注信息的梁，等到所有带有原位标注信息的梁识别完成后，再识别没有原位信息的梁，此处以 KL2（7）为例进行介绍，根据提示操作，如图 5.2.1 ～ 图 5.2.4 所示。

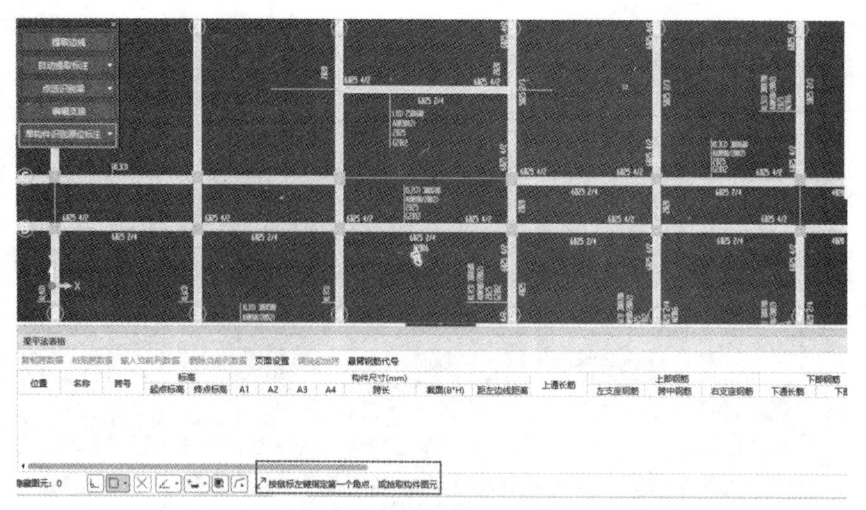

图 5.2.1　单构件识别原位标注（一）

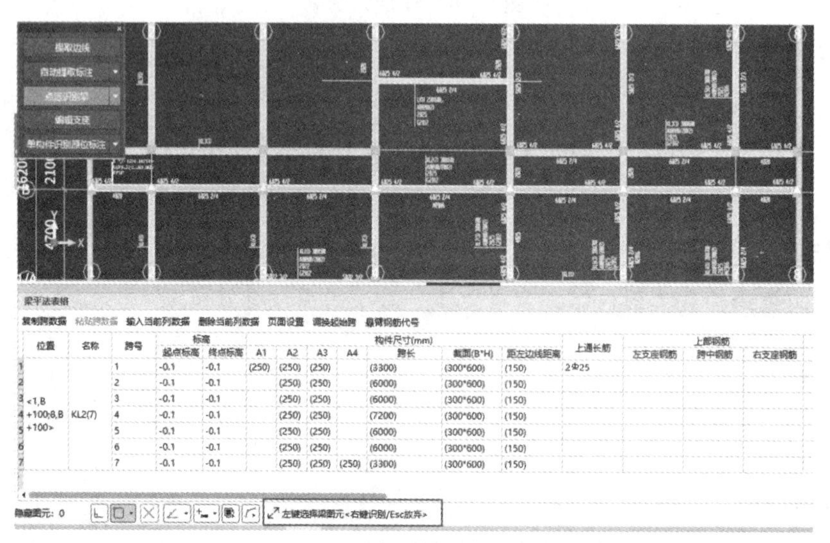

图 5.2.2　单构件识别原位标注（二）

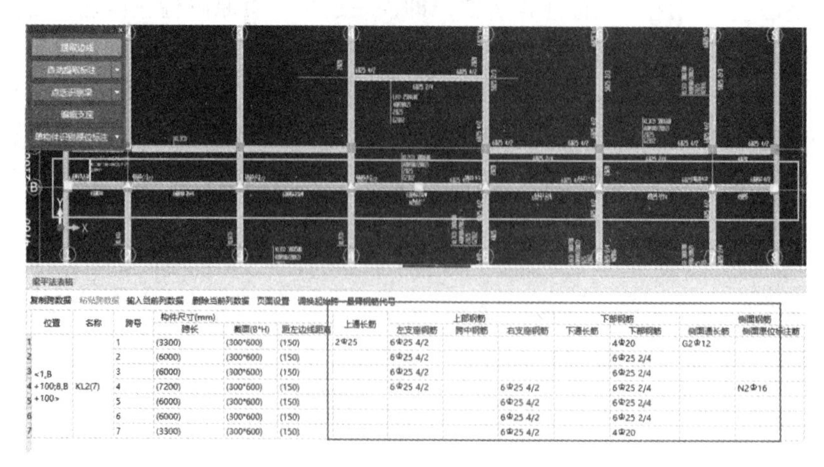

图 5.2.3　单构件识别原位标注（三）

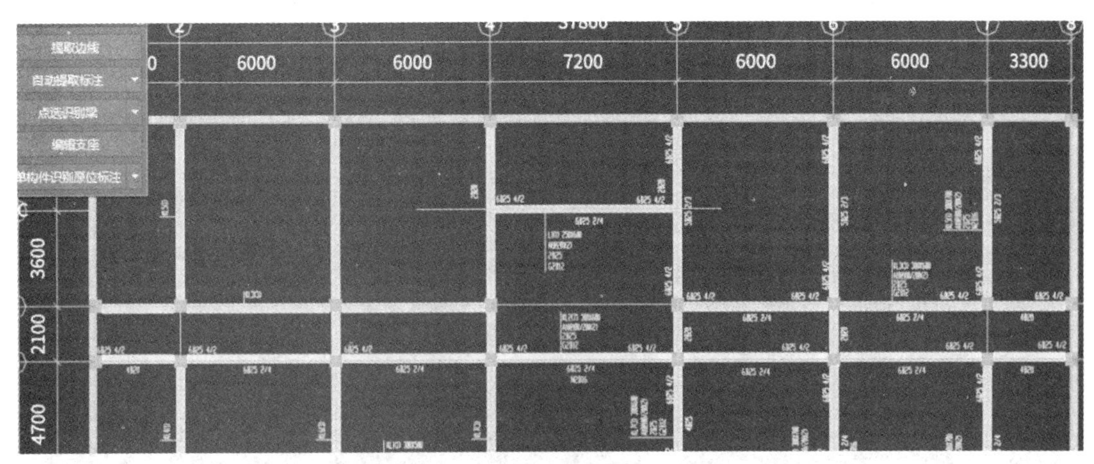

图 5.2.4　单构件识别原位标注（四）

梁以绿色的状态来表示是否进行了梁跨的提取（也就是是否做了原位标注，未做原位标注为粉色，做了原位标注为绿色），按照此方法，对所有带有原位标注的梁进行识别。注意：结构图中附加钢筋的信息不需要识别，如图 5.2.5 所示。

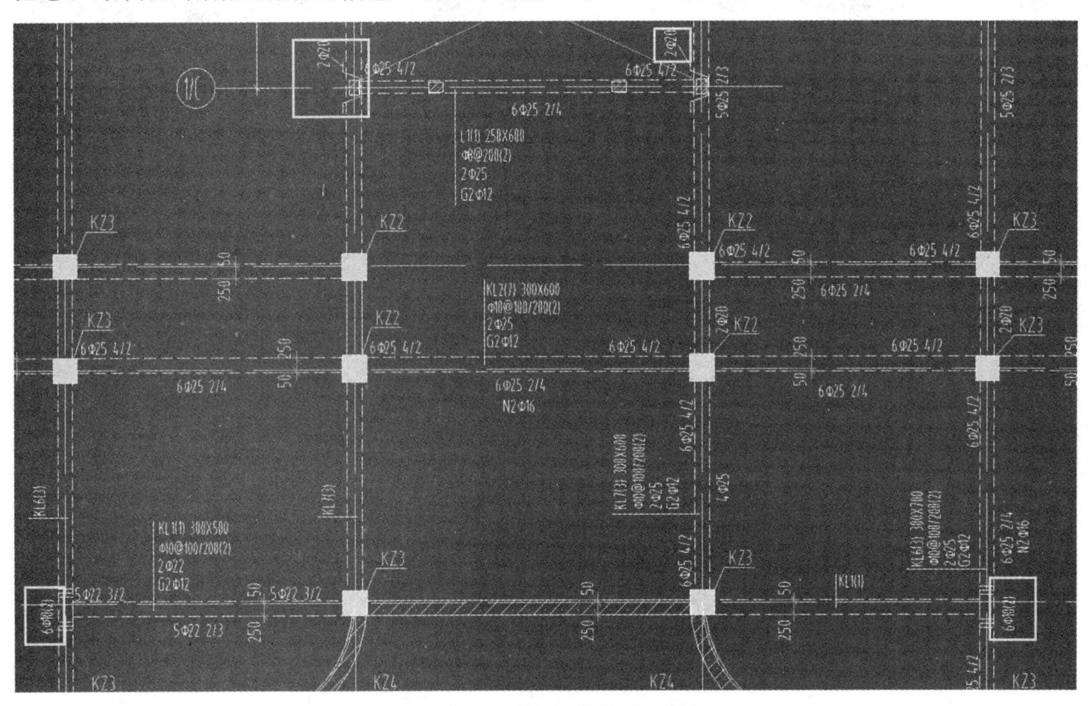

图 5.2.5　附加钢筋标注示意

将有原位标注信息的梁识别完成会发现⑤轴的梁的附加钢筋信息也被识别了，因此需要处理。单击鼠标左键点开梁平法表格，发现将附加箍筋识别成了跨中钢筋，识别有误，因此需要将第四跨的跨中钢筋删除，操作步骤如图 5.2.6 ～ 图 5.2.8 所示。

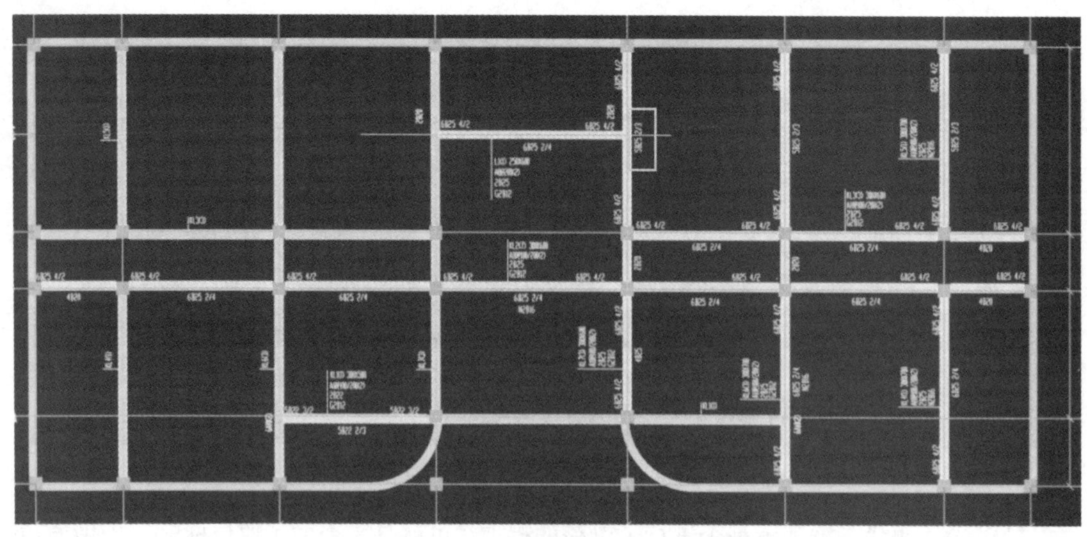

图 5.2.6　修改原位标注（一）

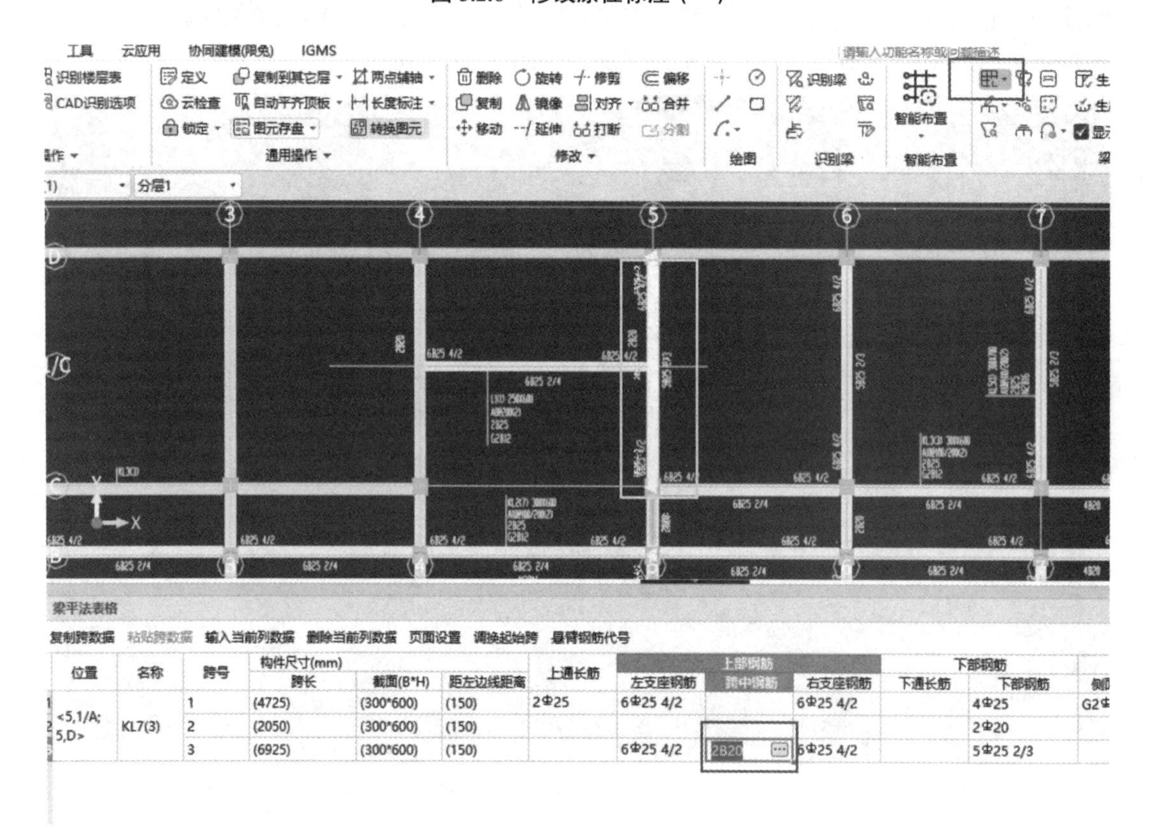

图 5.2.7　修改原位标注（二）

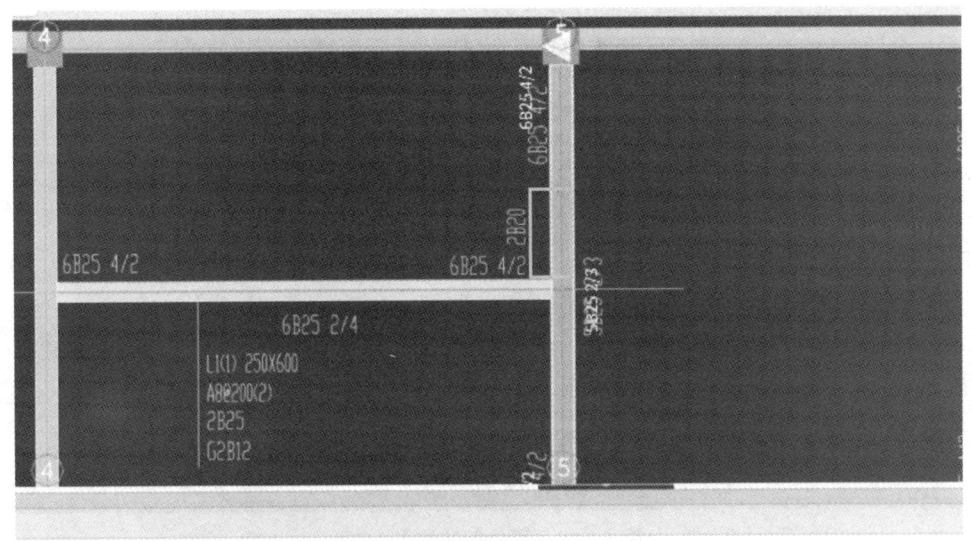

入当前列数据　删除当前列数据　页面设置　调换起始跨　悬臂钢筋代号

号	构件尺寸(mm)			上通长筋	上部钢筋			下部钢	
	跨长	截面(B*H)	距左边线距离		左支座钢筋	跨中钢筋	右支座钢筋	下通长筋	
	(4725)	(300*600)	(150)	2Φ25	6Φ25 4/2		6Φ25 4/2		4Φ
	(2050)	(300*600)	(150)						2Φ
	(6925)	(300*600)	(150)		6Φ25 4/2		6Φ25 4/2		5Φ

图 5.2.8　修改原位标注（三）

检查无误后对剩下的所有未原位标注的梁进行单构件识别原位标注。如出现同样将附加钢筋信息识别的情况，按上面的操作处理（删除）即可。原位标注成果如图 5.2.9 和图 5.2.10 所示。

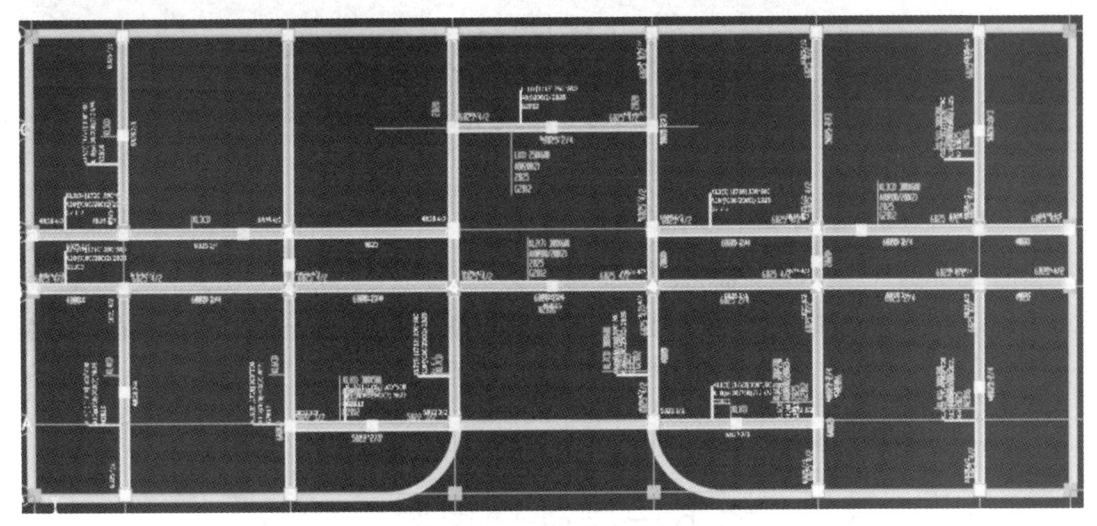

图 5.2.9　原位标注结果（一）

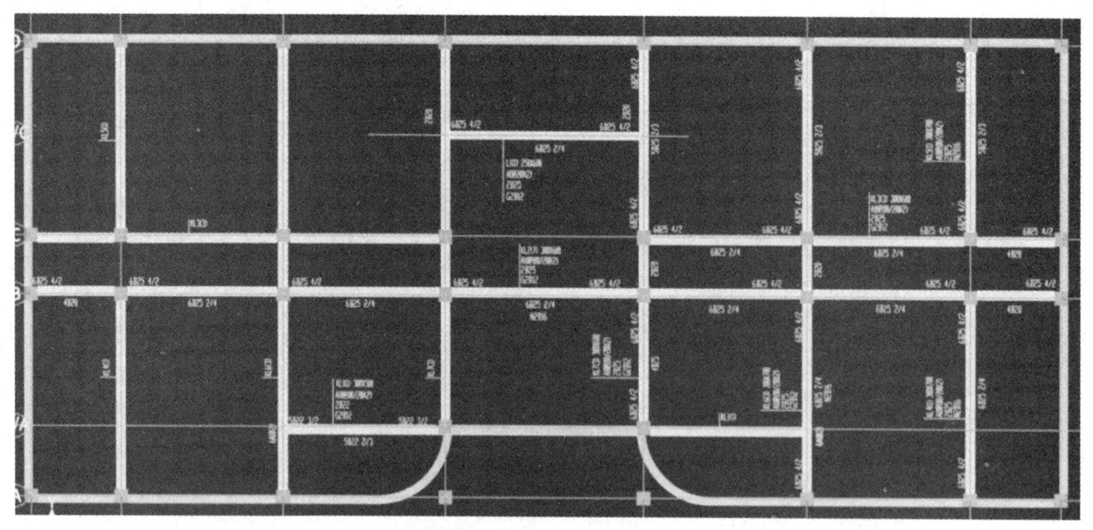

图 5.2.10　原位标注结果（二）

如需检查原位标注是否遗漏，可以使用合法性检查功能，单击“工程量”选项卡中的“合法性检查”按钮［快捷键 F5（台式计算机）/“Fn ＋ F5”组合键（笔记本计算机）］，合法性检查成功即代表梁跨提取完成，如图 5.2.11 所示。

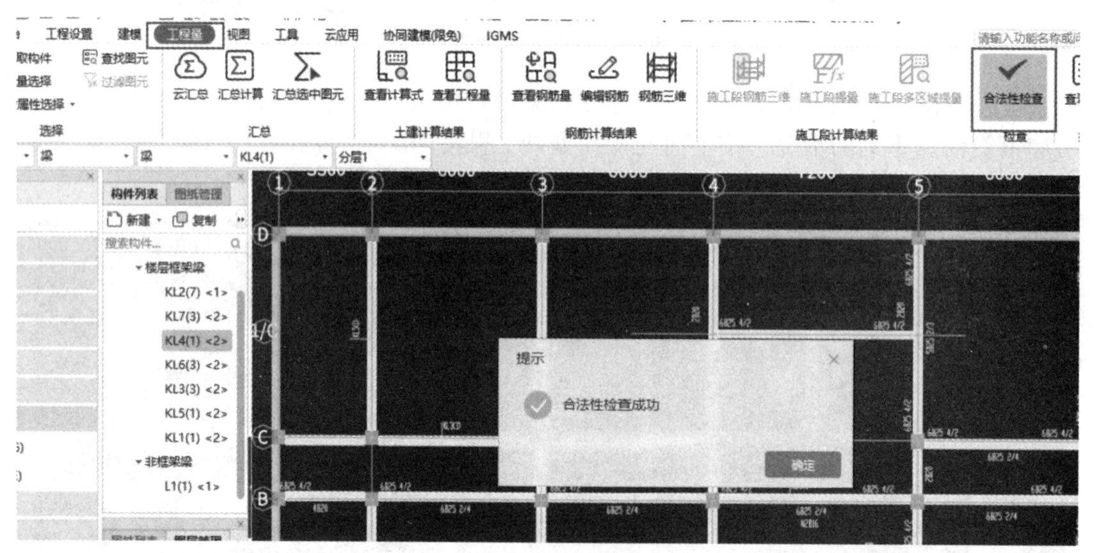

图 5.2.11　合法性检查

5.3　地下一层处理梁附加钢筋

学习目的

根据本工程结构施工图内容，完成地下一层梁的附加钢筋输入。

学习内容

附加钢筋输入。

操作步骤

绘制梁的最后一步，是添加附加钢筋信息。由图纸可以看出，总共有 4 道梁需要附加钢筋，③轴与⑥轴的梁需要附加箍筋（次梁加筋），④轴与⑤轴的梁需要附加吊筋，操作步骤如下。在“建模”选项卡中单击梁平法表格，选择需要加钢筋的梁，在对应跨的钢筋信息处手动输入图纸要求信息即可，手动添加吊筋时需要在对应跨先根据图纸信息输入次梁宽度，如图 5.3.1 和图 5.3.2 所示。

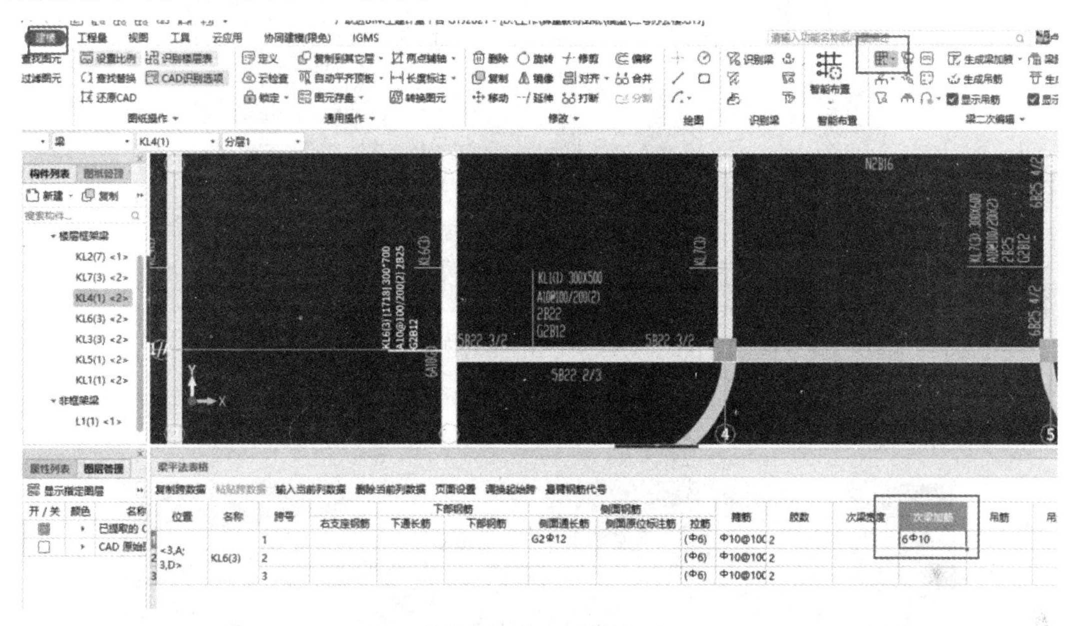

图 5.3.1　附加钢筋（一）

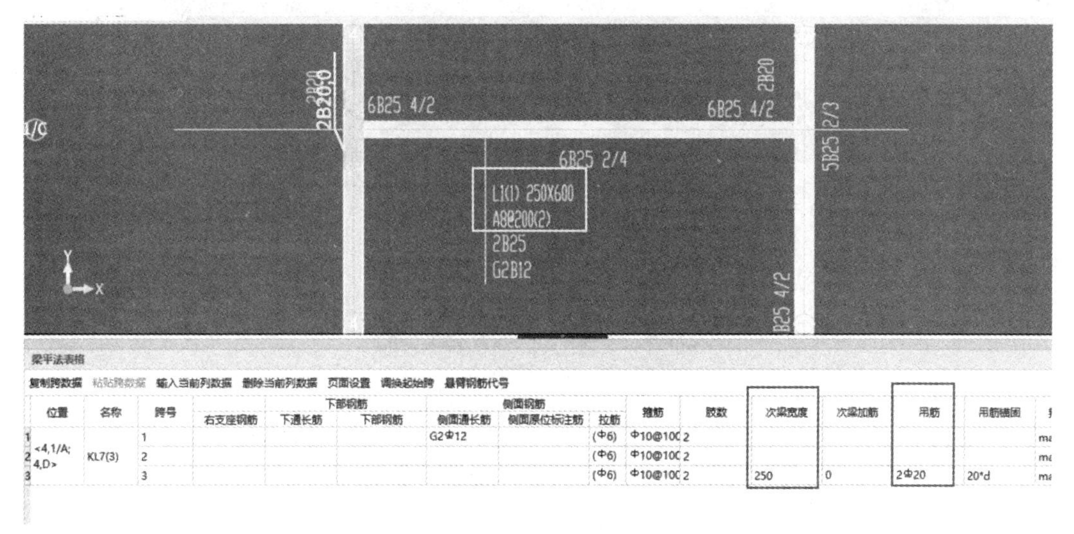

图 5.3.2　附加钢筋（二）

上述操作为手动输入附加钢筋信息，如图纸附加钢筋较多，也可使用识别吊筋命令，软件操作步骤为：识别梁导航栏→识别吊筋→提取钢筋和标注→自动识别→输入未标注的附加钢筋信息→确定，如图 5.3.3 所示。

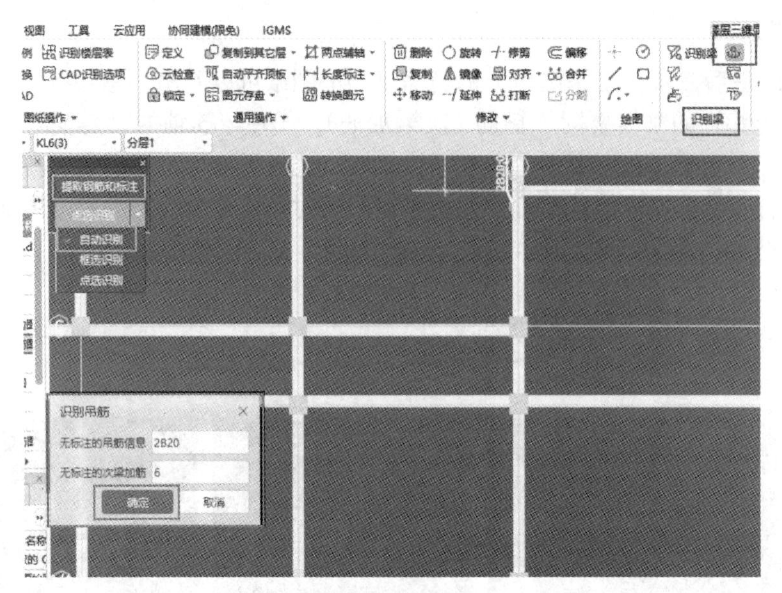

图 5.3.3 识别吊筋

附加钢筋操作完成，即代表地下一层梁识别绘制完成。地下一层梁三维视图如图 5.3.4 所示。

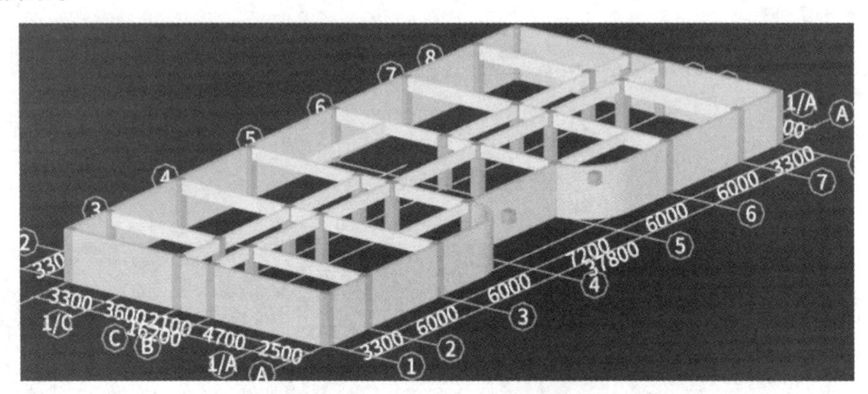

图 5.3.4 地下一层梁三维视图

5.4 1 ～ 5 层梁

学习目的

根据本工程结构施工图内容，完成 1 ～ 5 层梁的识别和绘制。

学习内容

点选识别梁；单构件识别原位标注；附加钢筋；复制图元到其他层。

操作步骤

1. 识别首层梁

识别首层梁时，首先将楼层切换到首层，将构件命令切换到梁，将图纸切换对应结施 -07 首层顶梁配筋图；准备工作做好之后，按照识别地下一层梁的步骤进行操作：识别梁→提取边线→自动提取标注→点选识别梁→编辑支座→进行单构件识别原位标注→附加钢筋。

在点选识别梁完成后，如果梁跨有误（大红色的梁），如图 5.4.1 所示，可以单击识别梁导航栏中的“校核梁图元”按钮，就会显示有问题的图元，如图 5.4.2 所示。

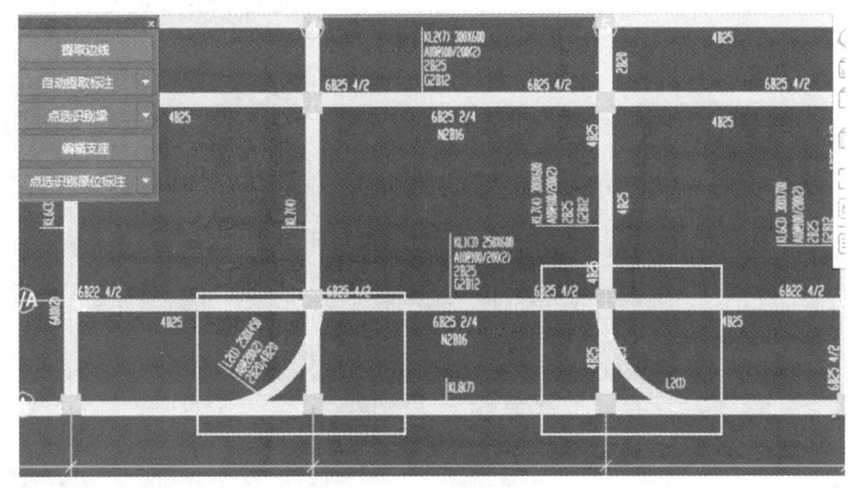

图 5.4.1　梁跨有误

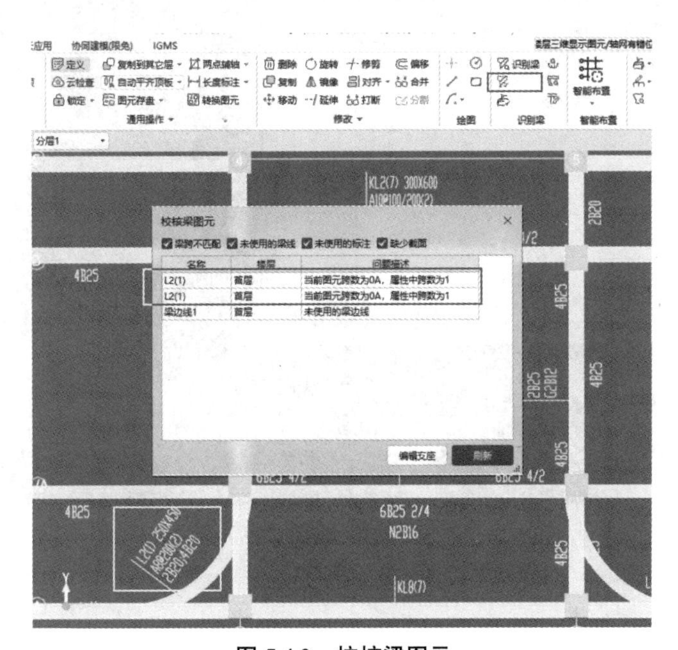

图 5.4.2　校核梁图元

从“问题描述”栏可以看出，形成大红色的梁的原因是跨数错误，又因为跨数与支座的个数相关联，所以解决这个问题只需要编辑支座即可，支座少的就增加，支座多的就删除。双击第一个问题，软件会自动追踪图元，单击“编辑支座”按钮，可以发现这道梁的下方缺少一个支座，单击作为支座的主梁即可生成支座，再单击“刷新”按钮，梁跨错误的问题即可解决，如图 5.4.3 ~ 图 5.4.5 所示。

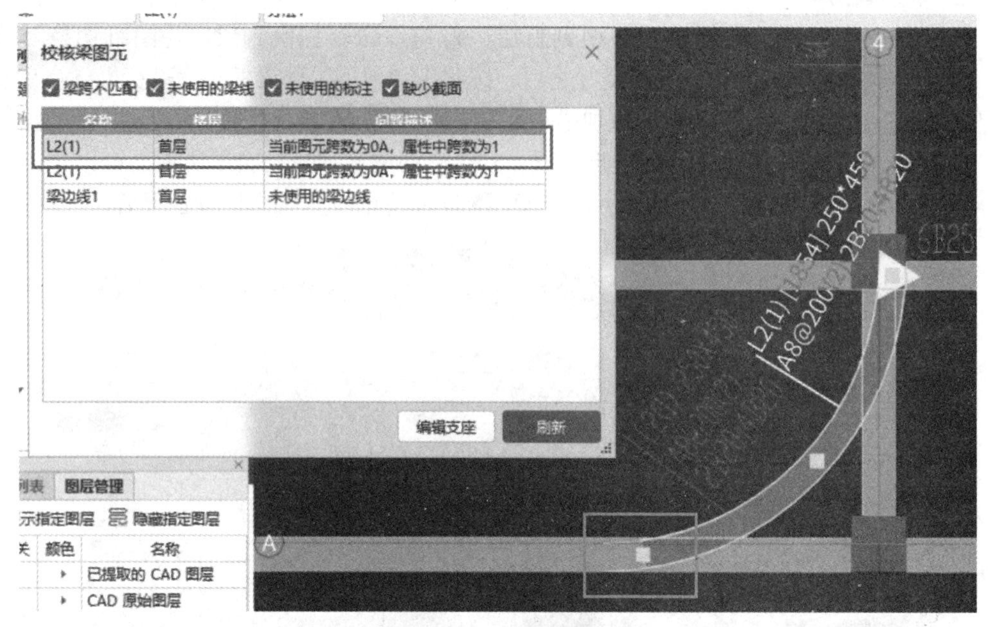

图 5.4.3　问题描述

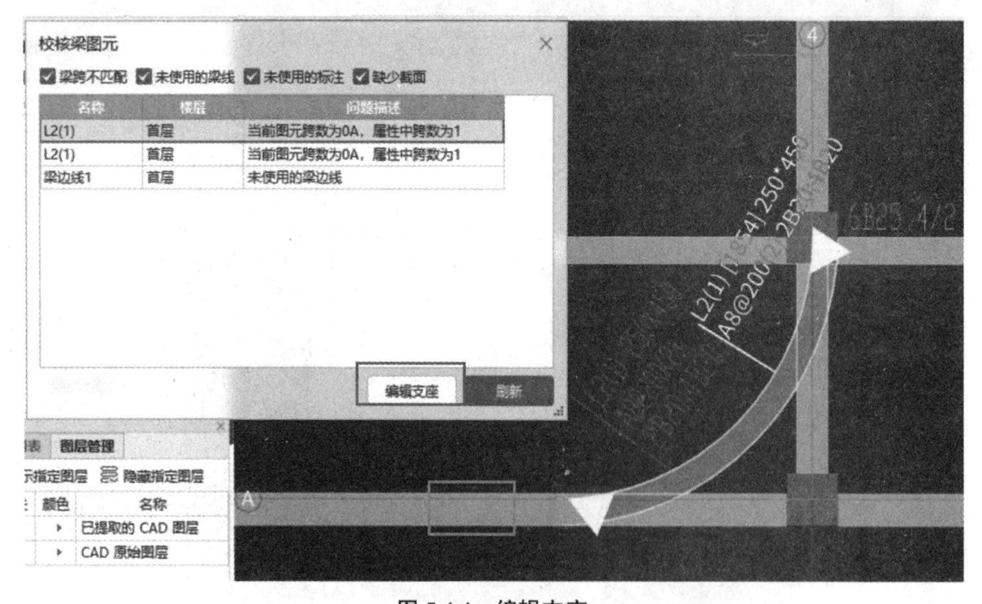

图 5.4.4　编辑支座

图 5.4.5　刷新解决问题

用相同的方法，通过编辑支座的方式处理剩下的有问题的梁，如果遇到多余支座需要删除，单击“编辑支座”按钮，单击需要删除的支座即可，未使用的梁边线也可双击追踪，发现是不需要处理的。

2．识别原位标注

识别梁结束之后，即可进行单构件识别原位标注，还是根据之前的步骤，先对有原位标注信息的梁进行识别，在识别过程中如遇到误将附加钢筋信息识别成原位标注的情况，需要在梁平法表格中进行删除，如果遇到漏识别的原位标注，则采用点选识别原位标注进行补充，如图 5.4.6 所示。

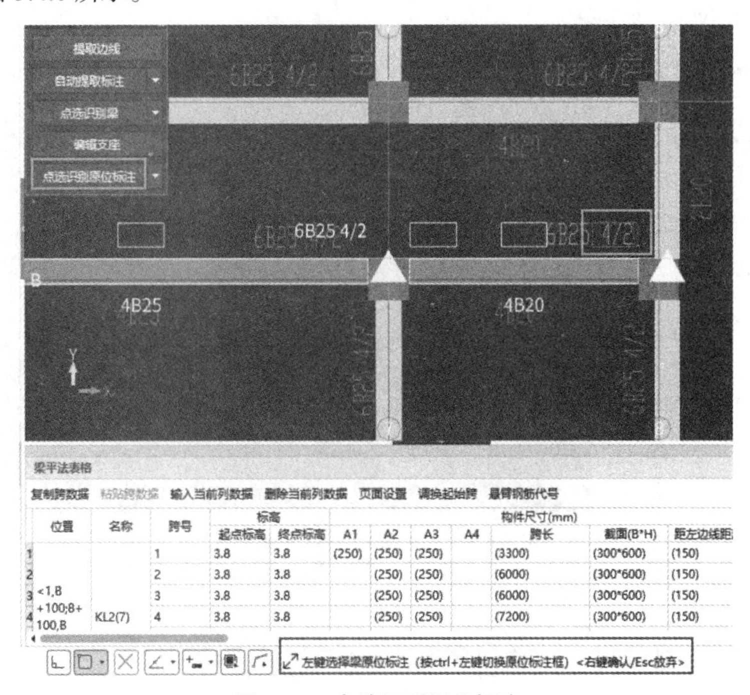

位置	名称	跨号	标高 起点标高	终点标高	A1	A2	A3	A4	构件尺寸(mm) 跨长	截面(B*H)	距左边线距
<1,B +100;8+100,B	KL2(7)	1	3.8	3.8	(250)	(250)	(250)		(3300)	(300*600)	(150)
		2	3.8	3.8		(250)	(250)		(6000)	(300*600)	(150)
		3	3.8	3.8		(250)	(250)		(6000)	(300*600)	(150)
		4	3.8	3.8		(250)	(250)		(7200)	(300*600)	(150)

图 5.4.6　点选识别原位标注

最后进行合法性检查。首层原位标注完成的界面如图 5.4.7 所示。

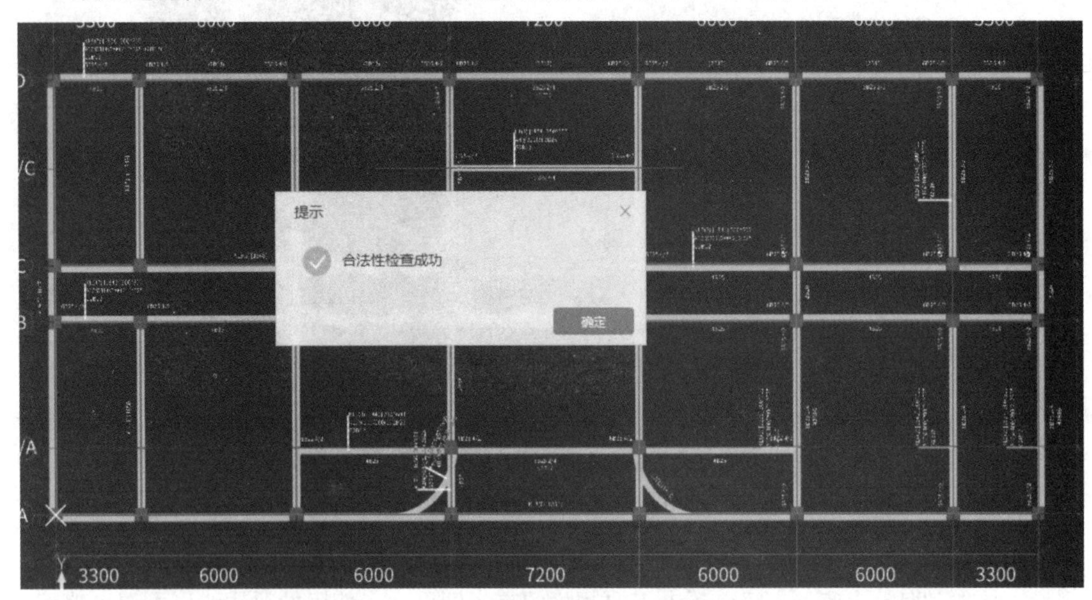

图 5.4.7　首层原位标注完成的界面

3. 首层附加钢筋

操作首层附加钢筋，与地下一层思路相同，选中需要附加钢筋的梁，将次梁加筋信息及附加吊筋信息手动输入梁平法表格即可。

4. 二层识别梁

按照首层附加钢筋的思路将二层的梁识别完成，原位标注完成，附加钢筋完成，二层梁识别完成，如图 5.4.8 所示。

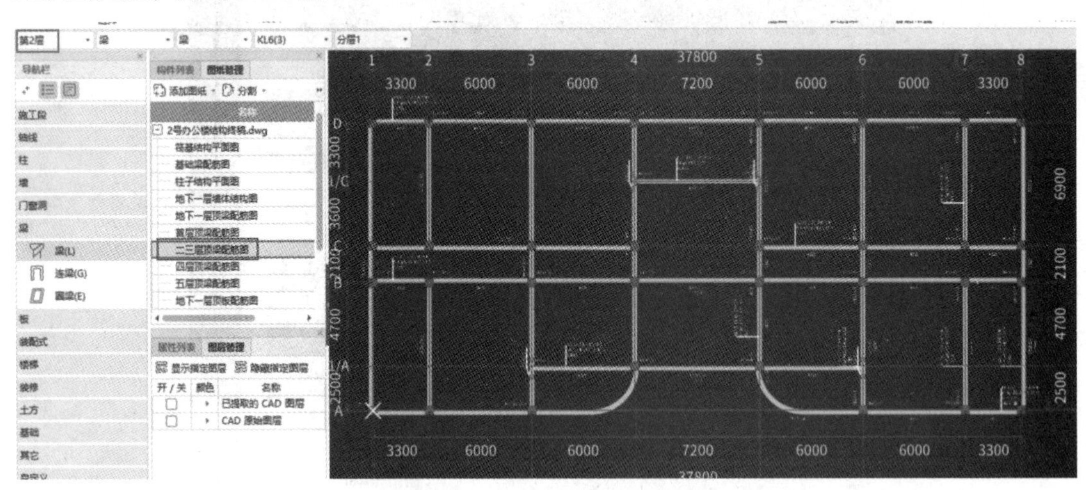

图 5.4.8　二层梁识别完成的界面

5. 复制梁图元

由结施 -08 可知，二层和三层的梁是一样的，因此可以把二层的梁复制到三层，操作步骤为：模块导航栏→梁→批量选择→梁→确定→楼层→复制选定图元到其他楼层→勾选

第三层→确定→同位置图元选择为第一项→同名构件选择为第二项，如图 5.4.9 ～ 图 5.4.11 所示。

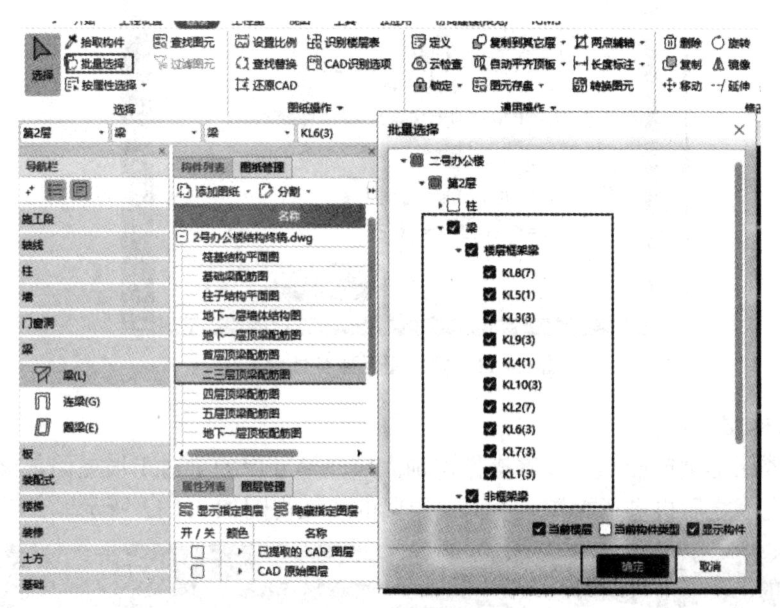

图 5.4.9　批量选择

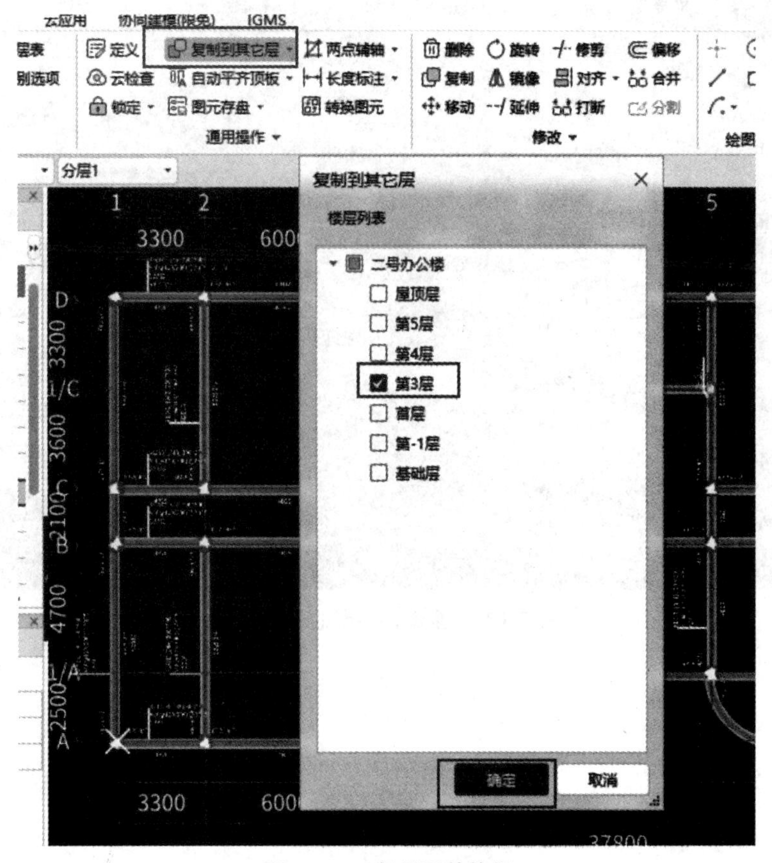

图 5.4.10　复制到其他层

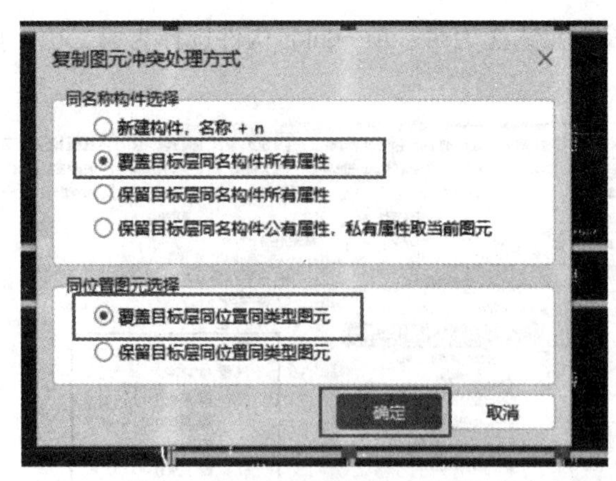

图 5.4.11　复制图元冲突处理方式

6. 其余楼层梁绘制

剩下的楼层继续按照上述步骤操作识别完成，第五层的梁对于坡屋面斜梁的处理等到后面板绘制完成之后再进行操作。全部楼层梁的三维视图如 5.4.12 所示。

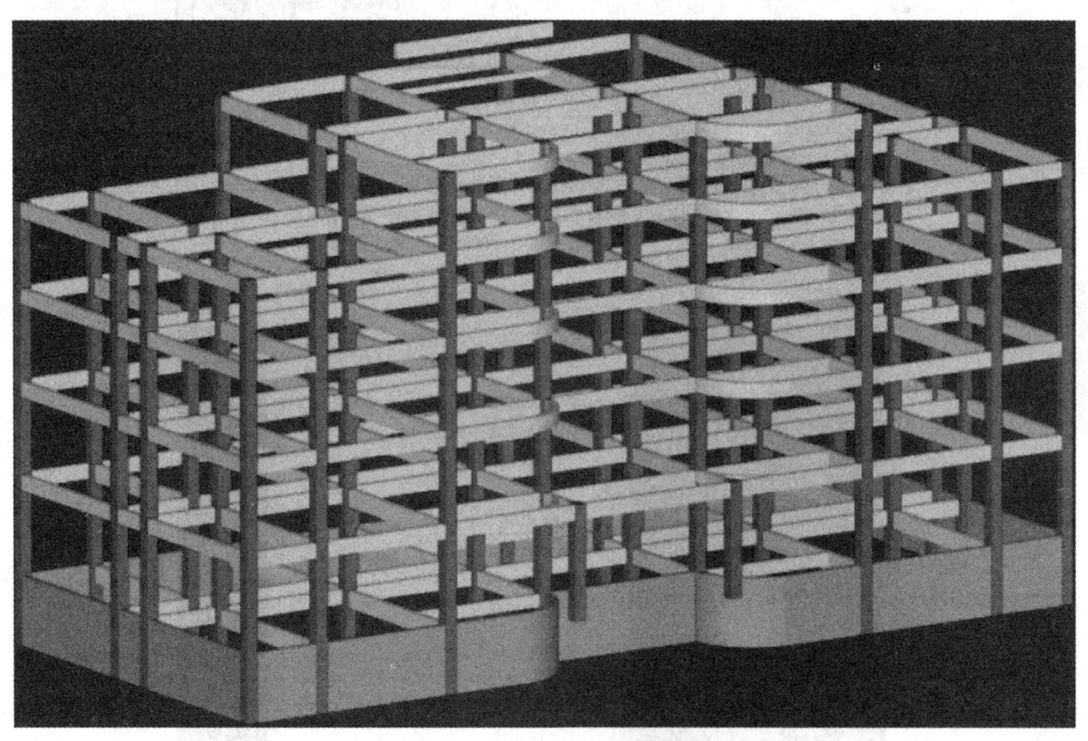

图 5.4.12　全部楼层梁的三维视图

模块 6
板工程量计算

板部分的模型绘制，建议不采用识别的方式进行，而是采用手动定义新建绘图的方式。其中，板部分绘制可分为板及板钢筋两部分。首先进行现浇板的绘制，然后进行板钢筋的布置。

6.1　地下一层顶板的绘制

学习目的

根据本工程结构施工图纸信息，完成地下一层顶板的定义新建及绘制。

学习内容

定义新建现浇板板；设置马凳筋；绘制现浇板。

操作步骤

1. 准备工作

将楼层切换到 -1 层，将构件命令切换到现浇板，图纸对应地下一层顶板配筋图，即可以开始后续操作，如图 6.1.1 所示。

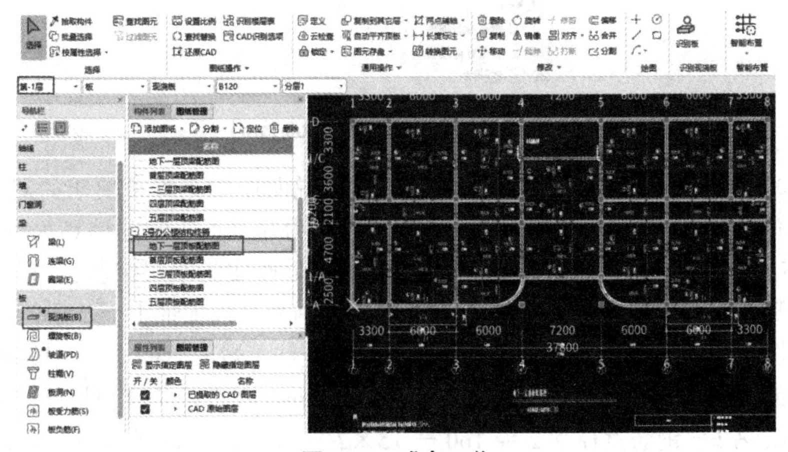

图 6.1.1　准备工作

2．定义新建板

准备工作完成之后，单击“通用操作”→“定义”按钮，如图 6.1.2 所示。

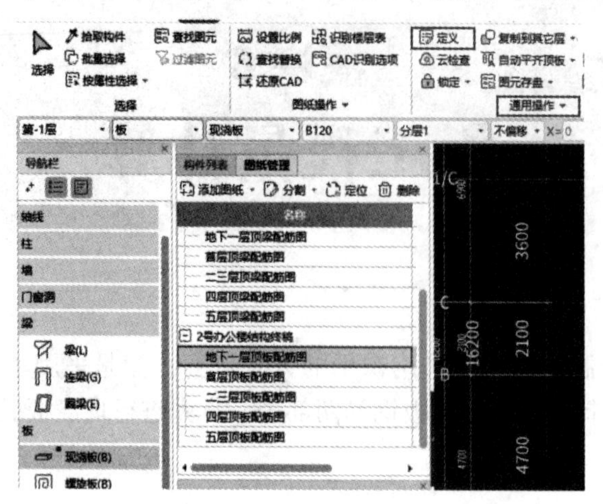

图 6.1.2　定义界面

进入定义界面之后，单击“新建”按钮，新建现浇板，根据图纸要求，将现浇板的名称、厚度、顶标高进行输入，由结施 –11 平面图及下方备注可以看出，本层板有 160 mm、140 mm、130 mm、120 mm 4 种厚度，图纸并没有给出具体的板编号，可以根据厚度命名，顶标高默认为层顶标高是正确的，此处可以不用修改。新建现浇板（160 mm）如图 6.1.3 所示。

属性列表

	属性名称	属性值	附加
1	名称	B160	
2	厚度(mm)	160	☐
3	类别	有梁板	☐
4	是否叠合板后浇	否	☐
5	是否是楼板	是	☐
6	混凝土类型	(碎石最大粒径40m...	☐
7	混凝土强度等级	(C30)	☐
8	混凝土外加剂	(无)	
9	泵送类型	(混凝土泵)	
10	泵送高度(m)		
11	顶标高(m)	层顶标高	☐
12	备注		☐
13	⊕ 钢筋业务属性		
24	⊕ 土建业务属性		
30	⊕ 显示样式		

图 6.1.3　新建现浇板（160 mm）

（1）160 mm 厚现浇板。根据结施 –11 左下角说明中的第 6 条要求，对于配有双层钢筋的楼板应该增加支撑筋，也就是马凳筋，形式为几字形，钢筋信息为 Φ10@1 500×1 500。由本层平面配筋图可以看出，本项目的板配筋确实为双层钢筋，满足要求，因此需要设置马凳筋，其主要作用是支撑上、下层钢筋网片，以保证上、下层钢筋位置准确。在构件“属性列表”中展开钢筋业务属性，单击马凳筋参数图后的“…”按钮，选择图形Ⅰ型，输入钢筋信息——长度：水平段长度为 200 mm，竖直段长度与板厚有关；本工程：板厚－保护层 ×2 －钢筋直径 ×2 ＝ 160 － 15×2 － 10×2 ＝ 110(mm)，如图 6.1.4 所示。

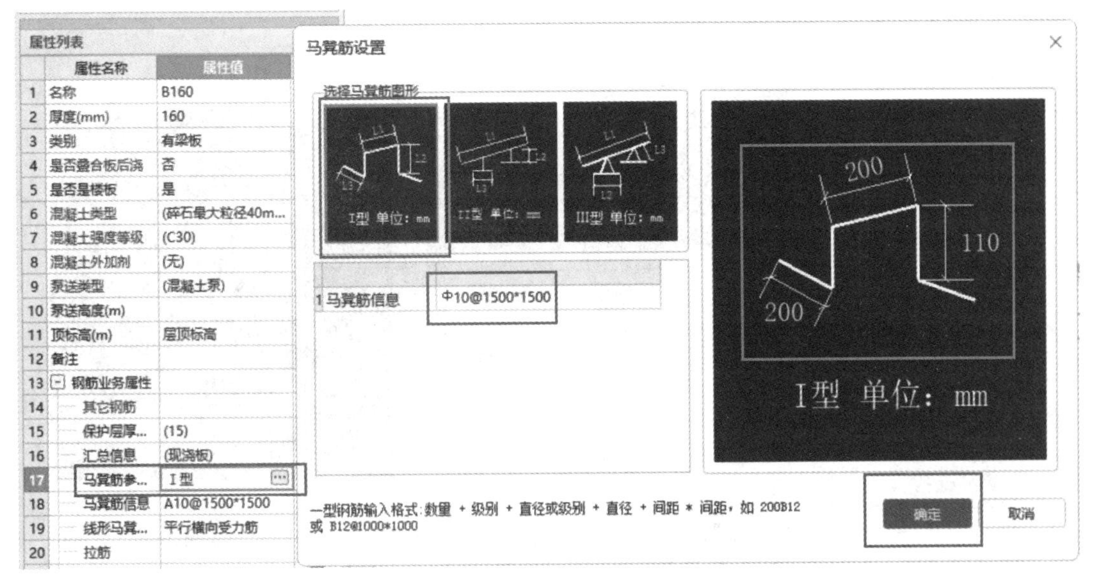

图 6.1.4　马凳筋设置（160 mm 板）

（2）140 mm 厚现浇板。单击复制板 161 进行板的信息修改——B140；厚度 160；负一层板 140 配筋并不是双层钢筋，因此无须设置马凳筋，如图 6.1.5 所示。

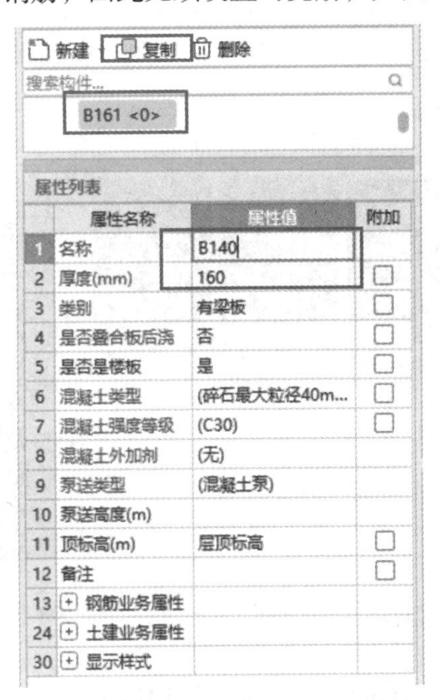

图 6.1.5　定义现浇板（140 mm 板）

（3）130 mm 厚现浇板。单击复制板 141 进行板的信息修改——B130；厚度 130；单击马凳筋参数图后的“…”按钮，马凳筋长度为水平段 200 mm，竖直段为板厚－保护层 ×2－钢筋直径 ×2＝130－2×15－2×10＝80（mm），如图 6.1.6 所示。

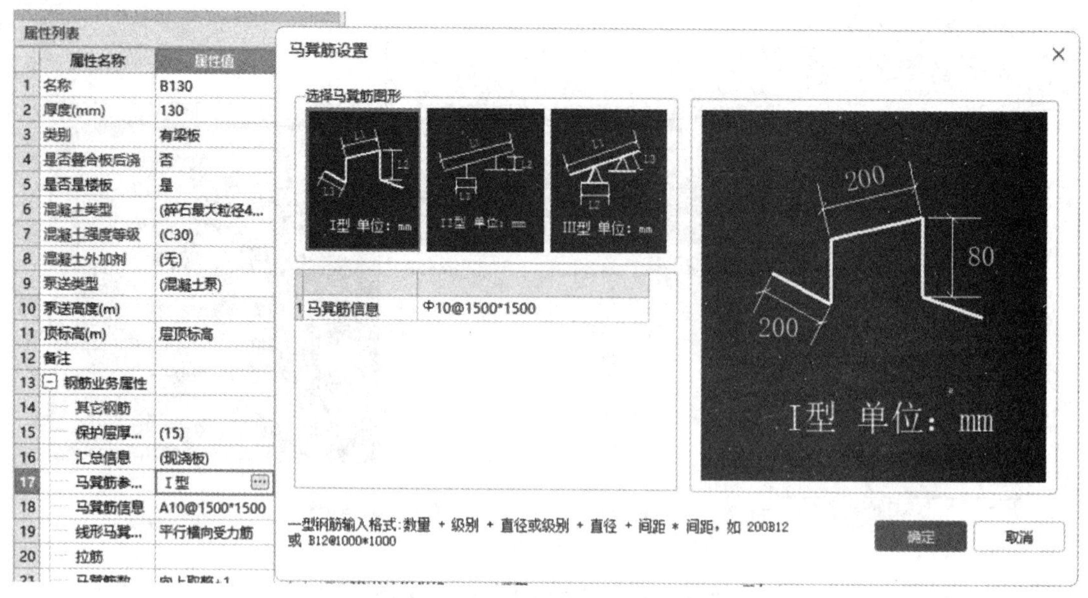

图 6.1.6　马凳筋设置（130 mm 板）

（4）120 mm 厚现浇板。单击复制板 131 进行板的信息修改——B120；厚度 120；单击马凳筋参数图后的“…”按钮，马凳筋长度为水平段 200 mm，竖直段为板厚－保护层 ×2 －钢筋直径 ×2 = 120 － 2×15 － 2×10 = 70（mm），如图 6.1.7 所示。

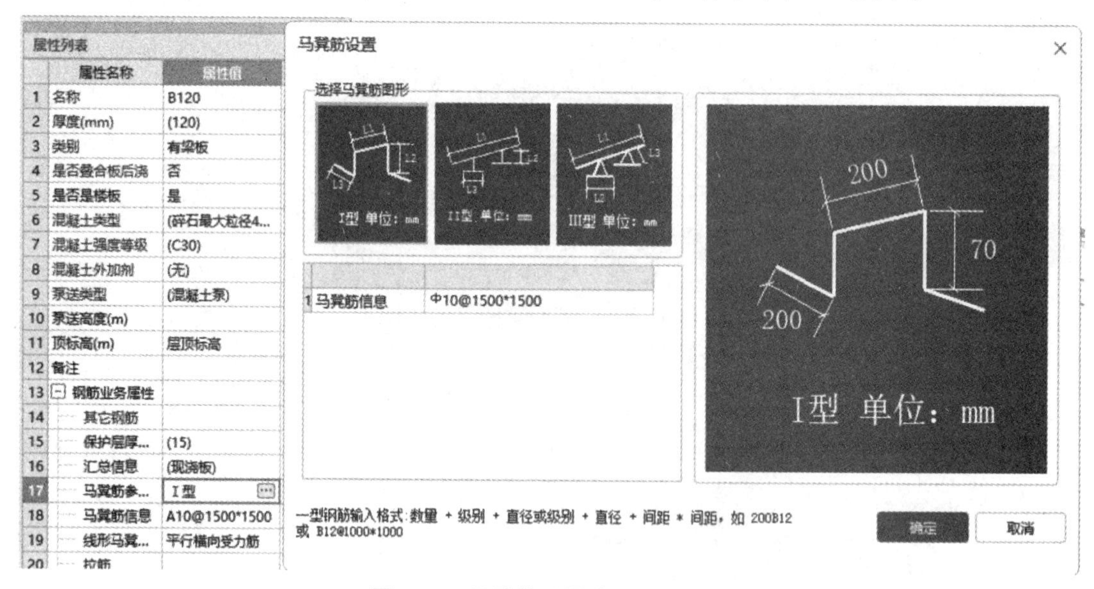

图 6.1.7　马凳筋设置（120 mm 板）

3. 绘制现浇板

关闭定义界面，单击“绘图”按钮进入绘图界面，选择板 160，单击点选，按照结施 -11 绘制 -1 层顶的现浇板，如图 6.1.8 所示。用同样的方法，将平板未注明的 120 mm 板、130 mm 板绘制完毕，如图 6.1.9 所示。

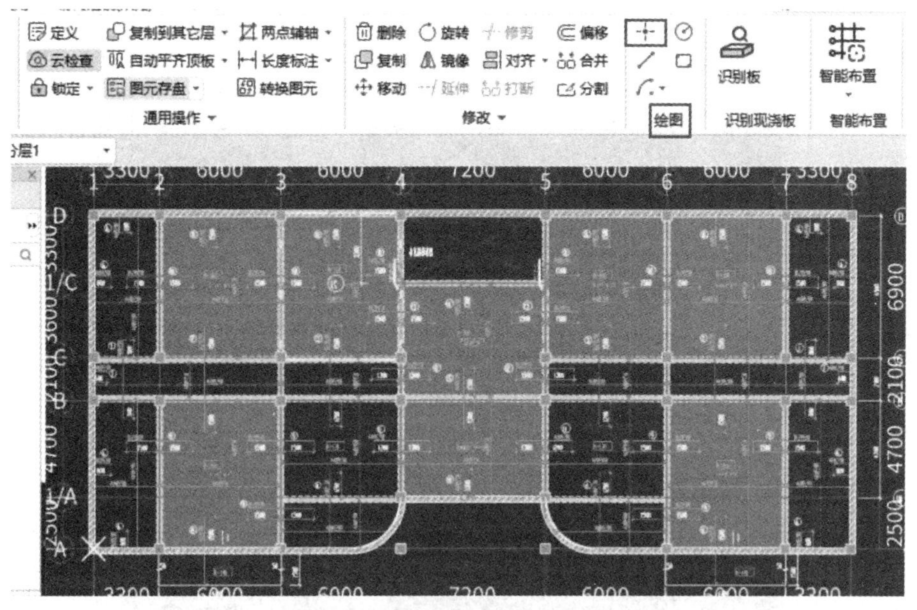

图 6.1.8　绘制现浇板（160 mm 板）

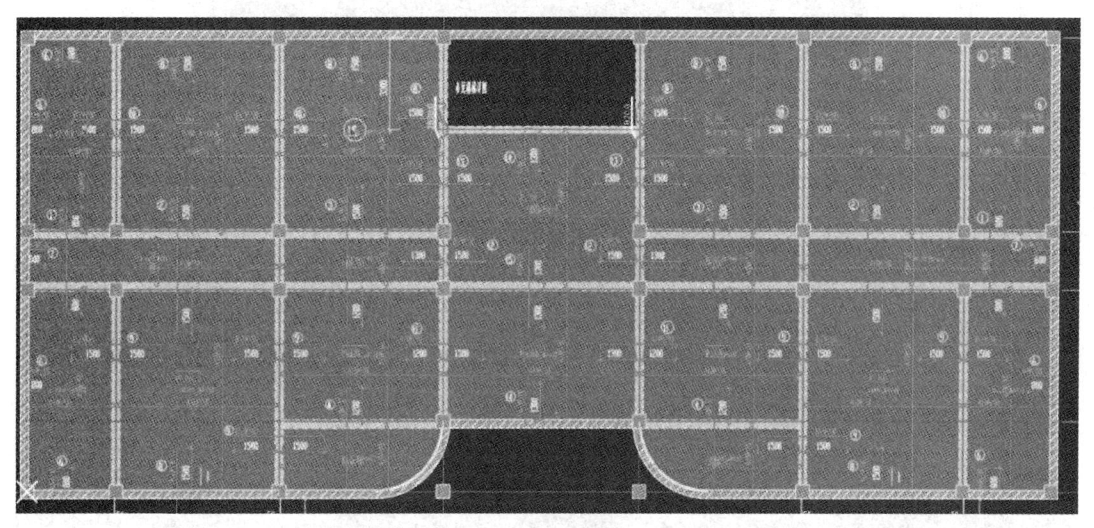

图 6.1.9　绘制现浇板（120 mm、130 mm 板）

下面绘制板 140，选择板 140，单击“绘图”按钮，选择矩形绘制，按照图纸所示的矩形范围选择，如图 6.1.10 所示。

然后，将右侧板 140 绘制完成，本层的板就绘制好了，如图 6.1.11 所示。

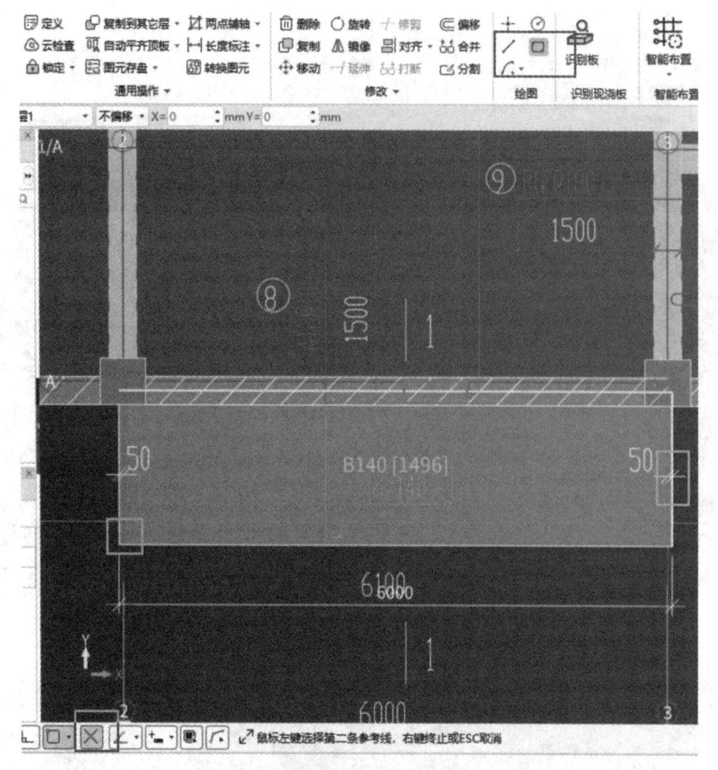

图 6.1.10　绘制现浇板（140 mm 板）

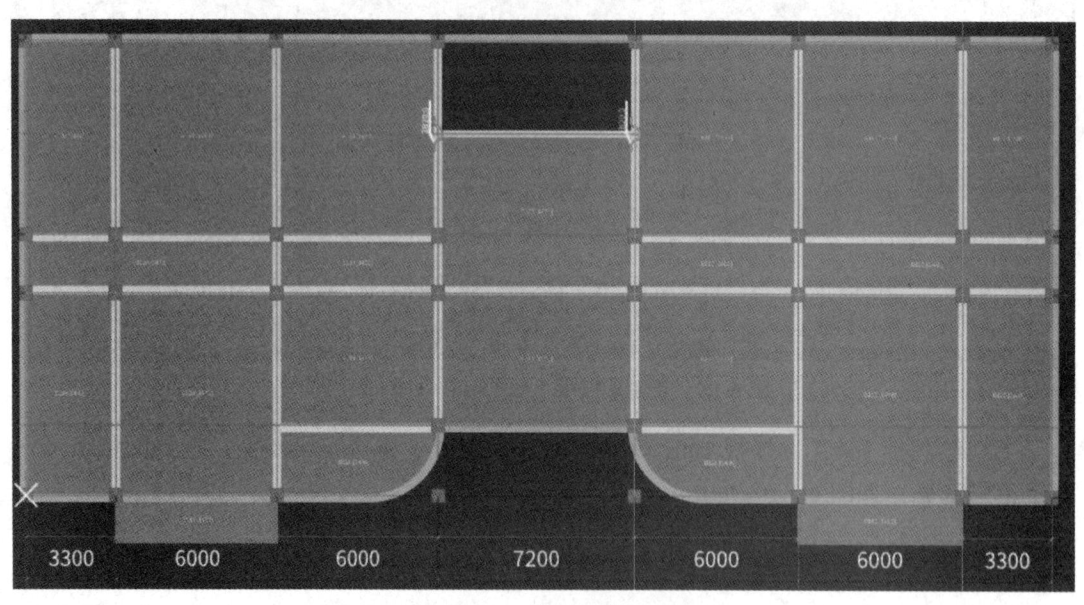

图 6.1.11　地下一层顶板

思 考

马凳筋的作用是什么？

6.2　地下一层板钢筋的绘制

学习目的

根据本工程结构施工图内容，完成地下一层顶板的板钢筋布置。

学习内容

布置受力筋；布置跨板受力筋；布置板负筋。

操作步骤

1. 定义板受力筋

由结施-11可以看出，-1层板的受力筋有3种底筋，即Φ10@150、Φ10@180、Φ10@200，4种跨板受力筋，即Φ10@130、Φ10@200、Φ12@200、Φ12@100。新建板受力筋步骤——板→板受力筋→新建板受力筋，如图6.2.1所示，其余两种受力筋定义方法相同。新建跨板受力筋定义步骤——板→板受力筋→新建跨板受力筋，如图6.2.2所示，其余受力筋定义方法相同。

属性列表

	属性名称	属性值	附加
1	名称	A10@200-D	
2	类别	底筋	☐
3	钢筋信息	Φ10@200	☐
4	左弯折(mm)	(0)	☐
5	右弯折(mm)	(0)	☐
6	备注		☐
7	⊕ 钢筋业务属性		
16	⊕ 显示样式		

图 6.2.1　新建板受力筋

属性列表

	属性名称	属性值	附加
1	名称	KBSLJ-A10@130	
2	类别	面筋	☐
3	钢筋信息	Φ10@130	☐
4	左标注(mm)	1500	☐
5	右标注(mm)	1500	☐
6	马凳筋排数	1/1	☐
7	标注长度位置	(支座中心线)	☐
8	左弯折(mm)	(0)	☐
9	右弯折(mm)	(0)	☐
10	分布钢筋	(Φ6@250)	☐
11	备注		☐
12	⊕ 钢筋业务属性		
21	⊕ 显示样式		

图 6.2.2　新建跨板受力筋

2. 绘制板受力筋

绘制板受力筋步骤为：选择布置受力筋→单板→XY方向→单板→智能布置→底筋XY方向勾选“A10@200”，选择①轴和②轴与Ⓐ轴和Ⓑ轴的板即可，如图6.2.3所示。

用同样的方式布置其他板底筋，钢筋信息注意选择正确即可，绘制完板底筋的界面如图6.2.4所示。

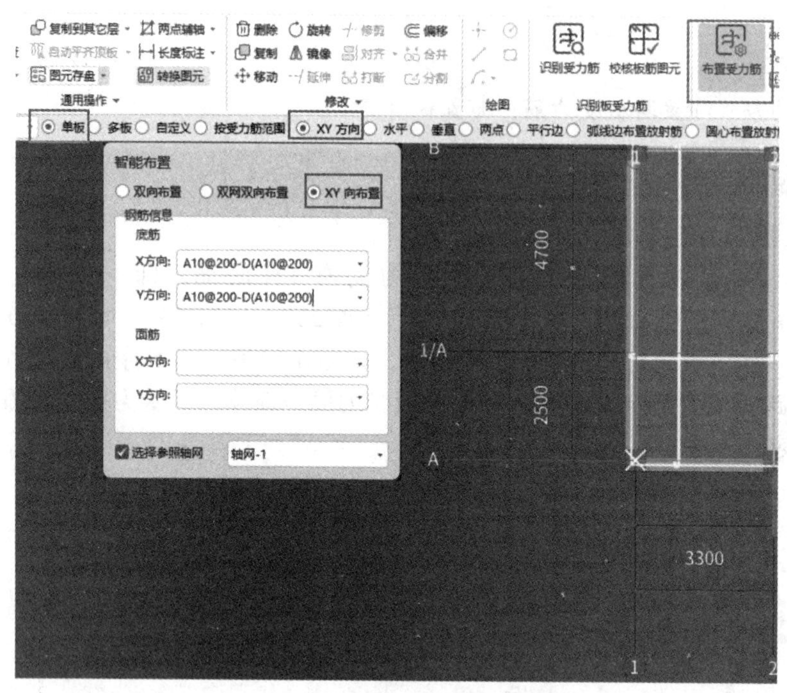

图 6.2.3　智能布置板受力筋

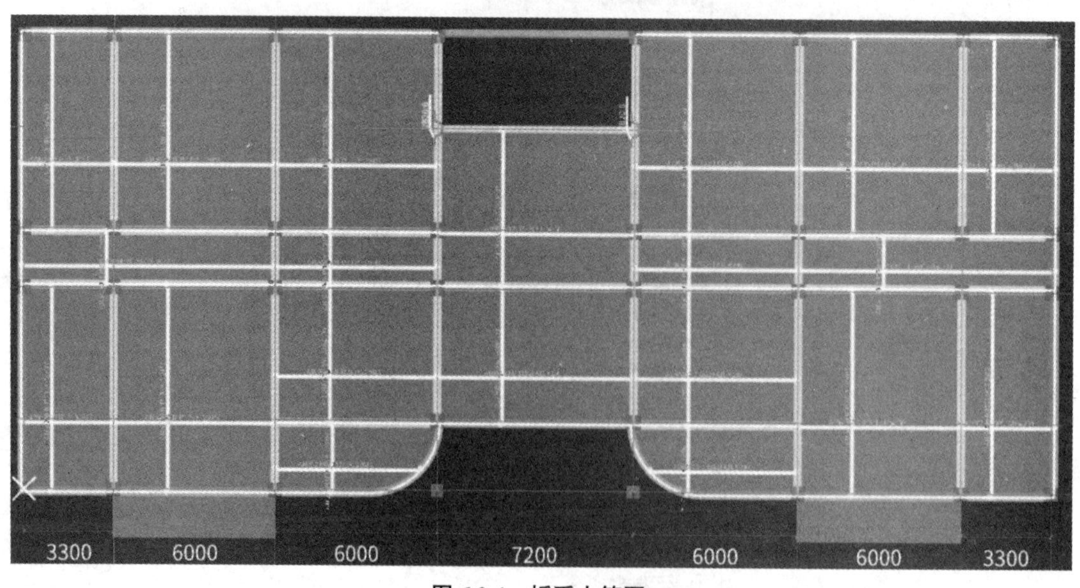

图 6.2.4　板受力筋图

3. 绘制跨板受力筋

绘制跨板受力筋步骤：选择“A10@200”→垂直→自定义范围→①轴和②轴与Ⓑ轴和Ⓒ轴的板→单击，然后对标注长度进行修改，如图 6.2.5 所示。

用同样的方式调整②轴和③轴与Ⓑ轴和Ⓒ轴的跨板受力筋 Φ12@200；③轴和④轴与Ⓑ轴和Ⓒ轴的跨板受力筋 Φ12@200；⑦轴和⑧轴与Ⓑ轴和Ⓒ轴的跨板受力筋 Φ10@200；⑤轴和⑥轴与Ⓑ轴和Ⓒ轴的跨板受力筋 Φ12@200；⑥轴和⑦轴与Ⓑ轴和Ⓒ轴的跨板受力筋 Φ12@200。

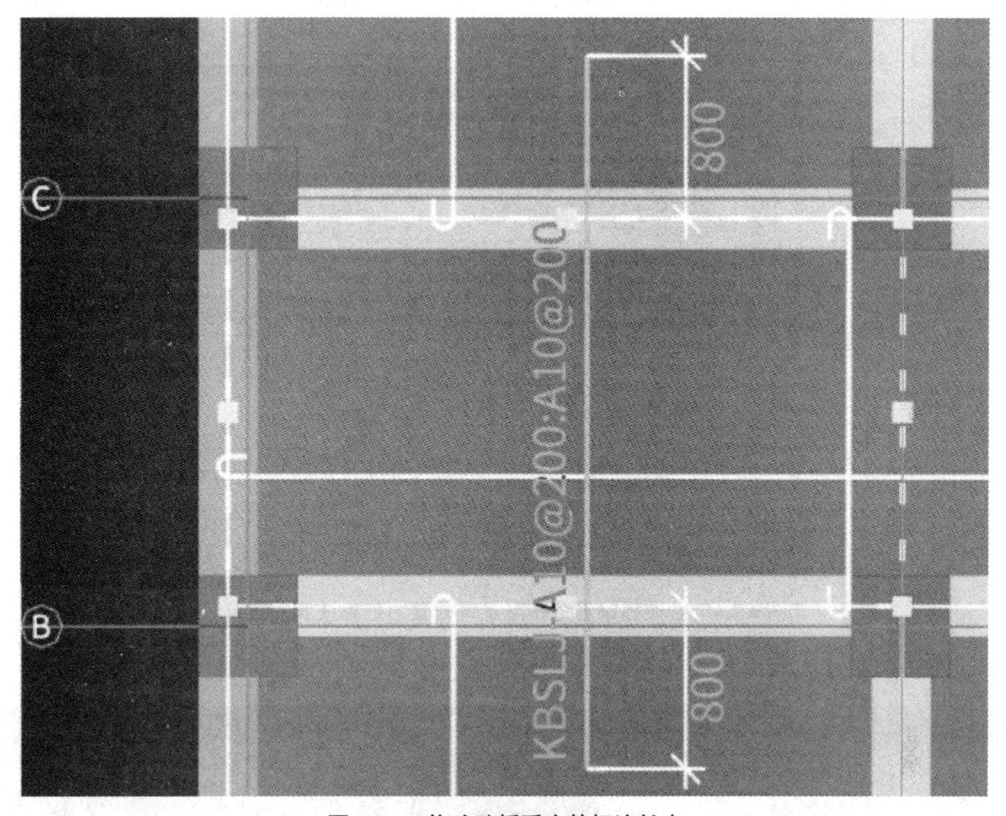

图 6.2.5　修改跨板受力筋标注长度

选择“Φ10@130”→垂直→单板→③轴和④轴与Ⓑ轴和Ⓒ轴的板→单击，然后对标注长度进行修改；对称的⑤轴和⑥轴与Ⓑ轴和Ⓒ轴的跨板受力筋用同样的方式绘制。

选择“Φ12@100”→垂直→单板→②轴和③轴与Ⓐ轴的板→单击，然后对标注长度进行修改；对称的⑥轴和⑦轴与Ⓐ轴的跨板受力筋用同样的方式绘制。

从图纸可以看出，跨板受力筋的标注长度是在梁的外边线，绘制完毕的为梁的中线，因此要进行调整，板分布筋所有板图说明都注明要求为 Φ8@200，也需要调整。步骤：工程设置→计算设置→板→分布筋配置→更改为“Φ8@200”→跨板受力筋标注长度→更改为支座外边线，如图 6.2.6 所示。

图 6.2.6　修改板钢筋分布筋及跨板受力筋标注长度位置

返回到绘图输入界面，跨板受力筋完成界面如图 6.2.7 所示。

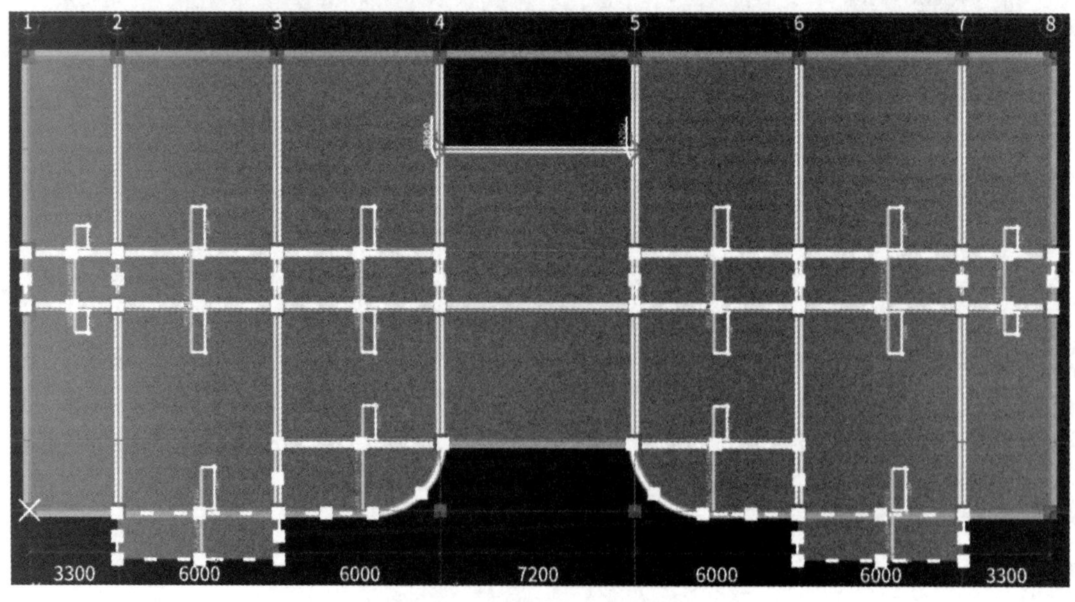

图 6.2.7　跨板受力筋完成界面

4. 定义板负筋

由结施 -11 图可以看出，板负筋有 5 种，定义步骤：模块导航栏→板→板负筋→新建板负筋 Φ8@200，如图 6.2.8 所示。

Φ10@200 负筋、Φ12@180 负筋、Φ12@200 负筋、Φ12@150 负筋定义方法与 Φ8@200 负筋相同，这样板负筋就定义好了。

属性列表

	属性名称	属性值	附加
1	名称	A8@200	
2	钢筋信息	Φ8@200	☐
3	左标注(mm)	900	☐
4	右标注(mm)	1200	☐
5	马凳筋排数	1/1	☐
6	非单边标注含...	(是)	☐
7	左弯折(mm)	(0)	☐
8	右弯折(mm)	(0)	☐
9	分布钢筋	(Φ8@200)	☐
10	备注		☐
11	⊞ 钢筋业务属性		
19	⊞ 显示样式		

图 6.2.8 新建“A8@200”负筋

5. 绘制板负筋

由结施 -11 图可以看出，板负筋既有单边支座的，也有双边支座的，单边支座绘制步骤：模块导航栏→板负筋→选择 Φ8@200 负筋→单击“按板边布置”单选按钮→单击①轴与Ⓐ轴和Ⓑ轴的板边，如图 6.2.9 所示。

由于单边支座一侧的标注长度为 0，另一侧的标注长度为 800，所以要进行调整，步骤：选中 Φ10@200 →在①轴外侧输入“0”，内侧输入“800”，如图 6.2.10 所示。

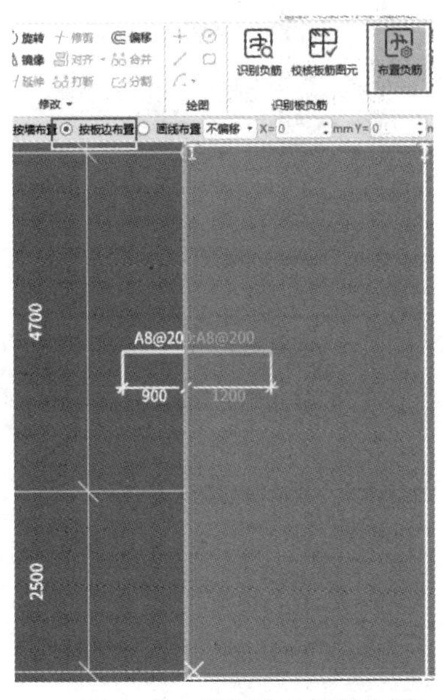

图 6.2.9 按板边布置板负筋

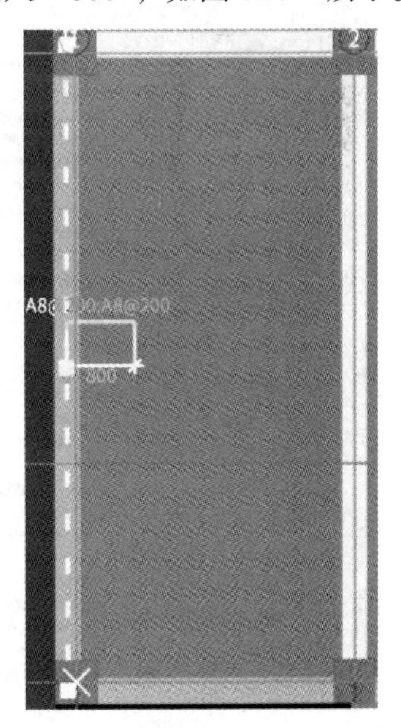

图 6.2.10 修改单边支座标注

用同样的方式将剩余的单边支座负筋绘制完毕，然后把双边支座负筋也绘制完毕，与单边支座负筋不同的是两侧都有输入标注长度。绘制完成的板负筋如图 6.2.11 所示。

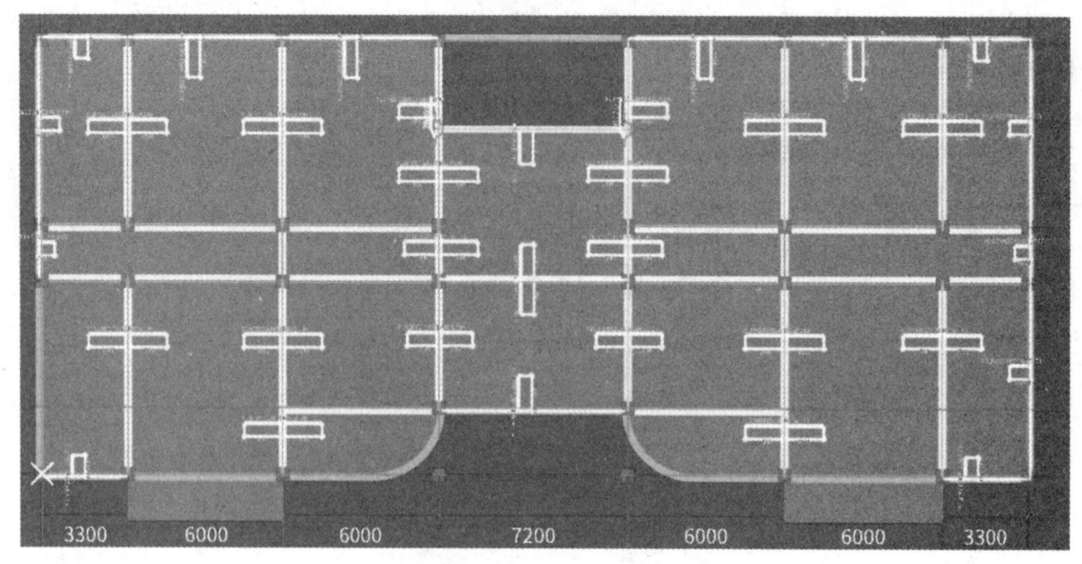

图 6.2.11　板负筋（一）

由于板负筋的支座也是以梁边为起点标注的，所以同样需要进行调整，步骤：工程设置→计算设置→板→板中间支座负筋标注是否含支座→更改为“否”→单边标注支座负筋标注长度设置→支座内边线，如图 6.2.12 所示。

图 6.2.12　修改板负筋标注

返回绘图输入界面，如图 6.2.13 所示。

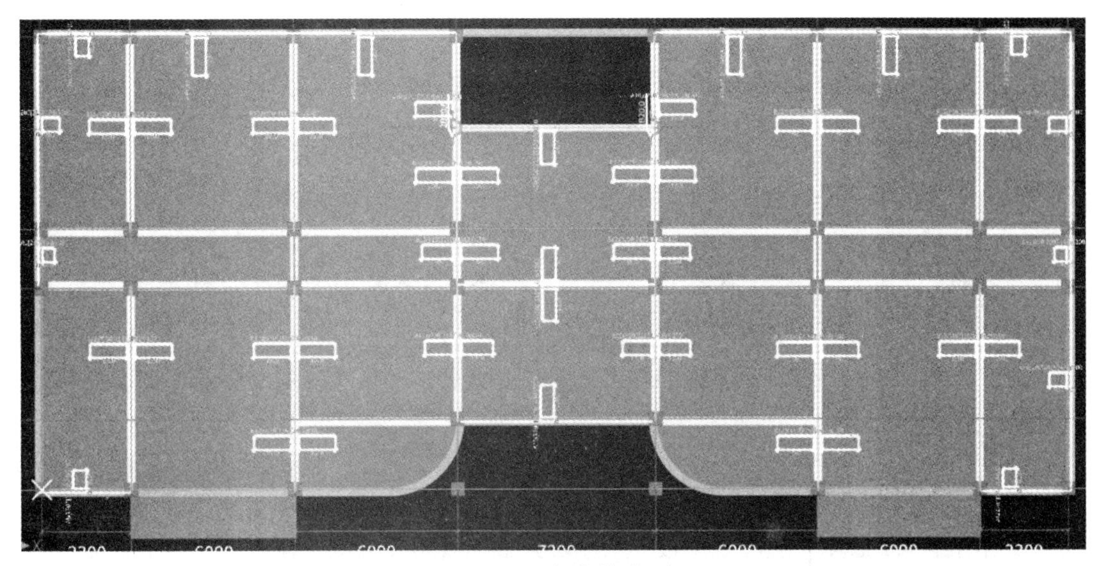

图 6.2.13　板负筋（二）

由结施 -11 的注解说明可以看出，板的分布筋为 Φ8@200 并带弯钩。因此，需要在计算设置中调整。操作步骤：工程设置→计算设置→板 / 坡道→分布钢筋配置→更改 Φ8@200 →负筋（跨板受力筋）分布筋、温度筋是否带弯钩→选择“是”选项，如图 6.2.14 所示。

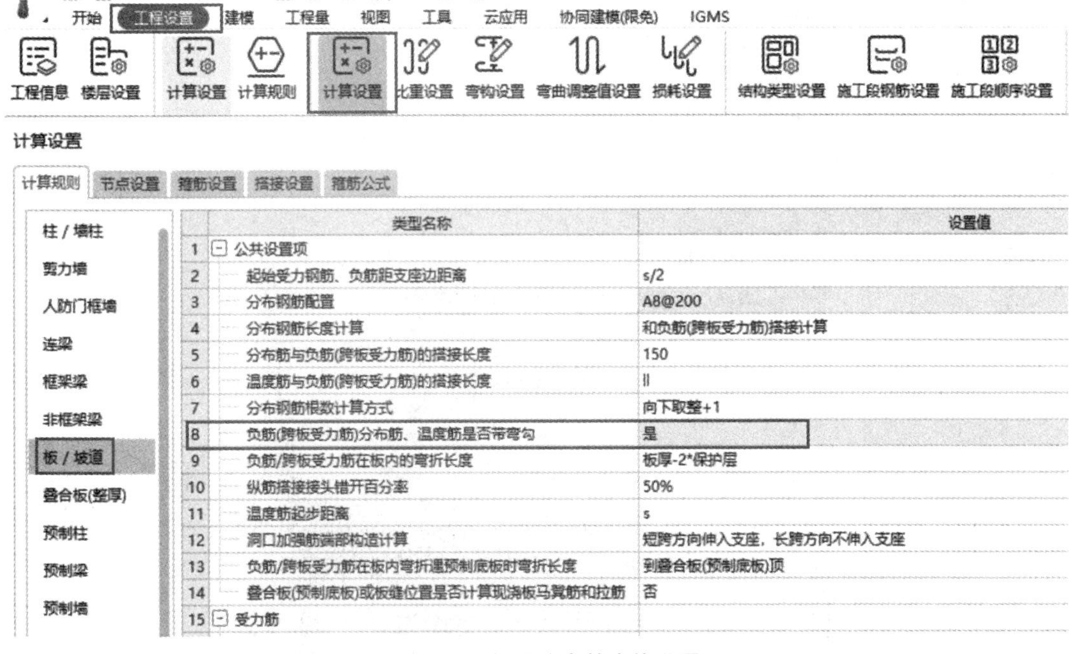

图 6.2.14　修改分布筋弯钩设置

如此，本层的板钢筋就绘制完成了。

思 考

本项目跨板受力筋长度标注在什么位置？

6.3 1～4层板

学习目的

根据本工程结构施工内容，完成1～4层板及板钢筋的定义与绘制。

学习内容

快速复制定义板、绘制1层板；层间复制板受力筋；定义及绘制板负筋。

操作步骤

1. 定义新建现浇板

根据结施-12绘制1层的现浇板。从顶板配筋图及节点详图可以看出，本层板厚度为130 mm、140 mm、160 mm；由注解说明可以看出未注明的板厚度为120 mm。

由于首层和-1层板的类型一样，所以可以简化定义过程，定义步骤：首层→板→现浇板→构件→层间复制→从其他楼层复制构件→源楼层-1层→楼层构件板→现浇板全部勾选→确定，如图6.3.1所示。

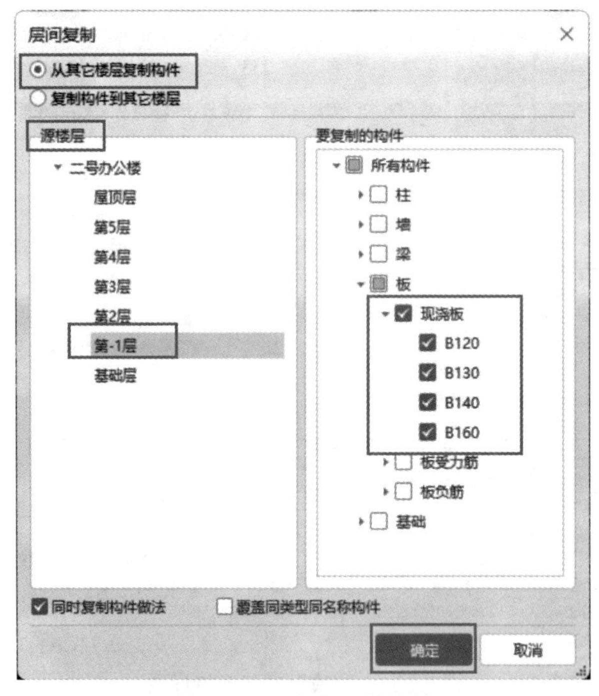

图6.3.1 层间复制板构件

2. 绘制现浇板

关闭定义界面，进入绘图区，选择B160（单击点选），按照结施-12的要求绘制1层顶的现浇板。同样的步骤参照-1层板的绘制方法，将除①轴外侧的1-1节点和3-3节点悬挑板外的所有板绘制完毕，如图6.3.2所示。

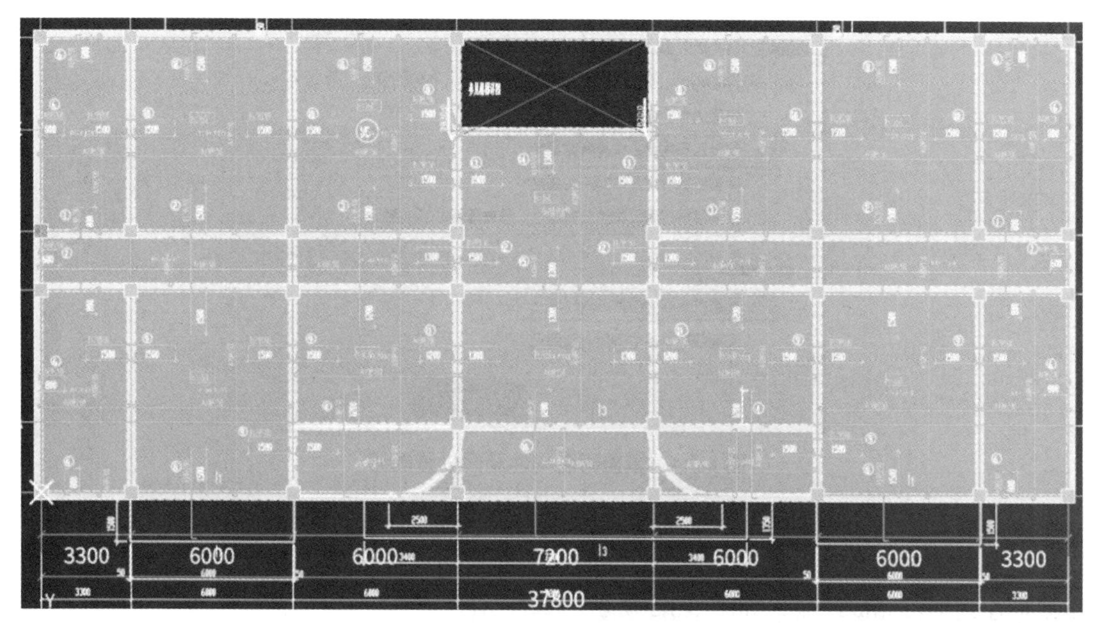

图 6.3.2　绘制 1 层现浇板

由于 1-1 节点的板为 140 mm，与 -1 层相同，其操作步骤：-1 层→板→现浇板→批量选择→平板 140 →楼层→复制选定图元到其他楼层→勾选首层→覆盖同位置同类型图元→不新建构件覆盖目标层同名构件属性→确定，如图 6.3.3 和图 6.3.4 所示。

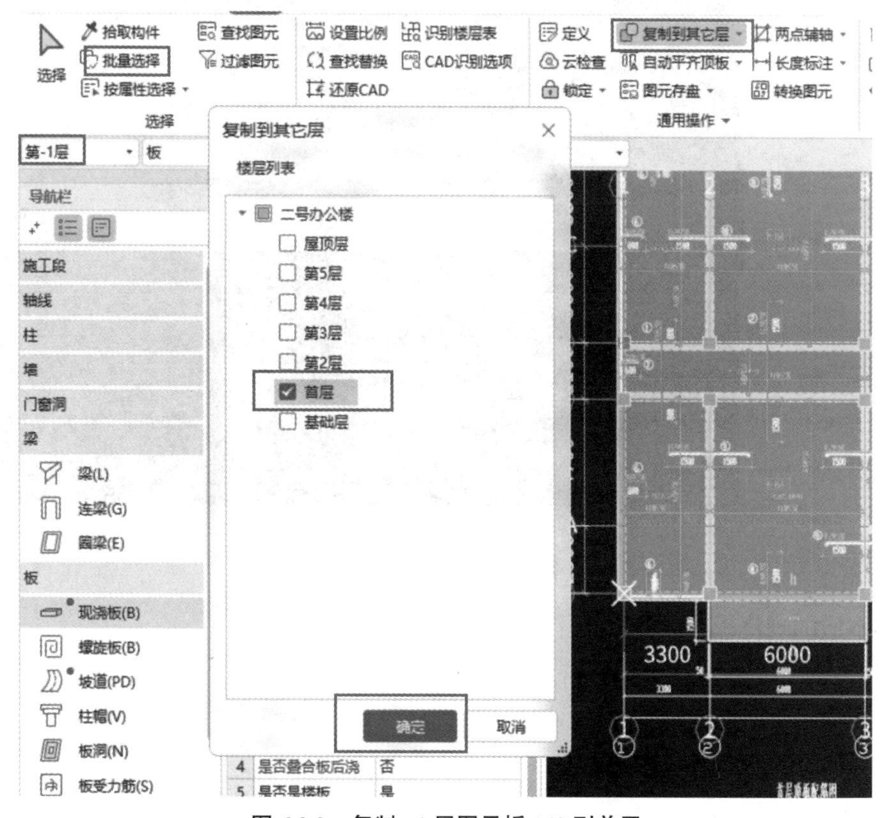

图 6.3.3　复制 -1 层图元板 140 到首层

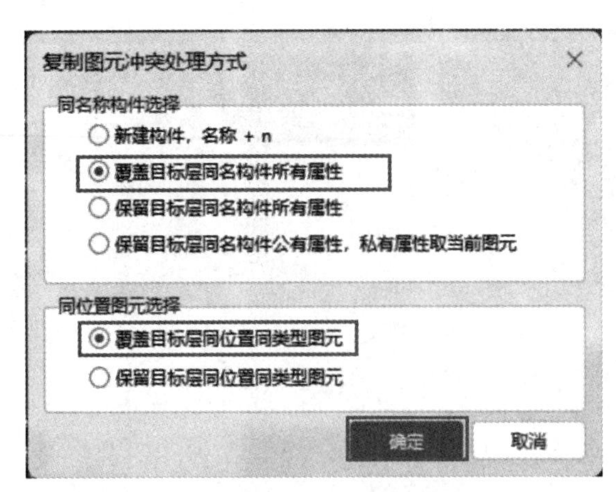

图 6.3.4　覆盖同名构件及同位置图元

下面绘制 3-3 节点平板 120，操作步骤：首层→绘图→矩形绘制→选择 B120→单击选择图纸线条的对角点→执行下方交点命令→选择对角点可以形成交点的两条垂直线→单击鼠标左键即可完成绘制，如图 6.3.5 所示。

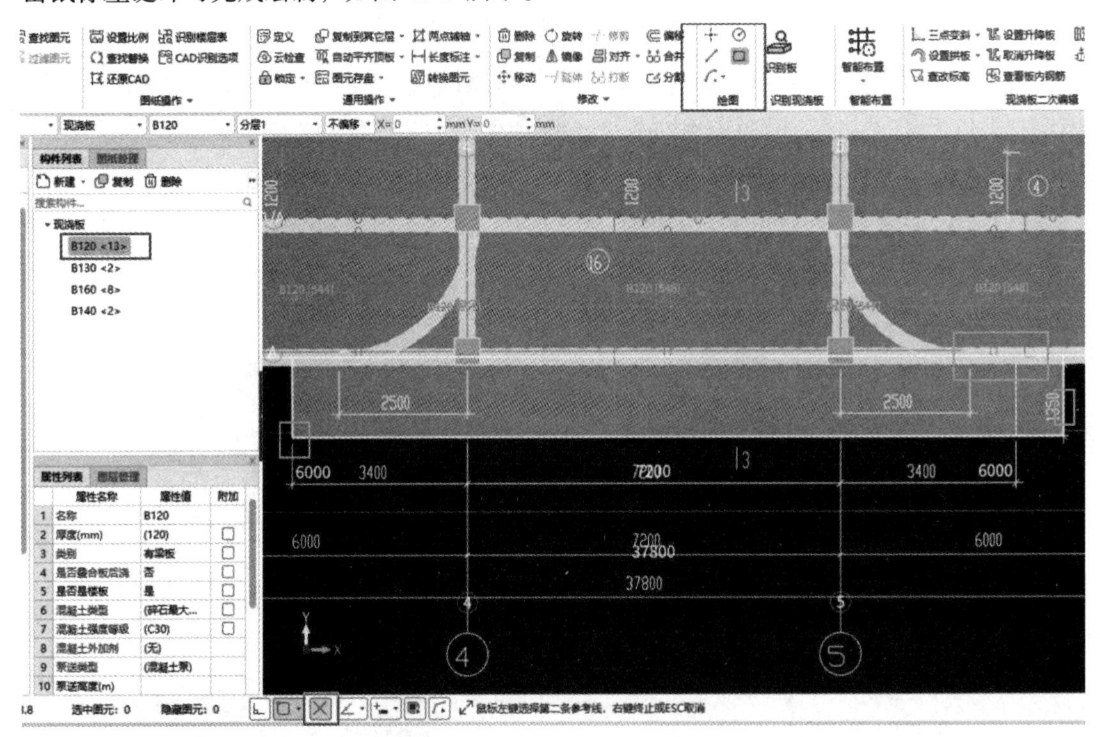

图 6.3.5　绘制节点平板 120

这样本层的现浇板就绘制完成了，如图 6.3.6 所示。

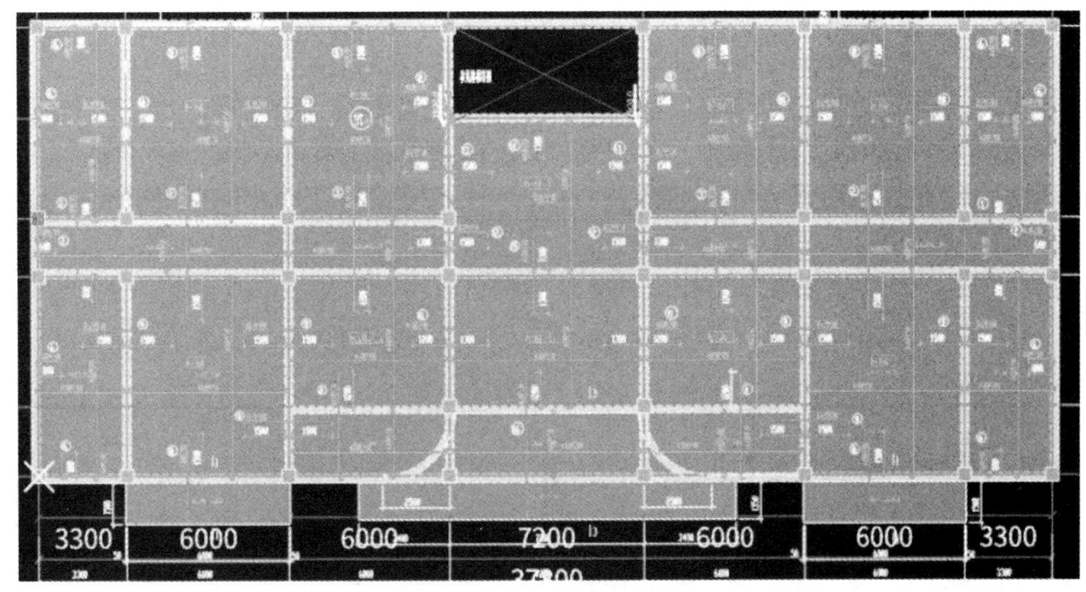

图 6.3.6　1 层板图

3. 定义及绘制板受力筋

由结施-11 和结施-12 可以看出，-1 层板的受力筋有 3 种底筋，即 ϕ10@150、ϕ10@180、ϕ10@200，4 种跨板受力筋，即 ϕ10@130、ϕ10@200、Φ12@200、ϕ10@200，而且除③轴到⑥轴与Ⓐ轴到①/Ⓐ轴的板布筋有所不同外，其余受力筋均相同。

操作步骤：-1 层→板受力筋→批量选择→板受力筋除了“A12@100”全部勾选→确定→楼层→复制选定图元到其他楼层→勾选“首层”→确定，如图 6.3.7 所示。

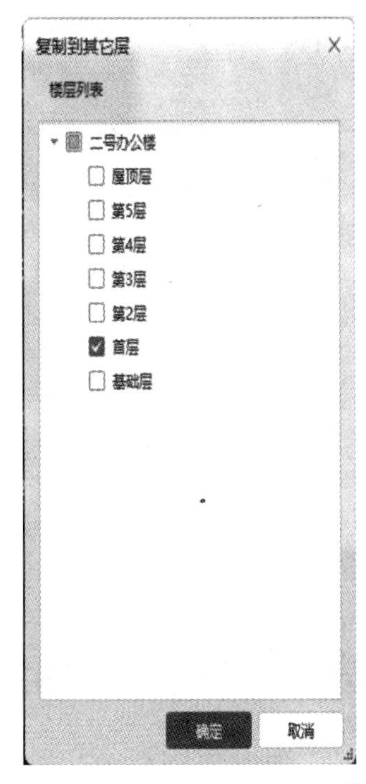

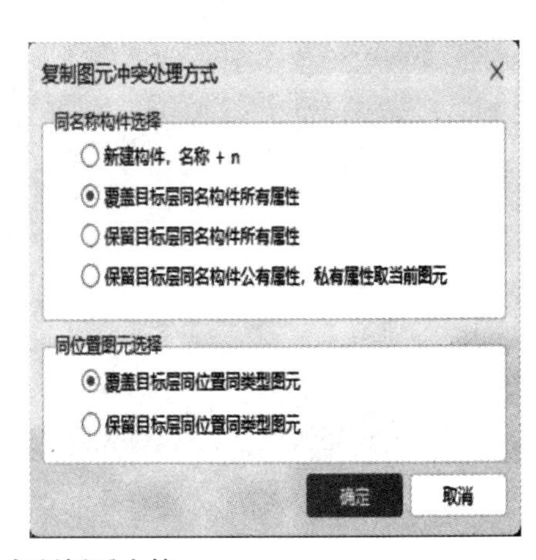

图 6.3.7　复制板受力筋

返回首层，这样首层的受力筋定义和绘制就基本完成了，但是③轴到⑥轴与Ⓐ轴到①/Ⓐ轴的板底筋和跨板受力筋与 -1 层不同，将复制过来的钢筋删除，应用 -1 层自定义范围和单板、多板的方法绘制这部分钢筋。因为跨板受力筋的标注长度在总的工程设置已经调整过，所以不需要另行调整，这样首层板受力筋就绘制完成了，如图 6.3.8 所示。

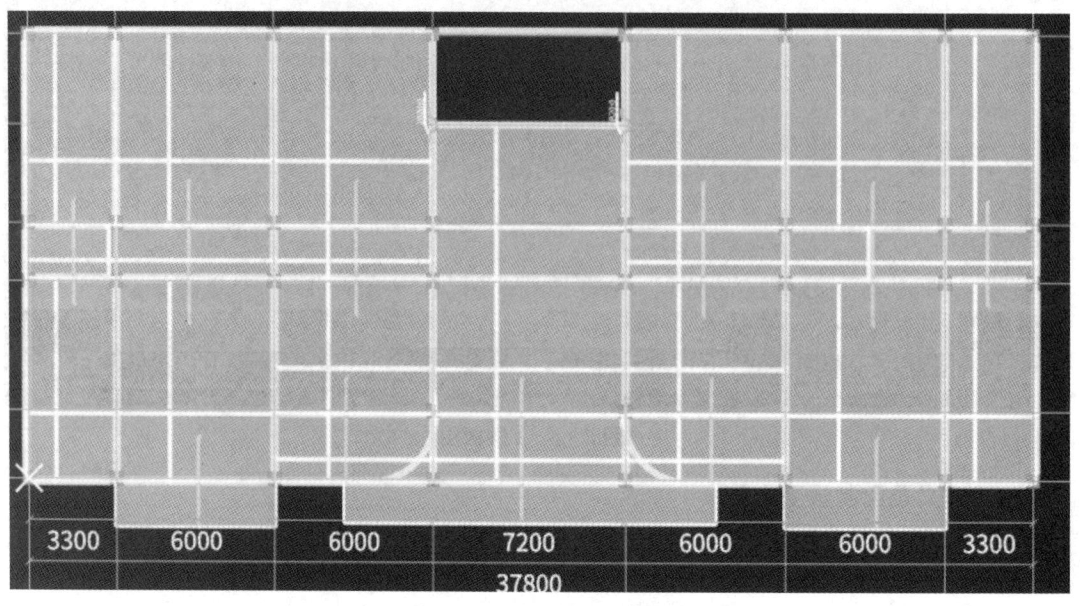

图 6.3.8　首层板受力筋图

4. 定义及绘制板负筋

由结施 -11 和结施 -12 图可以看出，两层负筋位置直径和间距是一样的，有 6 种，其操作步骤为：-1 层→板负筋→批量选择→板负筋全部勾选→楼层→复制选定图元到其他楼层→勾选“首层”→确定→回到首层，如图 6.3.9 所示。

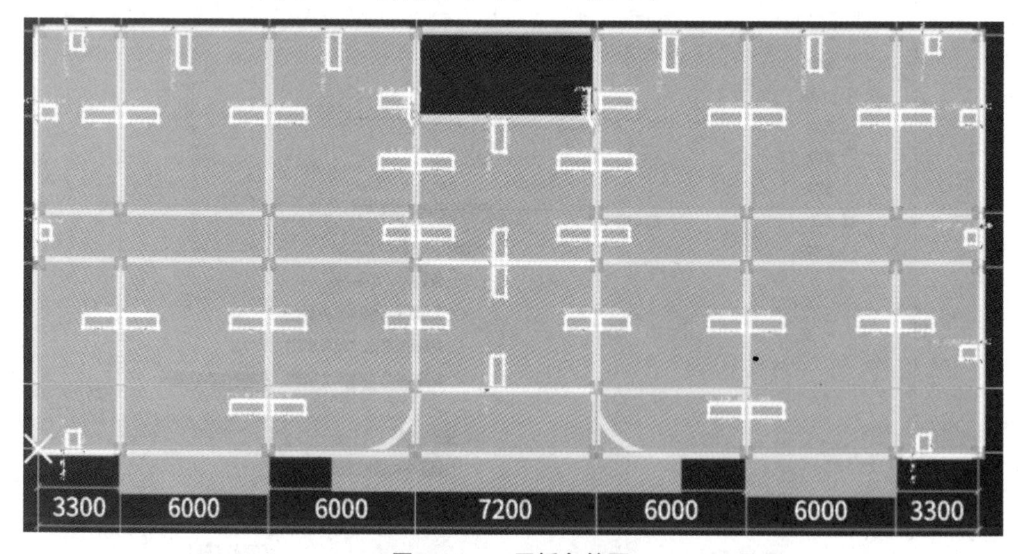

图 6.3.9　一层板负筋图

这样本层的板及板内钢筋就绘制完成了。根据结施 -13 绘制二层的现浇板。从顶板配

筋图及节点详图可以看出，本层板厚度为 130 mm、140 mm、160 mm；由注解说明可以看出，未注明的板厚度为 120 mm。绘制完 1 层板后，2 层、3 层、4 层用相同的方法定义绘制或复制其他楼层已经绘制完成的板即可，这里不做详细说明。

6.4　5 层板

学习目的

根据本工程结构施工内容，完成 5 层板及板钢筋的定义与绘制。

学习内容

定义新建及绘制 5 层板；三点定义斜板；绘制老虎窗。

操作步骤

1. 定义新建现浇板

根据结施 -15 绘制 5 层的现浇板。从注解说明可以看出，本层板厚度为 120 mm。其操作步骤为：在楼层切换栏将绘图界面参数先后调整为“5 层→板→现浇板”，在构建列表中点选“层间复制”，在“层间复制”对话框中依次勾选源楼层 4 层→楼层构件板→现浇板→现浇板 120 →确定。

2. 绘制现浇板

从结施 -15 可以看出，5 层板大部分是斜板，每块斜板图纸都给出两个标高——一个是顶标高；另一个是底标高，而且图纸给出的底标高都在梁边位置（并非斜板本身底标高），标高为 17.3 m。其操作步骤为：现浇板→平板 120 →点选→将梁内的板点选上，如图 6.4.1 所示。

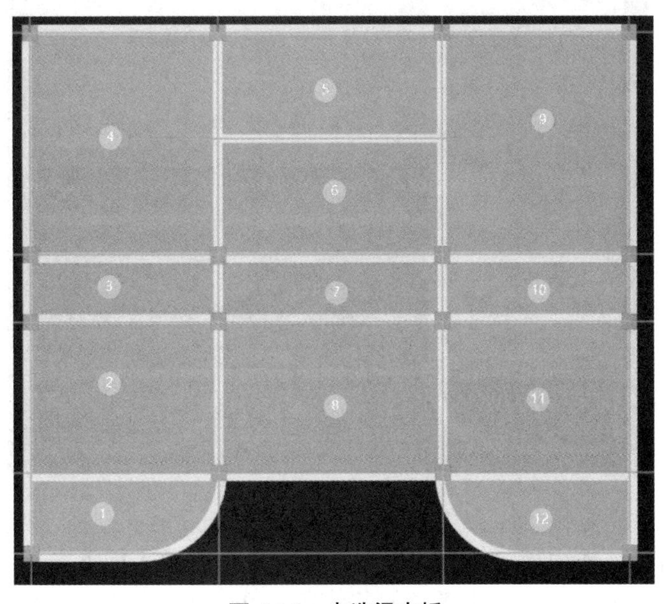

图 6.4.1　点选梁内板

由结施 -15 可以看出，板是左右对称的，而且有平板有坡板，先处理板——将 2、3、4、5、6、9 板选中→单击鼠标右键→选择“合并”命令→单击“是”按钮；其次，将 1、7、8、10、11、12 板删除，如图 6.4.2 所示。

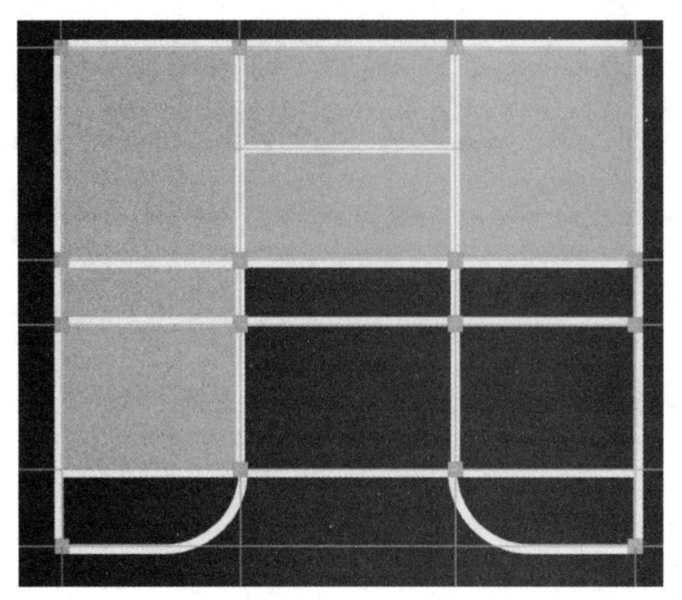

图 6.4.2　合并、删除板

因为图纸给出的底标高都在梁边位置，所以将板偏移至梁边位置。因为板都是按梁中布置的，所以偏移距离为梁的一半 150 mm。其操作步骤为：选中板→单击鼠标右键→偏移→整体偏移→把轮廓线放在整个板外侧→输入“150”→确定，如图 6.4.3 所示。

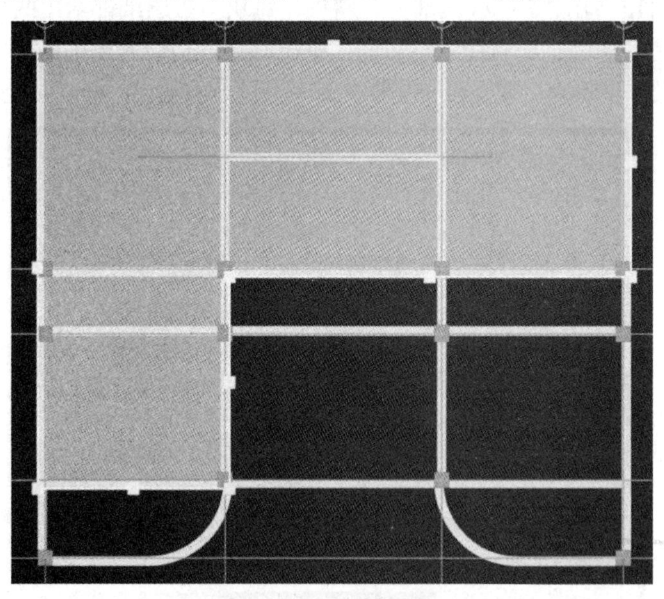

图 6.4.3　板整体偏移

如图 6.4.4 所示，选中板→将原 2 板下部边界点拖至原 1 板下方指定位置，再将该处板边向下偏移 250 mm，再次选中需要偏移的板→单击鼠标右键→选择“偏移”命令→选

择“多边偏移”命令→选择要偏移的边→单击右键确定→输入偏移值 250 mm →按 Enter 键确定即可完成绘制。

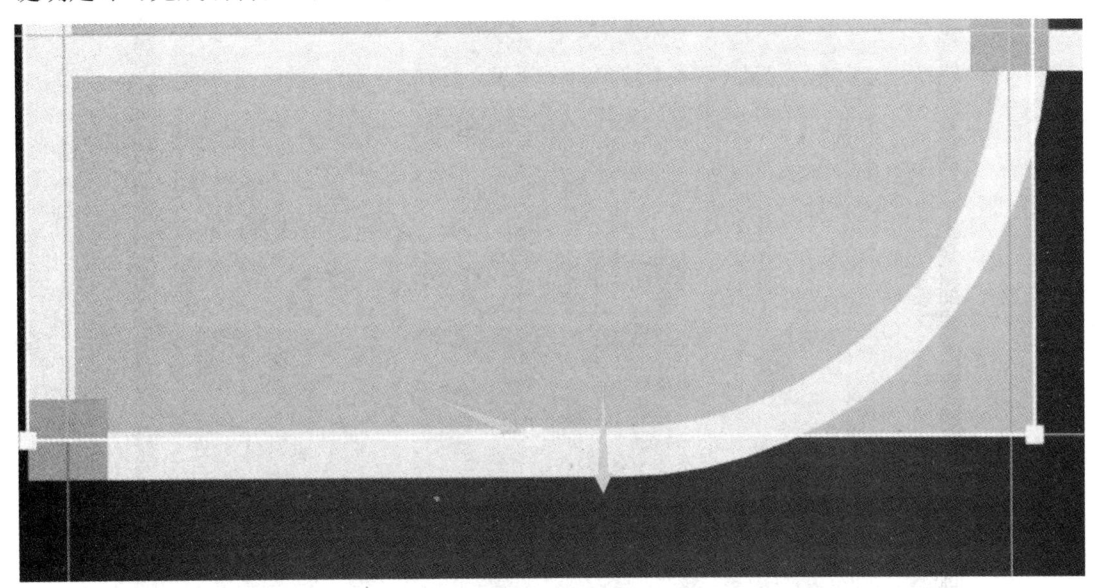

图 6.4.4　板偏移

选中需要分割的板→单击鼠标右键→选择“分割”命令→指定第一点→指定下一点→单击鼠标右键确定分割线，如图 6.4.5 所示（图中红色箭线就是绘制的所有板分割线）→将右侧的三角形板删除，如图 6.4.6 所示→重新对板编号，如图 6.4.7 所示。

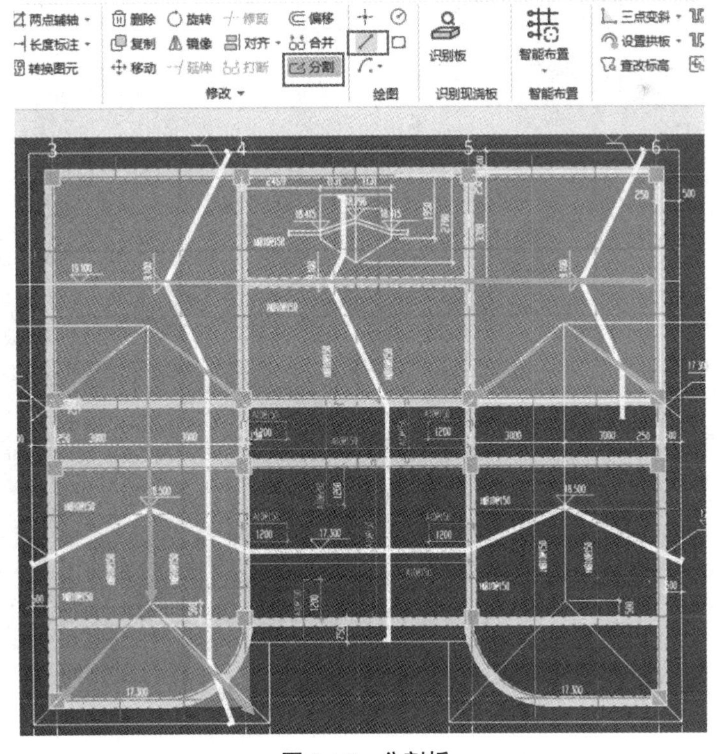

图 6.4.5　分割板

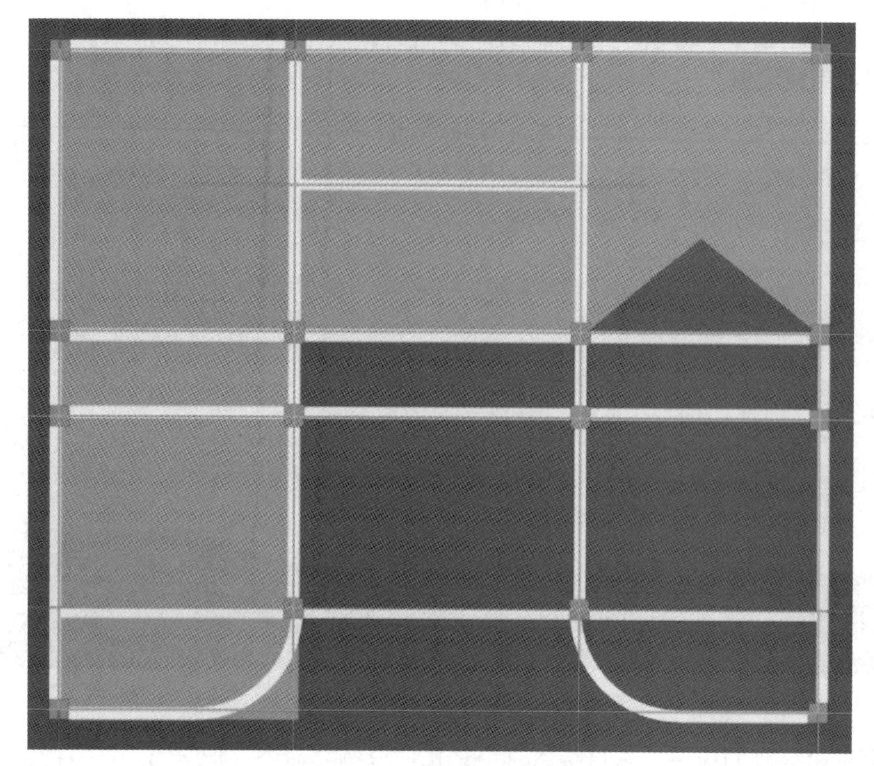

图 6.4.6　删除右侧三角形板

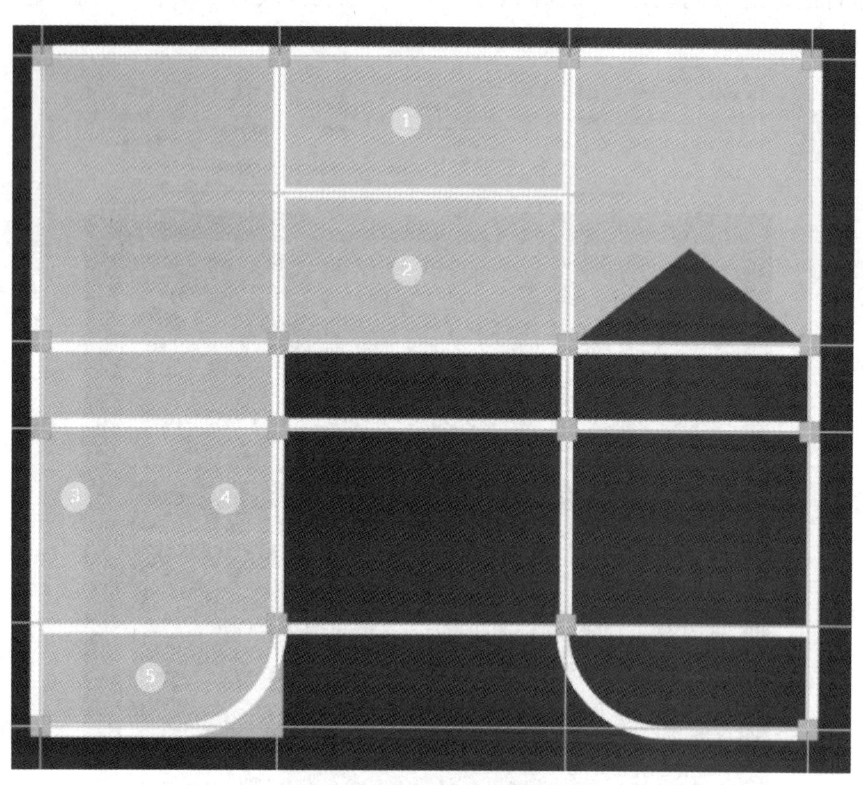

图 6.4.7　重新对板编号

绘制斜板的步骤如下。

（1）选中 1 号板→三点定义斜板→按图纸标高输入“19.1”“19.1”“17.3”，每次输入完成后按 Enter 键确认，如图 6.4.8 所示。

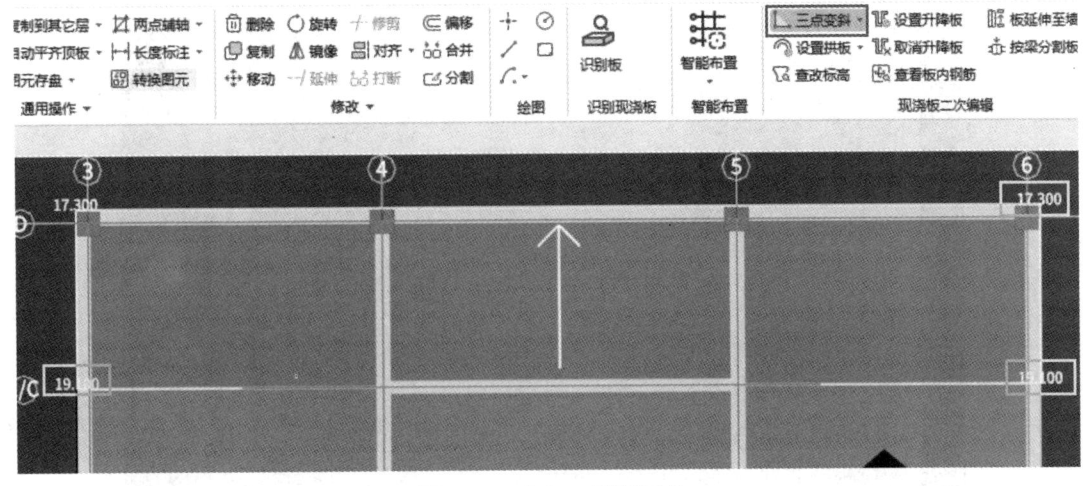

图 6.4.8　定义 1 号板标高

（2）选中 2 号板→三点定义斜板→按图纸标高输入“19.1”“19.1”“17.3”，如图 6.4.9 所示。

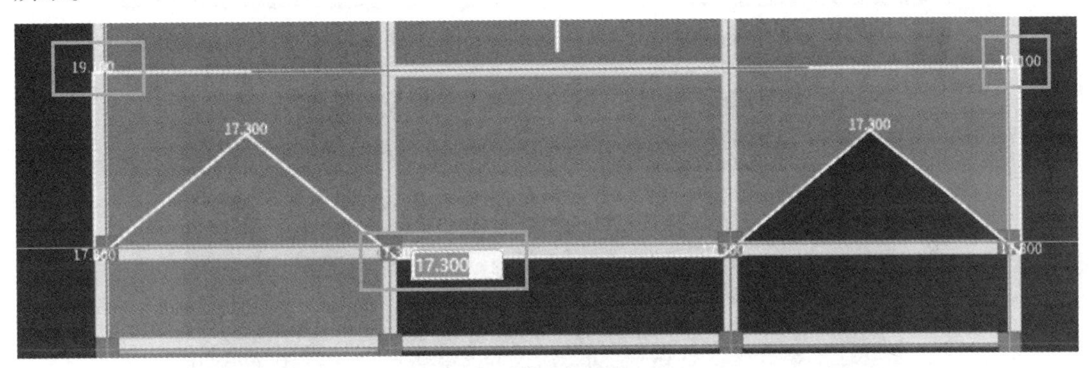

图 6.4.9　定义 2 号板标高

（3）选中 3 号板→三点定义斜板→按图纸标高输入“18.5”“18.5”“17.3”，如图 6.4.10 所示。

（4）选中 4 号板→三点定义斜板→按图纸标高输入“18.5”“18.5”“17.3”，如图 6.4.11 所示

（5）选中 5 号板→三点定义斜板→按图纸标高输入“18.5”“17.3”“17.3”，如图 6.4.12 所示。

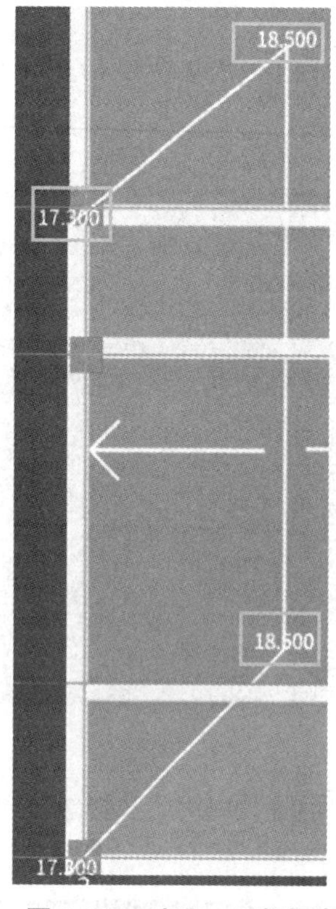

图 6.4.10 定义 3 号板标高

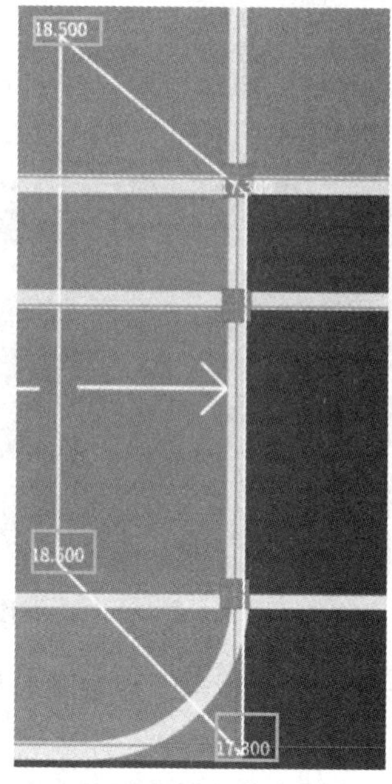

图 6.4.11 定义 4 号板标高

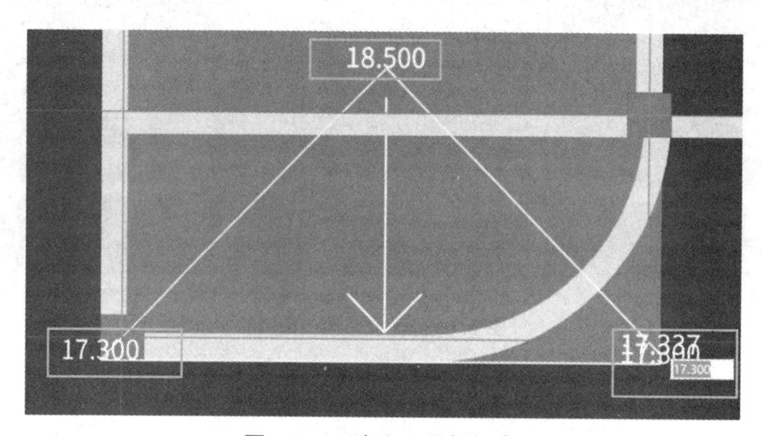

图 6.4.12 定义 5 号板标高

（6）选中 3、4、5 号板→镜像→选择④、⑤轴的对称点→询问是否删除原来图元→单击“否”按钮，如图 6.4.13 所示。

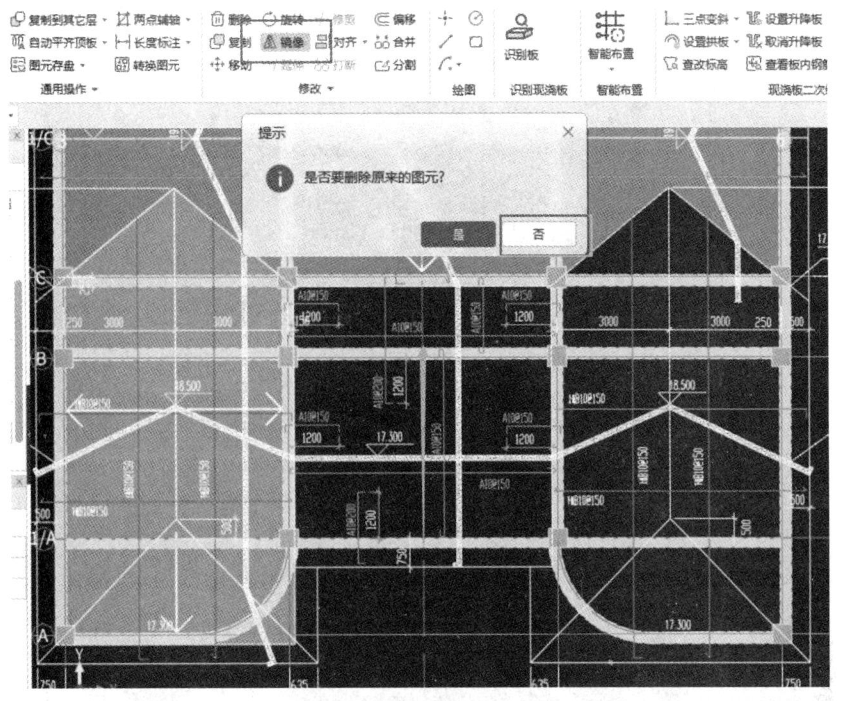

图 6.4.13　镜像 3 ～ 5 号板

（7）绘制中间平板→板 120 →点选④、⑤轴中间的平板，如图 6.4.14 所示。

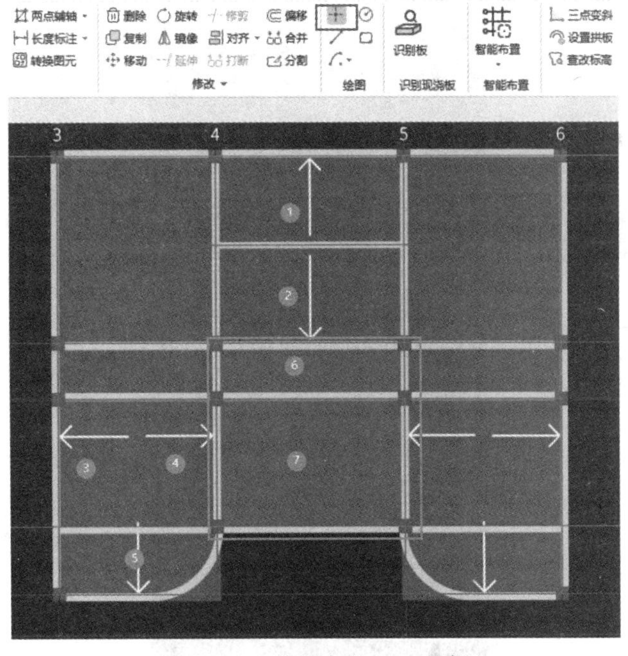

图 6.4.14　绘制中间 6、7 号板

（8）选中 7 号平板→偏移→多边→外侧边→单击鼠标右键→ 650（750 ～ 100）→按 Enter 键，如图 6.4.15 所示。

（9）选中 4 号板→单击鼠标右键→选择“设置夹点”命令→鼠标左键指出位置，如

图 6.4.16 所示。选中与 4 号板对称的板→选择“设置夹点”命令→鼠标左键指出位置（与 4 号板夹点对称处）。

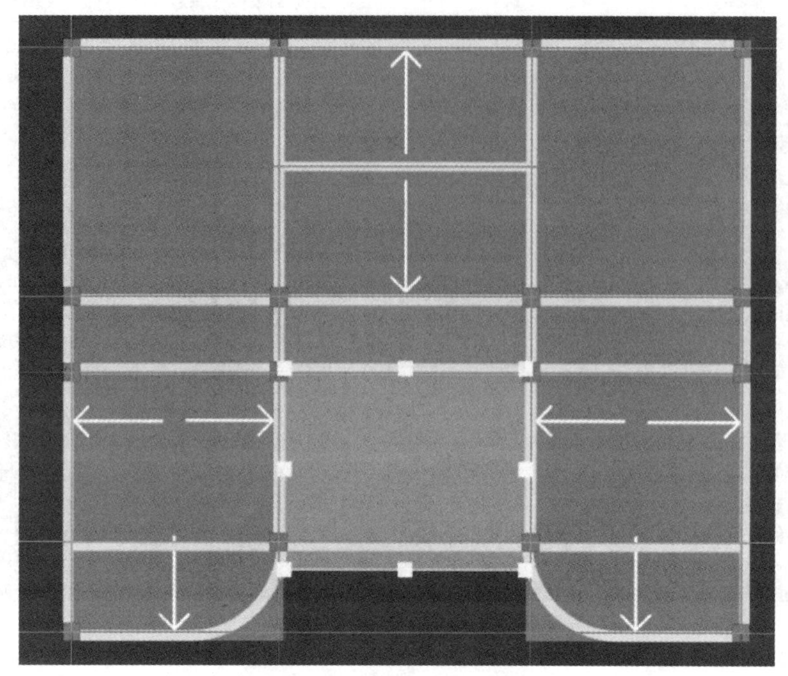

图 6.4.15　平移 7 号板

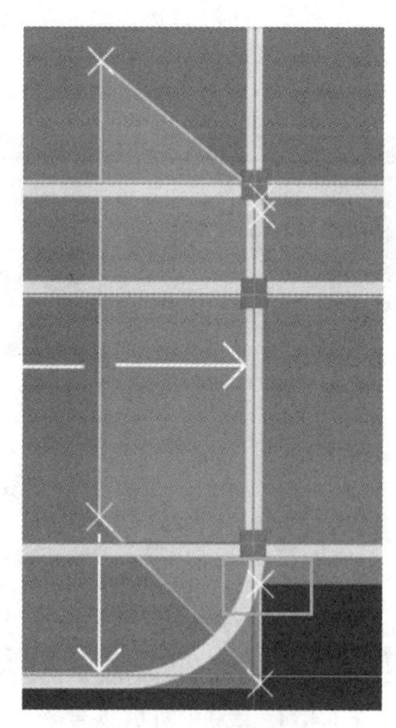

图 6.4.16　设置夹点

（10）将设置夹点的一边拖至图 6.14.17 所示位置，对称一侧同样处理即可。

由于斜板均距离梁边 500 mm，所以应用偏移命令逐个板向外偏移 500 mm 即可，如

图 6.4.18 所示。手动选中所有斜板→在左侧属性列表栏中将板的名称改为“斜板 120”→按 Enter 键确定即可完成修改。

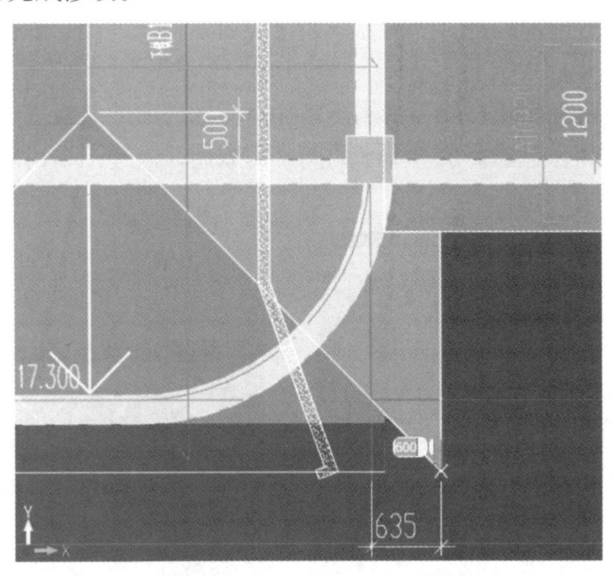

图 6.4.17　移动设置夹点的位置

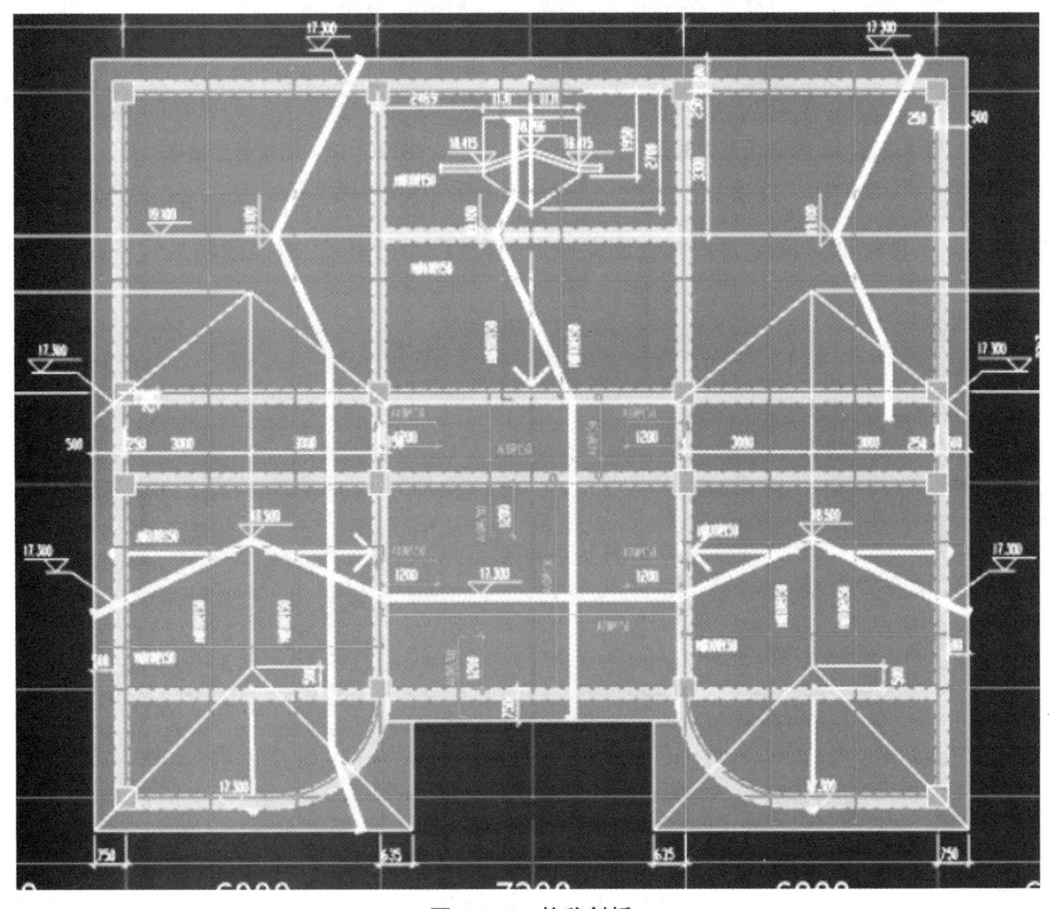

图 6.4.18　偏移斜板

3. 绘制老虎窗板洞

因为本层有老虎窗，所以把老虎窗的板分割出来，以便于布置钢筋。根据结施 -15 平面图，先将图纸定位，对应结施 -15 的左下角老虎窗处板洞详图，依据老虎窗处的线条将板洞分割出来，如图 6.4.19 所示。

然后，应用三点定义斜板功能，根据图纸标高对老虎窗的斜板进行编辑，因为三点变斜需要的是板的顶标高，所以需要参照平面图中的数据，大样图给出的是板底的标高，如图 6.4.20 所示。

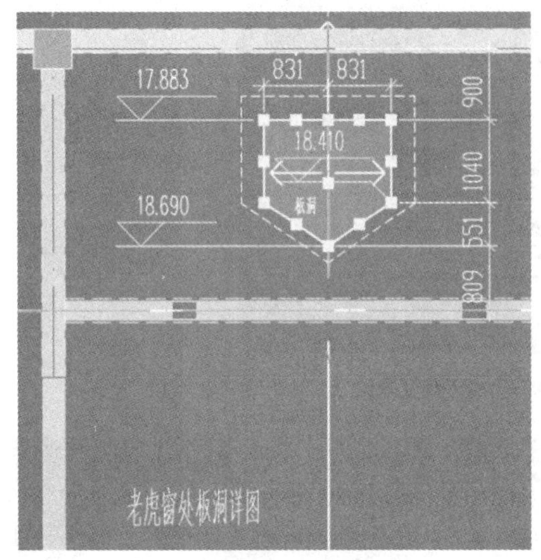

图 6.4.19　分割老虎窗板线条

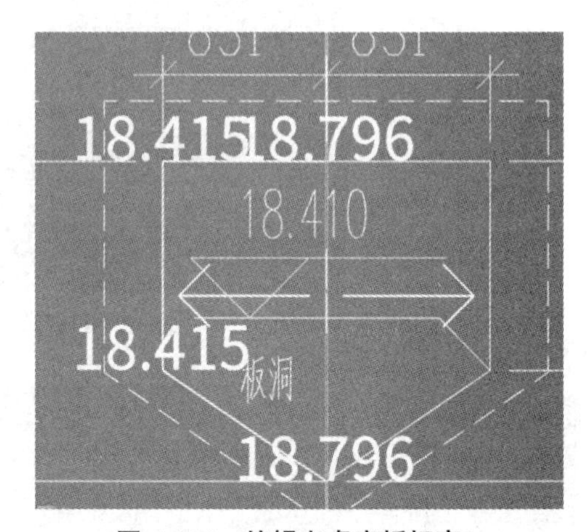

图 6.4.20　编辑老虎窗板标高

由建施的节点图可以看出，老虎窗向外伸出 300 mm，因此选中斜板将外侧板边外移 300 mm，这样老虎窗的斜板就绘制完成了，可以点开图层，按照图层的线条拉伸，如图 6.4.21 所示。

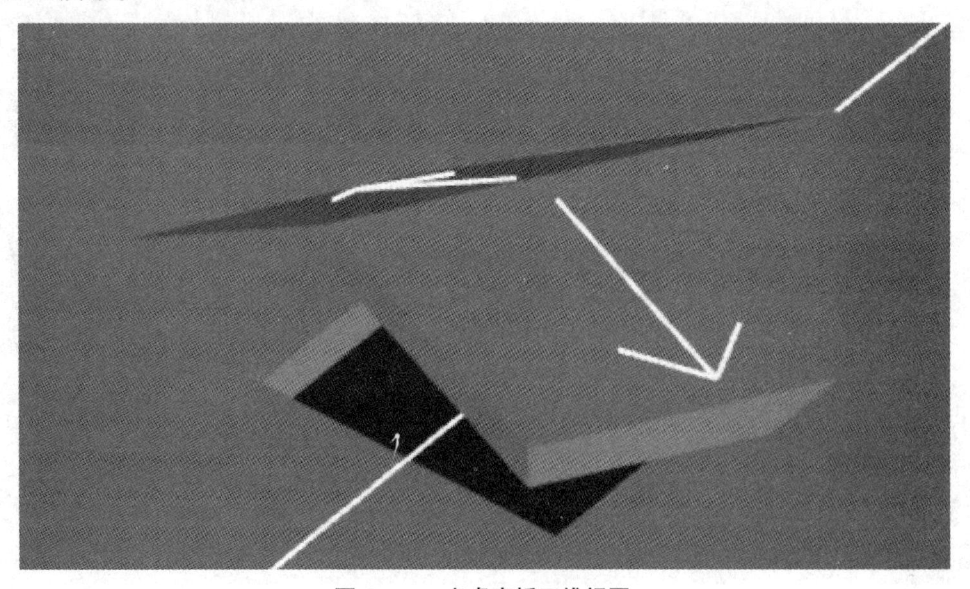

图 6.4.21　老虎窗板三维视图

4. 调整梁、柱标高

由于这个时候梁和柱的标高都不在板下，与实际图纸不符，所以操作步骤如下。在软件界面最左侧模块“导航栏”选中构件“梁”→在工具栏中选择“批量选择”命令，弹出“批量选择”对话框→勾选“梁”复选框，单击“确定”按钮→在工具栏中选择“自动平齐板顶”命令，这样梁标高就正确了，如图 6.4.22 所示。

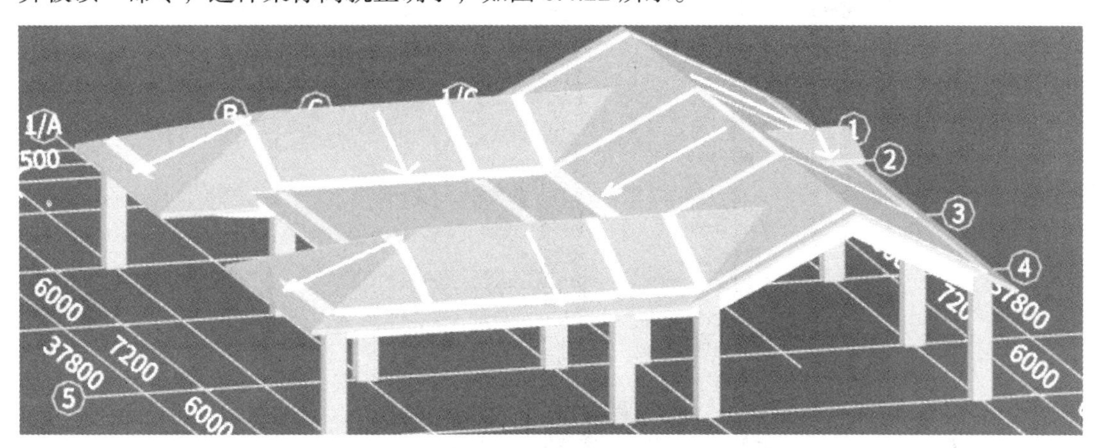

图 6.4.22　调整梁标高

用同样的思路切换到柱，完成柱标高的调整，如图 6.4.23 所示。

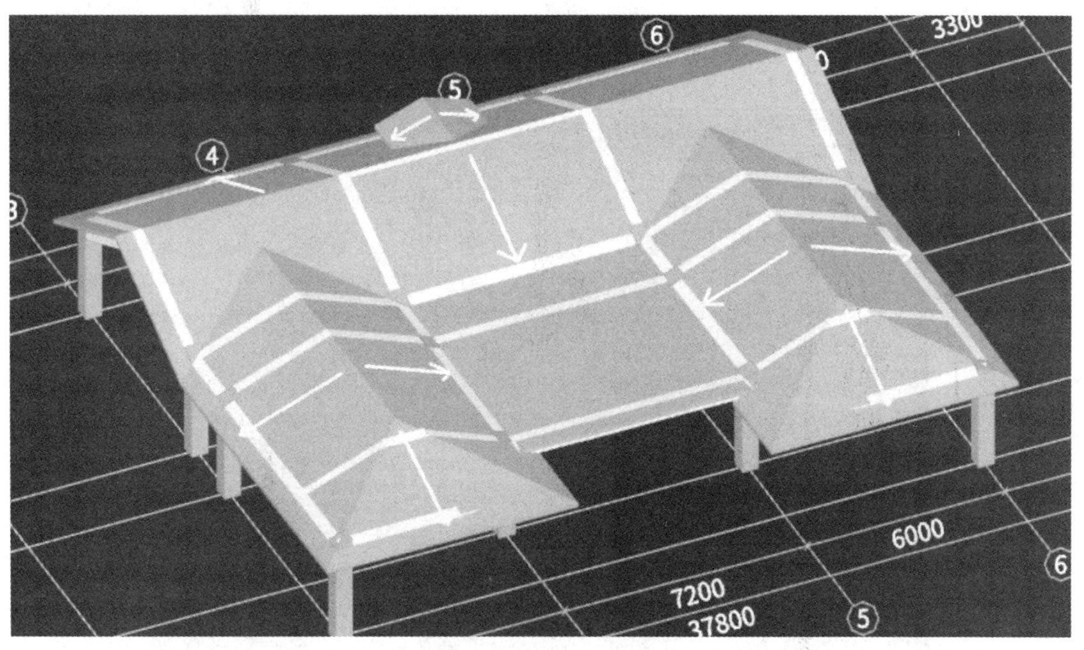

图 6.4.23　调整柱标高

5. 定义及绘制板受力筋

由结施 -15 可以看出，斜板底筋和面筋为 Φ10@150，平板底筋为 Φ10@150，跨板受力筋为 Φ10@200。同 -1 层步骤一样，定义板受力筋，如图 6.4.24 所示，其余受力筋定义方法相同。

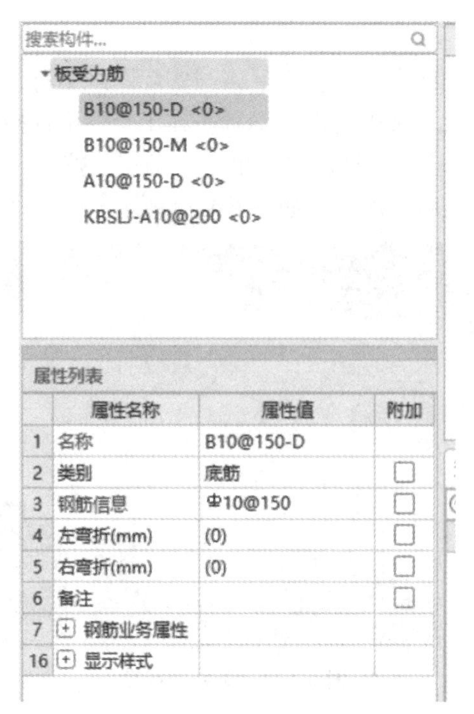

图 6.4.24　定义新建板受力筋

根据结施 -15 平面图钢筋示意，绘制斜板及平板部位的受力筋，可以单板或多板采用 XY 方向布置等方法，结果如图 6.4.25 所示。

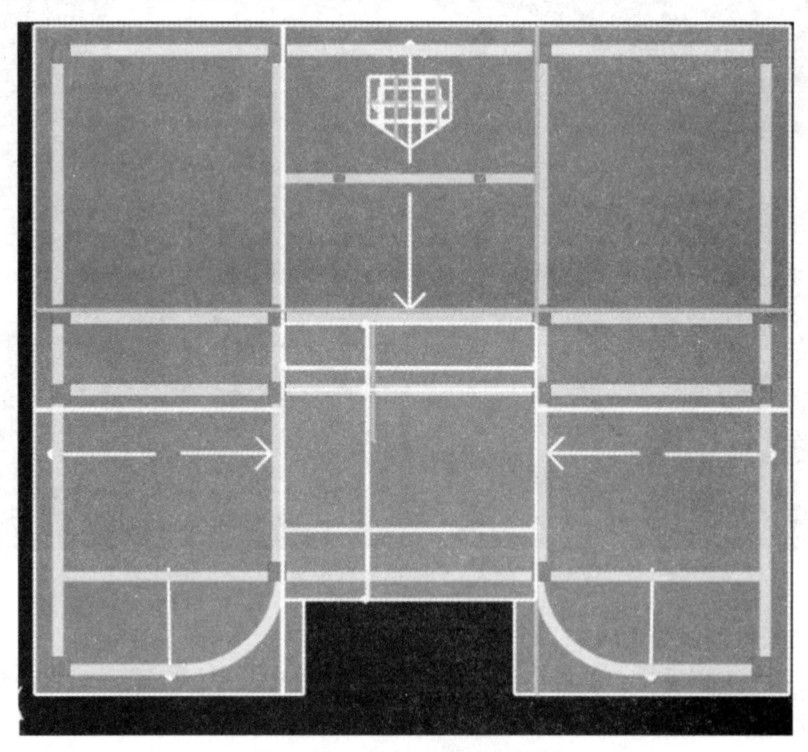

图 6.4.25　绘制 5 层板受力筋

6. 定义及绘制板负筋

由结施 -15 可以看出，板负筋有 Φ10@150 和 Φ10@200 两种，定义步骤同 -1 层，此处不做解析。绘制板负筋的步骤同 -1 层，负筋和跨板受力筋、分布筋不用再回到工程设置调整，因为整个楼层已经设置完毕。层板负筋如图 6.4.26 所示。

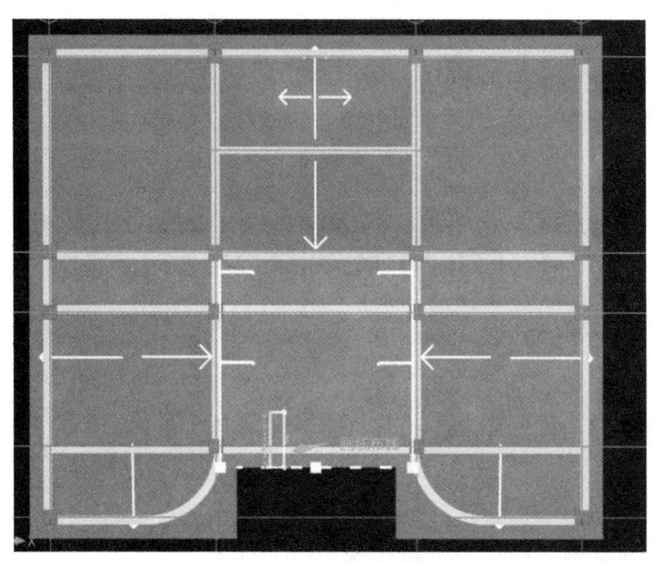

图 6.4.26 层板负筋

如此，5 层的板以及板钢筋就绘制好了。

模块 7 基础工程量计算

7.1 筏板基础工程量计算

学习目的

根据本工程结构施工图内容，完成筏板基础的定义和绘制。

学习内容

定义和绘制筏板基础；定义和绘制筏板钢筋。

操作步骤

1. 准备工作

将楼层切换到基础层，将构件命令切换到筏板基础，图纸对应结施 -02 筏板基础结构平面图，如图 7.1.1 所示。

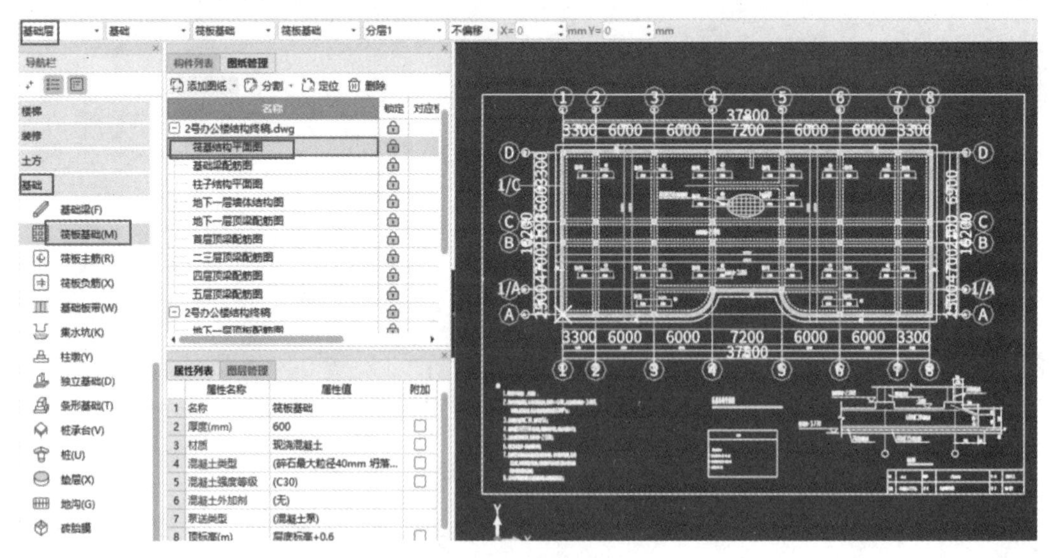

图 7.1.1 准备工作

2. 定义新建筏板基础

从结施 -02 筏板基础平面图可以看出，筏板基础的厚度为 600 mm。筏板基础在土建

中又称为满堂基础。软件操作步骤：在基础层绘图界面最左侧模块“导航栏”选中构件“筏板基础”→在构件列表中新建筏板基础→在属性列表中定义筏板基础的名称、厚度等参数，如图 7.1.2 所示。

属性列表

	属性名称	属性值	附加
1	名称	筏板基础	
2	厚度(mm)	600	☐
3	材质	现浇混凝土	☐
4	混凝土类型	(碎石最大粒径40m...	☐
5	混凝土强度等级	(C30)	☐
6	混凝土外加剂	(无)	
7	泵送类型	(混凝土泵)	
8	顶标高(m)	层底标高+0.6	☐
9	底标高(m)	层底标高	☐
10	备注		☐
11	⊞ 钢筋业务属性		
25	⊞ 土建业务属性		
29	⊞ 显示样式		

图 7.1.2　新建筏板基础

3. 绘制筏板基础

关闭定义界面，单击“直线”按钮进行绘制，根据对应平面图纸的外侧筏板黄色线条进行直线绘制，一直绘制到图示位置，如图 7.1.3 所示。

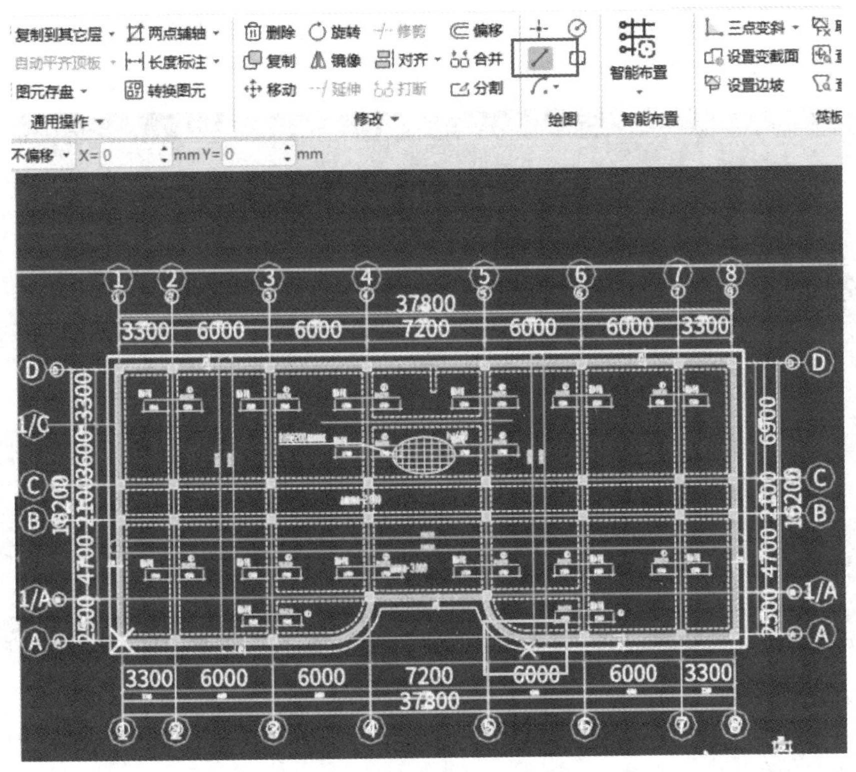

图 7.1.3　直线绘制筏板

接下来遇到弧线部分时切换到“三点画弧”命令，捕捉图示点位即可完成弧线部分的绘制，如图 7.1.4 所示。

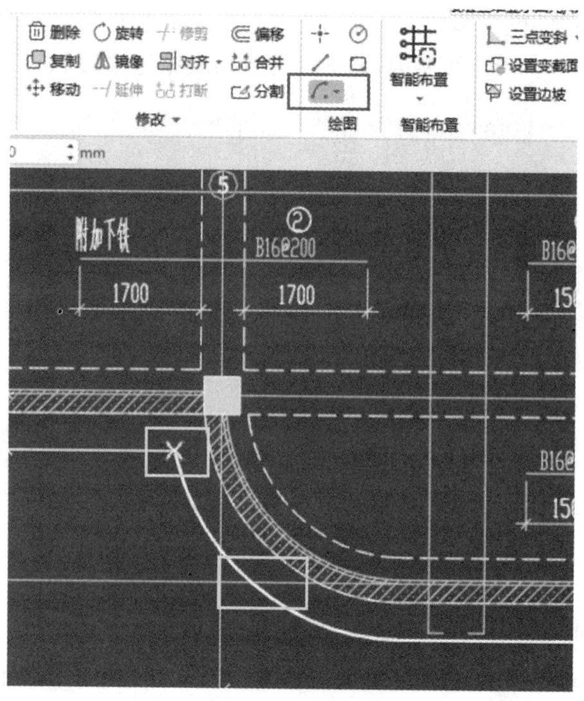

图 7.1.4　三点画弧

之后遇到直线部分时切换为直线绘制，遇到弧线部分时切换为三点画弧，如此操作，筏板基础即绘制完成，如图 7.1.5 所示。

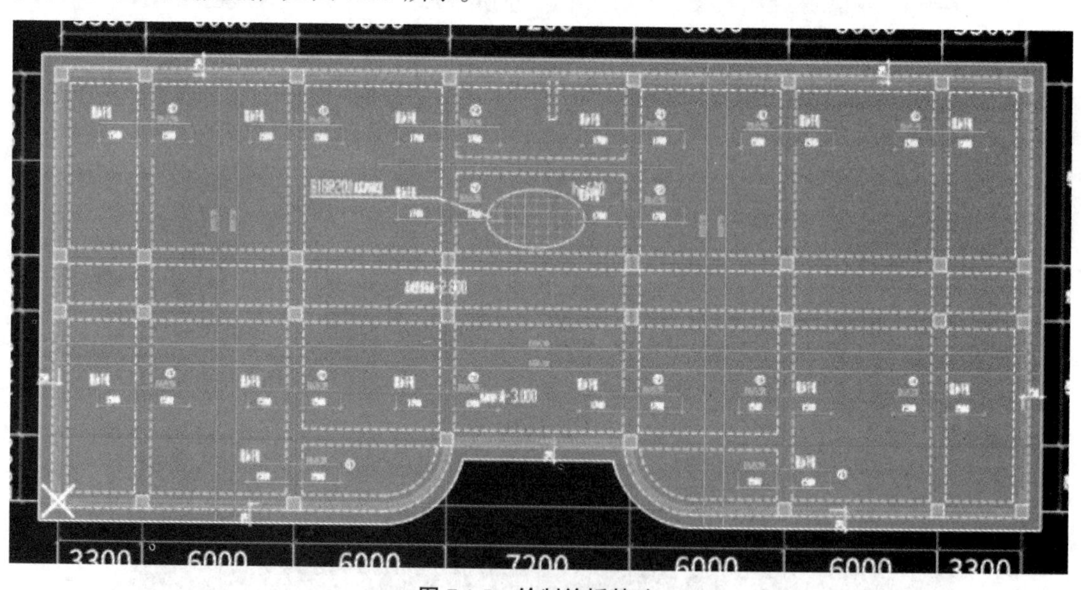

图 7.1.5　绘制筏板基础

从结施 -02 筏板基础剖面图可以看出，本工程筏板基础边坡为斜坡，而用软件绘制好的基础边坡为直形，具体修改步骤如下。在绘制筏板基础的状态下，选中已绘制好的“筏板基础”，单击鼠标右键，在弹出的快捷菜单中选择“设置边坡（X）”命令，弹出“设置筏板边坡”对话框，单击“边坡节点 3”，修改边坡尺寸，单击“确定”按钮，如图 7.1.6 所示。

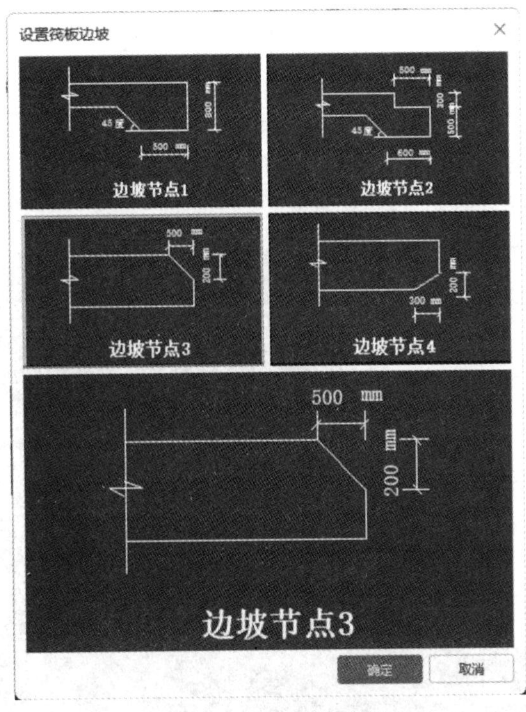

图 7.1.6　设置筏板边坡

4. 定义和绘制筏板基础主筋

从结施 -02 筏板基础平面图可以看出，筏板基础的钢筋为 Φ18@200 双层双向配置。软件操作步骤：模块导航栏→基础→筏板主筋→定义→新建筏板基础主筋→类别→底筋→钢筋信息。用同样的方法新建筏板基础面筋，如图 7.1.7 所示。

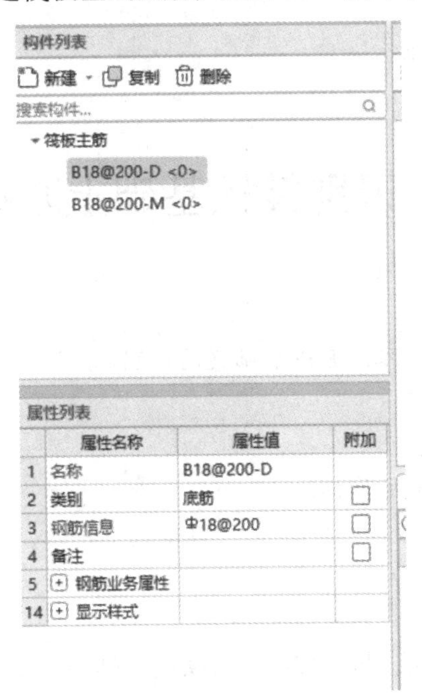

图 7.1.7　新建筏板基础主筋

返回绘图界面→“布置受力筋”→“单板”→“XY 方向”→“双向布置”→选择底筋及面筋信息→单击“筏板”按钮，如图 7.1.8 所示。

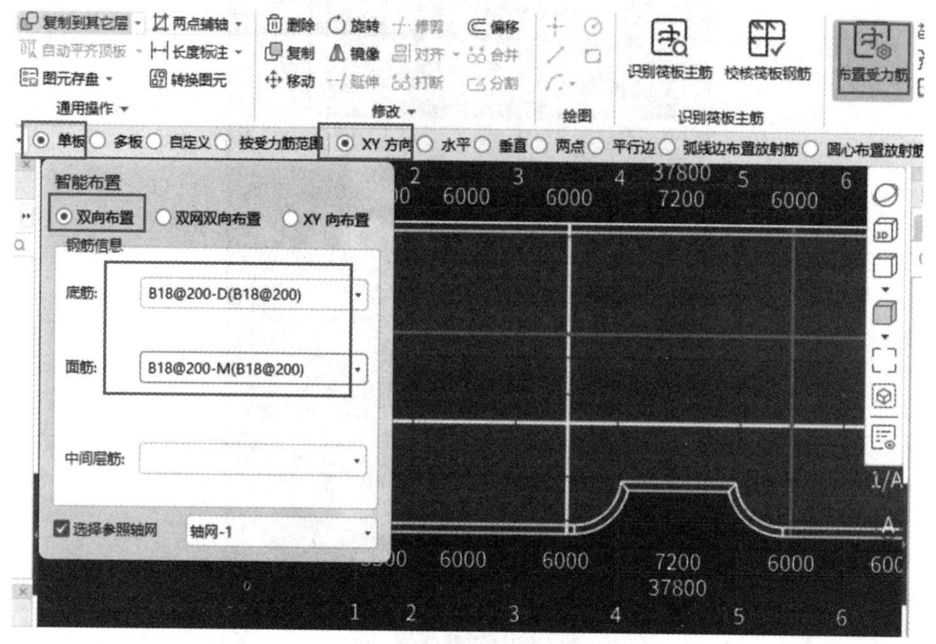

图 7.1.8 布置筏板基础主筋

如此，筏板基础主筋就绘制好了，软件中默认黄色为底筋、紫色为面筋。由于筏板基础负筋是以基础梁为支座的，所以待基础梁绘制后再绘制负筋。

思 考

筏板基础又称为什么基础?

7.2 识别筏板基础上基础梁

学习目的

根据本工程结构施工图内容，完成基础梁的识别。

学习内容

识别梁；修改信息；识别原位标注。

操作步骤

1. 准备工作

检查楼层是否对应基础层，将构件命令切换到基础梁，图纸对应结施 -03 基础梁配筋图，如图 7.2.1 所示。

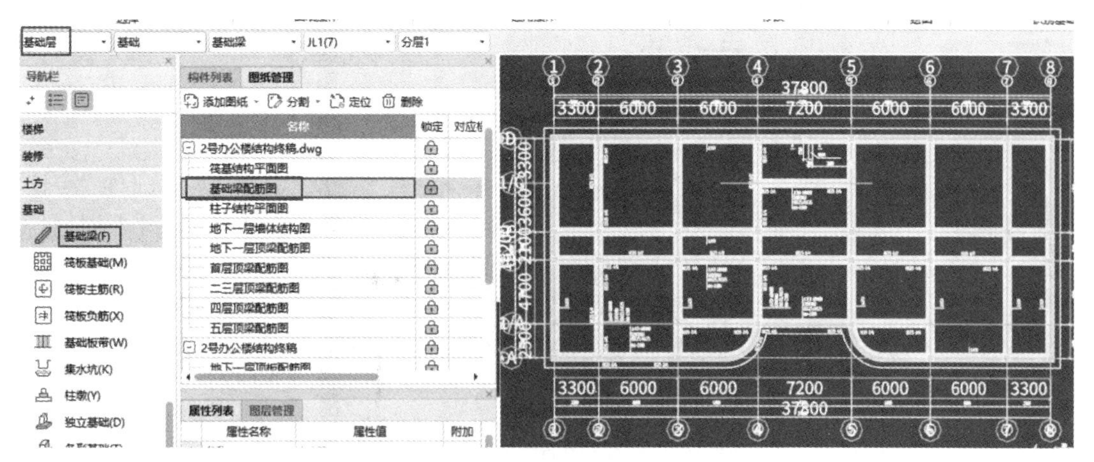

图 7.2.1　准备工作

2. 识别梁

按照之前识别梁的步骤，识别梁→提取边线→自动提取标注→点选识别梁，如图 7.2.2 所示。

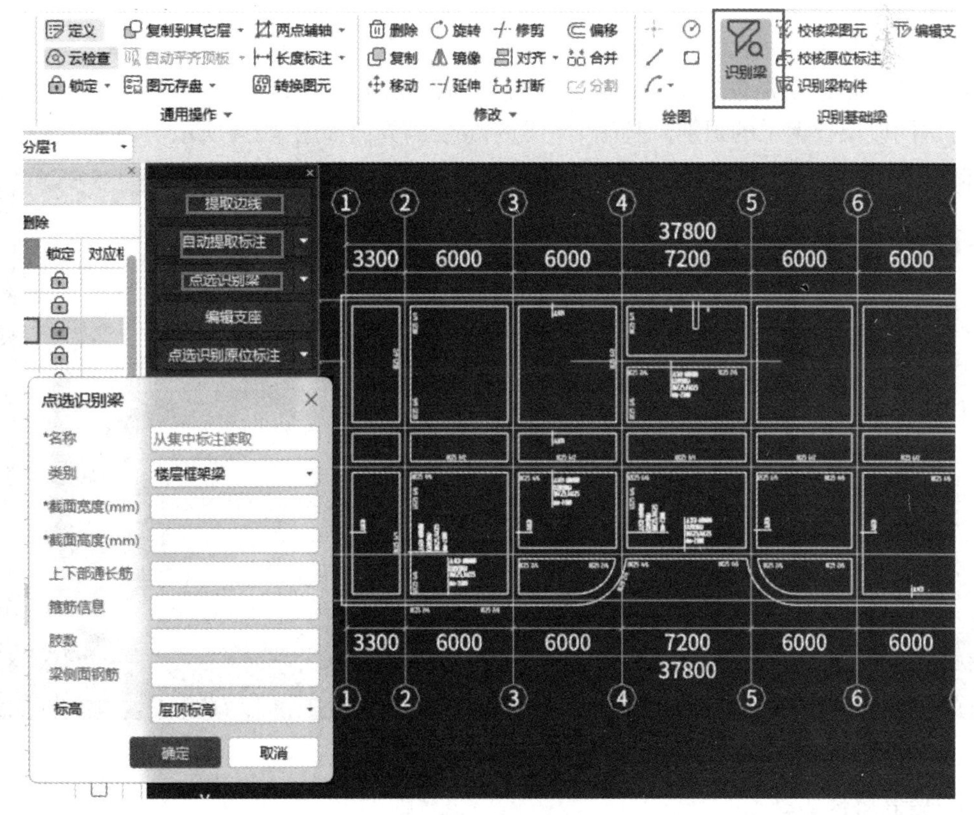

图 7.2.2　提取工作

按照之前点选识别梁的顺序识别，注意基础梁与之前楼层梁的区别，“属性”面板中的类别软件默认识别为非框架梁，需要切换成基础主梁，同时，将梁顶标高根据图纸要求设置为 −2.8 m，如图 7.2.3 所示。

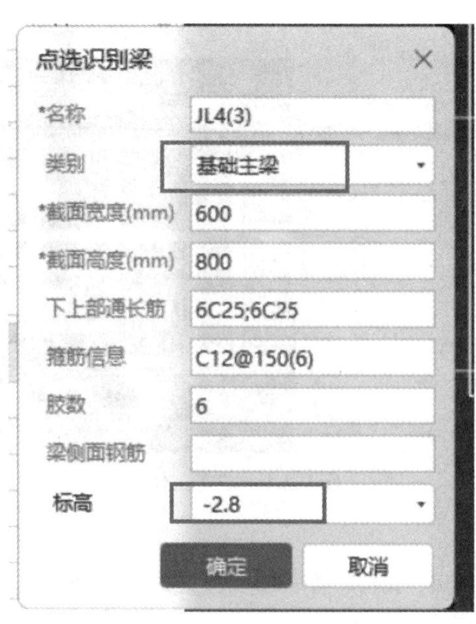

图 7.2.3　点选识别梁的修改

将基础梁都识别完之后，校核梁图元，有大红色状态的梁通过“编辑支座”命令增加或删除支座或修改属性信息将梁跨信息对应正确，没问题之后进行单构件识别原位标注，操作方法同楼层框架梁的识别。基础梁识别完成后的界面如图 7.2.4 所示。

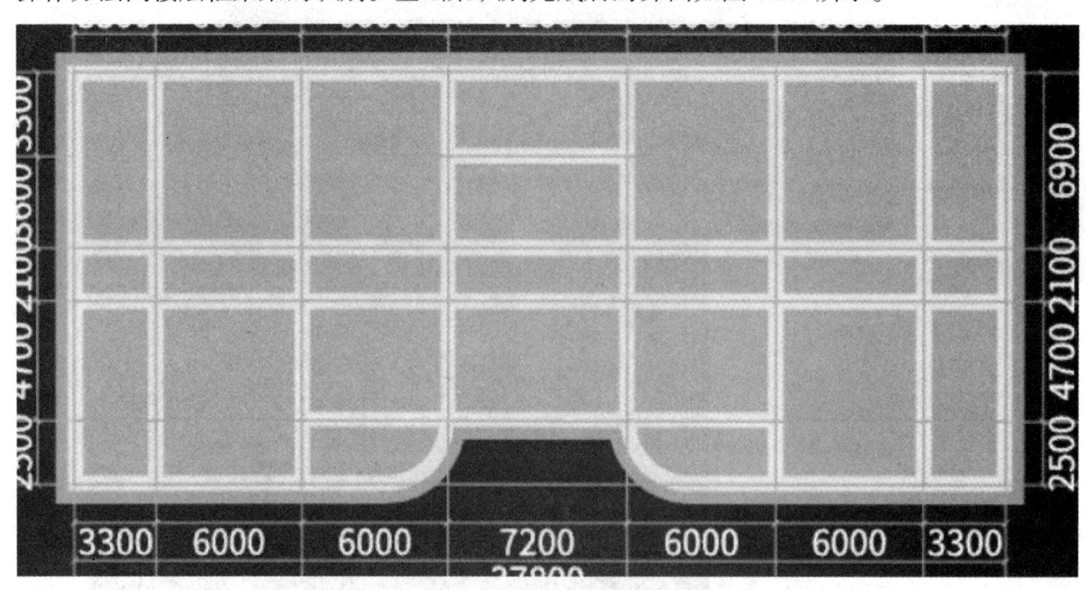

图 7.2.4　识别基础梁

3. 绘制楼梯垫梁

从结施 -03 右下角可以看到一个剖面图为楼梯垫梁，对应位置在平面图中的Ⓓ轴及④轴和⑤轴中间，此处需要手动新建楼梯垫梁的信息，操作步骤为：基础梁→定义→新建基础梁→输入信息。需要注意的是，根据图纸大样，楼梯垫梁箍筋不能直接输入，需要删除后在钢筋业务属性“其它箍筋”中手动输入长度，长度计算思路为：各尺寸减保

护层厚度，箍筋两端最下方深入基础底板中的长度为 2 个 l_a（锚固长度值），如图 7.2.5 所示。

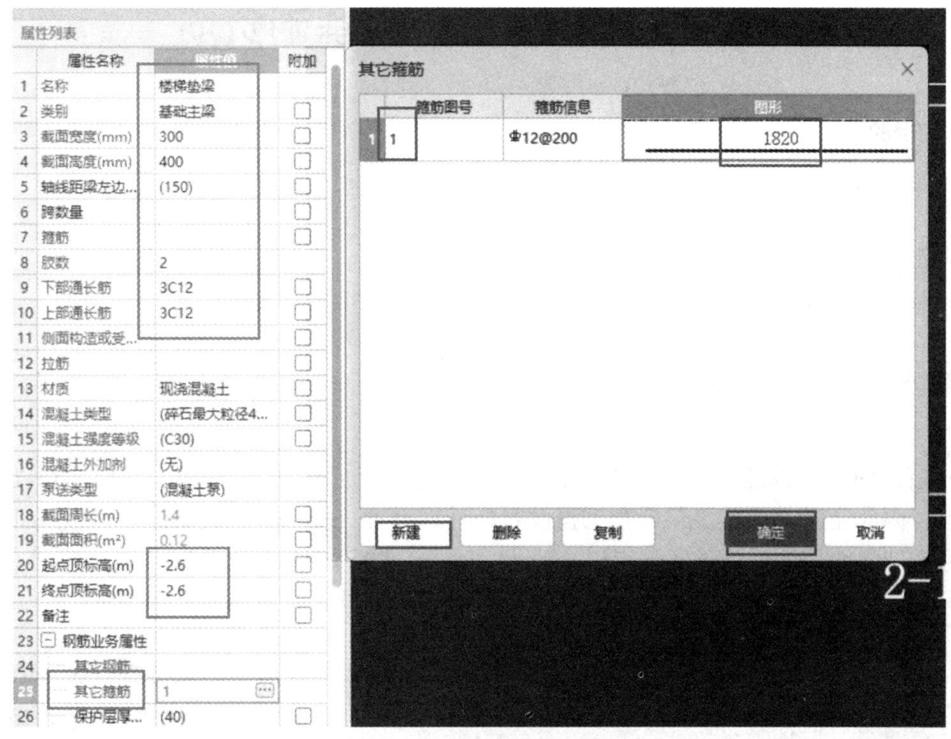

图 7.2.5　定义新建楼梯垫梁

接下来进行绘制，对应平面图线条进行直线绘制，完成后进行原位标注，这样所有的基础梁就都绘制好了，如图 7.2.6 所示。

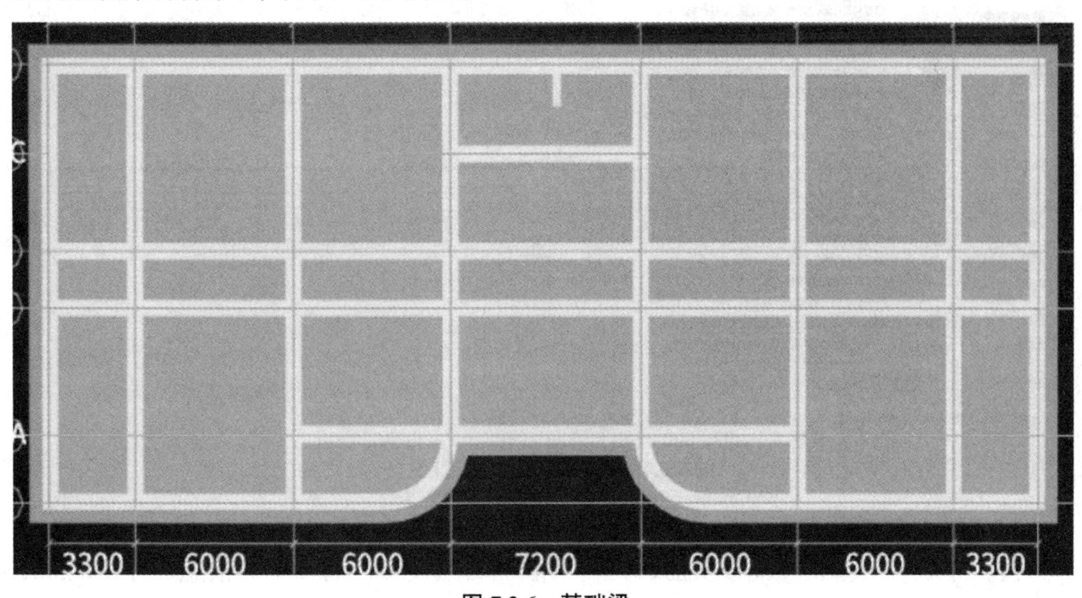

图 7.2.6　基础梁

7.3　定义和绘制筏板基础负筋

学习目的

根据本工程结构施工图内容，完成筏板基础负筋的定义和绘制。

学习内容

根据图纸修改计算设置；定义和绘制筏板基础负筋。

操作步骤

1．计算设置

从结施 -02 筏板基础平面图可以看出，筏板基础的负筋为 Φ16@200，标注长度为不含支座，因此定义前调整步骤为：工程设置→计算设置→基础→筏板基础→筏板底部附加非贯通筋伸入跨内的标注长度含支座→改为“否”，如图 7.3.1 所示。

计算设置

计算规则　节点设置　箍筋设置　搭接设置　箍筋公式

柱 / 墙柱　剪力墙　人防门框墙　连梁　框架梁　非框架梁　板 / 坡道　叠合板(整厚)　预制柱　预制梁　预制墙　空心楼盖板　主肋梁　次肋梁　楼梯　基础　基础主梁 / 承...　基础次梁　砌体结构

	类型名称	设置值
13	条形基础无交接底板端部构造	按照平法16G101-3计算
14	⊟ 独立基础	
15	独立基础边缘第一根钢筋距基础边的距离	min(75,s/2)
16	独基受力筋长度计算设定值	2500
17	独立基础边长≥设定值时,受力钢筋长度为	四周钢筋:边长-2*bhc,其余钢筋:0.9*边长
18	独立基础钢筋根数计算方式	向上取整+1
19	独立基础下部钢筋弯折长度	0
20	独立基础上部钢筋弯折长度	0
21	独基钢筋按平均长度计算	否
22	独基与基础梁平行重叠部位是否布置独基钢筋	否
23	杯口短柱在基础锚固区内的箍筋数量	3
24	⊟ 筏形基础	
25	筏形基础边缘第一根钢筋距基础边/梁边的距离	min(75,s/2)
26	筏基上部钢筋遇基础主/次梁断开	否
27	筏基与基础梁平行重叠部位布置筏基底筋/板带受力钢筋	否
28	筏基与基础梁平行重叠部位是否布置筏基负筋	否
29	跨筏板主筋标注长度位置	支座中心线
30	筏基底部附加非贯通筋伸入跨内的标注长度含支座	否
31	单边标注支座非贯通筋标注长度位置	支座中心线
32	筏基/板带钢筋按平均长度计算	否
33	筏基受力筋根数计算方式	向上取整+1
34	筏基负筋根数计算方式	向上取整+1
35	柱下板带受力筋根数计算方式	向上取整+1
36	跨中板带受力筋根数计算方式	向上取整+1
37	筏板/承台边部集水坑底筋在边缘弯折长度	15*d
38	筏板/承台边部集水坑面筋在边缘弯折长度	15*d

提供两种选择。

导入规则　导出规则　恢复默认值

图 7.3.1　筏板基础负筋计算设置

2．定义新建筏板负筋

模块导航栏→基础→筏板负筋→构件列表→新建筏板负筋→钢筋信息→ Φ16@200，如图 7.3.2 所示。

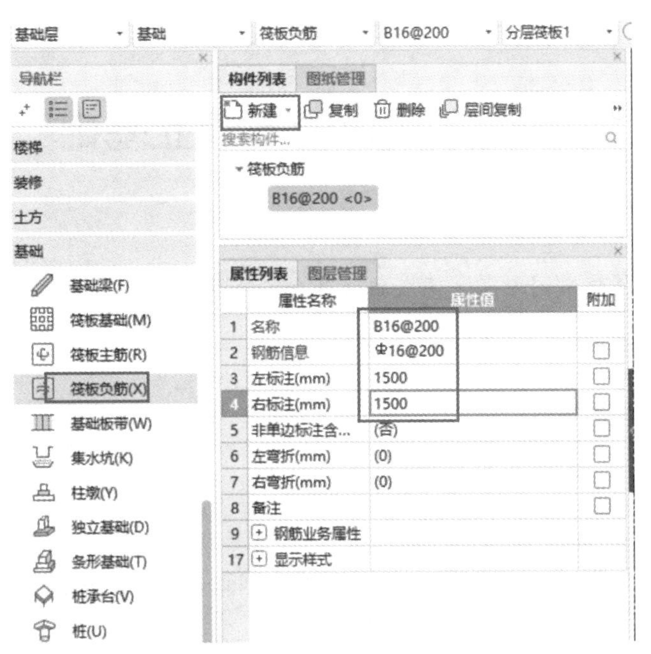

图 7.3.2　定义新建筏板负筋

3. 绘制筏板负筋

建模→筏板负筋→布置负筋→按梁布置→选择相应基础梁跨→单击“绘制”按钮→选中绘制好的负筋→单击标注处，修改标注长度→绘制完成。用同样的方式绘制所有筏板负筋，如图 7.3.3 所示。

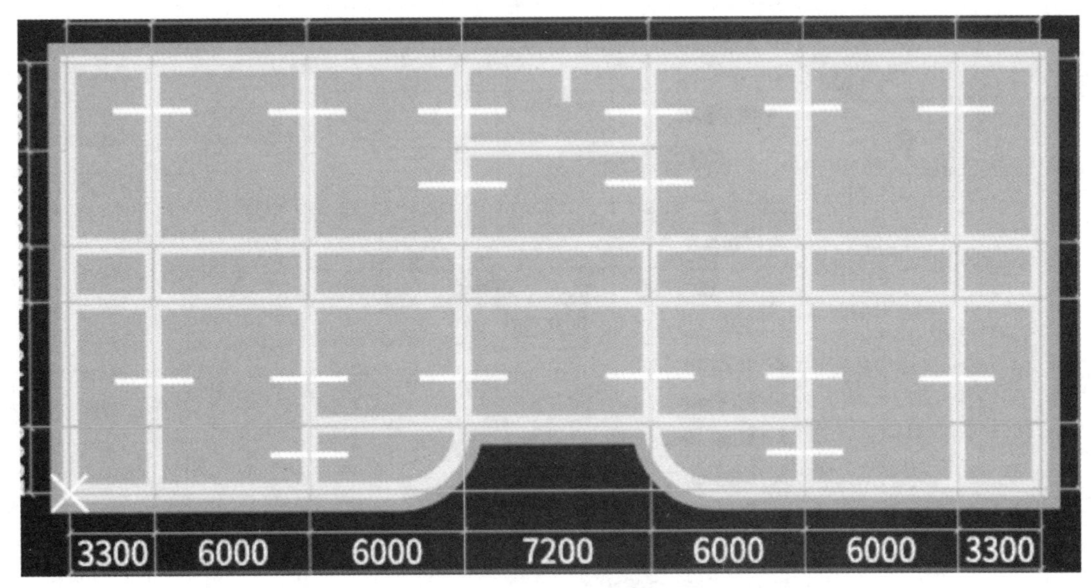

图 7.3.3　筏板负筋图

如此，筏板基础负筋就绘制好了。

7.4　定义和绘制独立基础

学习目的

根据本工程结构施工图内容，完成独立基础的定义和绘制。

学习内容

定义和绘制独立基础。

操作步骤

1．准备工作

从结施 -04 可以看出，本工程 KZ4 下有独立基础，而且底标高为 −1.2 m，因此，先将楼层切换到 −1 层，在 −1 层定义新建绘制。

2．定义新建独立基础

执行“基础”→“独立基础”命令，单击“新建”按钮，在弹出的下拉菜单中选择“新建独立基础”命令，软件默认为“DJ−1”，将其修改为“KZ4 独基”，将底标高调整为 −1.2，如图 7.4.1 所示。

构件列表

新建 · 复制 删除

搜索构件...

▾ 独立基础

KZ4基础 <0>

属性列表

	属性名称	属性值	附加
1	名称	KZ4基础	
2	长度(mm)	0	☐
3	宽度(mm)	0	☐
4	高度(mm)	0	☐
5	顶标高(m)	-0.7	☐
6	底标高(m)	-1.2	☐
7	备注		☐
8	⊞ 钢筋业务属性		
15	⊞ 土建业务属性		
19	⊞ 显示样式		

图 7.4.1　新建独立基础

继续单击“新建”按钮，在弹出的下拉列表选择“新建参数化独基单元”命令，弹出“选择参数化图形”对话框，如图 7.4.2 所示。

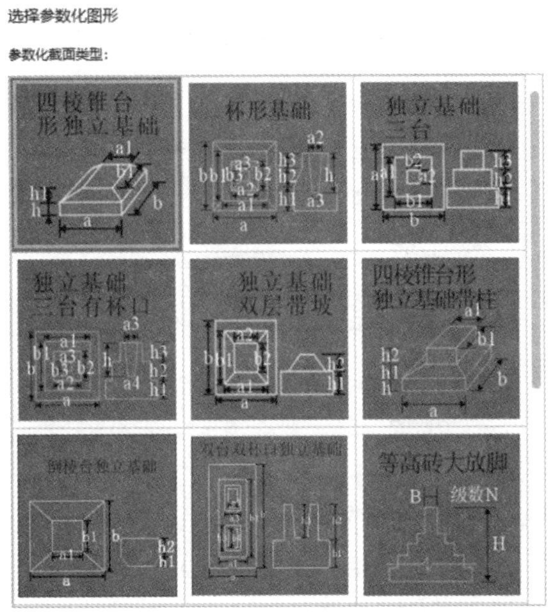

图 7.4.2 “选择参数化图形”对话框

选中“四棱锥台形独立基础”选项，根据结施 -04 填写参数，如图 7.4.3 所示。

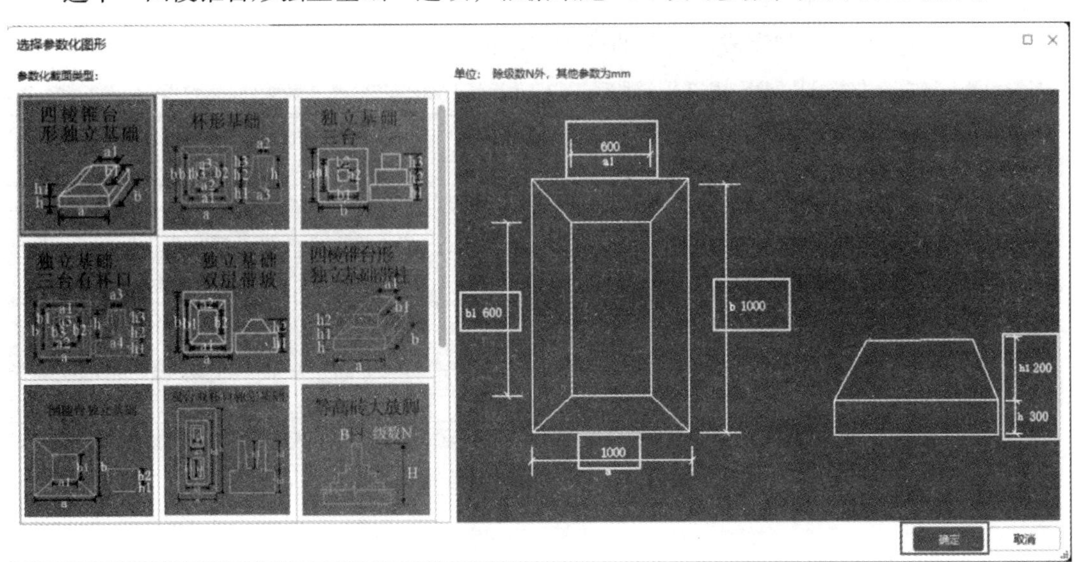

图 7.4.3 输入信息

钢筋信息根据结施 -04 填写，如图 7.4.4 所示。

属性列表

	属性名称	属性值	附加
1	名称	KZ4基础-1	
2	截面形状	四棱锥台形独立基础	□
3	截面长度(mm)	1000	□
4	截面宽度(mm)	1000	□
5	高度(mm)	500	□
6	横向受力筋	⌀12@150	□
7	纵向受力筋	⌀12@150	□
8	材质	现浇混凝土	□
9	混凝土类型	(碎石最大粒径40m...	□
10	混凝土强度等级	(C30)	□
11	混凝土外加剂	(无)	
12	泵送类型	(混凝土泵)	
13	相对底标高(m)	(0)	□
14	截面面积(m²)	1	□
15	备注		□
16	⊞ 钢筋业务属性		
20	⊞ 显示样式		

图 7.4.4　钢筋信息

3. 绘制独立基础

绘制独立基础的操作步骤为：独立基础→单击“点”按钮→画到④轴交Ⓐ轴和⑤轴交Ⓐ轴位置，如图 7.4.5 所示。

至此，独立基础绘制完成，目前的整体三维视图如图 7.4.6 所示。

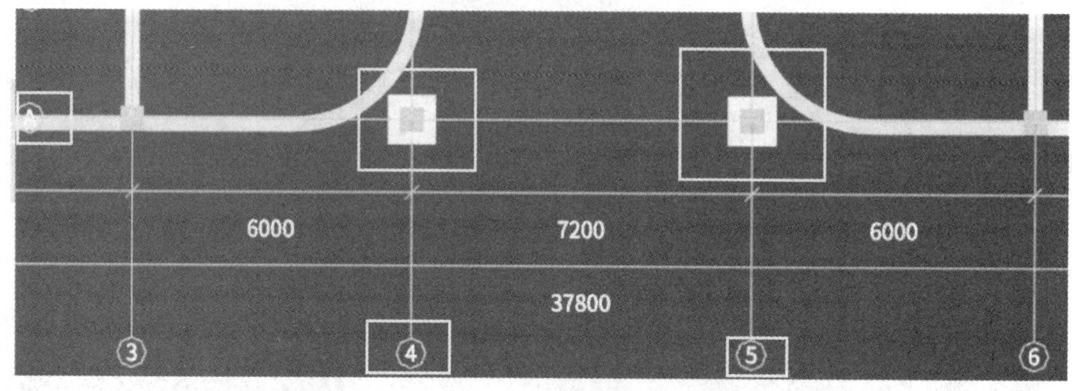

图 7.4.5　绘制独立基础

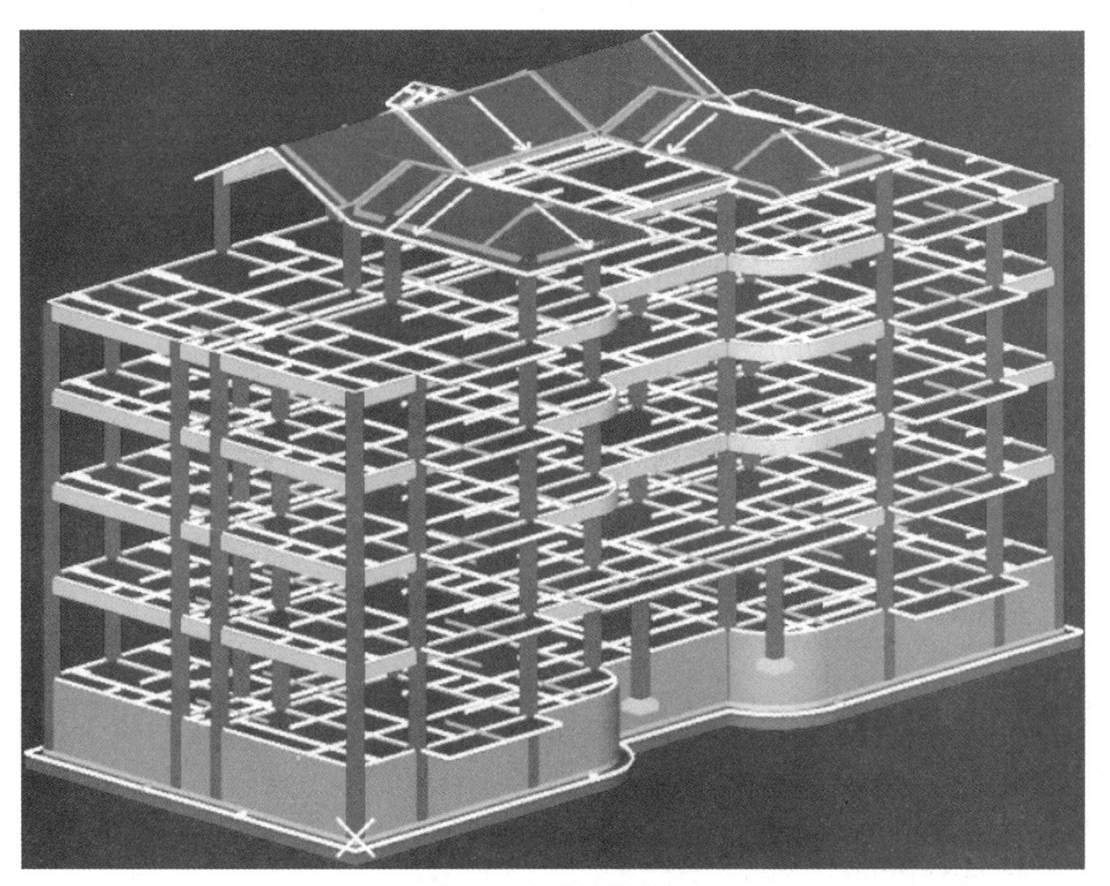

图 7.4.6　整体三维视图

模块 8
楼梯工程量计算

8.1 绘制梯柱、梯梁、休息平台

学习目的

根据本工程结构施工图内容，完成梯柱、梯梁、休息平台的定义和绘制。

学习内容

定义新建和绘制梯柱；定义新建和绘制梯梁；定义新建和绘制休息平台。

操作步骤

1. 定义新建梯柱

观察结施 -16 楼梯结构图中的平面图会发现，所有楼梯间都有梯柱，并且由结施 -01（2）结构说明（二）左上角的说明可以得到梯柱的基本信息，如图 8.1.1 所示。根据建施平面图可以明确梯柱的尺寸及位置。

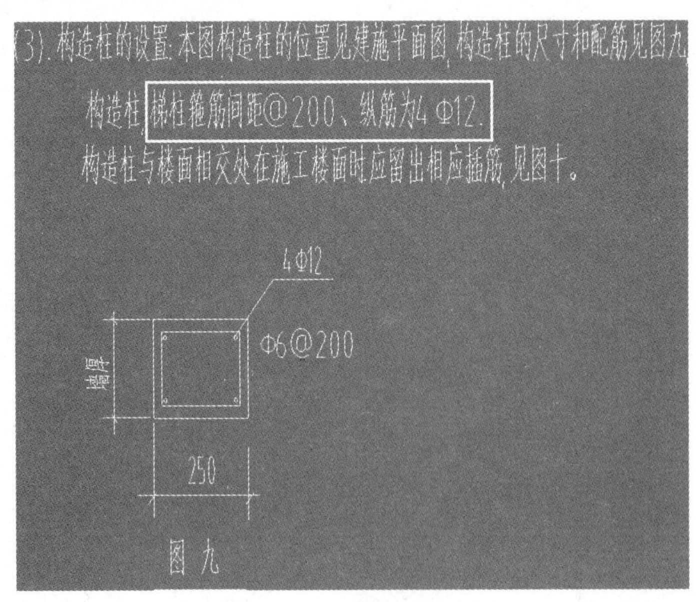

图 8.1.1 梯柱的基本信息

首先在 -1 层定义新建梯柱，操作步骤为：切换到 -1 层→柱构件→定义→新建→新建矩形柱→输入信息，如图 8.1.2 所示。

属性列表

	属性名称	属性值	附加
1	名称	TZ1	
2	结构类别	框架柱	☐
3	定额类别	普通柱	☐
4	截面宽度(B边)(...	300	☐
5	截面高度(H边)(...	200	☐
6	全部纵筋		☐
7	角筋	4⌀12	☐
8	B边一侧中部筋		☐
9	H边一侧中部筋		☐
10	箍筋	⌀6@200(2*2)	☐
11	节点区箍筋		☐
12	箍筋肢数	2*2	
13	柱类型	(中柱)	☐
14	材质	现浇混凝土	☐
15	混凝土类型	(碎石最大粒径4...	☐
16	混凝土强度等级	(C30)	☐
17	混凝土外加剂	(无)	
18	泵送类型	(混凝土泵)	
19	泵送高度(m)		
20	截面面积(m²)	0.06	☐
21	截面周长(m)	1	☐
22	顶标高(m)	层顶标高	☐
23	底标高(m)	层底标高	☐
24	备注		☐

图 8.1.2　定义新建梯柱

2. 绘制梯柱

结合建施 -04 地下一层平面图，先将建筑施工图添加进软件，对建筑平面图进行手动分割，切换对应 -1 层的图纸，如图 8.1.3 所示。

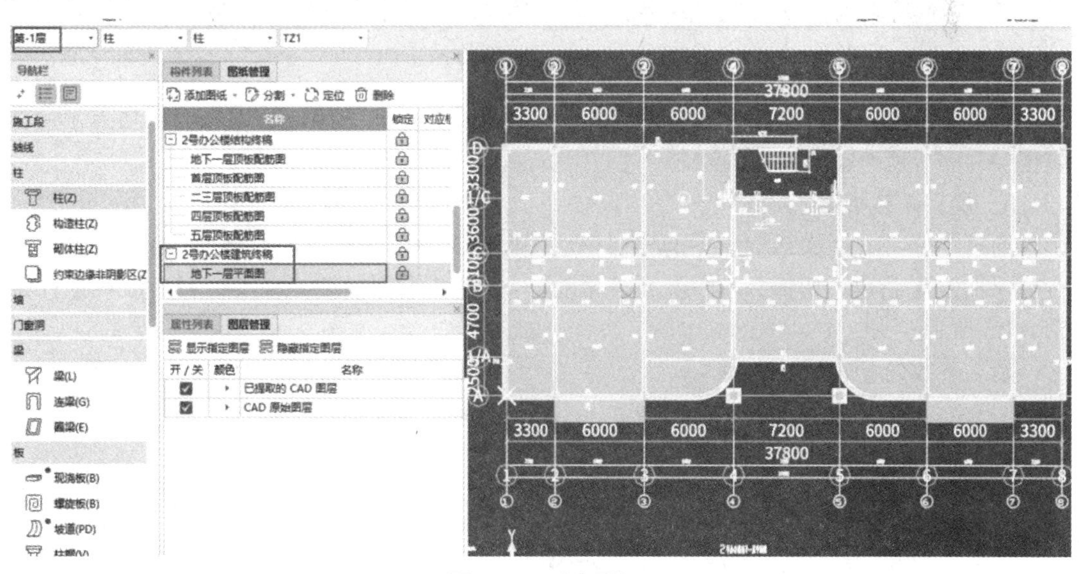

图 8.1.3　对应图纸

单击“点”按钮进行绘制，鼠标光标默认插入点为柱中点，可以通过按 F4 键切换插入点，单击对应捕捉点即可，如图 8.1.4 所示。

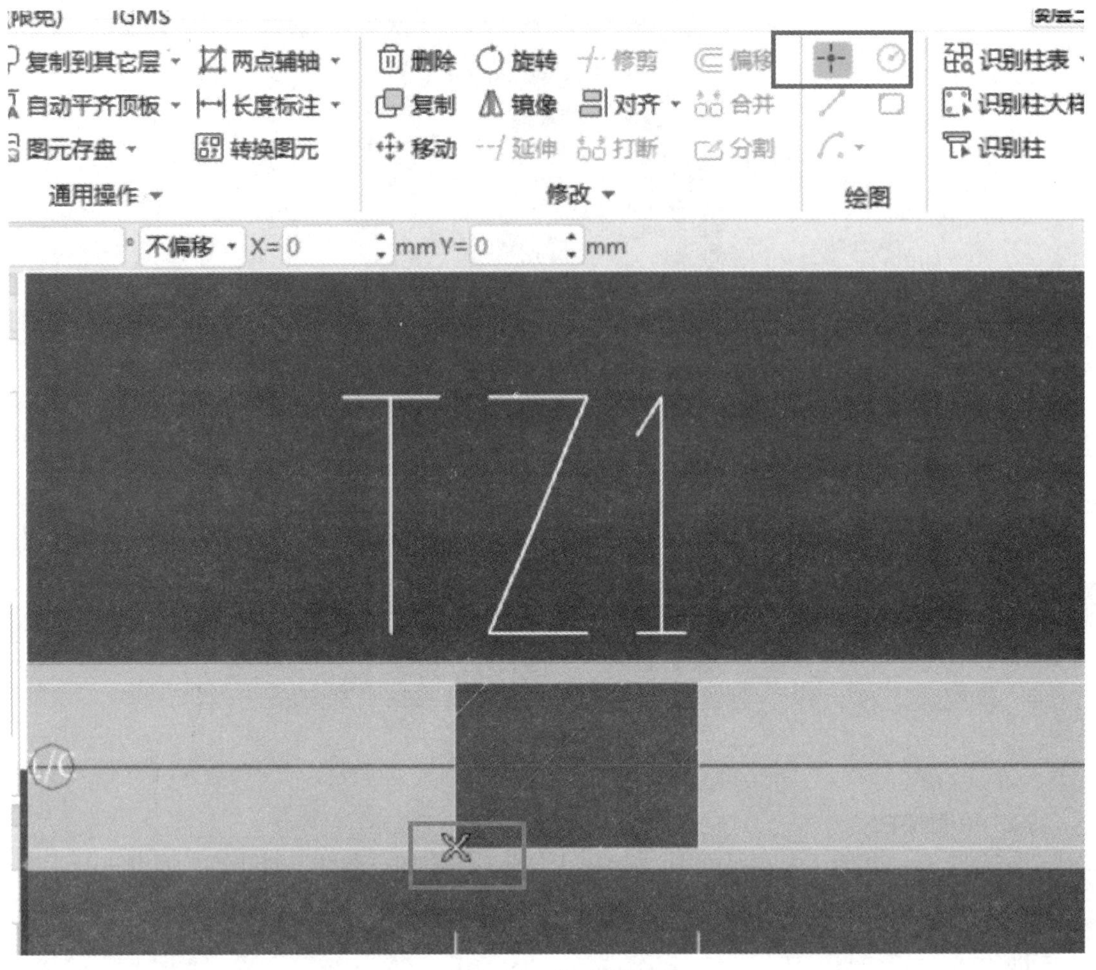

图 8.1.4　点画梯柱

通过建施平面图可以发现其余楼层的位置及尺寸都一致，因此可以直接复制图元到对应楼层，完成所有楼层梯柱的绘制。

3. 定义新建梯梁

通过结施 -16 楼梯结构详图的楼梯一层平面详图中的信息可以发现有 TL1、TL2。进行梯梁的定义新建，切换到 -1 层→梁→定义→新建矩形梁→输入信息，TL1 参数设置如图 8.1.5 所示。

TL2 参数设置如图 8.1.6 所示。

属性列表

	属性名称	属性值	附加
1	名称	TL1	
2	结构类别	非框架梁	☐
3	跨数量		☐
4	截面宽度(mm)	250	☐
5	截面高度(mm)	400	☐
6	轴线距梁左边...	(125)	☐
7	箍筋	Φ8@200(2)	☐
8	肢数	2	
9	上部通长筋	2Φ16	☐
10	下部通长筋	4Φ16	☐
11	侧面构造或受...		☐
12	拉筋		☐
13	定额类别	单梁	☐
14	材质	现浇混凝土	☐
15	混凝土类型	(碎石最大粒径4...	☐
16	混凝土强度等级	(C30)	☐
17	混凝土外加剂	(无)	
18	泵送类型	(混凝土泵)	
19	泵送高度(m)		
20	截面周长(m)	1.3	☐
21	截面面积(m²)	0.1	☐
22	起点顶标高(m)	-1.4	☐
23	终点顶标高(m)	-1.4	☐
24	备注		☐

图 8.1.5　TL1 参数设置

属性列表

	属性名称	属性值	附加
1	名称	TL2	
2	结构类别	非框架梁	☐
3	跨数量		☐
4	截面宽度(mm)	200	☐
5	截面高度(mm)	400	☐
6	轴线距梁左边...	(100)	☐
7	箍筋	Φ8@200(2)	☐
8	肢数	2	
9	上部通长筋	2Φ16	☐
10	下部通长筋	2Φ16	☐
11	侧面构造或受...		☐
12	拉筋		☐
13	定额类别	单梁	☐
14	材质	现浇混凝土	☐
15	混凝土类型	(碎石最大粒径4...	☐
16	混凝土强度等级	(C30)	☐
17	混凝土外加剂	(无)	
18	泵送类型	(混凝土泵)	
19	泵送高度(m)		
20	截面周长(m)	1.2	☐
21	截面面积(m²)	0.08	☐
22	起点顶标高(m)	-1.4	☐
23	终点顶标高(m)	-1.4	☐
24	备注		☐

图 8.1.6　TL2 参数设置

4. 绘制梯梁

绘制 TL2 的操作步骤为：绘图→ TL2 →直线→Ⓓ轴交④轴交点→① / Ⓒ轴交④轴交点→动态观察→重提梁跨→选中图元 TL2 →单击“是”按钮→单击鼠标右键结束，如图 8.1.7 所示。

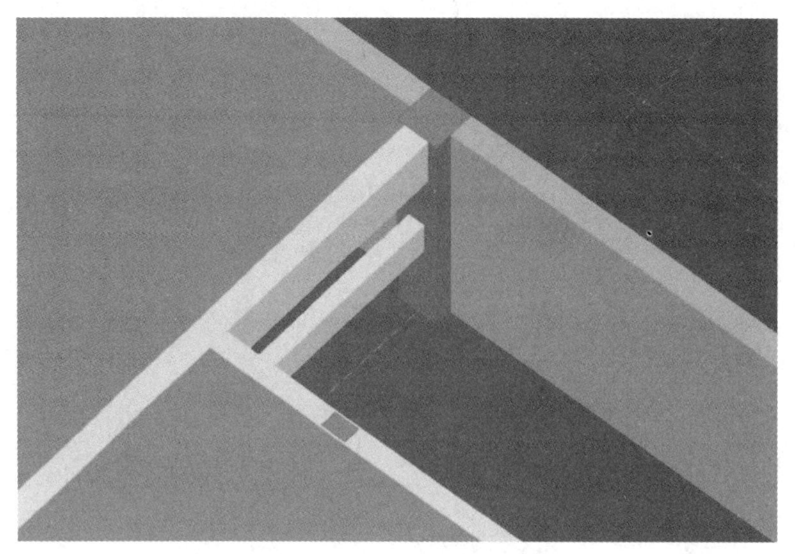

图 8.1.7　绘制 TL2

绘制 TL1 的操作步骤为：绘图→ TL1 →直线→按 Shift 键＋直线Ⓓ轴与④轴的交点（*X* 方向输入 1675，*Y* 方向 0）→选择①/Ⓒ轴的垂点→动态观察→重提梁跨→选中图元 TL1 →单击鼠标右键结束（先根据柱的位置绘制梁然后对齐也可以）。用同样的方式绘制另外一道 TL1，分别选中两道 TL1 输入对应平面顶标高即可，如图 8.1.8 所示。

这样本层的梯梁就绘制完成了。

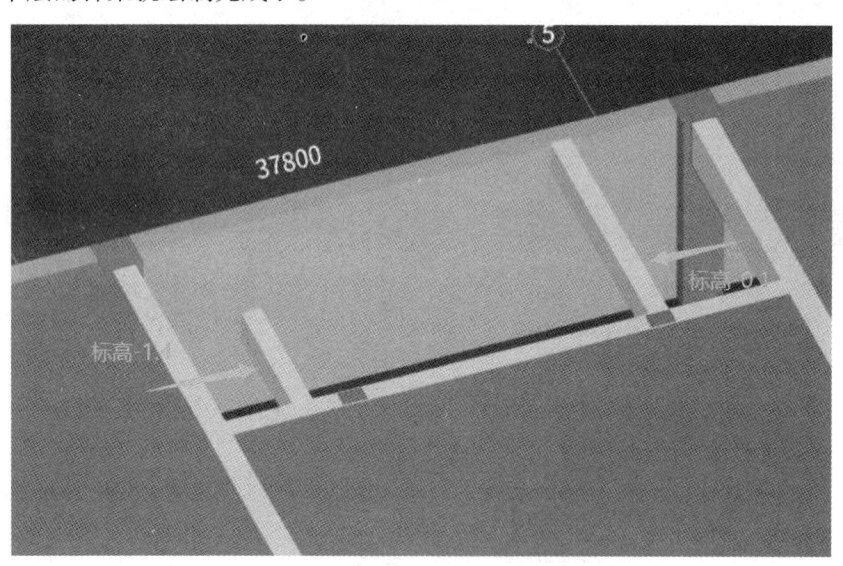

图 8.1.8　绘制 TL1

其余楼层也按此方法绘制，注意修改 TL1 的标高即可（对应楼层平面的顶标高）。

5. 绘制楼层平台

接下来绘制 PTB1、PTB2，根据结施 -16 平面图及说明可知楼层平台板的标高及板厚、配筋。各层的平台板的标高与梯梁标高一致，板厚度为 100 mm，配筋为双层双向 Φ8@200。

具体操作步骤为：定义新建现浇板 PTB1、PTB2→输入信息→绘制平台板→布置钢筋。将楼层切换到 -1 层，将构件切换到现浇板，单击“定义”按钮，新建现浇板，如图 8.1.9 所示。

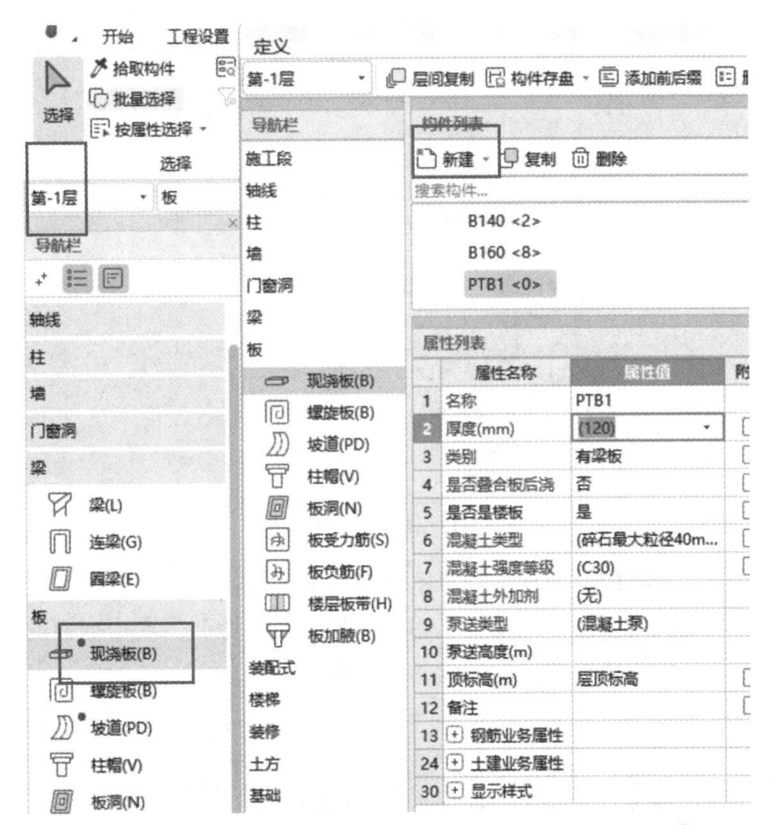

图 8.1.9 新建现浇板

完成平台板的属性输入，PTB1 参数设置如图 8.1.10 所示。

属性列表

	属性名称	属性值	附加
1	名称	PTB1	
2	厚度(mm)	100	☐
3	类别	有梁板	☐
4	是否叠合板后浇	否	☐
5	是否是楼板	是	☐
6	混凝土类型	(碎石最大粒径40m...	☐
7	混凝土强度等级	(C30)	☐
8	混凝土外加剂	(无)	
9	泵送类型	(混凝土泵)	
10	泵送高度(m)		
11	顶标高(m)	-1.4	☐
12	备注		☐
13	⊕ 钢筋业务属性		
24	⊕ 土建业务属性		
30	⊕ 显示样式		

图 8.1.10 PTB1 参数设置

PTB2 参数设置如图 8.1.11 所示。

属性列表

	属性名称	属性值	附加
1	名称	PTB2	
2	厚度(mm)	100	☐
3	类别	有梁板	☐
4	是否叠合板后浇	否	☐
5	是否是楼板	是	☐
6	混凝土类型	(碎石最大粒径40m...	☐
7	混凝土强度等级	(C30)	☐
8	混凝土外加剂	(无)	
9	泵送类型	(混凝土泵)	
10	泵送高度(m)		
11	顶标高(m)	-0.1	☐
12	备注		☐
13	+ 钢筋业务属性		
24	+ 土建业务属性		
30	+ 显示样式		

图 8.1.11　PTB2 参数设置

关闭定义界面，切换到绘图界面，单击“点”按钮或者“矩形”按钮绘图。单击“点”按钮绘图时单击板范围内任意一点即可，单击“矩形”绘图时需要根据板的范围捕捉第一个角点，然后单击对角的角点即可，如图 8.1.12 所示。

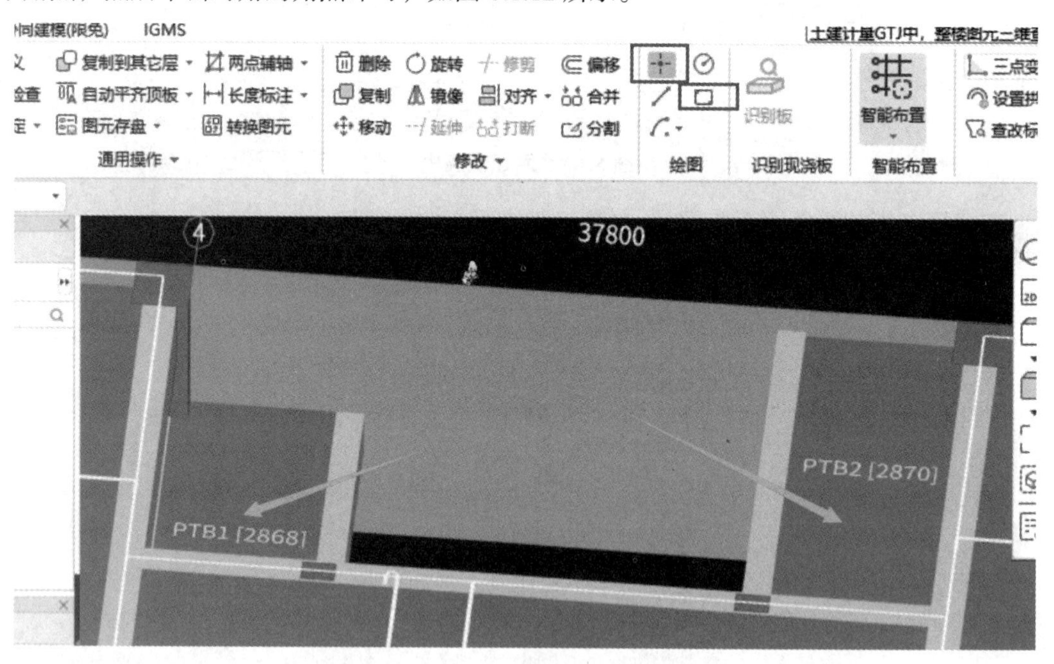

图 8.1.12　绘制平台板

最后布置板钢筋，绘制板钢筋的操作步骤为：板受力筋→新建板受力筋→单板→ XY 方向布置→双向布置。

新建板受力筋，如图 8.1.13 所示。

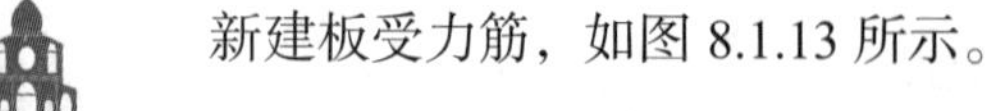

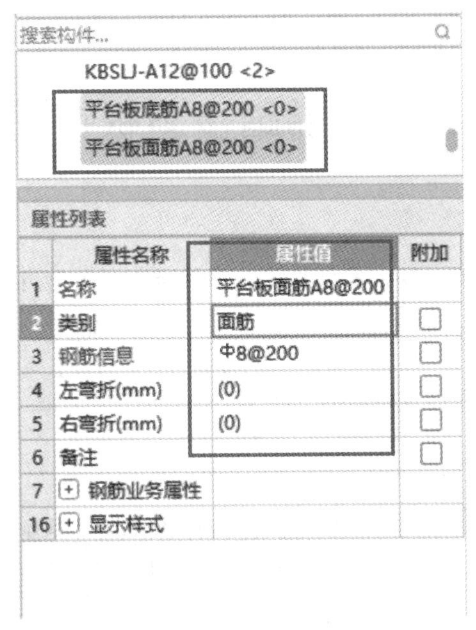

图 8.1.13　新建板受力筋

切换到绘图界面，布置板受力筋，如图 8.1.14 所示。

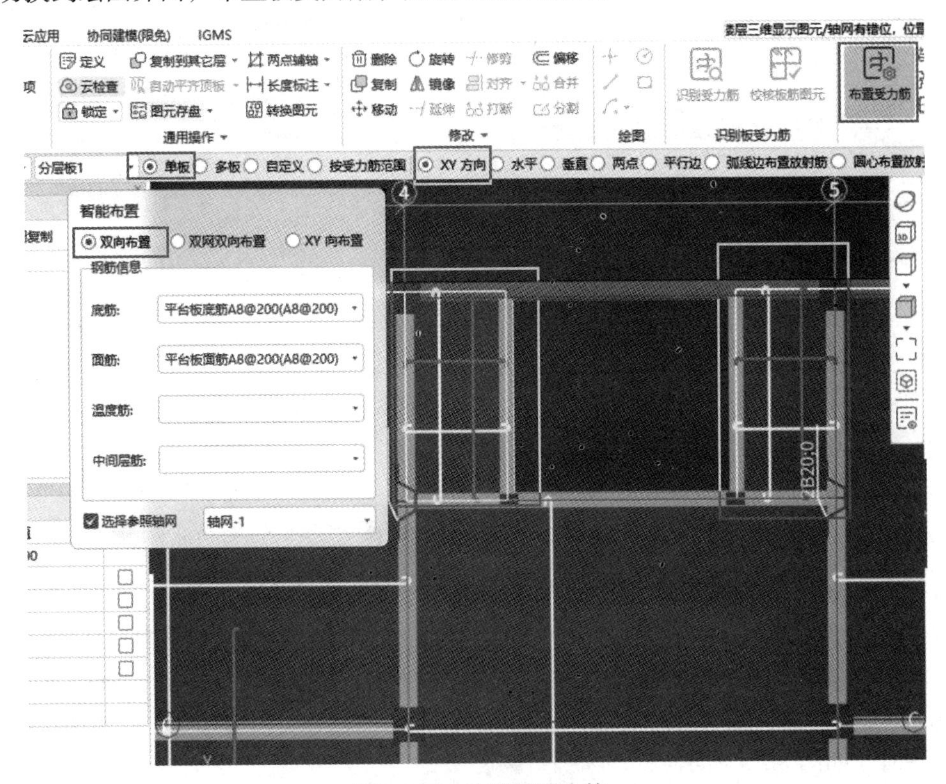

图 8.1.14　布置板受力筋

如此 -1 层的平台板就绘制完成，其余楼层的定义和绘制方法与其相同，注意修改对应楼层平台板标高即可。

8.2 楼梯踏步斜板钢筋

学习目的

根据本工程结构施工图内容，完成楼梯踏步斜板钢筋的计算。

学习内容

输入表格；选择图集；输入参数。

操作步骤

楼梯踏步斜板钢筋采用输入表格的方式进行计算，结合结施 -16 的 3-3 剖面图及楼梯平面详图，其操作步骤为：-1 层→工程量→表格算量→钢筋→构件添加→楼梯→添加构件，如图 8.2.1 所示。

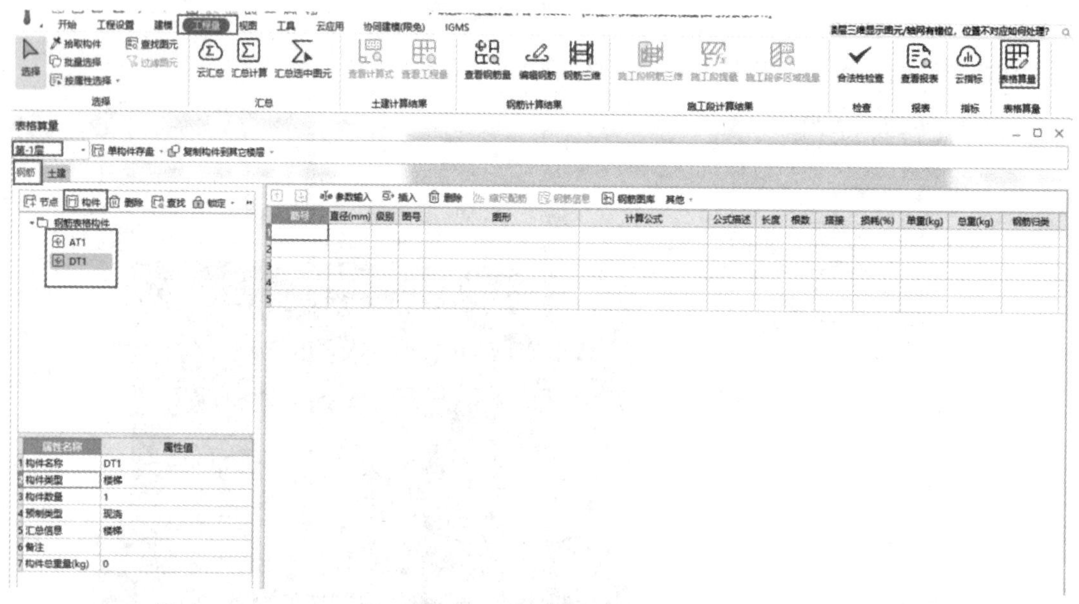

图 8.2.1　添加楼梯构件

执行“确定”→“参数输入”→“选择图集”命令，如图 8.2.2 所示。

软件表格算量功能内嵌的楼梯图集为 11G 版本，因为 22G 楼梯相比 11G 楼梯只是新增了部分楼梯，规则变化部分不影响本图纸楼梯工程量的软件运算，所以这里选择 11G101-2 图集楼梯，无须在计算结果上加以修正。根据图纸，选择 AT 型楼梯，进入参数输入界面，如图 8.2.3 所示。

楼梯为非抗震构件，由楼梯地下一层平面详图可以看出 AT 型楼梯厚 100 mm，上部筋为 ⏀10@200，下部钢筋为 ⏀12@150，分布筋为 ⏀8@200，梯板宽度为 1 500 mm。

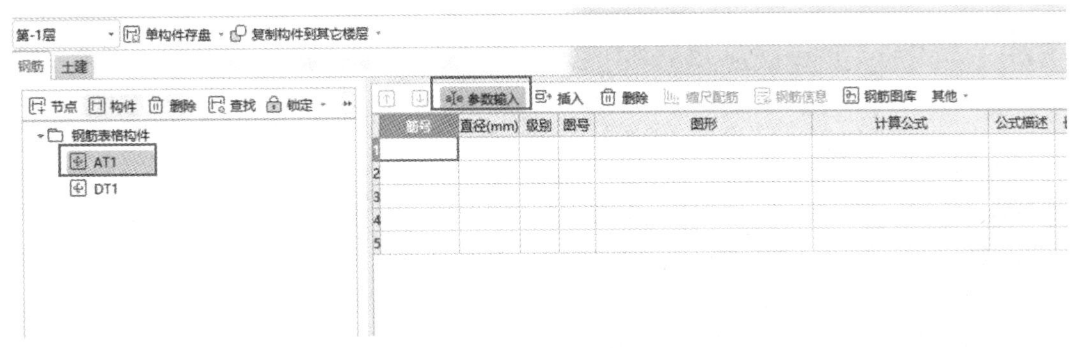

图 8.2.2　选择楼梯图集

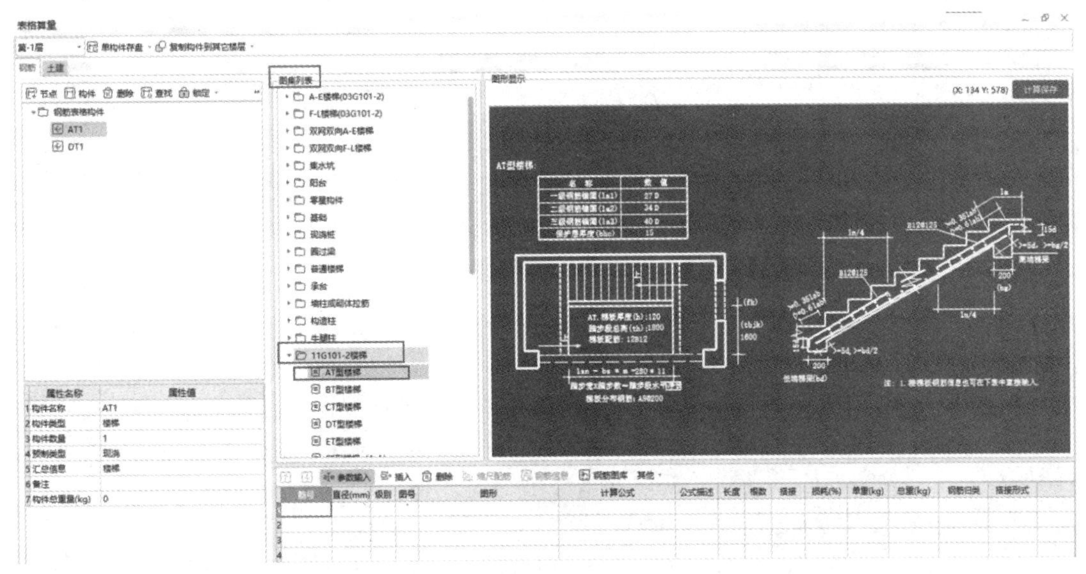
图 8.2.3　选择楼梯类型

由图集可以查到 HRB335 级钢筋锚固为“29 D”，楼梯的保护层厚度为 15 mm；由 3-3 剖面图可以看出踏步总高度为 150×8 = 1 200(mm)，踏步总宽度为 300×8 = 2 400(mm)，修改参数，如图 8.2.4 ～ 图 8.2.7 所示。

AT型楼梯:

名　称	数　值
一级钢筋锚固(la1)	27 D
二级钢筋锚固(la2)	29 D
三级钢筋锚固(la3)	40 D
保护层厚度(bhc)	15

图 8.2.4　修改 AT1 楼梯参数（一）

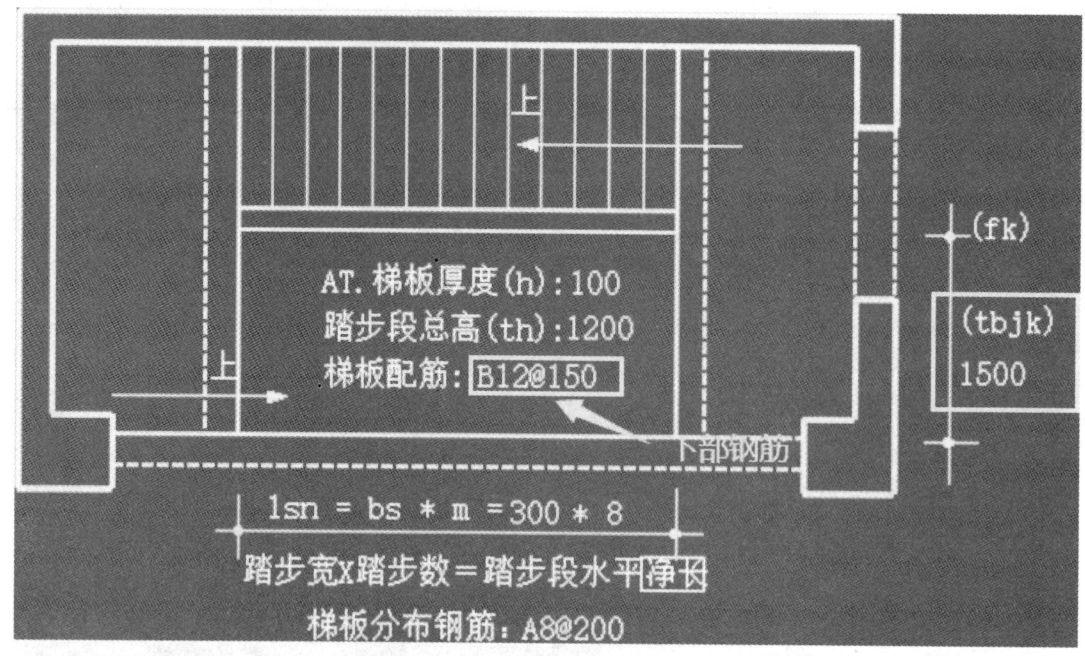

图 8.2.5　修改 AT1 楼梯参数（二）

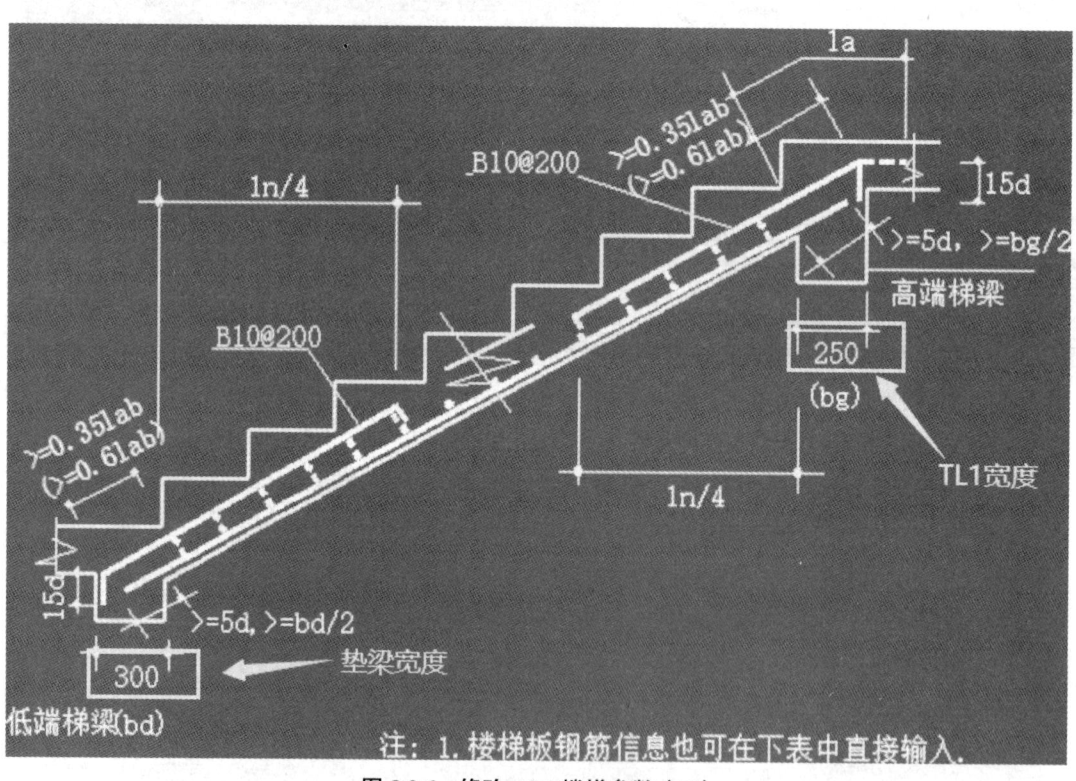

图 8.2.6　修改 AT1 楼梯参数（三）

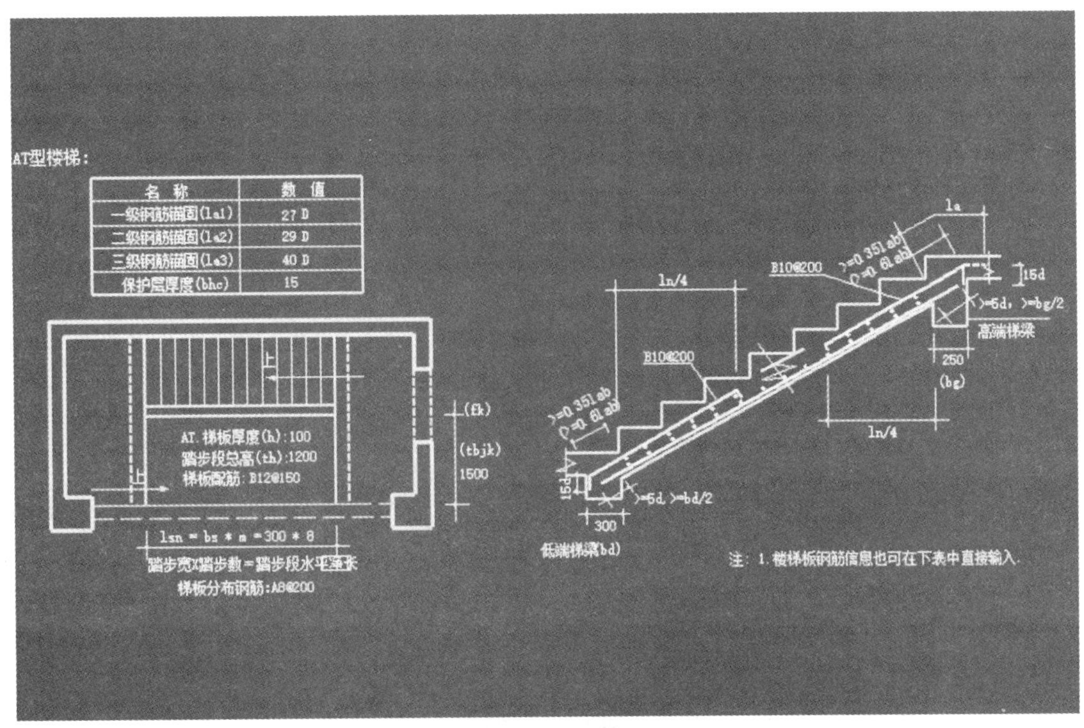

图 8.2.7　修改 AT1 楼梯参数（四）

单击“计算保存”按钮，这样 AT 型楼梯就编辑完毕了。钢筋计算结果如图 8.2.8 所示。

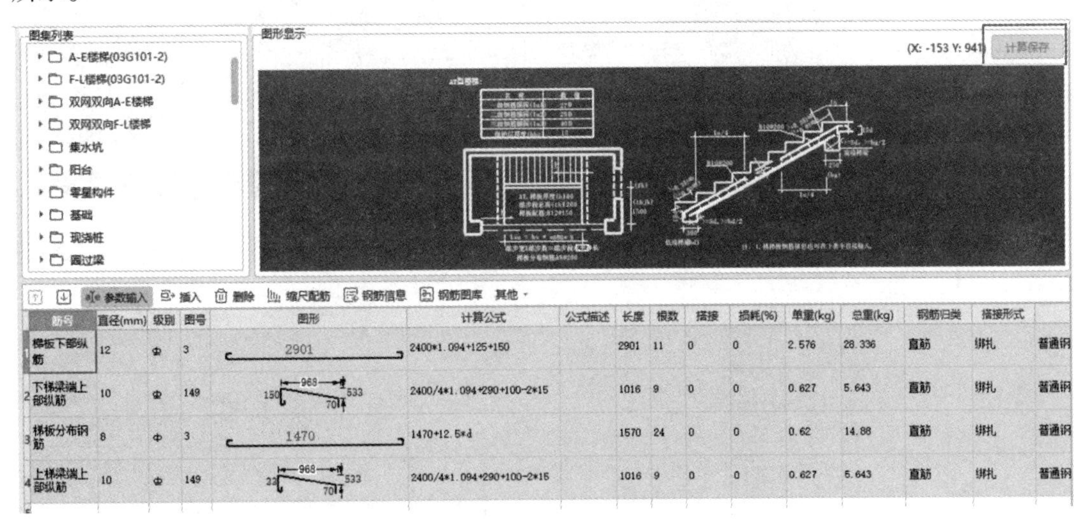

	筋号	直径(mm)	级别	图号	图形	计算公式	公式描述	长度	根数	搭接	损耗(%)	单重(kg)	总重(kg)	钢筋归类	搭接形式	
1	梯板下部纵筋	12	Φ	3	2901	2400*1.094+125+150		2901	11	0	0	2.576	28.336	直筋	绑扎	普通钢
2	下梯梁端上部纵筋	10	Φ	149	150 968 533 70	2400/4*1.094+290+100-2*15		1016	9	0	0	0.627	5.643	直筋	绑扎	普通钢
3	梯板分布钢筋	8	Φ	3	1470	1470+12.5*d		1570	24	0	0	0.62	14.88	直筋	绑扎	普通钢
4	上梯梁端上部纵筋	10	Φ	149	22 968 533 70	2400/4*1.094+290+100-2*15		1016	9	0	0	0.627	5.643	直筋	绑扎	普通钢

图 8.2.8　AT1 钢筋计算结果

用同样的方式单击 DT1 楼梯→选择图集→选择图集列表中的 DT 型楼梯→单击选择→输入参数，结合 3-3 剖面图和楼梯平面详图输入信息，如图 8.2.9 所示。

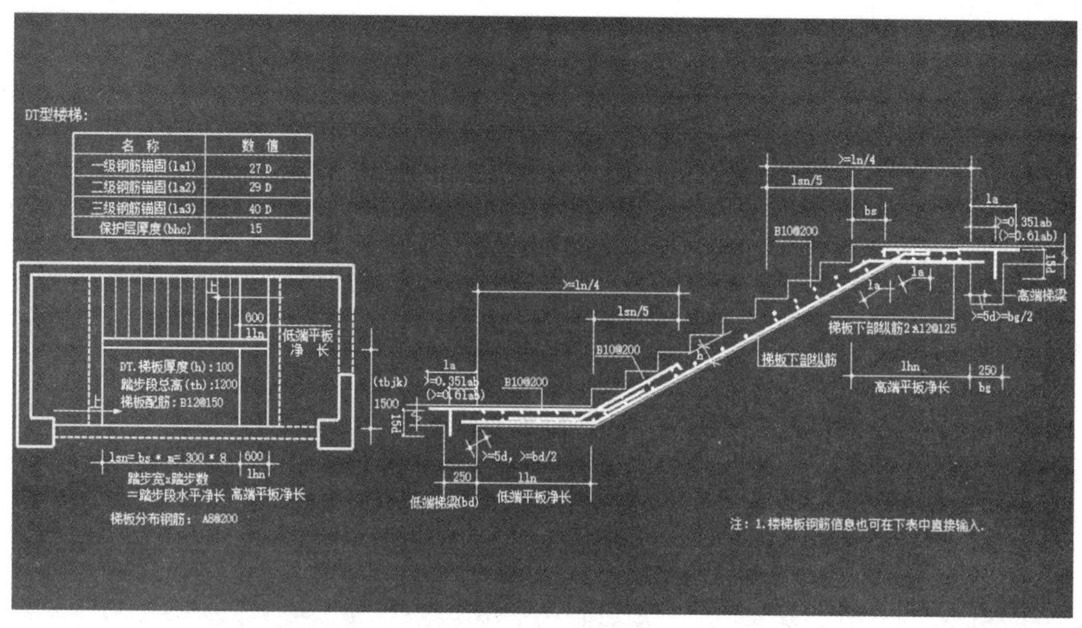

图 8.2.9　绘制 DT 型楼梯

如此，DT 型楼梯就编辑完毕了，单击“计算保存”按钮，钢筋计算结果如图 8.2.10 所示。

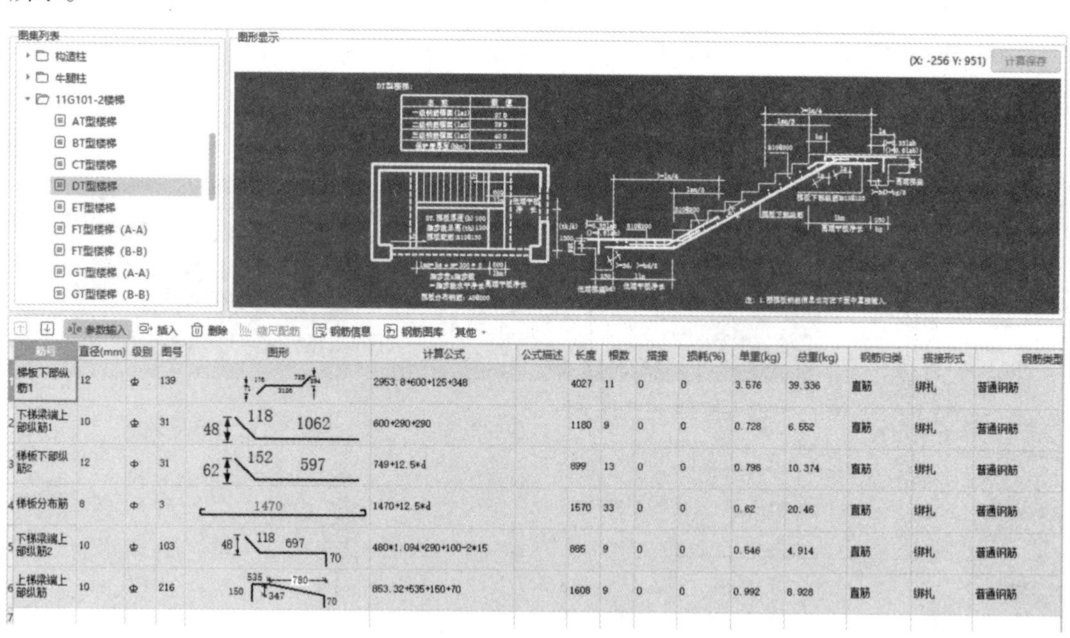

	筋号	直径(mm)	级别	图号	图形	计算公式	公式描述	长度	根数	搭接	损耗(%)	单重(kg)	总重(kg)	钢筋归类	搭接形式	钢筋类型
1	梯板下部纵筋1	12	Φ	139		2953.8+600+125+348		4027	11	0	0	3.576	39.336	直筋	绑扎	普通钢筋
2	下梯梁端上部纵筋1	10	Φ	31	48 118 1062	600+290+290		1180	9	0	0	0.728	6.552	直筋	绑扎	普通钢筋
3	梯板下部纵筋2	12	Φ	31	62 152 597	749+12.5*d		899	13	0	0	0.798	10.374	直筋	绑扎	普通钢筋
4	梯板分布筋	8	Φ	3	1470	1470+12.5*d		1570	33	0	0	0.62	20.46	直筋	绑扎	普通钢筋
5	下梯梁端上部纵筋2	10	Φ	103	48 118 697 70	480*1.094+290+100-2*15		885	9	0	0	0.546	4.914	直筋	绑扎	普通钢筋
6	上梯梁端上部纵筋	10	Φ	216	535 780 150 347 70	853.32+535+150+70		1608	9	0	0	0.992	8.928	直筋	绑扎	普通钢筋
7																

图 8.2.10　DT1 楼梯钢筋计算结果

其余楼层楼梯踏步斜板在对应楼层按照此操作新建构件，先选择图集，然后输入参数即可，这样就完成了楼梯部分钢筋量的计算。

模块 9
点工程量计算

9.1 定义和绘制 1 层节点

学习目的

根据本工程图纸内容，完成 1 层节点 1–1、2–2、3–3 的定义和绘制。

学习内容

栏板节点识图；定义和绘制栏板节点；定义和绘制飘窗板；定义和绘制异形挑檐。

操作步骤

1. 定义和绘制节点 1–1

回到 1 层，根据图纸（图号：结施 –11）绘制 1 层的节点 1–1。虽然节点 1–1 大样图在图纸（图号：结施 –11）《地下一层顶板配筋图》右侧，但是根据节点的标高选择将其绘制在首层，以方便后期装饰装修的绘制。

由节点 1–1 详图可以看出，节点从板上起，高度为 900 mm，考虑装饰，软件定义时为 1 040 mm［900 + 140（板厚）= 1 040（mm）］，宽度为 100 mm，水平钢筋为 1 排 Φ8@200，垂直钢筋为 Φ8@100，这样的构件定义步骤为：选择模块导航栏→其他→栏板→新建矩形栏板→信息录入，如图 9.1.1 所示。

属性列表

	属性名称	属性值	附加
1	名称	节点1-1栏板下	
2	截面宽度(mm)	100	☐
3	截面高度(mm)	1040	☐
4	轴线距左边线...	(50)	☐
5	水平钢筋	(1)Φ8@200	☐
6	垂直钢筋	(1)Φ8@100	☐
7	拉筋		☐
8	材质	现浇混凝土	☐
9	混凝土类型	(碎石最大粒径40m...	☐
10	混凝土强度等级	(C20)	☐
11	截面面积(m²)	0.104	☐
12	起点底标高(m)	层底标高-0.14	☐
13	终点底标高(m)	层底标高-0.14	☐
14	备注		☐
15	+ 钢筋业务属性		
25	+ 土建业务属性		
29	+ 显示样式		

图 9.1.1 定义 1–1 节点栏板下（1 层）

构件新建完毕后进行绘制，操作步骤为：选择“绘图”→“图纸管理”选项→双击地下一层顶板配筋图→直线→在图纸上找到 1–1 的位置→沿着给出的板线条进行布置（三边都得布置）→进行对齐（跟板的外边对齐）。绘制节点 1–1 下如图 9.1.2 所示。

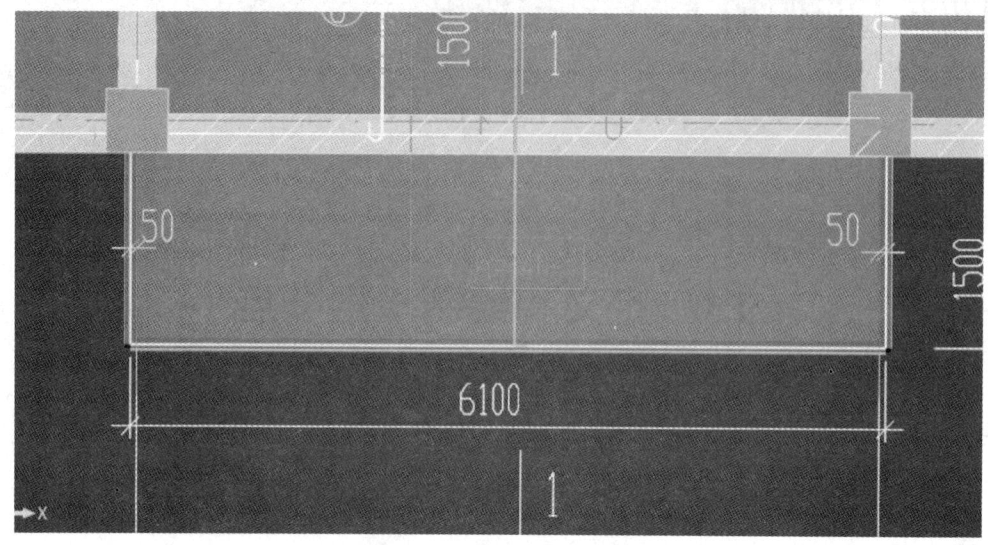

图 9.1.2　绘制节点 1–1 栏板下

从 1–1 节点图可以看出栏板的外边与楼板的外边是齐平的，因此需要对齐，执行“对齐”命令，先单击选择目标板边线，等黄色线出现后再单击需要对齐的栏板外侧边线即可，如图 9.1.3、图 9.1.4 所示。

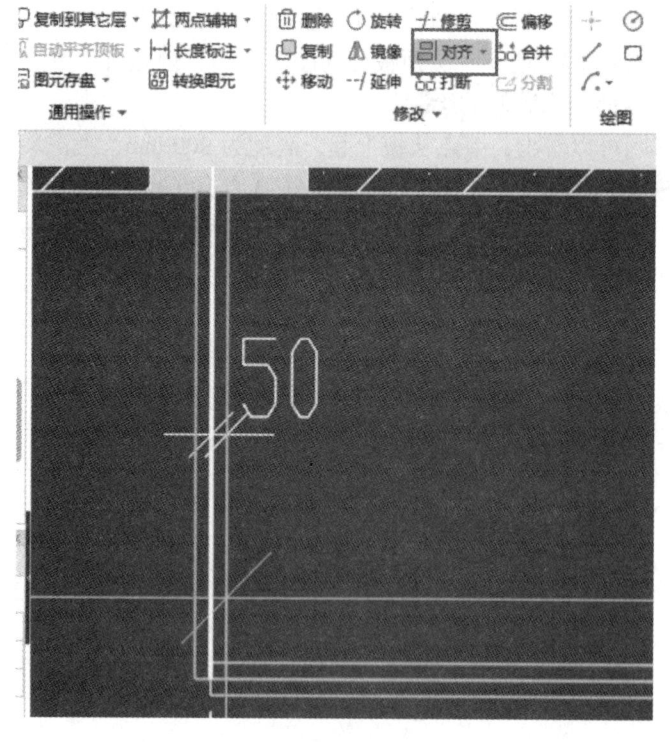

图 9.1.3　对齐（一）

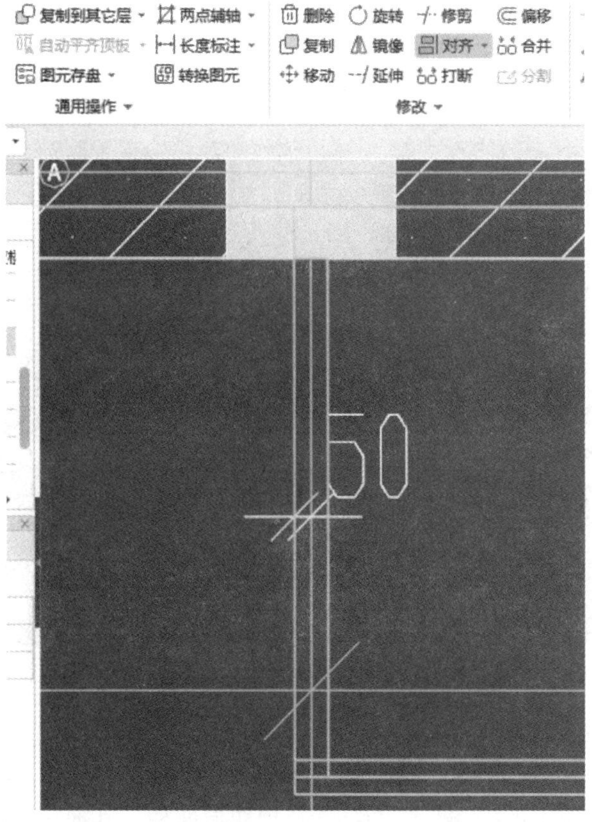

图 9.1.4　对齐（二）

用相同的操作将剩余栏板对齐即可，完成之后的界面如图 9.1.5 所示。

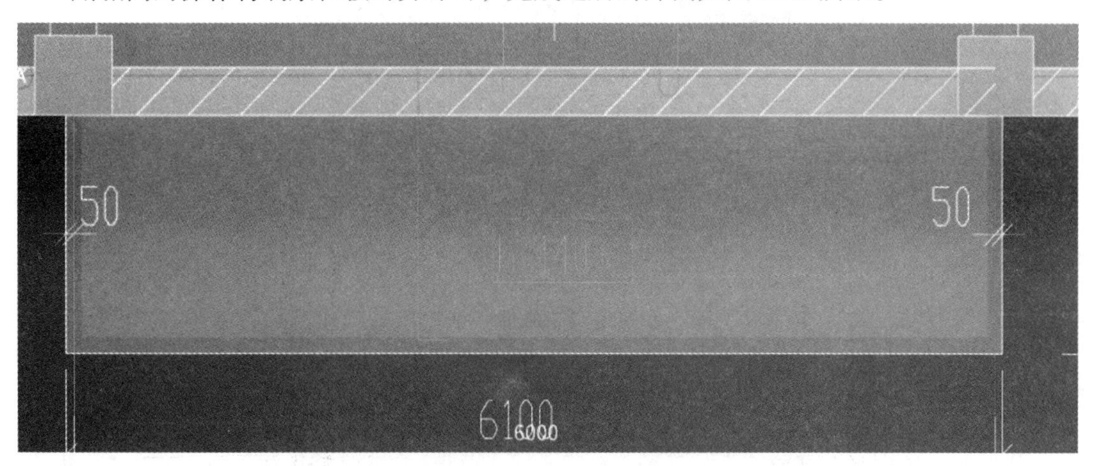

图 9.1.5　对齐栏板

另一边 1-1 栏板是对称的，因此单击“镜像”按钮即可，操作步骤为：批量选择→栏板→单击“镜像”按钮→选择镜像对称点→询问“是否删除原来图元”→单击“否”按钮，这样 1 层的节点 1-1 就绘制完毕了，如图 9.1.6 所示。

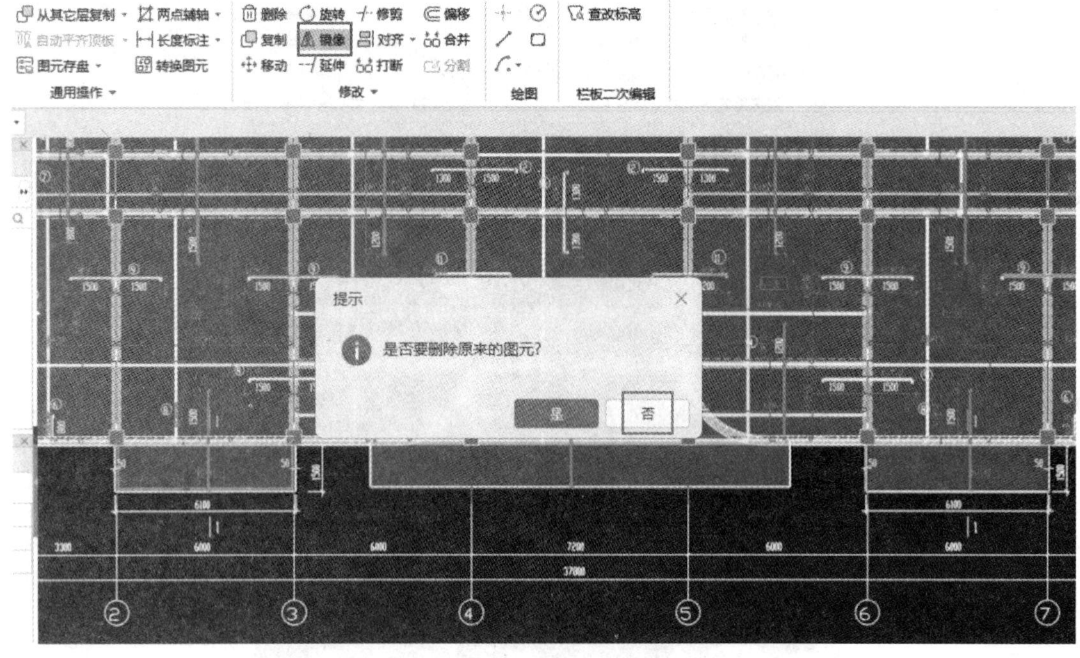

图 9.1.6　镜像节点

结施 -11 的节点大样图即绘制完毕，接下来查看结施 -12 中需要在首层绘制的节点，可以发现需要绘制的有节点 1-1、节点 2-2、节点 3-3。

定义节点 1-1 栏板上的操作步骤为：选择模块导航栏→其他→栏板→新建矩形栏板→根据图纸信息进行录入，水平钢筋同板的钢筋 ф8@200，如图 9.1.7 所示。

属性列表

	属性名称	属性值	附加
1	名称	节点1-1栏板上	
2	截面宽度(mm)	100	☐
3	截面高度(mm)	900	☐
4	轴线距左边线...	(50)	☐
5	水平钢筋	(1)ф8@200	☐
6	垂直钢筋	(1)ф10@200	☐
7	拉筋		☐
8	材质	现浇混凝土	☐
9	混凝土类型	(碎石最大粒径40m...	☐
10	混凝土强度等级	(C20)	☐
11	截面面积(m²)	0.09	☐
12	起点底标高(m)	层顶标高-0.9	☐
13	终点底标高(m)	层顶标高-0.9	☐
14	备注		☐
15	⊞ 钢筋业务属性		
25	⊞ 土建业务属性		
29	⊞ 显示样式		

图 9.1.7　定义节点 1-1 栏板上

绘制节点 1–1 的操作步骤为：选择绘图→节点 1–1 栏板上→直线→按与节点 1–1 栏板下同样的图元位置绘制一遍，如图 9.1.8 所示。

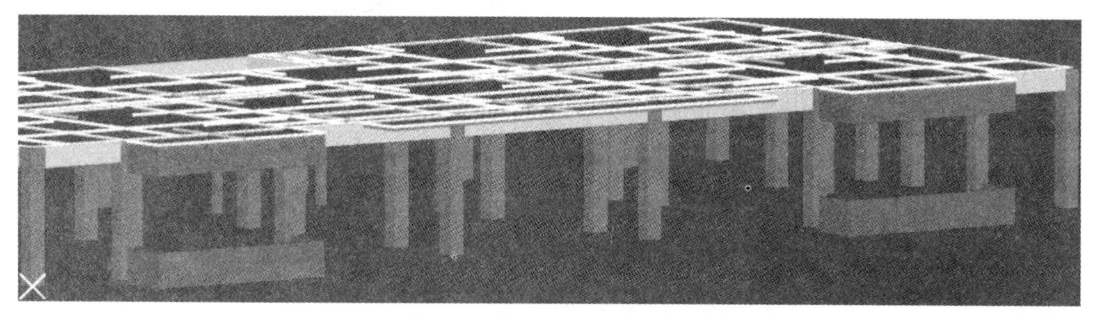

图 9.1.8　节点 1–1 三维图（1 层）

如此 1 层的 1–1 节点就绘制完成了。

2. 定义和绘制节点 2–2

由节点 2–2 详图可以看出，节点 2–2 栏板下从墙上起为异形栏板，节点 2–2 栏板上从 KL8 下起。这样的构件可以用矩形栏板加现浇板的组合方式绘制，垂直的 900 mm 高度用栏板布置，水平的 600 mm 部分用现浇板布置。

定义节点 2–2 栏板下的操作步骤为：选择节点 2–2 栏板下→新建矩形栏板→根据大样图输入信息——截面宽度为 250 mm，截面高度为 900 mm，水平筋和垂直筋均为两排 Φ10@200，底标高为层底标高，如图 9.1.9 所示。

属性列表

	属性名称	属性值	附加
1	名称	节点2-2栏板下	
2	截面宽度(mm)	250	☐
3	截面高度(mm)	900	☐
4	轴线距左边线...	(125)	☐
5	水平钢筋	(2)Φ10@200	☐
6	垂直钢筋	(2)Φ10@200	☐
7	拉筋		☐
8	材质	现浇混凝土	☐
9	混凝土类型	(碎石最大粒径40m...	☐
10	混凝土强度等级	(C20)	☐
11	截面面积(m²)	0.225	☐
12	起点底标高(m)	层底标高	☐
13	终点底标高(m)	层底标高	☐
14	备注		☐
15	⊞ 钢筋业务属性		
25	⊞ 土建业务属性		
29	⊞ 显示样式		

图 9.1.9　新建节点 2–2 栏板下

采用同样的操作，根据结施 –12 的大样图完成首层节点 2–2 栏板上的定义新建，截面宽度为 250 mm，截面高度为 300 mm，水平筋和垂直筋均为 Φ10@200，底标高为层顶标高 –0.9，如图 9.1.10 所示。

属性列表

	属性名称	属性值	附加
1	名称	节点2-2栏板上	
2	截面宽度(mm)	250	☐
3	截面高度(mm)	300	☐
4	轴线距左边线...	(125)	☐
5	水平钢筋	(2)Φ10@200	☐
6	垂直钢筋	(2)Φ10@200	☐
7	拉筋		☐
8	材质	现浇混凝土	☐
9	混凝土类型	(碎石最大粒径40m...	☐
10	混凝土强度等级	(C20)	☐
11	截面面积(m²)	0.075	☐
12	起点底标高(m)	层顶标高-0.9	☐
13	终点底标高(m)	层顶标高-0.9	☐
14	备注		☐
15	+ 钢筋业务属性		
25	+ 土建业务属性		
29	+ 显示样式		

图 9.1.10　新建节点 2-2 栏板上

栏板定义新建完毕后，接下来处理水平的飘窗板，用现浇板定义新建，首先定义飘窗板下，操作步骤为：模块导航栏→现浇板→定义→新建现浇板→输入信息，将飘窗板下板厚度设置为 100 mm，顶标高设置为层底标高＋ 0.9 m，如图 9.1.11 所示。

属性列表

	属性名称	属性值	附加
1	名称	飘窗板下	
2	厚度(mm)	100	☐
3	类别	有梁板	☐
4	是否叠合板后浇	否	☐
5	是否是楼板	是	☐
6	混凝土类型	(碎石最大粒径40m...	☐
7	混凝土强度等级	(C30)	☐
8	混凝土外加剂	(无)	
9	泵送类型	(混凝土泵)	
10	泵送高度(m)		
11	顶标高(m)	层底标高+0.9	☐
12	备注		☐
13	+ 钢筋业务属性		
24	+ 土建业务属性		
30	+ 显示样式		

图 9.1.11　定义新建飘窗板下

采用同样的方式定义新建飘窗板上，将其顶标高设置为层顶标高 -0.8 m，如图 9.1.12 所示。

属性列表

	属性名称	属性值	附加
1	名称	飘窗板上	
2	厚度(mm)	100	☐
3	类别	有梁板	☐
4	是否叠合板后浇	否	☐
5	是否是楼板	是	☐
6	混凝土类型	(碎石最大粒径40m...	☐
7	混凝土强度等级	(C30)	☐
8	混凝土外加剂	(无)	
9	泵送类型	(混凝土泵)	
10	泵送高度(m)		
11	顶标高(m)	层顶标高-0.8	☐
12	备注		☐
13	⊞ 钢筋业务属性		
24	⊞ 土建业务属性		
30	⊞ 显示样式		

图 9.1.12　定义新建飘窗板上

构件新建完成后，接下来就是绘图，切换到绘图输入界面，首先绘制栏板，根据结施 -12 平面图找到节点 2-2 的位置，在项目的北立面，图纸对应首层顶板配筋图，按照线条的长度用直线绘制栏板，如图 9.1.13 所示。

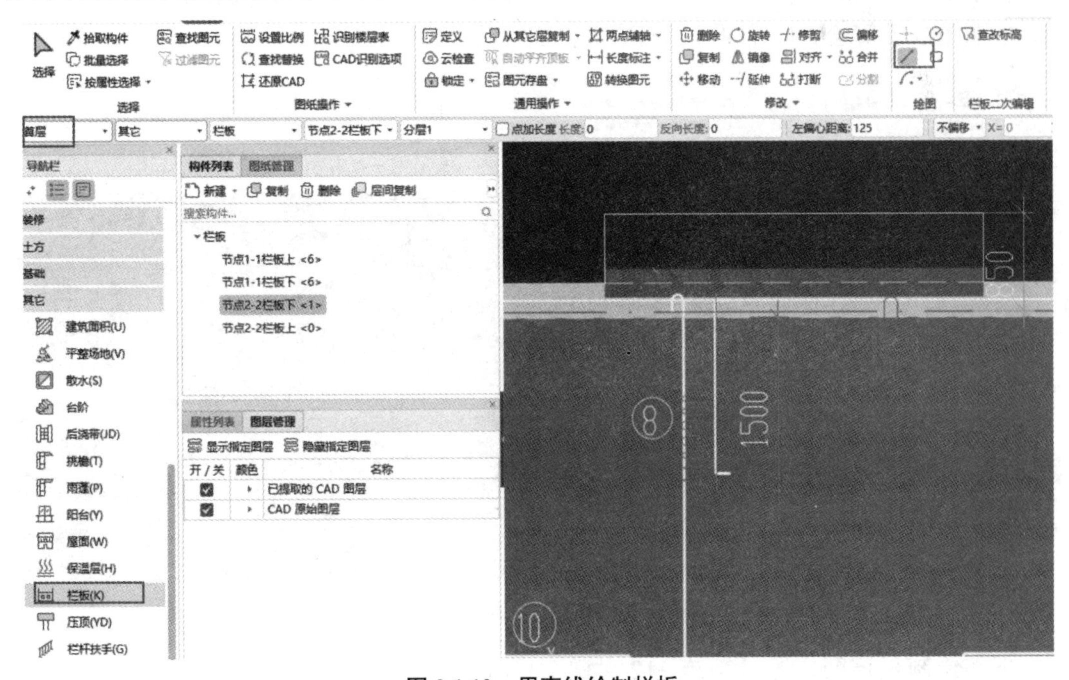

图 9.1.13　用直线绘制栏板

通过大样图可以看出栏板外侧与梁的外侧是齐平的，因此需要对齐，如图 9.1.14 所示。

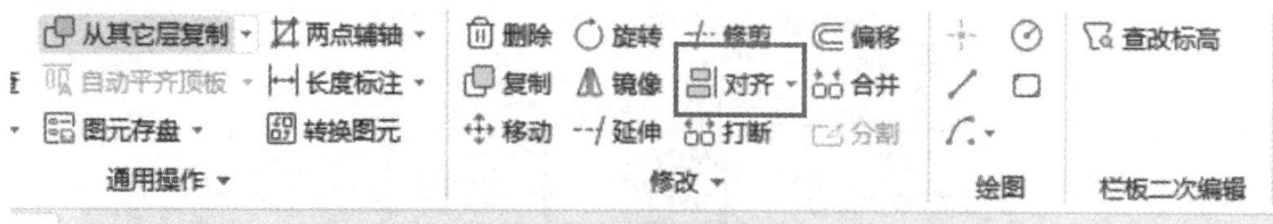

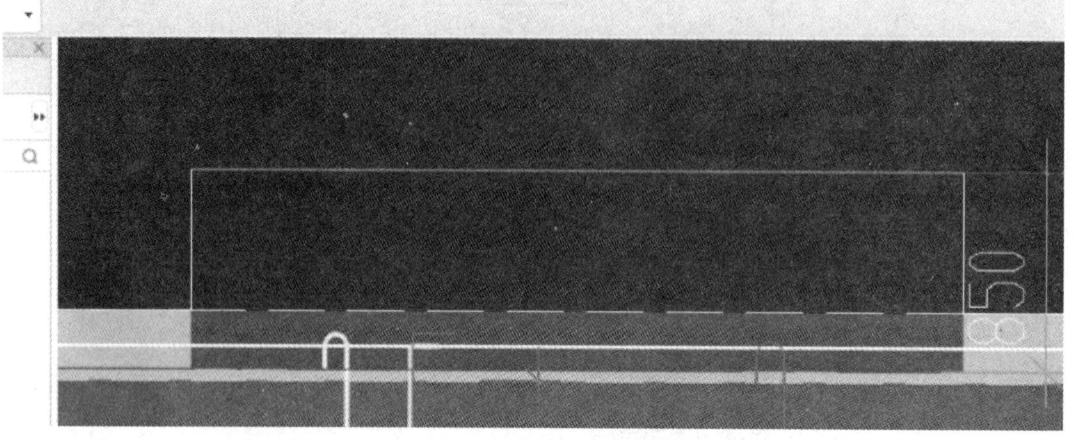

图 9.1.14　对齐栏板

节点 2-2 栏板上同样用直线绘制即可，大样图中的根部构件为板长加 200 mm×2，结合建筑图会发现飘窗板根部部分有构造柱，且宽度刚好为 200 mm，栏板与构造柱重合会发生扣减，因此不需要处理。

接下来处理飘窗板，首先绘制飘窗板下，切换到现浇板，单击飘窗板下，采用矩形绘制，按照图纸线条范围布置即可，如图 9.1.15 所示。

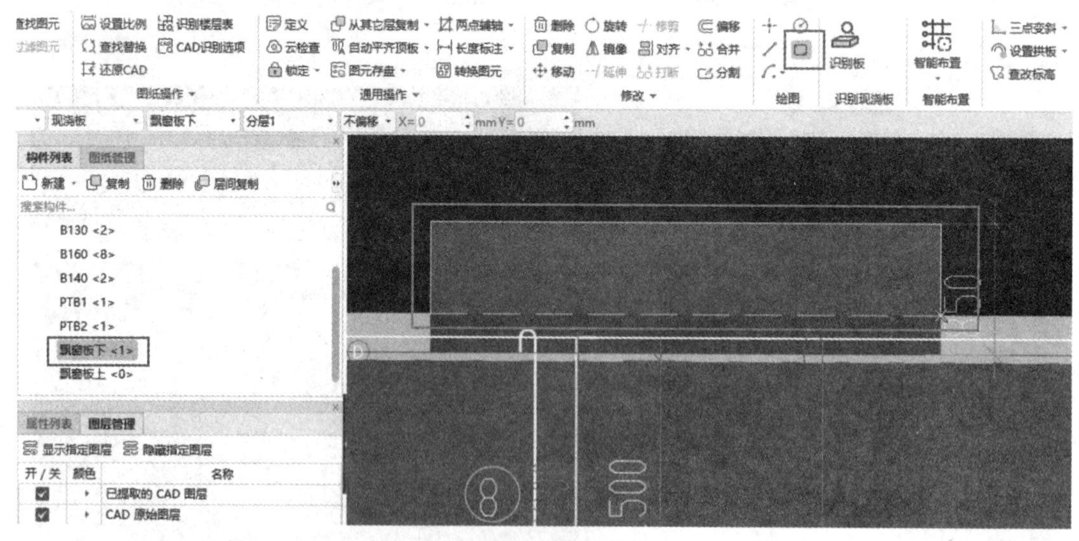

图 9.1.15　绘制飘窗板下

下面绘制板钢筋，通过结施 -12 大样图可以看出飘窗板下只有面层配筋——X 向：Φ8@200，Y 向：Φ10@150，因此，在板受力筋中定义新建钢筋，如图 9.1.16 所示，然

后绘图输入即可，单击“布置受力筋”按钮，选择“单板”→“XY方向”→“XY向布置”选项，输入面筋信息，单击需要布置的飘窗板，如图9.1.17所示。

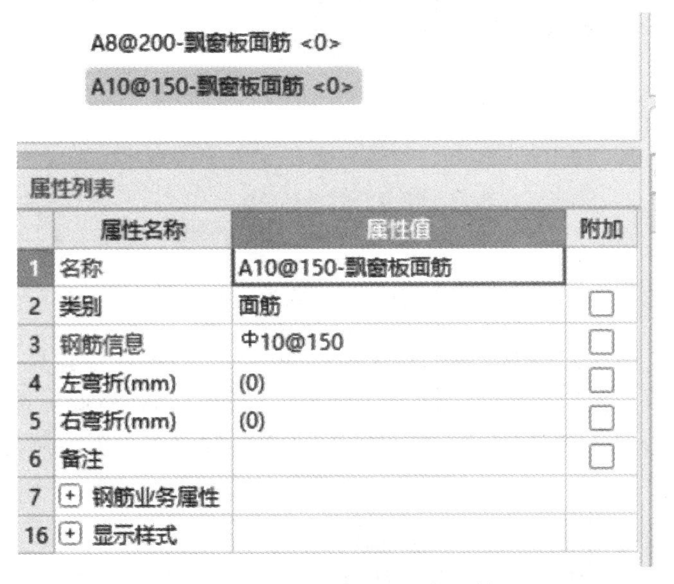

图 9.1.16　定义新建飘窗板面筋

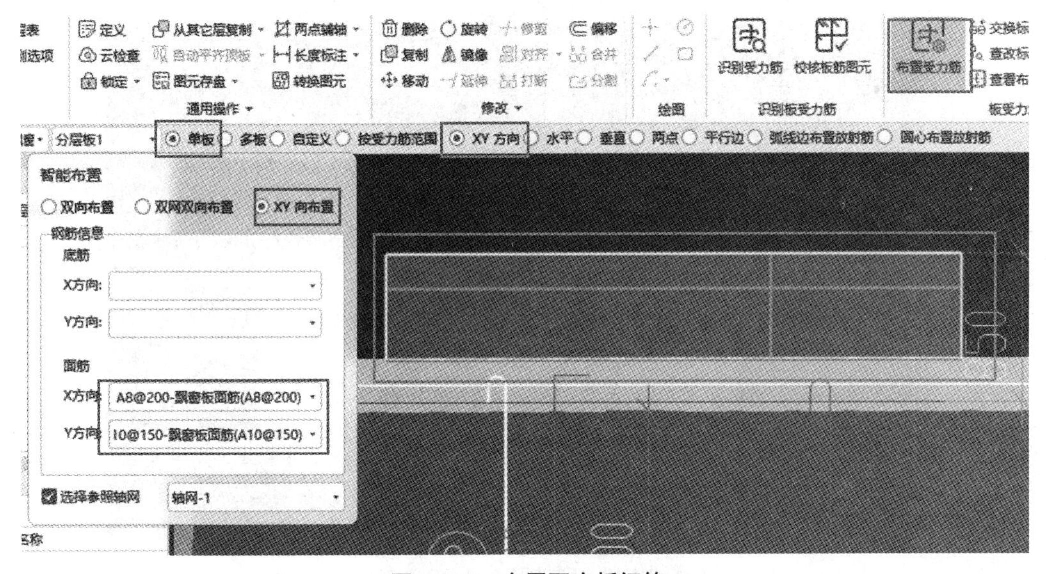

图 9.1.17　布置飘窗板钢筋

飘窗板上及板钢筋用相同的方法布置即可。需要注意的是，在布置板钢筋时需要确认布置的板名称，这里选择布置的是飘窗板上，如图9.1.18所示。

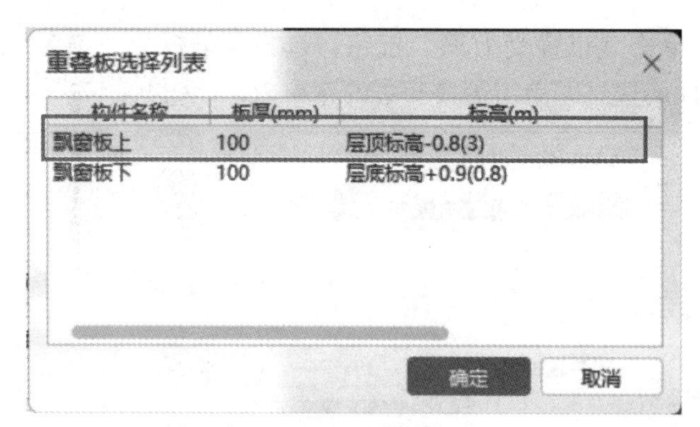

图 9.1.18　选择布筋的板

由于左、右都有节点 2-2 飘窗，而且是对称的，所以操作步骤为：批量选择→ 2-2 节点栏板、飘窗板、飘窗板钢筋→单击“确定”按钮→选择镜像→选择对称点→询问“是否删除原来图元”→单击“否”按钮，这样 2-2 节点图元就绘制好了，如图 9.1.19 所示。

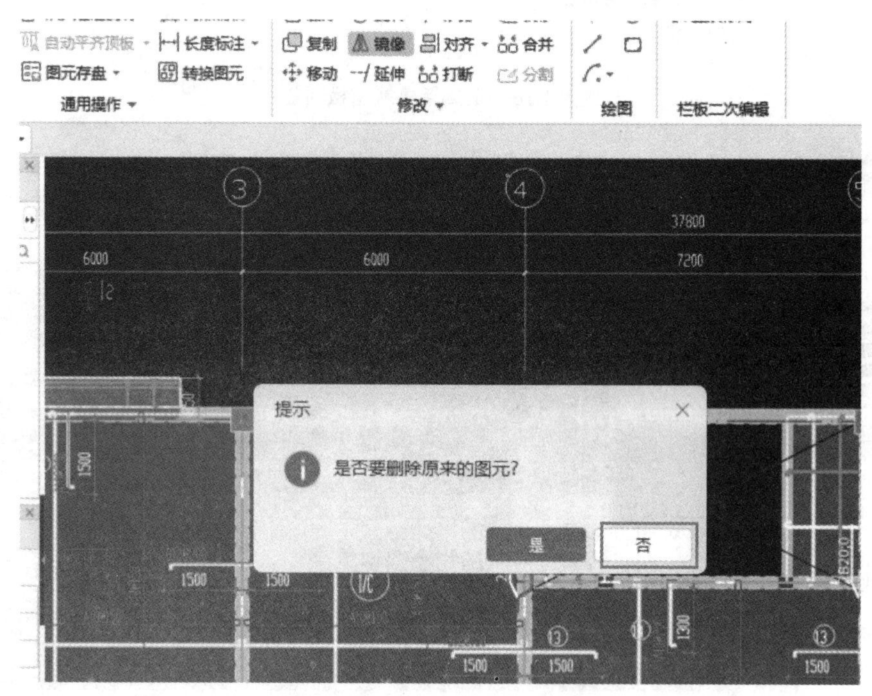

图 9.1.19　镜像节点 2-2（1 层）

如此，首层的节点 2-2 就绘制好了，其三维视图如图 9.1.20 所示。

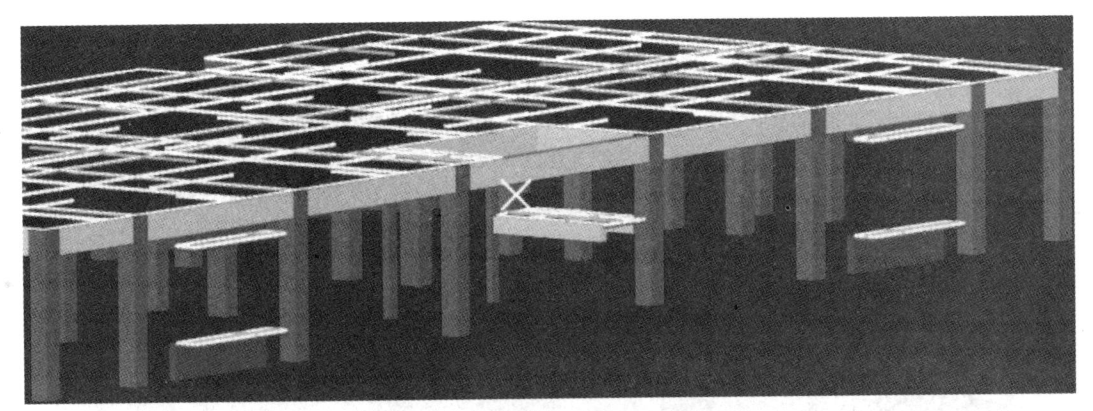

图 9.1.20　首层节点 2-2 三维视图

3．定义和绘制节点 3-3

结合建施 - 06 和结施 -12 可以看出节点 3-3 属于异形，此处采用挑檐定义新建，但是通过设置网格的形式输入尺寸较为麻烦，所以可以通过在 CAD 图中绘制截面图的方式来完成，操作步骤为：先确定建施 - 06 是否分割（没有分割的话首先手动分割）→将图纸切换到建施 - 06 →设置比例（与图纸标注一致）→定义新建异形挑檐→在 CAD 中绘制截面图→在图中用直线绘制想要的图形（交圈绘制，完成后单击鼠标右键确定）→单击“确定”按钮→修改属性信息。设置比例如图 9.1.21 所示。

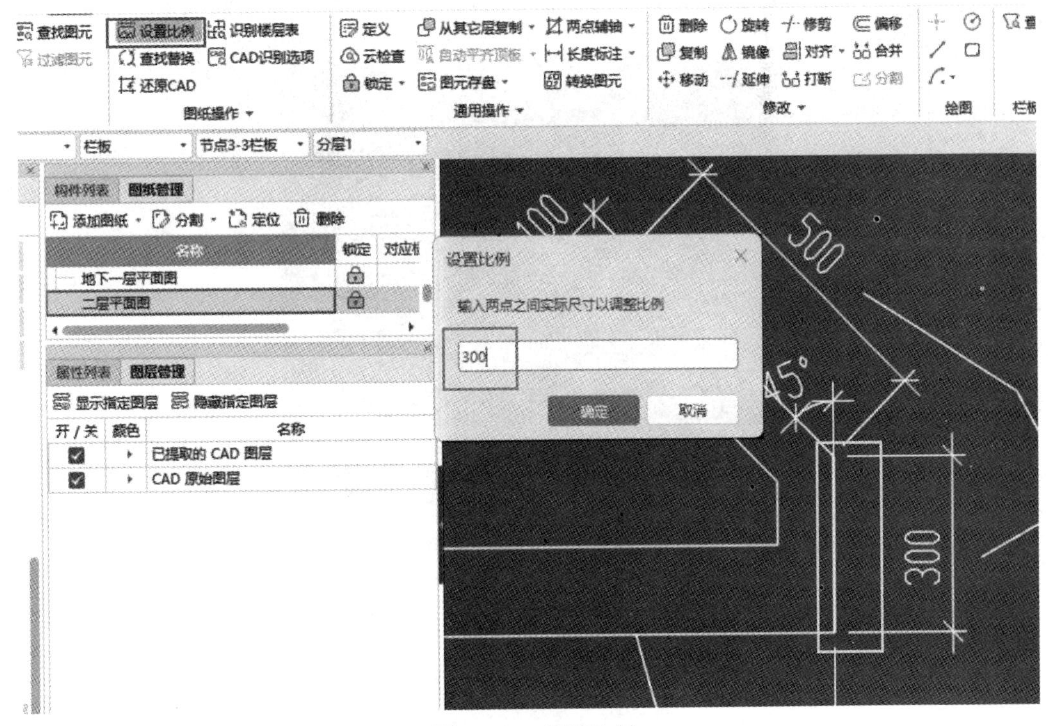

图 9.1.21　设置比例

新建异形挑檐如图 9.1.22 所示。

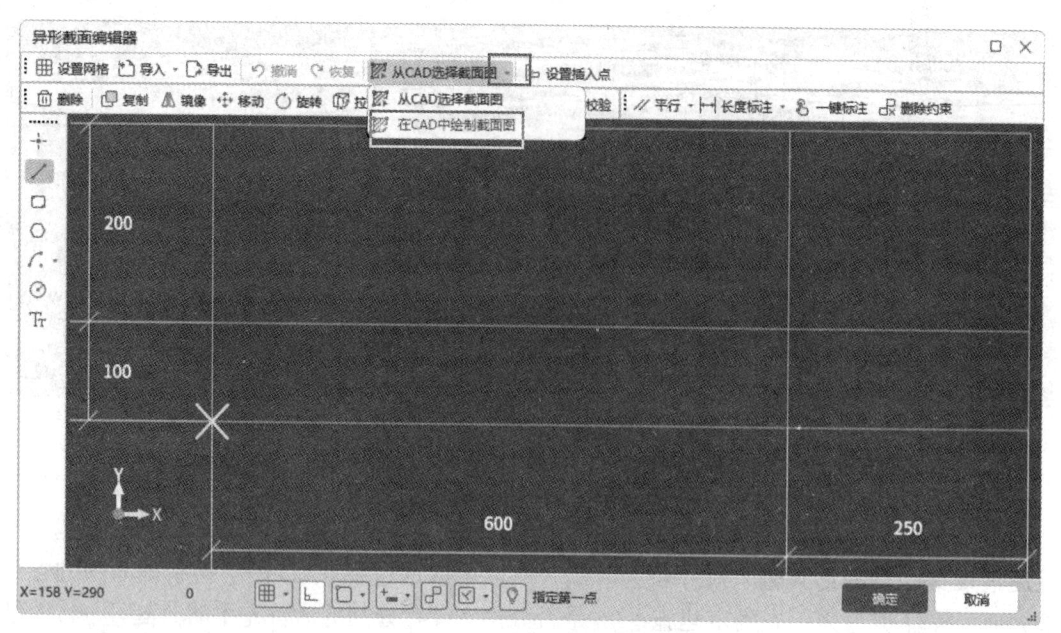

图 9.1.22　新建异形挑檐

因为垂直高度与图纸要求有 30 mm［180 － 150 = 30（mm）］误差，所以需要调整绘制后的线条，选择垂直部分的两边线条向下垂直延长 30 mm 即可，单击“确定”按钮，成果如图 9.1.23 所示。

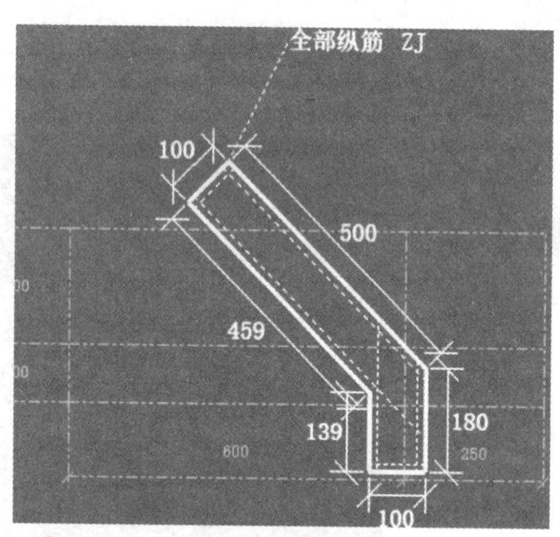

图 9.1.23　节点 3-3 截面图

输入参数，如图 9.1.24 所示。

属性列表

	属性名称	属性值	附加
1	名称	节点3-3	
2	形状	异形	☐
3	截面形状	异形	☐
4	截面宽度(mm)	424	☐
5	截面高度(mm)	534	☐
6	轴线距左边线...	(212)	☐
7	材质	现浇混凝土	☐
8	混凝土类型	(碎石最大粒径40m...	☐
9	混凝土强度等级	(C20)	☐
10	截面面积(m²)	0.064	☐
11	起点顶标高(m)	层顶标高+0.534	☐
12	终点顶标高(m)	层顶标高+0.534	☐
13	备注		☐
14	⊞ 钢筋业务属性		
23	⊞ 土建业务属性		
27	⊞ 显示样式		

图 9.1.24　节点 3-3 信息

下面处理钢筋信息。没有注明钢筋信息，这里选择同平面板内配筋 Φ10@130，单击“钢筋业务属性”→“其它钢筋”按钮，首先输入垂直板内的钢筋长度= 180 + 30×10 = 480（mm），再输入板及斜板内的钢筋长度= 100−15×2 + 500−15 + 180 + 30×10 = 1 035（mm），图号直接输入对应图号即可，也可单击“…”按钮，根据自己的需求选择，如图 9.1.25 所示。

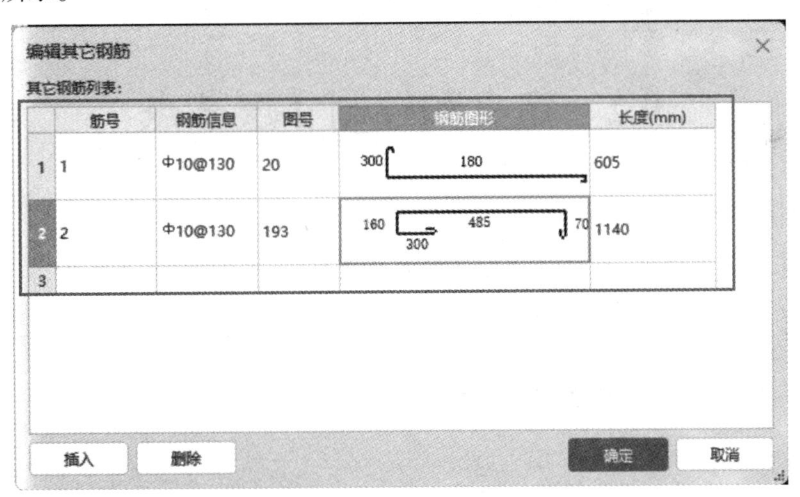

编辑其它钢筋

其它钢筋列表：

	筋号	钢筋信息	图号	钢筋图形	长度(mm)
1	1	Φ10@130	20	300 180	605
2	2	Φ10@130	193	160 300 485 70	1140
3					

图 9.1.25　输入节点 3-3 钢筋信息

构件定义新建完成后就可以绘制了，回到绘图界面，将图纸切换到结施 -12 首层顶板配筋图，根据图纸线条，从左至右用直线绘制，按 F4 键切换插入点与板的外侧边线对齐即可，完成后三维视图如图 9.1.26 所示。

图 9.1.26　节点 3–3 三维图（一层）

9.2　定义和绘制 2 层节点

学习目的

根据本工程图纸内容，完成 2 层节点的定义及绘制。

学习内容

栏板节点识图；定义和绘制 2 层节点；定义和绘制飘窗板。

操作步骤

1. 定义和绘制节点 1–1

进入 2 层，根据结施 –12 和结施 –13 绘制 2 层节点 1–1、2–2。

由结施 –12 节点图 1–1 详图可以看出，节点栏板下从板上起，截面高度为 900 mm，截面宽度为 100 mm，水平钢筋为 1 排 Φ8@200，垂直钢筋为 Φ8@100，结施 –13 节点图 1–1 详图节点上垂直钢筋同板的负筋相同，为 Φ10@200，水平钢筋同板的分布筋相同，为 Φ8@200，这样的构件的绘制步骤为：选择 2 层→栏板→定义新建矩形栏板→根据大样图输入信息。新建节点 1–1 栏板下（2 层）如图 9.2.1 所示。

定义节点 1–1 栏板上，如图 9.2.2 所示。

属性列表

	属性名称	属性值	附加
1	名称	节点1-1栏板下	
2	截面宽度(mm)	100	□
3	截面高度(mm)	900	□
4	轴线距左边线...	(50)	□
5	水平钢筋	(1)Φ8@200	□
6	垂直钢筋	(1)Φ8@100	□
7	拉筋		□
8	材质	现浇混凝土	□
9	混凝土类型	(碎石最大粒径40m...	□
10	混凝土强度等级	(C20)	□
11	截面面积(m²)	0.09	□
12	起点底标高(m)	层底标高	□
13	终点底标高(m)	层底标高	□
14	备注		□
15	+ 钢筋业务属性		
25	+ 土建业务属性		
29	+ 显示样式		

图 9.2.1　新建节点 1–1 栏板下（2 层）

属性列表

	属性名称	属性值	附加
1	名称	节点1-1栏板上	
2	截面宽度(mm)	100	□
3	截面高度(mm)	600	□
4	轴线距左边线...	(50)	□
5	水平钢筋	(1)Φ8@200	□
6	垂直钢筋	(1)Φ10@200	□
7	拉筋		□
8	材质	现浇混凝土	□
9	混凝土类型	(碎石最大粒径40m...	□
10	混凝土强度等级	(C20)	□
11	截面面积(m²)	0.06	□
12	起点底标高(m)	层顶标高-0.6	□
13	终点底标高(m)	层顶标高-0.6	□
14	备注		□
15	+ 钢筋业务属性		
25	+ 土建业务属性		
29	+ 显示样式		

图 9.2.2　定义节点 1–1 栏板上

因为节点 1–1 的位置与首层一致，所以，绘制节点 1–1 的步骤为：选择绘图节点 1–1→直线→按与首层节点 1–1 同样的图元位置描绘一遍→单击“对齐”按钮→镜像节点 1–1，这样节点 1–1 就绘制好了，如图 9.2.3 所示。

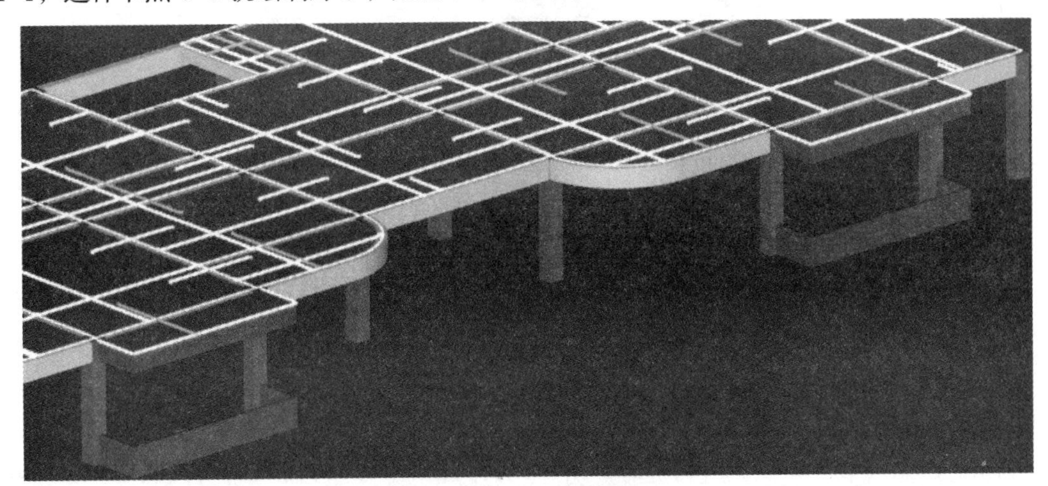

图 9.2.3　节点 1–1 三维视图（2 层）

2. 定义和绘制节点 2–2

由结施 –12 节点图 2–2 详图可以看出，节点栏板下从首层 KL8 上起为栏板加飘窗板，尺寸与配筋还有标高都与首层一致；节点栏板上从 2 层 KL8 下起只有一个飘窗板，尺寸及配筋信息与首层一致，只是标高不一致。这样的构件的定义步骤为：选择 2 层→栏板→从其他楼层复制构件图元→楼层→ 1 层→勾选“节点 2–2 栏板下”“飘窗板上”“飘窗板下”（图 9.2.4）→单击“确定”按钮。

图元复制完成后，需要选中“飘窗板上”修改标高，将“顶标高”修改为“层顶标高 -0.5（6.9）”，切换到现浇板，批量选择“飘窗板上”，修改如图 9.2.5 所示。

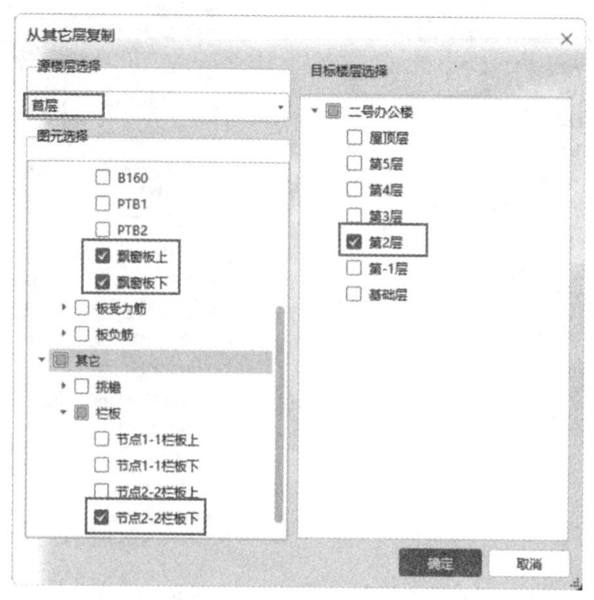

图 9.2.4　复制节点 2–2

属性列表　图层管理

	属性名称	属性值
1	名称	飘窗板上
2	厚度(mm)	100
3	类别	有梁板
4	是否叠合板后浇	否
5	是否是楼板	是
6	混凝土类型	(碎石最大粒径40mm 坍落度75~90)
7	混凝土强度等级	(C30)
8	混凝土外加剂	(无)
9	泵送类型	(混凝土泵)
10	泵送高度(m)	(6.9)
11	顶标高(m)	层顶标高-0.5(6.9)
12	备注	

图 9.2.5　修改“飘窗板上”标高

然后，分别对飘窗板布置板钢筋，单击板受力筋，可以将构件层间复制上来，再用 XY 方向布置板钢筋，如图 9.2.6 所示。

这样节点 2–2 就绘制好了，其三维视图如图 9.2.7 所示。

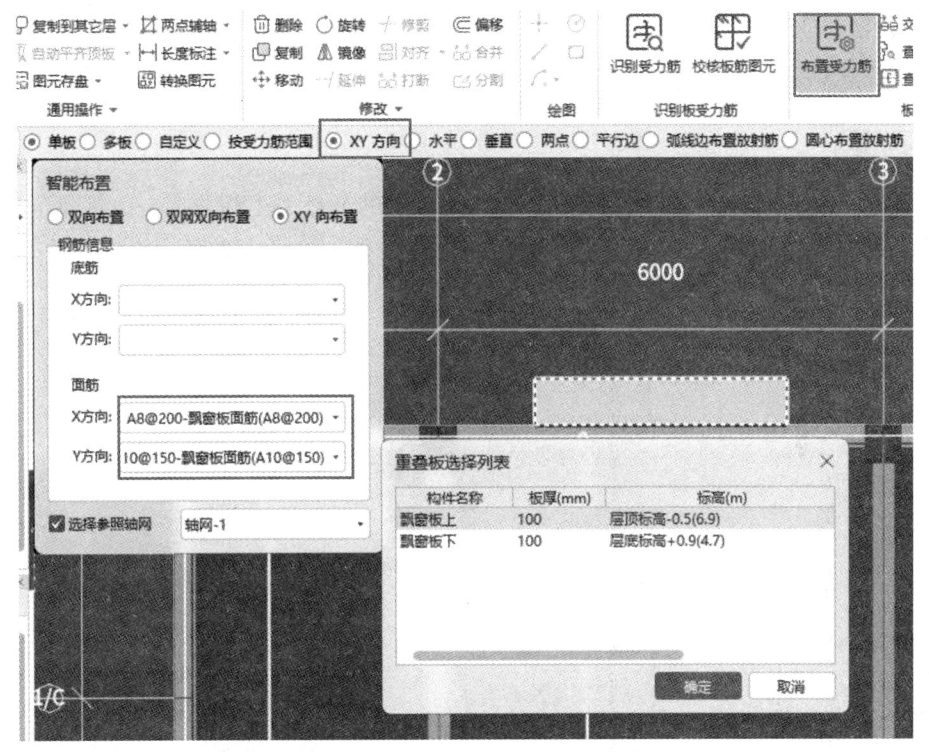

图 9.2.6　节点 2-2

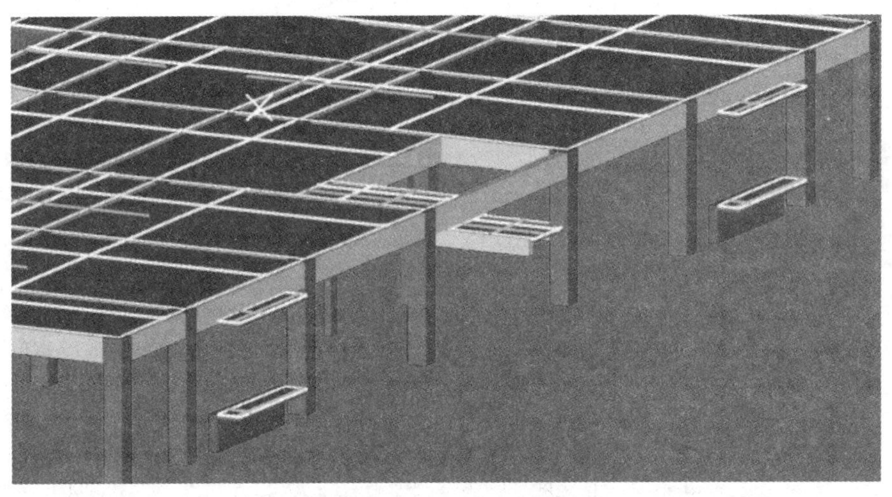

图 9.2.7　节点 2-2 三维视图

9.3　复制 2 层节点到 3、4 层

学习目的

根据本工程图纸内容，复制 2 层节点到 3、4 层。

学习内容

栏板节点识图；层间复制节点。

操作步骤

由结施 -12 和结施 -13 可以看出，2 层和 3、4 层的节点 1-1 和节点 2-2 是完全相同的，那么 3、4 层的节点就可以复制 2 层的节点。操作步骤为：进入 3 层→栏板→从其他楼层复制构件图元→选择节点栏板和飘窗板，如图 9.3.1 所示。

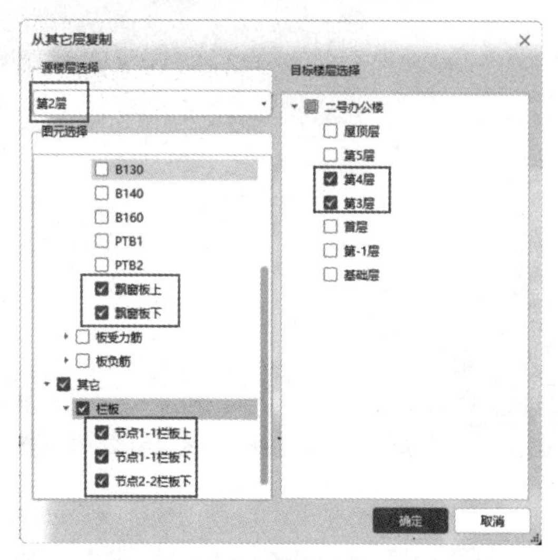

图 9.3.1　复制 2 层图元到 3、4 层

这样，3、4 层的图元就复制过来了，如图 9.3.2 所示。

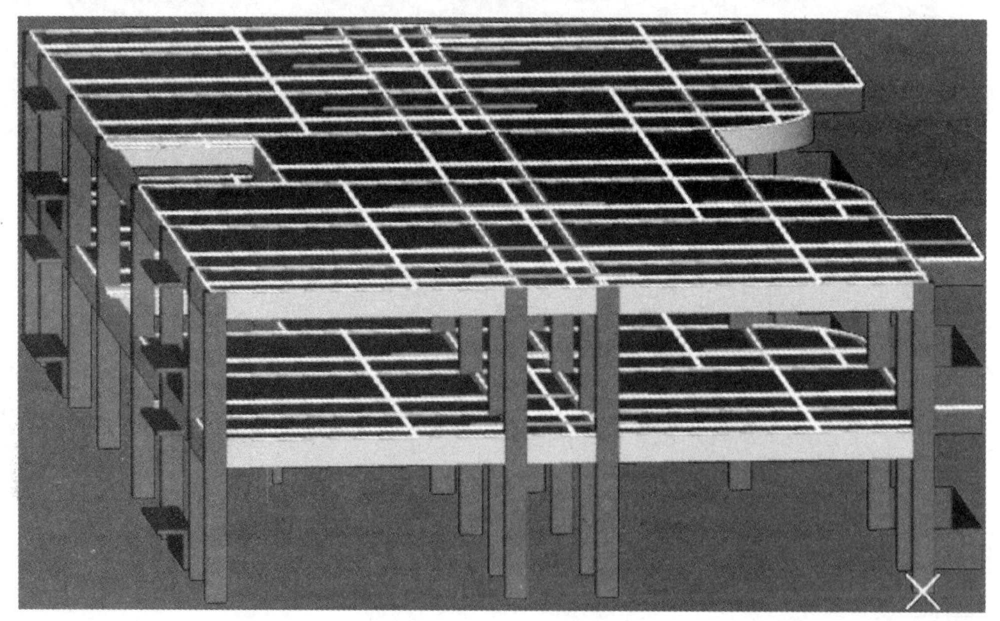

图 9.3.2　3、4 层节点图元

最后布置3、4层飘窗板钢筋，操作方法同2层，完成后3、4层节点三维视图如图9.3.3所示。

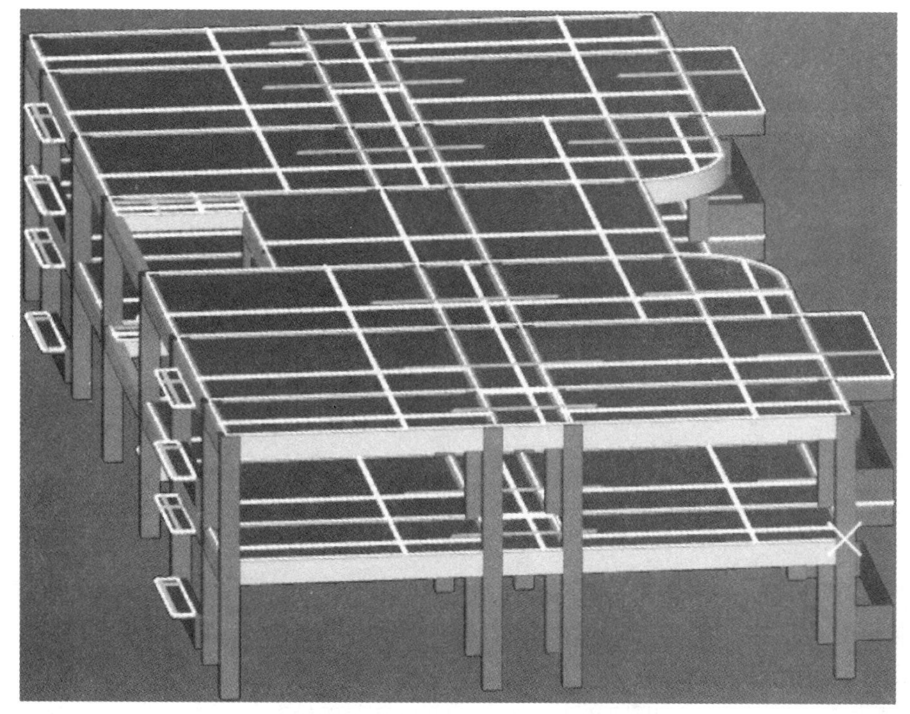

图9.3.3　3、4层节点三维视图

9.4　定义和绘制5层节点

学习目的

根据本工程图纸内容，完成5层节点的定义和绘制。

学习内容

栏板节点识图；定义和绘制栏板节点；定义和绘制老虎窗节点；定义和绘制斜板檐口。

操作步骤

1. 定义和绘制节点1-1

进入5层，首先绘制结施-14的1-1节点大样图中的14.3 m标高以上的栏板，可以看到截面高度为200 mm，截面宽度为100 mm，垂直钢筋为一排 Φ8@100，水平钢筋为一排 Φ8@200，底标高为14.3 m，即第5层的层底标高，因此先定义新建节点1-1栏板，如图9.4.1所示。

属性列表

	属性名称	属性值	附加
1	名称	节点1-1	
2	截面宽度(mm)	100	☐
3	截面高度(mm)	200	☐
4	轴线距左边线...	(50)	☐
5	水平钢筋	(1)Φ8@200	☐
6	垂直钢筋	(1)Φ8@100	☐
7	拉筋		☐
8	材质	现浇混凝土	☐
9	混凝土类型	(碎石最大粒径40m...	☐
10	混凝土强度等级	(C20)	☐
11	截面面积(m²)	0.02	☐
12	起点底标高(m)	层底标高	☐
13	终点底标高(m)	层底标高	☐
14	备注		☐
15	⊞ 钢筋业务属性		
25	⊞ 土建业务属性		
29	⊞ 显示样式		

图 9.4.1　定义新建节点 1-1 栏板

构件新建好之后，接下来需要绘制，因为构件在 5 层，所以绘制节点 1-1 时需要将图纸切换到对应结施 -14 4 层顶板配筋图，按照平面图中的线条进行绘制，然后对齐与镜像，如图 9.4.2 所示。

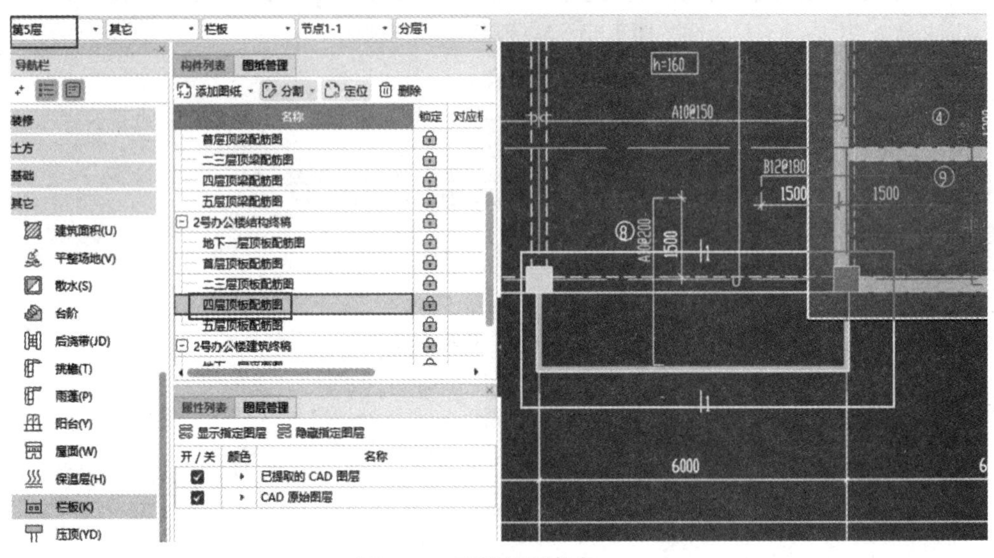

图 9.4.2　直线绘制节点 1-1

整个节点 1-1 三维视图如图 9.4.3 所示。

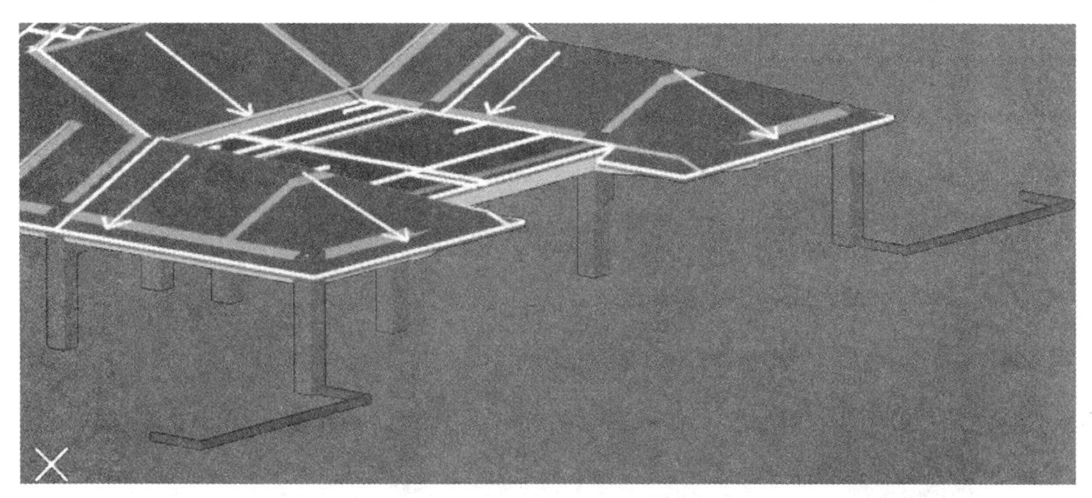

图 9.4.3　节点 1-1 三维视图（5 层）

2. 定义和绘制节点老虎窗墙

先定义老虎窗墙。因为老虎窗是从屋面斜板上起的，所以老虎窗墙的钢筋采用斜板的钢筋 Φ10@150。由建施 -12 可以看出，老虎窗的墙厚为 200 mm。定义老虎窗墙的操作步骤为：剪力墙→新建剪力墙，设置参数如图 9.4.4 所示。

属性列表

	属性名称	属性值	附加
1	名称	老虎窗墙	
2	厚度(mm)	200	☐
3	轴线距左墙皮...	(100)	☐
4	水平分布钢筋	(2)Φ10@150	☐
5	垂直分布钢筋	(2)Φ10@150	☐
6	拉筋		☐
7	材质	现浇混凝土	☐
8	混凝土类型	(碎石最大粒径40m...	☐
9	混凝土强度等级	(C30)	☐
10	混凝土外加剂	(无)	
11	泵送类型	(混凝土泵)	
12	泵送高度(m)		
13	内/外墙标志	(外墙)	☑
14	类别	混凝土墙	☐
15	起点顶标高(m)	层顶标高	☐
16	终点顶标高(m)	层顶标高	☐
17	起点底标高(m)	层底标高	☐
18	终点底标高(m)	层底标高	☐
19	备注		☐

图 9.4.4　定义老虎窗墙

绘制老虎窗墙的操作步骤为：切换图纸到结施 -15 5 层顶板配筋图，按照图纸线条从 1-2、2-3、3-4、4-5 绘制剪力墙，绘制老虎窗墙如图 9.4.5 所示。

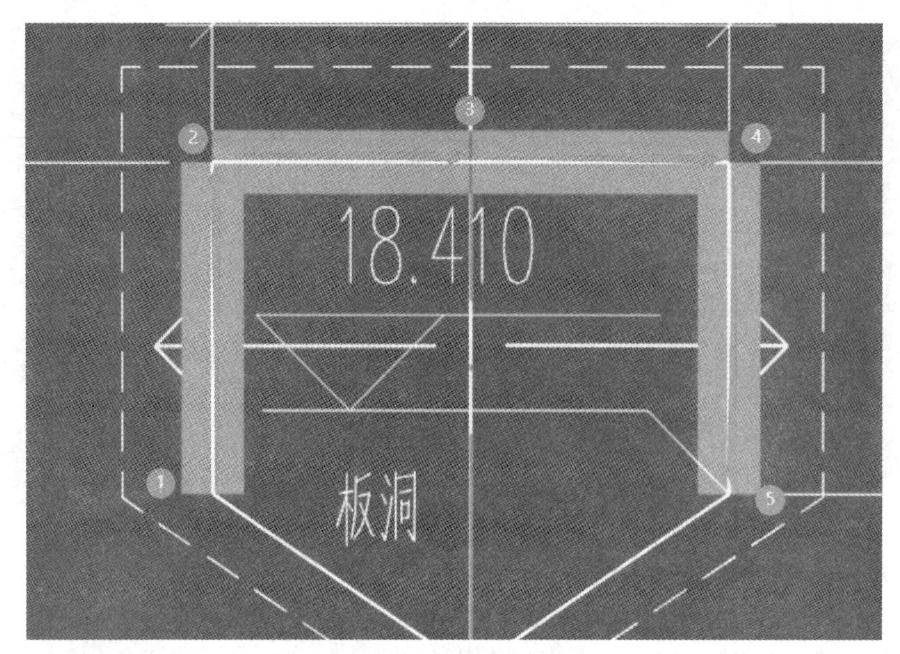

图 9.4.5　绘制老虎窗墙

因为剪力墙是从板上起的，所以剪力墙要向进板内偏移 100 mm，对齐，如图 9.4.6 所示。

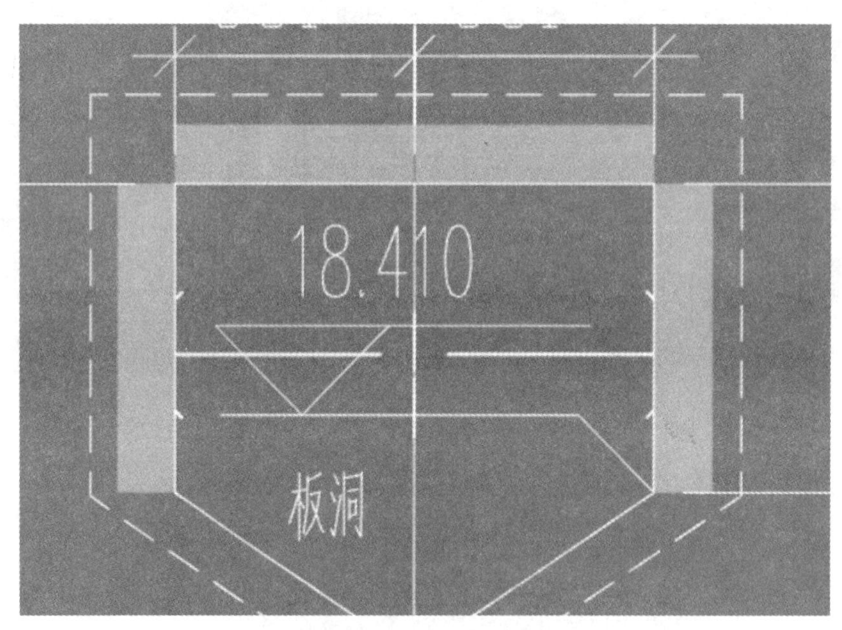

图 9.4.6　对齐老虎窗墙

对齐完成后，应使用延伸命令延伸剪力墙，先选择目标墙的中心线，再单击需要延伸的墙体，自然就延伸到目标的中心位置，如图 9.4.7 所示。

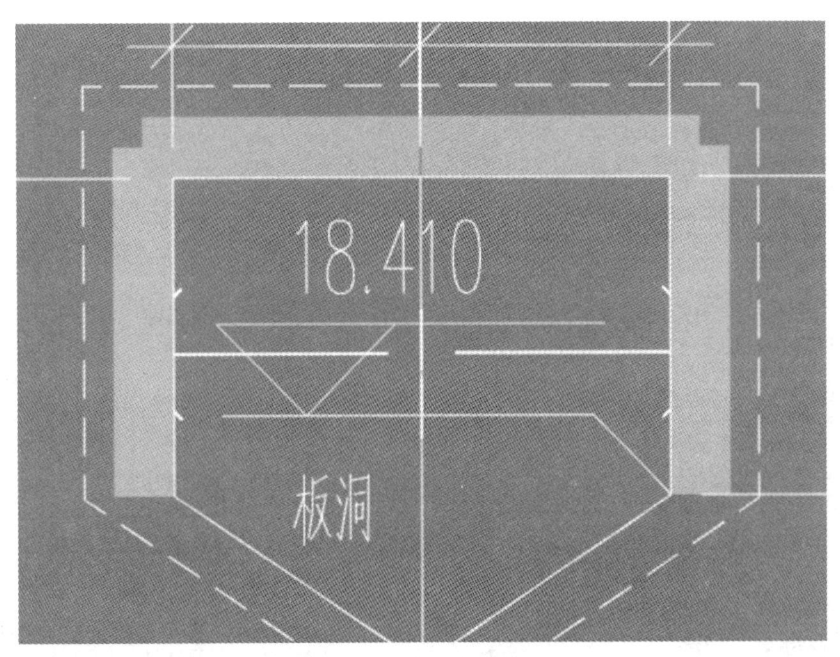

图 9.4.7　延伸老虎窗墙

对老虎窗墙编号，如图 9.4.8 所示。

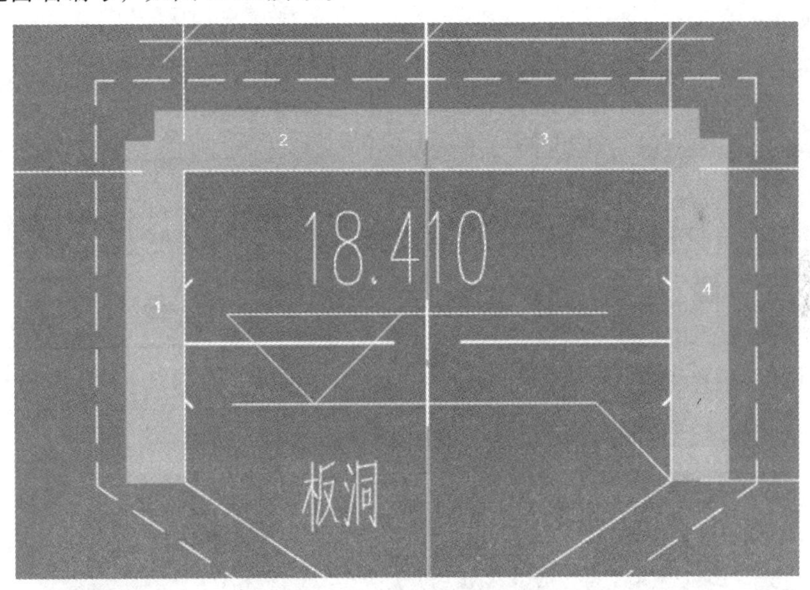

图 9.4.8　对老虎窗墙编号

分别选中 1 号、2 号、3 号、4 号墙调整标高。

选中 1 号墙→修改属性参数，如图 9.4.9 所示。

选中 2 号墙→修改属性参数，如图 9.4.10 所示。

选中 3 号墙→修改属性参数，如图 9.4.11 所示。

选中 4 号墙→修改属性参数，如图 9.4.12 所示。

	属性名称	属性值
1	名称	老虎窗墙
2	厚度(mm)	200
3	轴线距左墙皮...	(100)
4	水平分布钢筋	(2)Φ10@150
5	垂直分布钢筋	(2)Φ10@150
6	拉筋	
7	材质	现浇混凝土
8	混凝土类型	(碎石最大粒径40mm 坍落度90~...
9	混凝土强度等级	(C30)
10	混凝土外加剂	(无)
11	泵送类型	(混凝土泵)
12	泵送高度(m)	(18.41)
13	内/外墙标志	(外墙)
14	类别	混凝土墙
15	起点顶标高(m)	18.41
16	终点顶标高(m)	18.41
17	起点底标高(m)	18.41
18	终点底标高(m)	17.782

图 9.4.9　调整 1 号墙标高

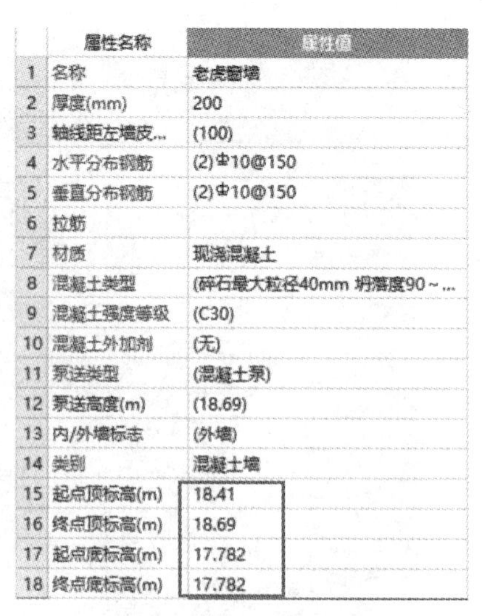

	属性名称	属性值
1	名称	老虎窗墙
2	厚度(mm)	200
3	轴线距左墙皮...	(100)
4	水平分布钢筋	(2)Φ10@150
5	垂直分布钢筋	(2)Φ10@150
6	拉筋	
7	材质	现浇混凝土
8	混凝土类型	(碎石最大粒径40mm 坍落度90~...
9	混凝土强度等级	(C30)
10	混凝土外加剂	(无)
11	泵送类型	(混凝土泵)
12	泵送高度(m)	(18.69)
13	内/外墙标志	(外墙)
14	类别	混凝土墙
15	起点顶标高(m)	18.41
16	终点顶标高(m)	18.69
17	起点底标高(m)	17.782
18	终点底标高(m)	17.782

图 9.4.10　调整 2 号墙标高

	属性名称	属性值
1	名称	老虎窗墙
2	厚度(mm)	200
3	轴线距左墙皮...	(100)
4	水平分布钢筋	(2)Φ10@150
5	垂直分布钢筋	(2)Φ10@150
6	拉筋	
7	材质	现浇混凝土
8	混凝土类型	(碎石最大粒径40mm 坍落度90~...
9	混凝土强度等级	(C30)
10	混凝土外加剂	(无)
11	泵送类型	(混凝土泵)
12	泵送高度(m)	(18.69)
13	内/外墙标志	(外墙)
14	类别	混凝土墙
15	起点顶标高(m)	18.69
16	终点顶标高(m)	18.41
17	起点底标高(m)	17.782
18	终点底标高(m)	17.782

图 9.4.11　调整 3 号墙标高

	属性名称	属性值
1	名称	老虎窗墙
2	厚度(mm)	200
3	轴线距左墙皮...	(100)
4	水平分布钢筋	(2)Φ10@150
5	垂直分布钢筋	(2)Φ10@150
6	拉筋	
7	材质	现浇混凝土
8	混凝土类型	(碎石最大粒径40mm 坍落度90~...
9	混凝土强度等级	(C30)
10	混凝土外加剂	(无)
11	泵送类型	(混凝土泵)
12	泵送高度(m)	(18.41)
13	内/外墙标志	(外墙)
14	类别	混凝土墙
15	起点顶标高(m)	18.41
16	终点顶标高(m)	18.41
17	起点底标高(m)	17.782
18	终点底标高(m)	18.41

图 9.4.12　调整 4 号墙标高

如此，老虎窗墙就绘制完毕了，其三维视图如图 9.4.13 所示。

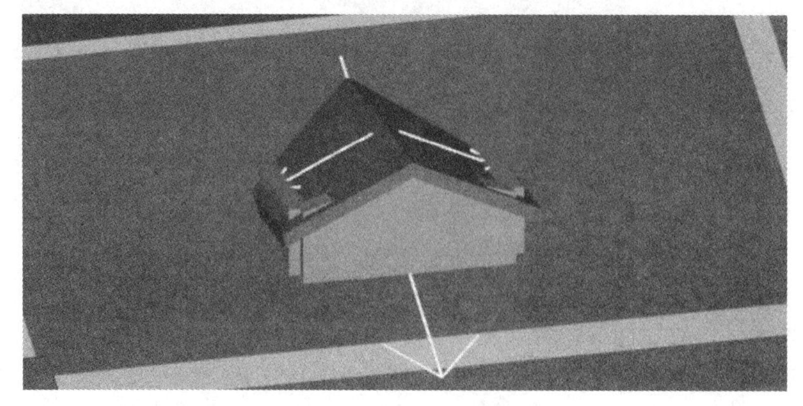

图 9.4.13　老虎窗墙三维视图

3. 定义和绘制斜板檐口

根据结施 -15 5 层顶板配筋图中的斜板檐口详图，发现之前绘制现浇板时只是将斜板完成，檐口部分并未绘制，下面进行这部分构件的绘制，此处选择用栏板绘制，操作步骤为：定义栏板→新建矩形栏板→根据图纸信息输入参数，如图 9.4.14 所示。

属性列表

	属性名称	属性值	附加
1	名称	斜板檐口	
2	截面宽度(mm)	100	☐
3	截面高度(mm)	100	☐
4	轴线距左边线...	(50)	☐
5	水平钢筋		☐
6	垂直钢筋		☐
7	拉筋		☐
8	材质	现浇混凝土	☐
9	混凝土类型	(碎石最大粒径40m...	☐
10	混凝土强度等级	(C20)	☐
11	截面面积(m²)	0.01	☐
12	起点底标高(m)	顶板顶标高	☐
13	终点底标高(m)	顶板顶标高	☐
14	备注		☐
15	⊞ 钢筋业务属性		
25	⊞ 土建业务属性		
29	⊞ 显示样式		

图 9.4.14　定义斜板檐口

定义完后进行斜板檐口的绘制，因为是在斜板边缘，所以根据斜板的范围一定要断开绘制，不要连着画，可以重新定位结施 -15 到主要平面轴网，根据当时分割斜板的线条进行绘制，如图 9.4.15 所示。

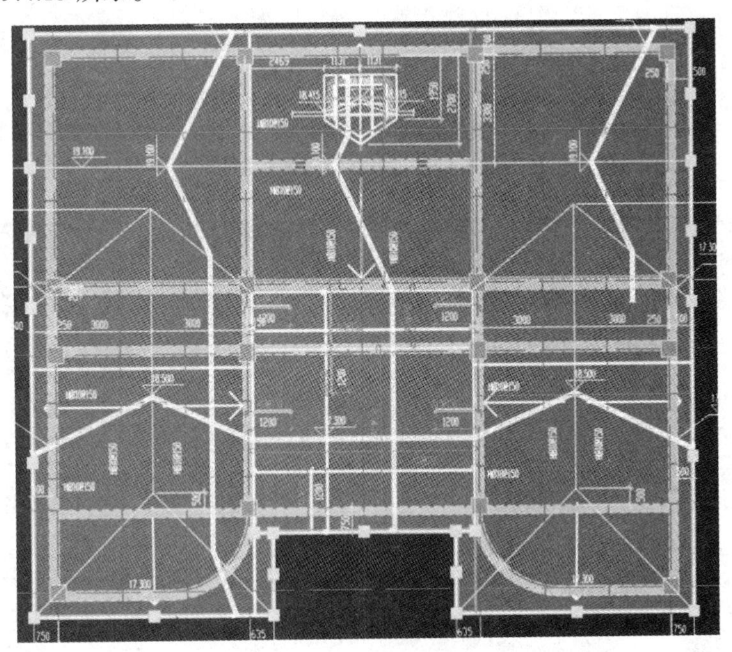

图 9.4.15　绘制斜板檐口

因为栏板与斜板外边齐平，所以需要对齐，完成之后，斜板檐口三维视图如图 9.4.16 所示。

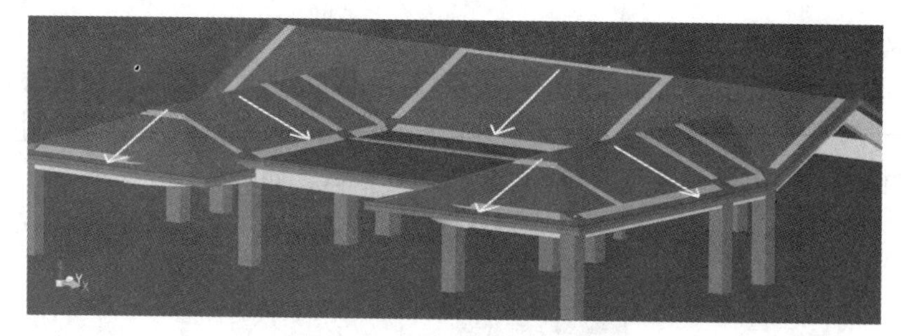

图 9.4.16　斜板檐口三维视图

如此，5 层的节点就绘制完成了，同时也代表整个工程的节点及钢筋阶段算量模型绘制完毕。整个钢筋模型的三维视图如图 9.4.17、图 9.4.18 所示。

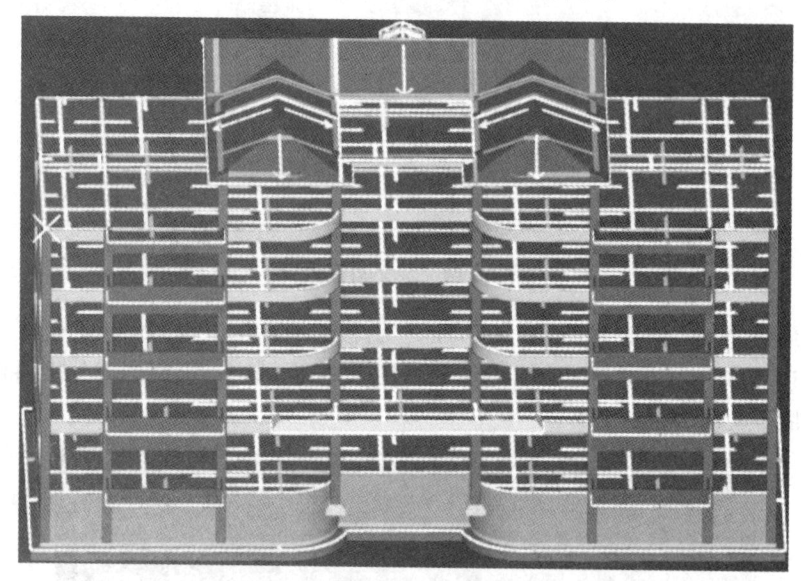

图 9.4.17　南立面三维视图

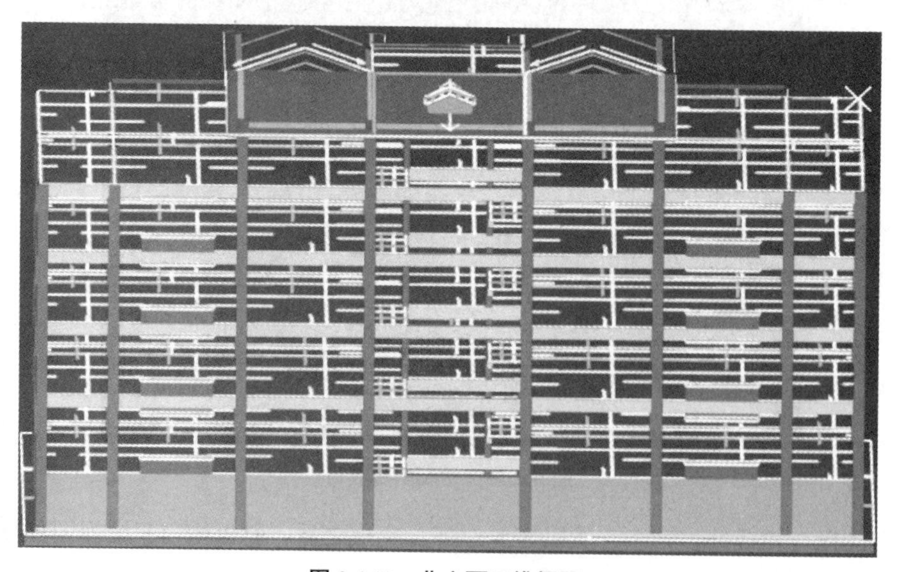

图 9.4.18　北立面三维视图

模块 10 砌块墙工程量计算

10.1 绘制地下一层～ 4 层墙体

学习目的

根据本工程图纸内容，完成墙体的定义和绘制。

学习内容

定义和绘制砌体墙；使用闭合功能延伸墙体；层间复制砌体墙构件，将图元复制到其他层。

操作步骤

1. 新建砌体墙构件

如图 10.1.1 所示，根据图纸（图号：建施 -01）第六项“墙体设计”可以看出内、外墙的厚度不同，而厚度是影响墙体价格的因素之一，因此需要新建厚度为 250 mm 的外墙及厚度为 200 mm 的内墙；由图纸［图号：结施 -01（2）］第 7 项的第（6）条可知，砌体通长加筋（此处的砌体通长筋也可称为砌体拉结筋，拉结筋在墙体中的位置如图 10.1.2 所示）为 2Φ6@600。

六.墙体设计

1.外墙:均为250厚陶粒混凝土砌块及60厚聚氨酯发泡保温复合墙体。

2.内墙:均为200厚陶粒混凝土砌块墙体。

3.屋顶女儿墙采用240厚砖墙。

(6).墙块墙内为砌体通长加筋为2Φ6@600,遇到圈梁、框架梁起步为250,遇到构造柱锚固为200,加弯折60,遇到门窗洞口退一个保护层(60)加弯折(60),遇到过梁梁头也是退一个保护层(60)加弯折(60).

图 10.1.1　图纸说明

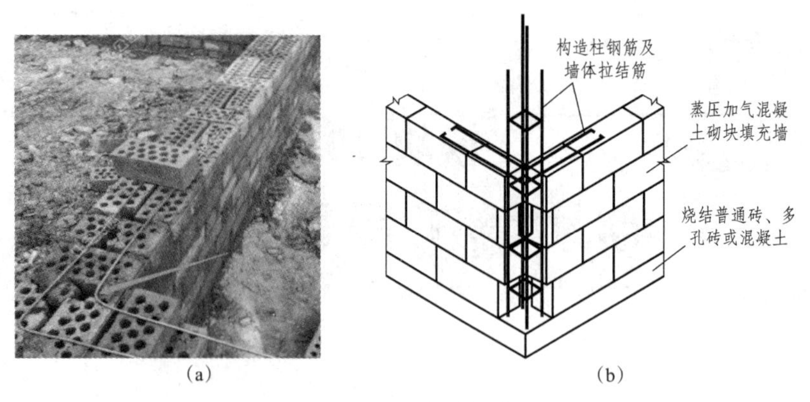

图 10.1.2　砌体拉结筋

在地下一层新建构件：在导航栏中选择“墙”→“砌体墙”，在构件列表中选择“新建”→“新建内墙”命令，填写墙体信息；“名称”中体现墙体类型及厚度，从方便绘制时切换构件；“厚度”及“砌体通长筋”按图纸填写，“横向短筋”图纸无说明不填写；“材质”“砂浆类型”“砂浆强度等级”不影响算量可不调整；“内 / 外墙标志”应为内墙，应注意检查，若标志错误会影响后期装饰的布置；底部以基础梁为支座，而层底标高即为梁顶标高，上部墙体遇梁板会扣减，故标高可不调整，如图 10.1.3 所示。

	属性名称	属性值	附加
1	名称	内墙200	
2	类别	砌体墙	☐
3	结构类别	砌体墙	☐
4	厚度(mm)	200	☐
5	轴线距左墙皮...	(100)	☐
6	砌体通长筋	2Φ6@600	☐
7	横向短筋		☐
8	材质	实心砖	☐
9	砂浆类型	(水泥混合砂浆)	☐
10	砂浆标号	(M5)	☐
11	内/外墙标志	(内墙)	☑
12	起点顶标高(m)	层顶标高	☐
13	终点顶标高(m)	层顶标高	☐
14	起点底标高(m)	层底标高	☐
15	终点底标高(m)	层底标高	☐

图 10.1.3　新建“内墙 200”

2. 绘制地下一层墙体

添加建筑图，并分割 2 号办公楼地下一层平面图～屋顶平面图（建施 -04 ～ 10），切换至每张图纸，检查是否定位。

切换至地下一层平面图，绘制墙体。绘制时注意遇到门窗洞口时不能断开，因门窗洞口需要布置在墙体上，若断开则无法绘制门窗洞口，并且窗下、门上仍有墙体，故不能断开；能直通的墙体则拉通绘制，否则影响墙体中钢筋工程量，如图 10.1.4 所示。因为端部

线条未画至对边墙中心线，所以绘制完成后可选择所有剪力墙和砌体墙，单击鼠标右键选择“闭合”命令，通过闭合功能可使墙体端部相交，防止墙体不封闭，影响装饰及其他构件的布置。

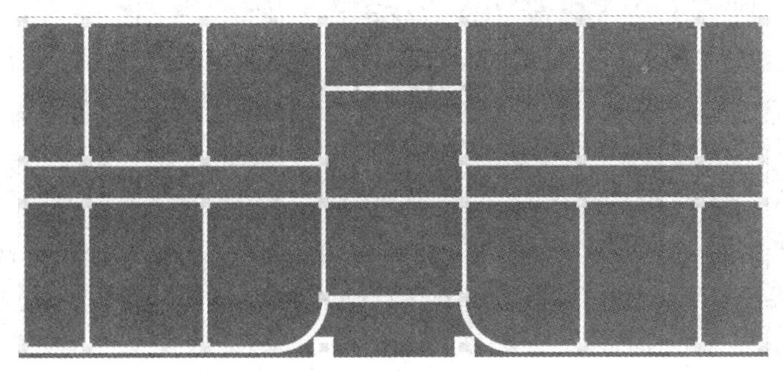

图 10.1.4　绘制地下一层墙体

3. 首层墙体的定义及绘制

首层墙体外墙为砌体墙，需要新建，设置参数如图 10.1.5 所示，注意检查“内 / 外墙标志”为“(外墙)”。内墙可从“第 −1 层”层间复制构件。

	属性名称	属性值	附加
1	名称	外墙250	
2	类别	砌体墙	☐
3	结构类别	砌体墙	☐
4	厚度(mm)	250	☐
5	轴线距左墙皮...	(125)	☐
6	砌体通长筋	2Φ6@600	☐
7	横向短筋		☐
8	材质	实心砖	☐
9	砂浆类型	(水泥混合砂浆)	☐
10	砂浆标号	(M5)	☐
11	内/外墙标志	(外墙)	☑
12	起点顶标高(m)	层顶标高	☐
13	终点顶标高(m)	层顶标高	☐
14	起点底标高(m)	层底标高	☐
15	终点底标高(m)	层底标高	☐

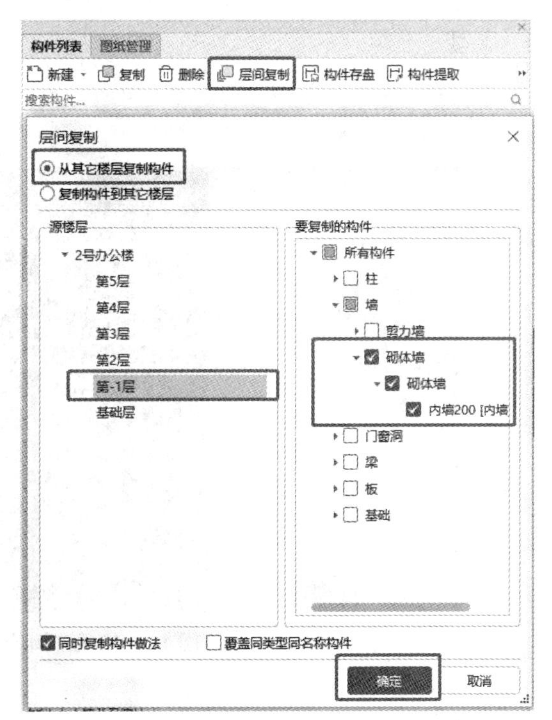

图 10.1.5　新建外墙 250 及层间复制内墙 200

切换至首层平面图，绘制墙体。先绘制外墙，再绘制内墙；端点捕捉不到可选取外边线上端点并切换插入点［F4 键（台式计算机）或“Fn + F4”组合键（笔记本计算机）］，使绘制图元与图纸保持一致，圆弧位置可采用三点弧画法。绘制完成后，可以选择所有砌体墙，鼠标右键单击选择“闭合”命令，通过闭合功能可使墙体端部相交，防止墙体不封闭，影响装饰及其他构件的布置，如图 10.1.6 所示。

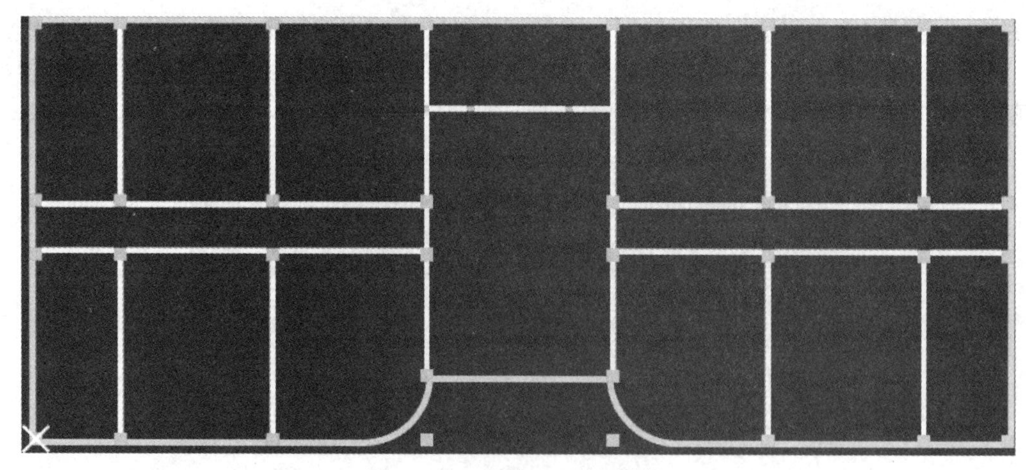

图 10.1.6　绘制 1 ～ 4 层墙体

4．2 ～ 4 层墙体的复制

比较 1 ～ 4 层砌体墙图纸，虽有部分节点不同，但墙体相同，故可批量选择首层所有墙体复制到其他层再选择 2 ～ 4 层墙体，即可完成 2 ～ 4 层墙体的绘制，如图 10.1.7 所示。

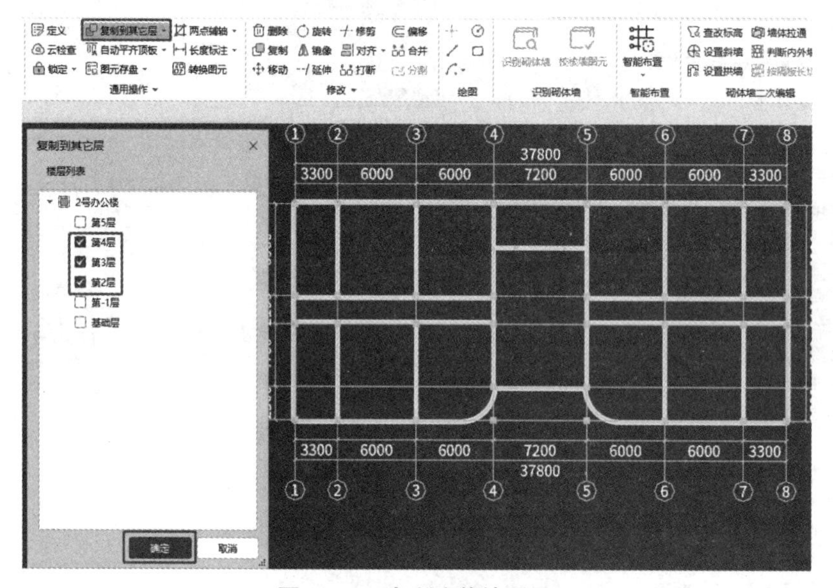

图 10.1.7　复制砌体墙图元

10.2　绘制 5 层墙体

学习目的

根据本工程图纸内容，完成 5 层墙体的定义和绘制。

学习内容

定义或层间复制内墙、外墙、女儿墙构件；判断内墙、外墙、女儿墙的位置并绘制；使用闭合功能延伸墙体；调整墙体标高至板底。

操作步骤

1. 5 层砌体墙的新建

新建女儿墙 240，如图 10.2.1 所示，也可复制外墙并修改信息，参照建筑立面图将顶标高改为 15.3 m，如图 10.2.2 所示，外墙和内墙构件可从首层复制。

女儿墙240 [外墙]

属性列表　图层管理

	属性名称	属性值	附加
1	名称	女儿墙240	
2	类别	砌体墙	☐
3	结构类别	砌体墙	☐
4	厚度(mm)	240	☐
5	轴线距左墙皮...	(120)	☐
6	砌体通长筋	2中6@600	☐
7	横向短筋		☐
8	材质	实心砖	☐
9	砂浆类型	(水泥混合砂浆)	☐
10	砂浆标号	(M5)	☐
11	内/外墙标志	(外墙)	☑
12	起点顶标高(m)	15.3	☐
13	终点顶标高(m)	15.3	☐
14	起点底标高(m)	层底标高	☐
15	终点底标高(m)	层底标高	☐
16	备注		☐

图 10.2.1　新建女儿墙 240

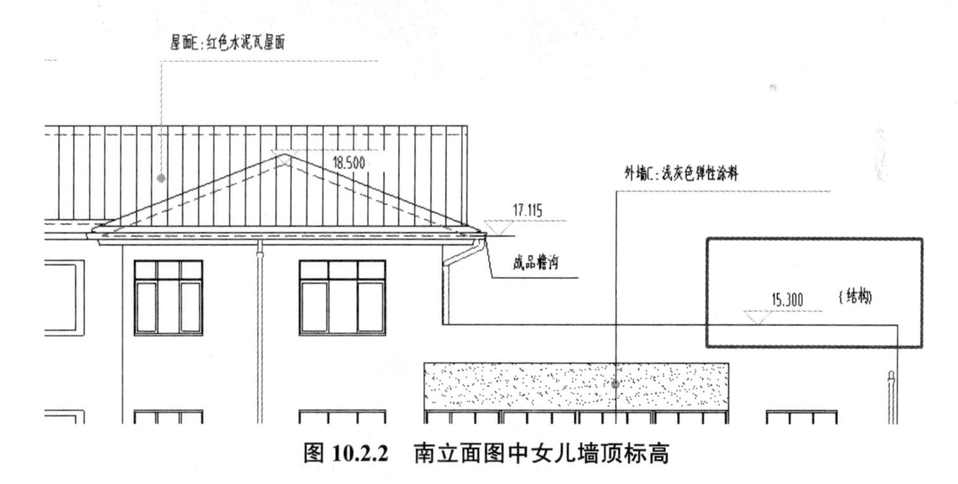

图 10.2.2　南立面图中女儿墙顶标高

2. 5 层砌体墙的绘制

切换至 5 层平面图，绘制墙体。房间为内外墙围护，即所有房间范围的最外围一周为外墙，内部为内墙，东、西两侧屋面外围即女儿墙；因墙厚不同，故也可参照墙体边线的位置绘制女儿墙。平面图如图 10.2.3 所示。绘制完成后注意闭合。

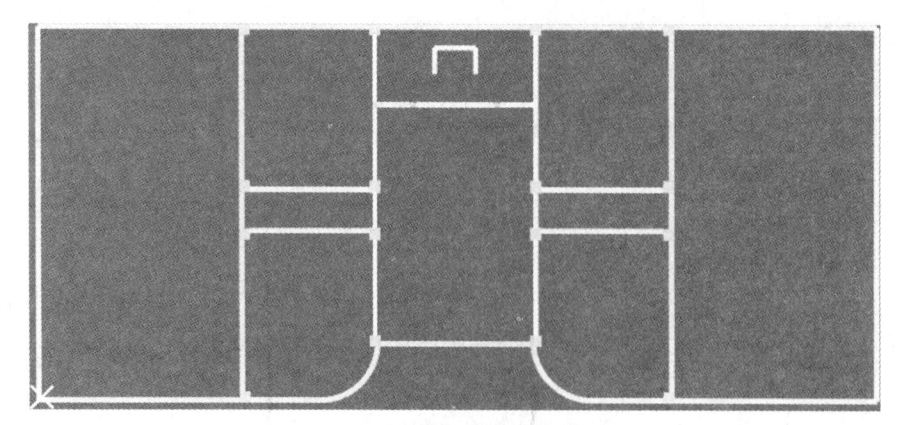

图 10.2.3　绘制 5 层墙体（平面）

3. 墙体标高的调整

因本工程为坡屋面，墙体应砌至板底，故批量选择外墙和内墙→自动平齐顶板，通过该功能可将所有墙体顶部调至屋面板顶，如图 10.2.4 所示。

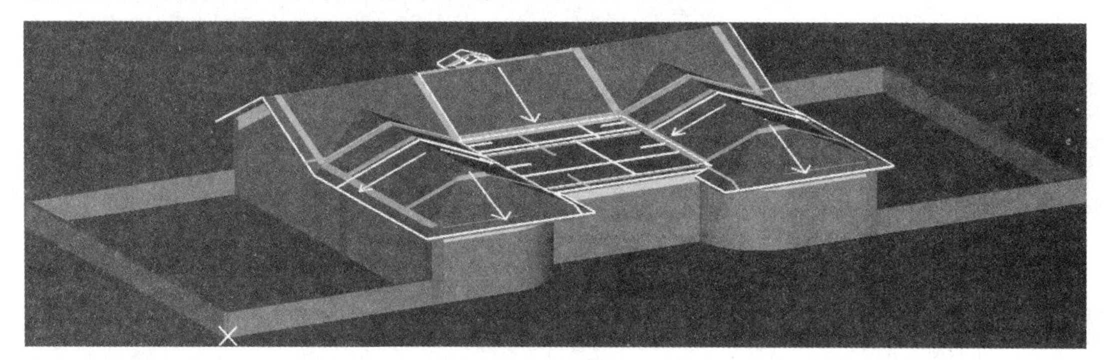

图 10.2.4　绘制 5 层墙体（立面）

小贴士

砌体加筋除通长的形式外，还有非通长的形式。一般在图纸说明中会给出砌体非通长筋伸入墙内的长度，如图 10.2.5 所示。

2:填充墙沿框架柱全高每隔500设2Φ6拉筋,拉筋伸入墙内长度不应小于墙长的1/5且不小于700.

图 10.2.5　砌体非通长筋说明

若需要设置非通长的砌体加筋，则需要在砌体加筋构件中生成。生成时需要选择对应的设置类型、节点类型墙体，并输入钢筋信息及深入墙内的长度。其中，在设置类型中需选择墙体类型，如 L 形、T 形、十字形、一字形、孤墙端头等，每种墙体类型可能遇到主体结构的框架柱或剪力墙，也可能遇到二次结构的构造柱，在节点类型中需要注意与混凝土结构相交的形式、锚固钢筋的做法（预埋件 / 预留 / 植筋）等，若模型中各种情况均有涉及，则每个类型都需要进行需修改，修改好后再选择图元或选择楼层，单击“确定”按钮再选择需要生成砌体加筋的图元或楼层，如图 10.2.6 所示。

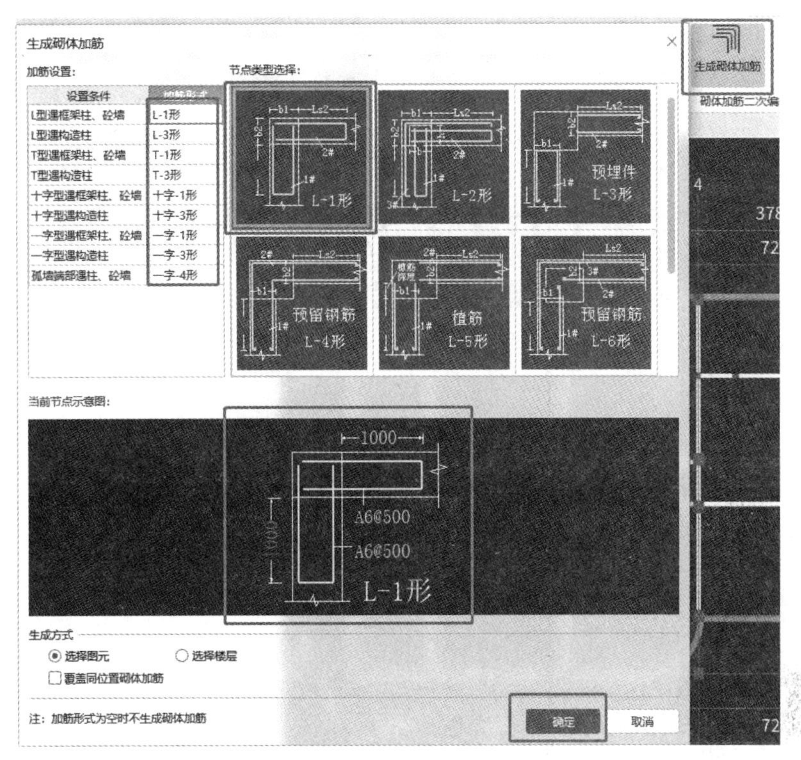

图 10.2.6　生成砌体加筋

思 考

（1）如何分辨内墙、外墙、女儿墙的位置？

（2）楼层中墙体的顶部有楼板，是否需要将墙体顶标高调至梁底或板底标高？

（3）墙体遇门窗洞口为何不能断开？

（4）墙体延伸或闭合至对边墙体中心线的作用是什么？

模块 11 门窗工程量计算

11.1 识别门窗表

学习目的

根据本工程图纸内容，通过识别门窗表的方式完成门窗构件的定义。

学习内容

识别门窗表；修改识别的门窗表信息。

操作步骤

1. 提取门窗表

通过建施 -01 门窗表 1（门）、门窗表 2（窗）可以看到工程中的门窗类型及信息，通过识别门窗表可以快速地新建构件，先在 -1 层中识别所有的门窗洞。

切换至建筑施工图总图纸，找到建施 -01 左下角的门窗表，在门或窗构件中单击“识别门窗表”按钮，框选图纸中的门窗信息并单击鼠标右键，如图 11.1.1 所示，仅需框选门窗表 1、2，飘窗和阳台窗需要用带形窗绘制，软件无法识别。软件识别信息如图 11.1.2 所示。

2. 调整表格

调整表格要删除不需要的信息。因无论何种材质的门窗，仅需计算洞口面积或樘数，故门窗的类型（如胶合板门、实木装饰门、平开塑钢窗等）等只影响门窗的价格，但是不影响其工程量的信息可删除。门窗数量均以图示为准，故表中门窗数量也可删除。可以通过表格上方的删除行、删除列功能删除信息，最终仅保留名称、宽度、高度、类型及所属楼层即可。其中，名称、宽度、高度为新建构件的必要信息，类型及所属楼层为软件确定归属构件及归属楼层的依据，且在软件中不予删除。调整后的表格如图 11.1.3 所示。单击“识别”按钮，共识别门构件 8 个、窗构件 19 个。

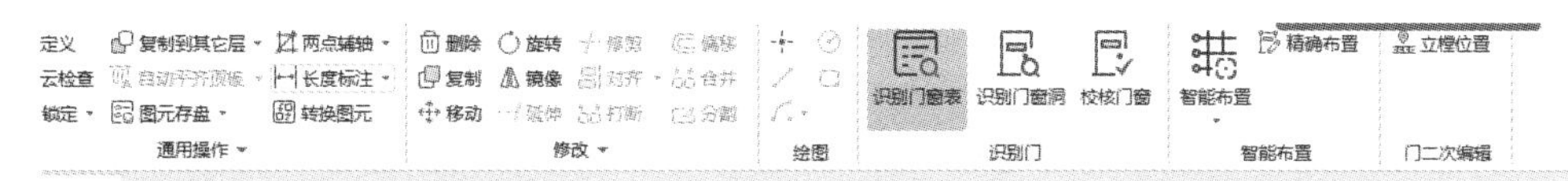

门窗表1(门)

编号	类型	规格		数量						
		宽	高	-1层	首层	二层	三层	四层	五层	总计
M1020	[illegible]	1000	2000	13						
M1021	[illegible]	1000	2100		20	20	20	20	8	88
M1520	[illegible]	1500	2000	2						2
M1521	[illegible]	1500	2000						2	2
M1524	[illegible]	1500	2400	0	2	2	2	2		8
M5032	[illegible]	5000	3200		1					1
M1621	[illegible]	1600	2100						2	2
JLM1621	[illegible]	1600	2100						2	2

门窗表2(窗)

编号	类型	规格		数量						
		宽	高	-1层	首层	二层	三层	四层	五层	总计
C1324	[illegible]	1300	2400		2					2
C1321	[illegible]	1300	2100			2	2			4
C1318	[illegible]	1300	1800					2		2
C1315	[illegible]	1300	1500						2	2
C1521	[illegible]	1500	2100		4	4	4			12
C1518	[illegible]	1500	1800						4	4
C1624	[illegible]	1600	2400		2					2
C1621	[illegible]	1600	2100		2	4	4			10
C1618	[illegible]	1600	1800					4		4
C1615	[illegible]	1600	1500						2	2
C1821	[illegible]	1800	2100		4	4	4			12
C1818	[illegible]	1800	1800					4		4
C1815	[illegible]	1800	1500						4	4
C2421	[illegible]	2400	2100		2	2	2			6
C2418	[illegible]	2400	1800					2		2
C2415	[illegible]	2400	1500						2	2
C5021	[illegible]	5000	2100			1	1			2
C5018	[illegible]	5000	1800					1		1
C5015	[illegible]	5000	1500						1	1

图 11.1.1　识别门窗表（一）

识别门窗表

撤消　恢复　查找替换　删除行　删除列　插入行　插入列　复制行

名称	下拉选择	宽度	高度	下拉选择	下拉选择	下拉选择	下拉选择	下拉选择	下拉选择	下拉选择	类型	所属楼层
编号	类型		规格							数量	门	2号办公楼...
		宽	高	-1层	首层	二层	三层	四层	五层	总计	门	2号办公楼...
M1020	胶合板门	1000	2000	13							门	2号办公楼...
M1021	胶合板门	1000	2100		20	20	20	20	8	88	门	2号办公楼...
M1520	实木装饰门	1500	2000	2						2	门	2号办公楼...
M1521	实木装饰门	1500	2000						2	2	门	2号办公楼...
M1524	实木装饰门	1500	2400	0	2	2	2	2		8	门	2号办公楼...
M5032	玻璃旋转门	5000	3200		1					1	门	2号办公楼...
M1621	镶板门	1600	2100						2	2	门	2号办公楼...
JLM1621	卷闸门	1600	2100						2	2	门	2号办公楼...
										门窗表1(...	门	2号办公楼...
编号	类型									规格数量	门	2号办公楼...
		宽	高	-1层	首层	二层	三层	四层	五层	总计	门	2号办公楼...
C1324	平开塑钢窗	1300	2400		2					2	窗	2号办公楼...
C1321	平开塑钢窗	1300	2100			2	2			4	窗	2号办公楼...
C1318	平开塑钢窗	1300	1800					2		2	窗	2号办公楼...
C1315	平开塑钢窗	1300	1500						2	2	窗	2号办公楼...
C1521	平开塑钢窗	1500	2100		4	4	4			12	窗	2号办公楼...
C1518	平开塑钢窗	1500	1800						4	4	窗	2号办公楼...
C1624	平开塑钢窗	1600	2400		2					2	窗	2号办公楼...
C1621	平开塑钢窗	1600	2100		2	4	4			10	窗	2号办公楼...
C1618	平开塑钢窗	1600	1800					4		4	窗	2号办公楼...
C1615	平开塑钢窗	1600	1500						2	2	窗	2号办公楼...
C1821	平开塑钢窗	1800	2100		4	4	4			12	窗	2号办公楼...
C1818	平开塑钢窗	1800	1800					4		4	窗	2号办公楼...
C1815	平开塑钢窗	1800	1500						4	4	窗	2号办公楼...
C2421	平开塑钢窗	2400	2100		2	2	2			6	窗	2号办公楼...
C2418	平开塑钢窗	2400	1800					2		2	窗	2号办公楼...
C2415	平开塑钢窗	2400	1500						2	2	窗	2号办公楼...
C5021	平开塑钢窗	5000	2100			1	1			2	窗	2号办公楼...
C5018	平开塑钢窗	5000	1800					1		1	窗	2号办公楼...
C5015	平开塑钢窗	5000	1500						1	1	窗	2号办公楼...

提示:请在第一行的空白行中单击鼠标从下拉框中选择对应列关系

识别　取消

图 11.1.2　识别门窗表（二）

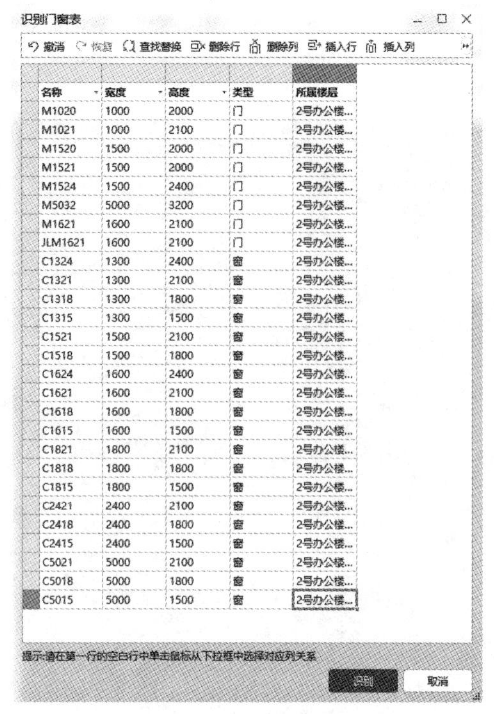

名称	宽度	高度	类型	所属楼层
M1020	1000	2000	门	2号办公楼...
M1021	1000	2100	门	2号办公楼...
M1520	1500	2000	门	2号办公楼...
M1521	1500	2000	门	2号办公楼...
M1524	1500	2400	门	2号办公楼...
M5032	5000	3200	门	2号办公楼...
M1621	1600	2100	门	2号办公楼...
JLM1621	1600	2100	门	2号办公楼...
C1324	1300	2400	窗	2号办公楼...
C1321	1300	2100	窗	2号办公楼...
C1318	1300	1800	窗	2号办公楼...
C1315	1300	1500	窗	2号办公楼...
C1521	1500	2100	窗	2号办公楼...
C1518	1500	1800	窗	2号办公楼...
C1624	1600	2400	窗	2号办公楼...
C1621	1600	2100	窗	2号办公楼...
C1618	1600	1800	窗	2号办公楼...
C1615	1600	1500	窗	2号办公楼...
C1821	1800	2100	窗	2号办公楼...
C1818	1800	1800	窗	2号办公楼...
C1815	1800	1500	窗	2号办公楼...
C2421	2400	2100	窗	2号办公楼...
C2418	2400	1800	窗	2号办公楼...
C2415	2400	1500	窗	2号办公楼...
C5021	5000	2100	窗	2号办公楼...
C5018	5000	1800	窗	2号办公楼...
C5015	5000	1500	窗	2号办公楼...

图 11.1.3 调整后的表格

11.2 -1 层门窗洞识别

学习目的

根据本工程图纸内容，通过识别门窗洞的方式完成门窗洞的绘制。

学习内容

修改门窗洞离地高度；定义和绘制墙洞；提取门窗线及标识；点选识别门窗洞。

操作步骤

1. 完善构件信息

识别构件时因为只在表格中体现了尺寸，所以还需要完善其他信息，其他信息中最重要的就是离地高度。离地高度是指门窗洞口的底标高至软件设置的层底标高的距离。对于门构件来说，门的底部随墙，而墙底标高一般就是层底标高，因此，门构件离地高度大多为 0，而软件默认也为 0，不用修改；若墙下有门槛，则门的离地高度即门槛的高度，落地的门洞同理。对于窗构件来说，除落地窗外，其余都是有离地高度的，可以先在平面图中找到窗户，并在立面图中找到对应的位置，查看或量取窗户的底标高，再计算窗底至层底标高的距离。本层无窗，暂时不用修改。

门窗表中未标注门洞信息，需要单独新建，构件信息如图 11.2.1 所示。

▾ 墙洞

D1220 <0>

属性列表　图层管理

	属性名称	属性值	附加
1	名称	D1220	
2	洞口宽度(mm)	1200	☐
3	洞口高度(mm)	2000	☐
4	离地高度(mm)	0	☐
5	洞口每侧加强筋		☐
6	斜加筋		☐
7	加强暗梁高度(...		☐
8	加强暗梁纵筋		☐
9	加强暗梁箍筋		☐
10	洞口面积(m²)	2.4	☐
11	是否随墙变斜	是	☐
12	备注		☐
13	⊞ 钢筋业务属性		
16	⊞ 土建业务属性		
19	⊞ 显示样式		

图 11.2.1　D1220 新建构件

2. 门窗洞的绘制

绘制图元可采用识别门、窗、洞的方法，先提取门窗线，门窗线可能存在多个图层，注意不要遗漏，如有遗漏，再次提取即可，提取的 CAD 图层如图 11.2.2 所示；再提取门窗洞标识，门窗洞标识也可能存在多个图层，注意不要遗漏，如有遗漏，再次提取即可，提取的 CAD 图层如图 11.2.3 所示。

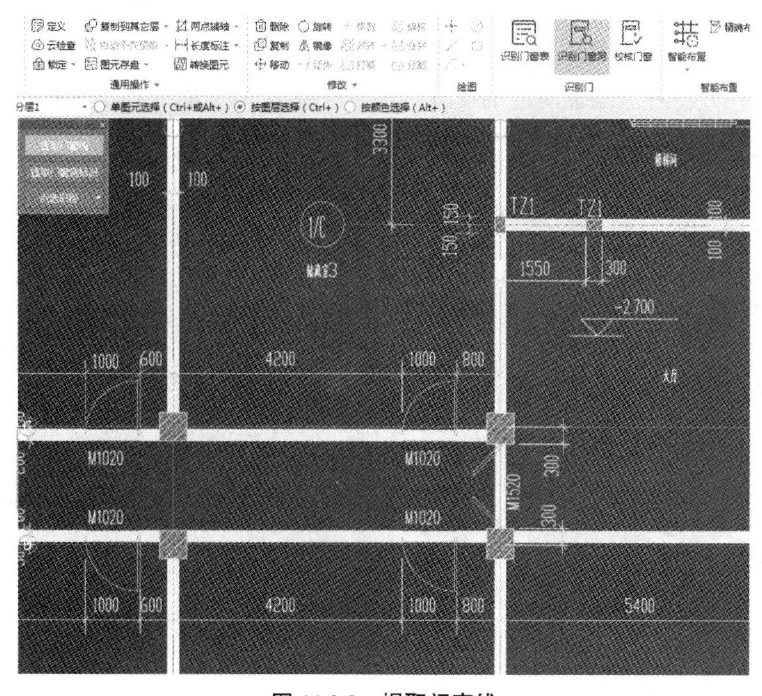

图 11.2.2　提取门窗线

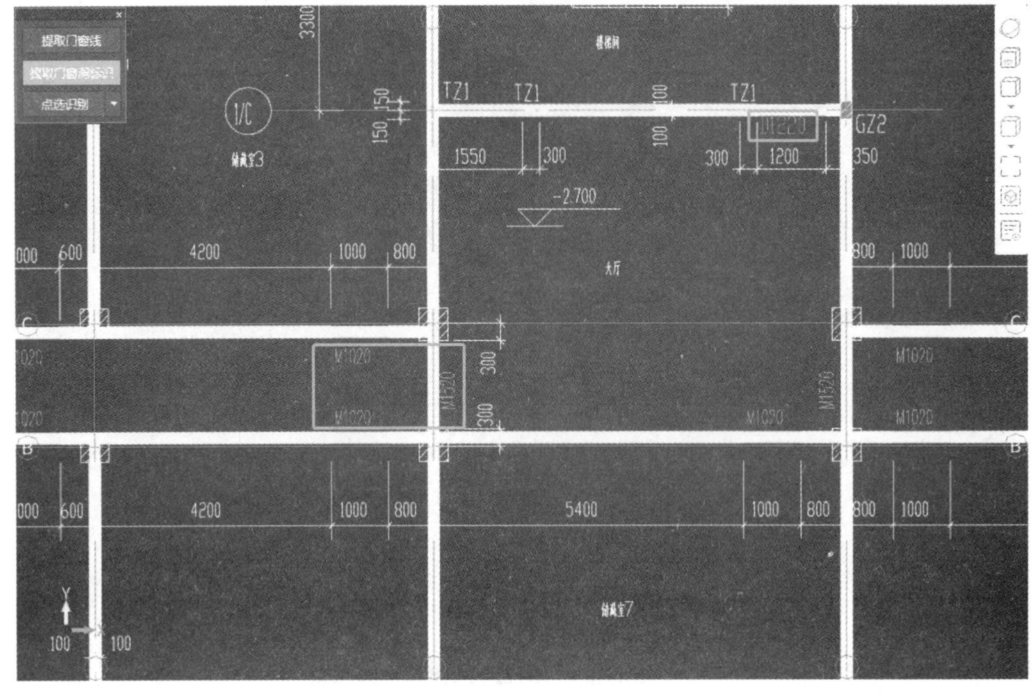

图 11.2.3　提取门窗洞标识

识别时建议采用点选识别的方式，若采用自动识别的方式，则无法检查识别的正确性。门窗洞在识别时可能出现偏位，但是只要识别出来，即使位置是错误的，软件也不会提示错误。因此，只能自行检查，稍有遗漏，便会影响工程量的准确性。

点选识别时，可根据状态栏的提示进行操作，单击点选门窗洞标识后，再单击鼠标右键即可，在识别的过程中可以及时检查软件识别的问题，如位置偏离或识别时显示未找到可依附的墙体，如图 11.2.4 所示。若出现门、窗、洞布置错误或无法识别的情况，找到需要布置的构件，并将它点画在对应的位置。绘制完成的界面如图 11.2.5 所示。

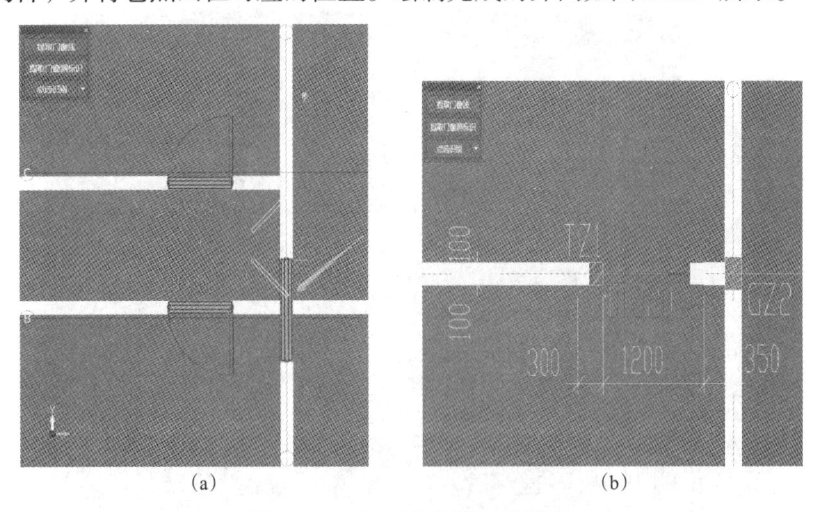

(a)　(b)

图 11.2.4　识别门窗洞时的错误

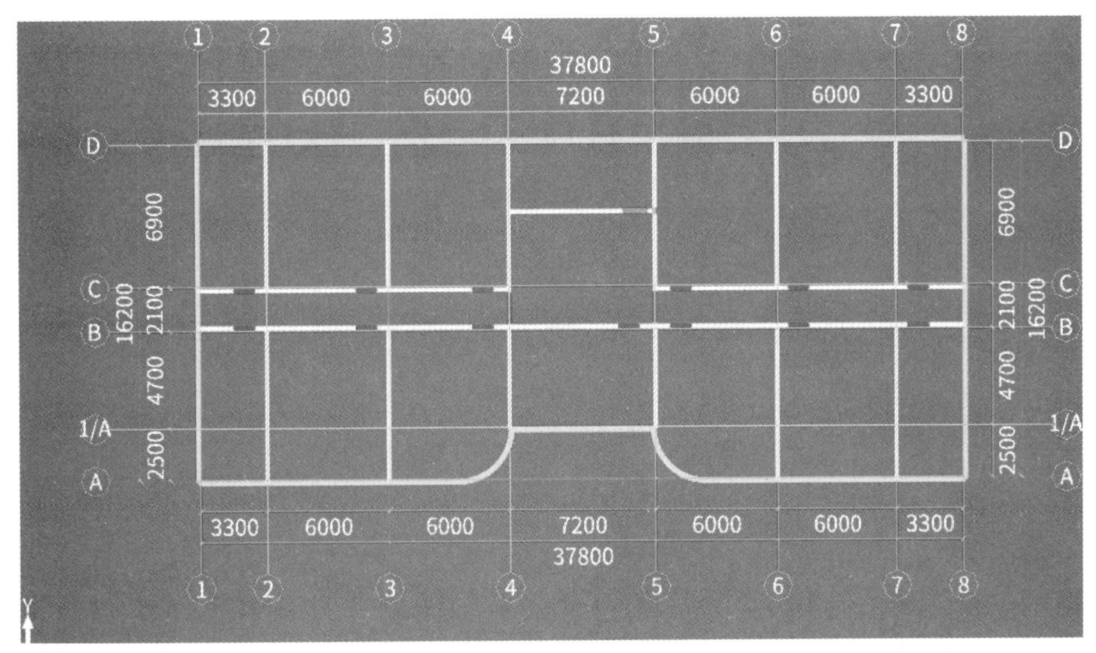

图 11.2.5 点选识别门窗洞

11.3 1 ~ 4 层门窗洞识别

学习目的

根据本工程图纸内容，通过识别门窗洞的方式完成门窗洞的绘制，完成飘窗的定义和绘制。

学习内容

修改窗的离地高度；定义和绘制墙洞；提取门窗线及标识；点选识别门窗洞；定义和绘制飘窗。

操作步骤

1. 门窗洞的定义

先从 -1 层层间复制门窗构件，再调整窗户的离地高度。先在平面图中找到窗户，并在立面图中找到对应的位置，查看或量取窗户的底标高，再计算窗底至层底标高的距离。

南立面有 C1521、C1821，北立面有 C1621、C2421、C1324、C1624，东西立面有 C1621。在建筑立面图找到对应位置，窗底标高均为 0.8，如图 11.3.1 ～图 11.3.3 所示。

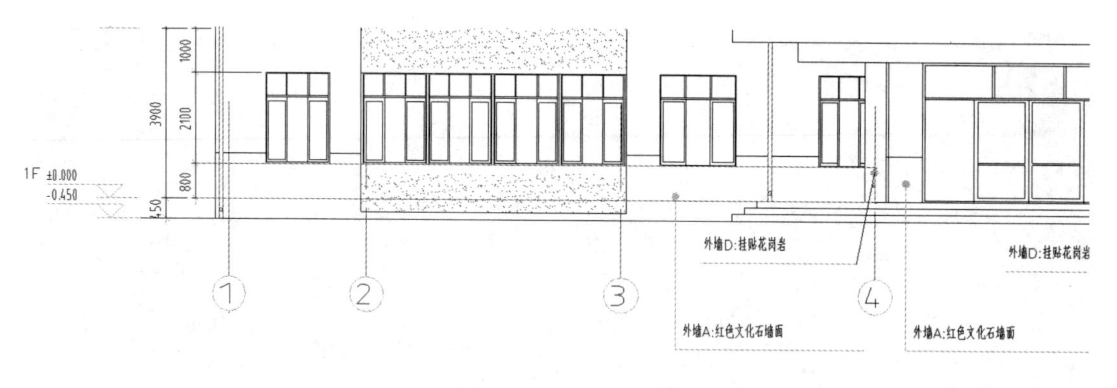

图 11.3.1　立面中窗底位置（南立面）

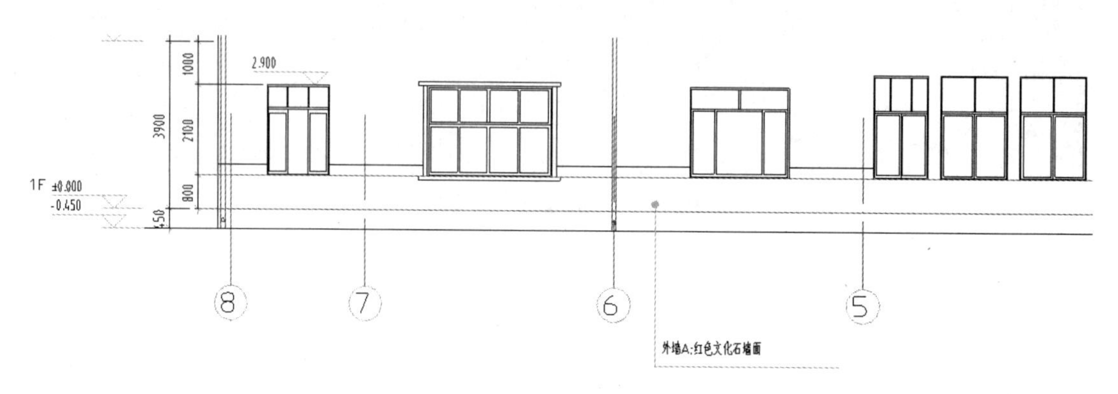

图 11.3.2　立面中窗底位置（北立面）

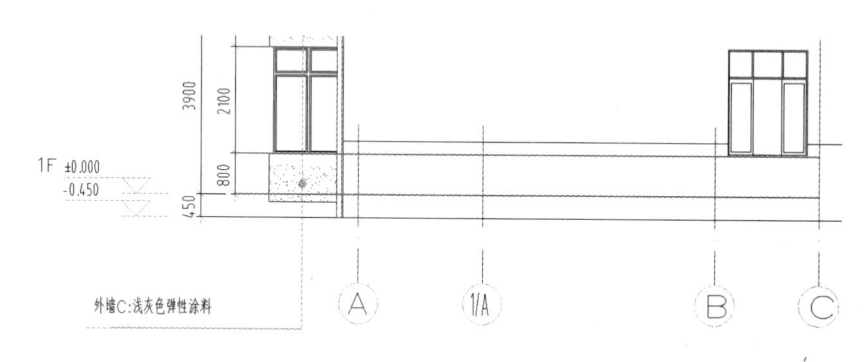

图 11.3.3　立面中窗底位置（东西立面）

软件设置首层层底标高为 - 0.1，因此，首层窗户的离地高度均为［0.8 －（- 0.1）］× 1 000 ＝ 900（mm），调整首层窗户的“离地高度”为 900 mm，如图 11.3.4 所示。

属性列表 | 图层管理

	属性名称	属性值	附加
1	名称	C1521	
2	类别	普通窗	☐
3	顶标高(m)	层底标高+3	☐
4	洞口宽度(mm)	1500	☐
5	洞口高度(mm)	2100	☐
6	离地高度(mm)	900	☐
7	框厚(mm)	60	☐
8	立樘距离(mm)	0	☐
9	洞口面积(m²)	3.15	☐
10	是否随墙变斜	是	☐
11	备注		☐
12	⊞ 钢筋业务属性		
17	⊞ 土建业务属性		
20	⊞ 显示样式		

图 11.3.4　离地高度修改

窗户信息调整好之后，还需要新建墙洞构件，如 D4232、D1224、D3021。其中，D4232 和 D1224 属于门洞，因此其“离地高度”为 0；D3021 是窗洞，因此其“离地高度”为 900 mm，新建构件信息如图 11.3.5 ～ 图 11.3.7 所示。

属性列表 | 图层管理

	属性名称	属性值	附加
1	名称	D4232	
2	洞口宽度(mm)	4200	☐
3	洞口高度(mm)	3200	☐
4	离地高度(mm)	0	☐
5	洞口每侧加强筋		☐
6	斜加筋		☐
7	加强暗梁高度(...		☐
8	加强暗梁纵筋		☐
9	加强暗梁箍筋		☐
10	洞口面积(m²)	13.44	☐
11	是否随墙变斜	是	☐
12	备注		☐
13	⊞ 钢筋业务属性		
16	⊞ 土建业务属性		

图 11.3.5　D4232 信息

属性列表　图层管理

	属性名称	属性值	附加
1	名称	D1224	
2	洞口宽度(mm)	1200	☐
3	洞口高度(mm)	2400	☐
4	离地高度(mm)	0	☐
5	洞口每侧加强筋		☐
6	斜加筋		☐
7	加强暗梁高度(...		☐
8	加强暗梁纵筋		☐
9	加强暗梁箍筋		☐
10	洞口面积(m²)	2.88	☐
11	是否随墙变斜	是	☐
12	备注		☐
13	⊞ 钢筋业务属性		
16	⊞ 土建业务属性		

图 11.3.6　D1224 信息

属性列表　图层管理

	属性名称	属性值	附加
1	名称	D3021	
2	洞口宽度(mm)	3000	☐
3	洞口高度(mm)	2100	☐
4	离地高度(mm)	900	☐
5	洞口每侧加强筋		☐
6	斜加筋		☐
7	加强暗梁高度(...		☐
8	加强暗梁纵筋		☐
9	加强暗梁箍筋		☐
10	洞口面积(m²)	6.3	☐
11	是否随墙变斜	是	☐
12	备注		☐
13	⊞ 钢筋业务属性		
16	⊞ 土建业务属性		

图 11.3.7　D3021 信息

2. 门窗洞的绘制

门窗洞构件的属性处理好后，就可以进行门窗洞图元的识别。使用相同的方法，先提

取门窗线，再提取门窗洞标识，遗漏的图层可再次提取，最后点选识别门窗洞图元。遇到的问题如图 11.3.8 ～ 图 11.3.12 所示。

图 11.3.8　D3021 偏位

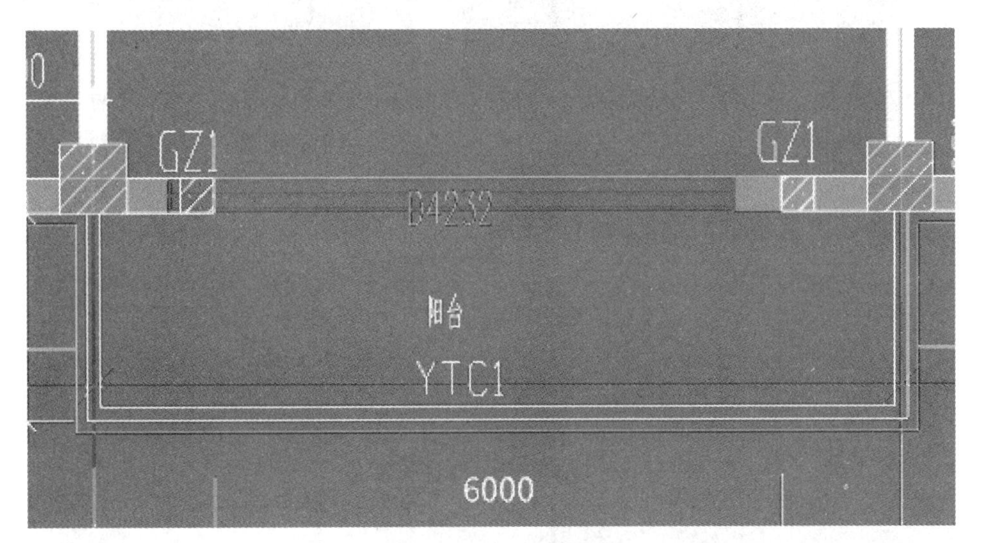

图 11.3.9　D4232 偏位

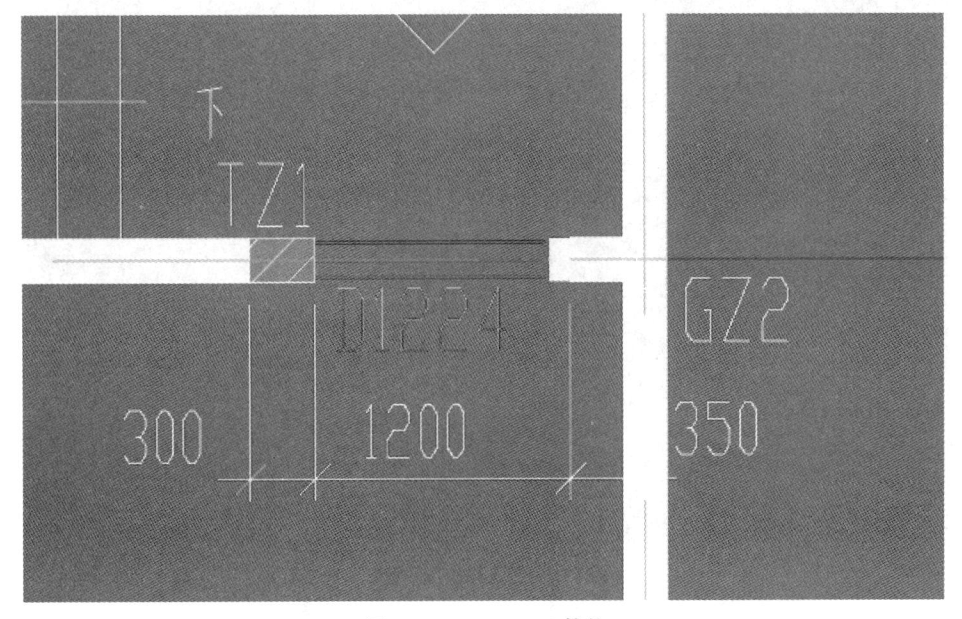

图 11.3.10　D1224 偏位

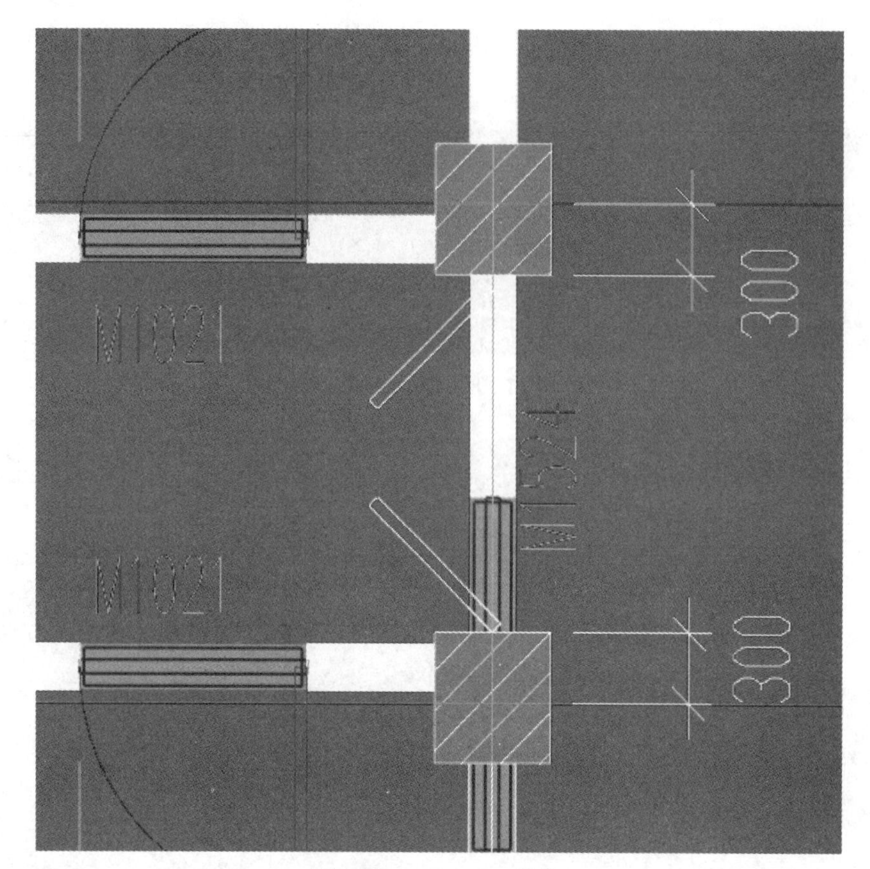

图 11.3.11　M1524 偏位

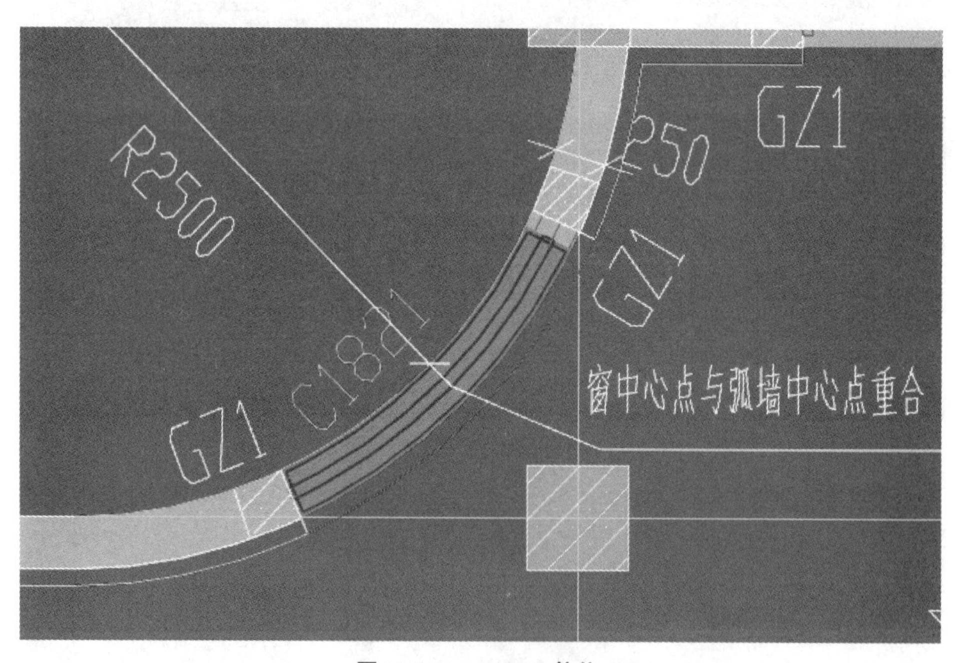

图 11.3.12　C1821 偏位

对于识别偏位的图元需要对错误的图元进行删除，然后手动点画上去。如果边线位置

不明确，如洞口位置没有边线，可以在图层管理中打开 CAD 原始图层。其中图纸中弧形的 C1821 线条与实际尺寸不符，但旁边有标注注明窗中心点与弧墙中心点重合，所以可以用 F4 键（台式计算机）或者“Fn ＋ F4”组合键（笔记本计算机）切换插入点到窗中心点，点画至图示标注位置，如图 11.3.13 所示。

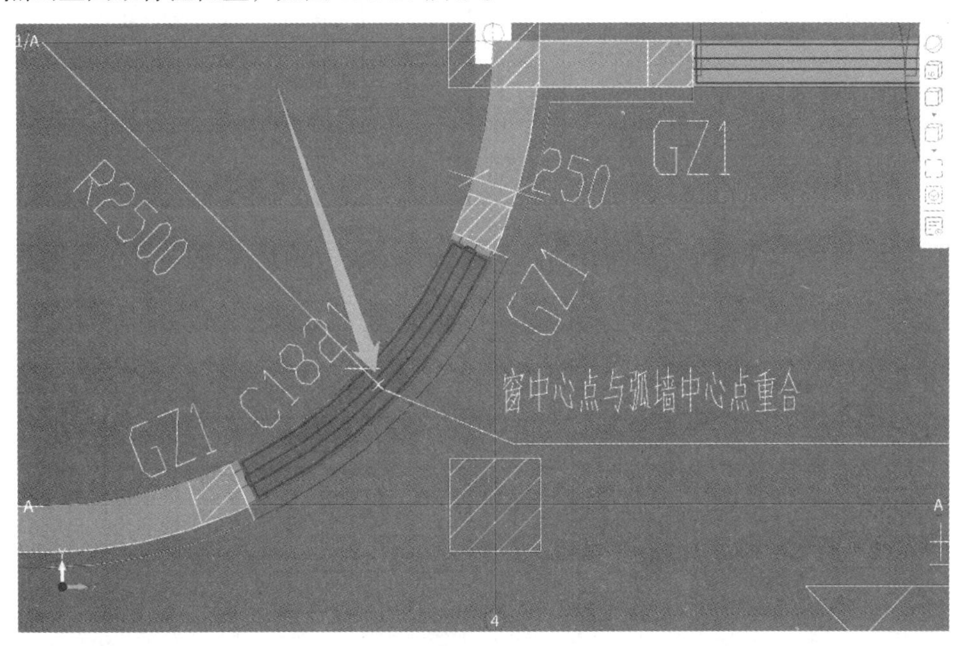

图 11.3.13　绘制 C1821

3．飘窗和阳台窗的定义及绘制

飘窗用带型窗进行绘制，新建带型窗构件，使框厚与平面图保持一致，以便绘制，标高参照立面图，如图 11.3.14 ～ 图 11.3.17 所示，构件信息如图 11.3.18 和图 11.3.19 所示。

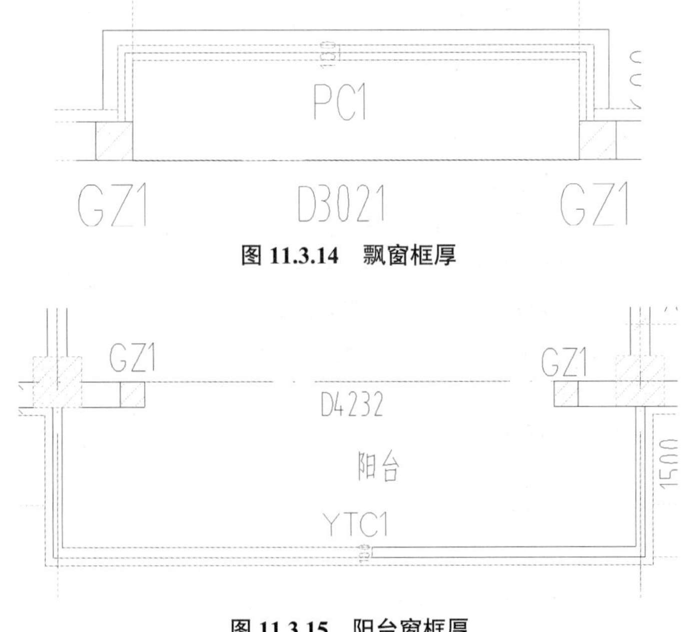

图 11.3.14　飘窗框厚

图 11.3.15　阳台窗框厚

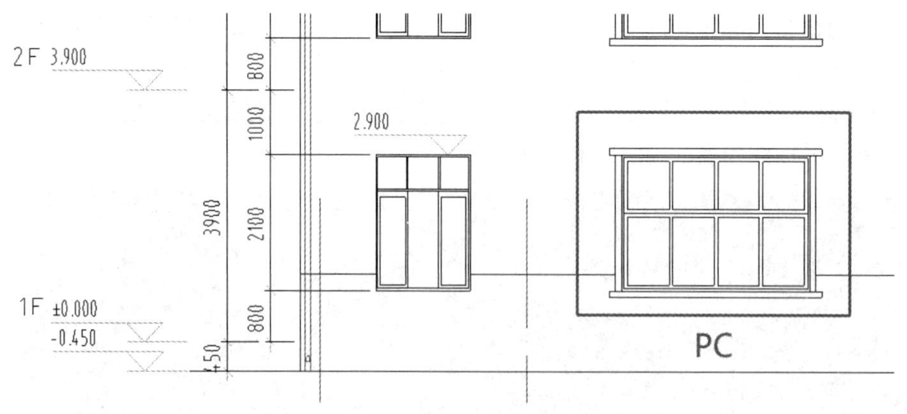

图 11.3.16　北立面飘窗标高

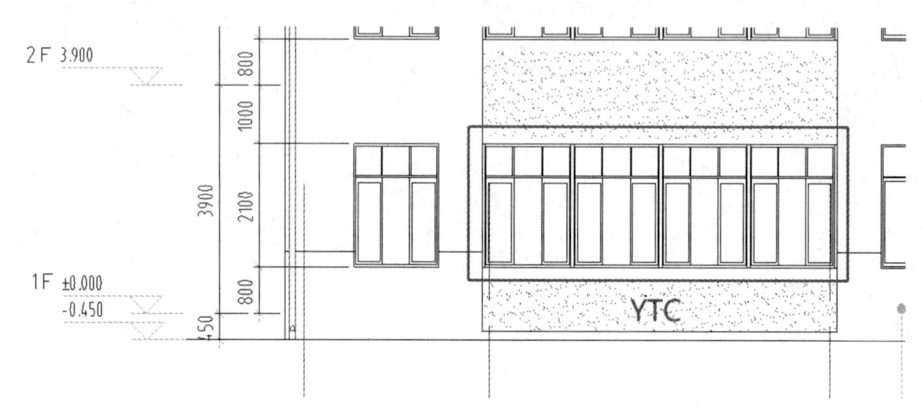

图 11.3.17　南立面阳台窗标高

属性列表　图层管理

	属性名称	属性值	附加
1	名称	PC1	
2	框厚(mm)	100	☐
3	轴线距左边线...	(50)	☐
4	是否随墙变斜	是	☐
5	起点顶标高(m)	层底标高+3	☐
6	终点顶标高(m)	层底标高+3	☐
7	起点底标高(m)	层底标高+0.9	☐
8	终点底标高(m)	层底标高+0.9	☐
9	备注		☐
10	+ 钢筋业务属性		
13	+ 土建业务属性		
16	+ 显示样式		

图 11.3.18　PC1 属性

属性列表	图层管理		
	属性名称	属性值	附加
1	名称	YTC1	
2	框厚(mm)	100	☐
3	轴线距左边线...	(50)	☐
4	是否随墙变斜	是	☐
5	起点顶标高(m)	层底标高+3	☐
6	终点顶标高(m)	层底标高+3	☐
7	起点底标高(m)	层底标高+0.9	☐
8	终点底标高(m)	层底标高+0.9	☐
9	备注		☐
10	⊞ 钢筋业务属性		
13	⊞ 土建业务属性		
16	⊞ 显示样式		

图 11.3.19　YTC1 属性

新建完成后沿边线进行绘制，边线位置可参照图 11.3.14 和图 11.3.15。绘制时，要注意相交至中心线，绘制完成后效果如图 11.3.20 和图 11.3.21 所示。

图 11.3.20　北立面飘窗

图 11.3.21　南立面阳台窗

4．2 ～ 5 层门窗洞的绘制

2 ～ 4 层门窗洞的绘制方式与首层相同，但层高和构件高度不同，故层间复制构件后应查看离地高度是否需要修改，窗和窗洞参照建筑立面图。2 ～ 5 层的窗底标高至对应楼层的底标高均为 900 mm，可修改剩余所有窗及窗洞的离地高度，如图 11.3.22 所示。

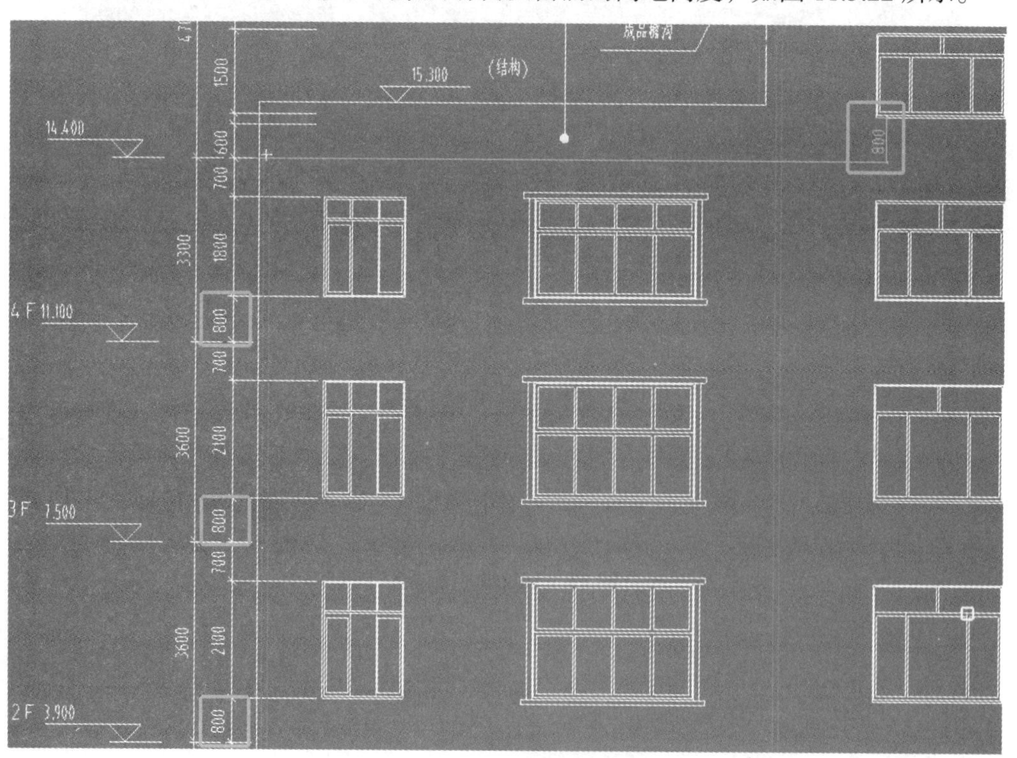

图 11.3.22　2 ～ 5 层窗及窗洞的离地高度

门和门洞落地，离地高度仍为 0，2 ～ 4 层无须修改；5 层平面图中标注 M1621 的门顶标高为 16.7 m，如图 11.3.23 所示，门高为 2 100 mm，计算得门底标高为 14.6 m，门底标高至层底标高 14.3 m 的距离为 300 mm，故要将 M1621 的离地高度调至 300 mm，如图 11.3.24 所示。修改完成后，进行门窗洞的绘制，绘制方法同其他楼层。

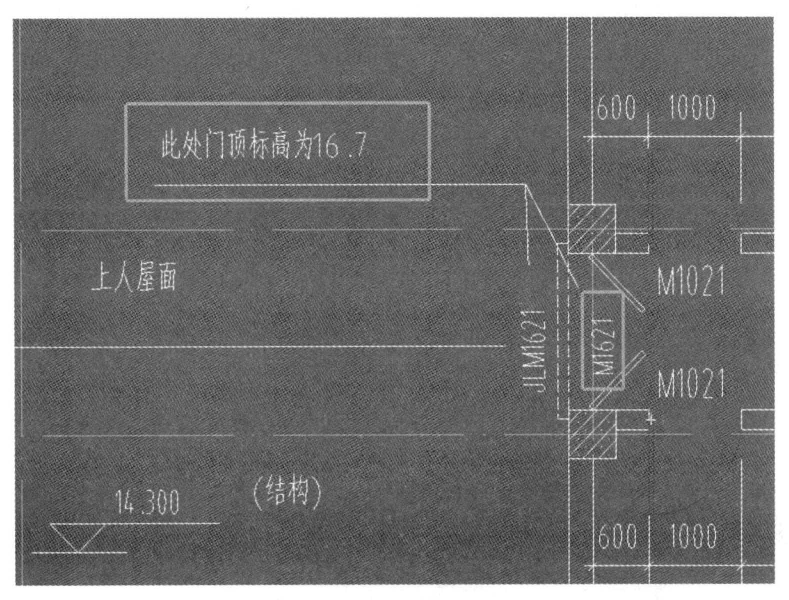

图 11.3.23　5 层平面图

属性列表　图层管理

	属性名称	属性值
1	名称	M1621
2	洞口宽度(mm)	1600
3	洞口高度(mm)	2100
4	离地高度(mm)	300
5	框厚(mm)	60
6	立樘距离(mm)	0
7	洞口面积(m²)	3.36
8	是否随墙变斜	否
9	备注	
10	⊞ 钢筋业务属性	
15	⊞ 土建业务属性	
18	⊞ 显示样式	

图 11.3.24　5 层 M1621 属性

5. 老虎窗的定义及绘制

老虎窗也可以用带型窗进行新建，通过建施 –12 老虎窗大样（图 11.3.25）可以看出窗底标高为 17.983 m，端部窗顶标高为 17.983 + 0.427 = 18.41（m），中间窗顶标高为 18.41 + 0.28 = 18.69（m）。根据计算的结果新建构件，如图 11.3.26 所示。

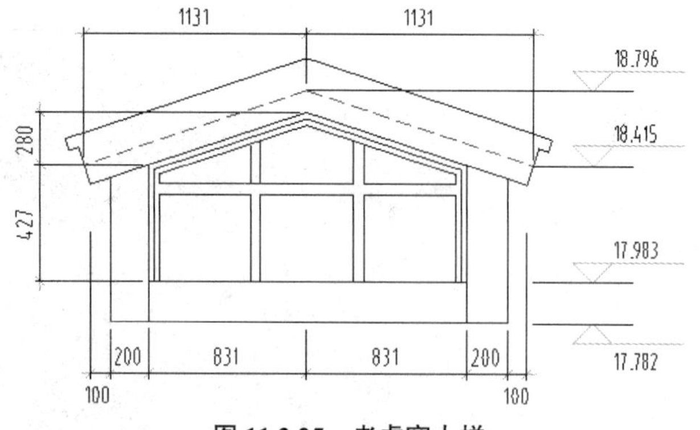

图 11.3.25　老虎窗大样

属性列表　图层管理

	属性名称	属性值
1	名称	老虎窗
2	框厚(mm)	60
3	轴线距左边线...	(30)
4	是否随墙变斜	是
5	起点顶标高(m)	18.41
6	终点顶标高(m)	18.69
7	起点底标高(m)	17.983
8	终点底标高(m)	17.983
9	备注	
10	⊞ 钢筋业务属性	
13	⊞ 土建业务属性	
16	⊞ 显示样式	

图 11.3.26　带型窗－老虎窗属性

绘制时，从两侧的墙边绘制到墙中点，与新建时标高保持一致。绘制完成后进行动态观察，如图 11.3.27 所示。全部楼层的布置效果如图 11.3.28 和图 11.3.29 所示。

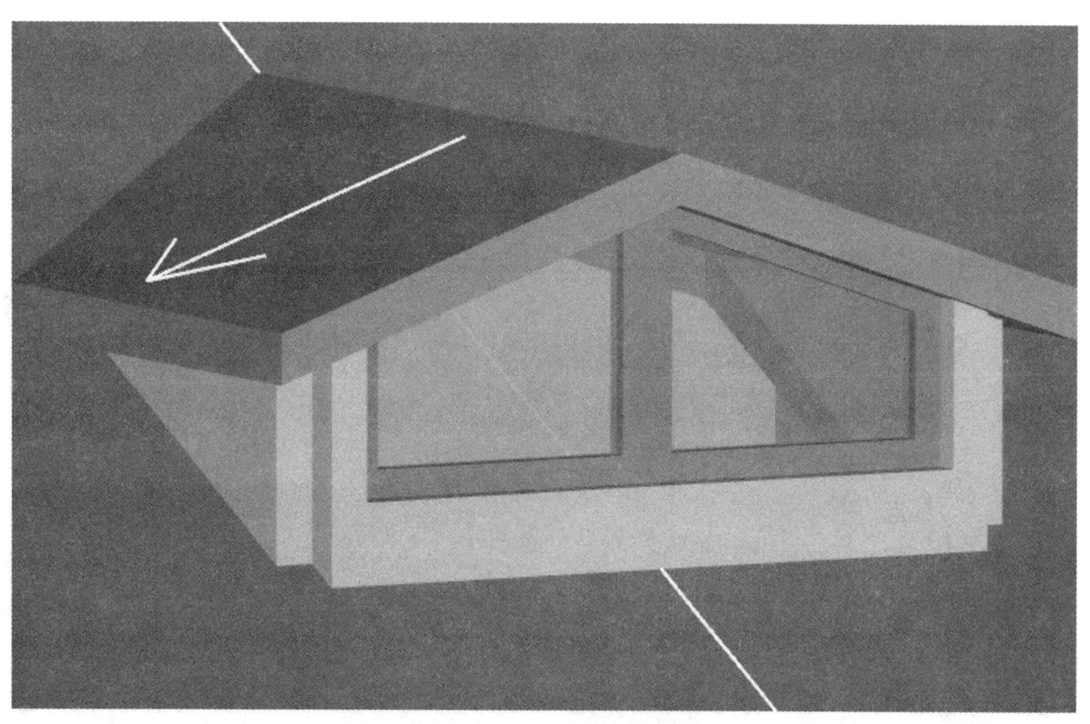

图 11.3.27　老虎窗动态观察

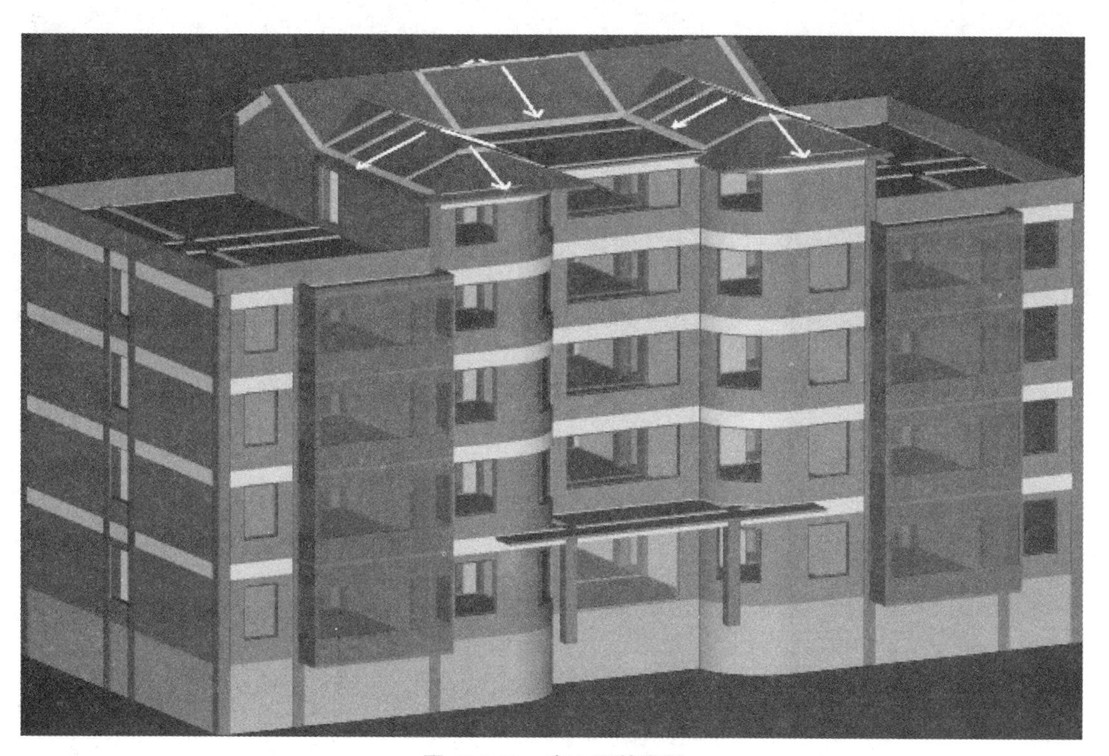

图 11.3.28　南立面效果图

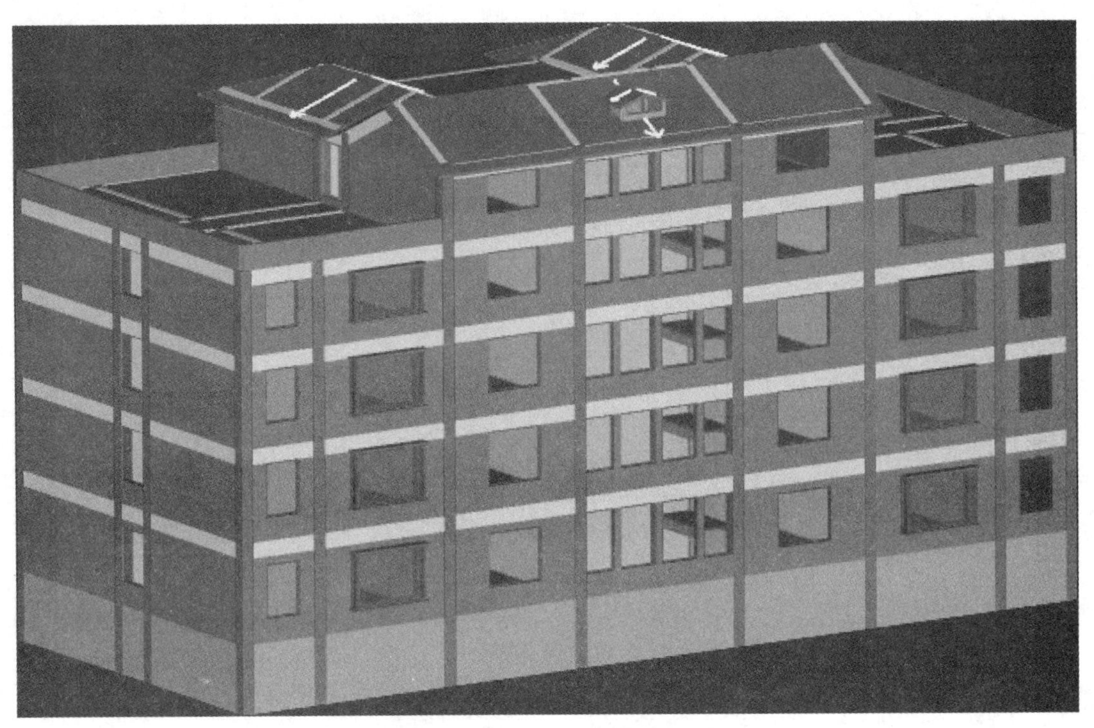

图 11.3.29　北立面效果图

思 考

（1）离地高度的含义是什么？

（2）门窗洞的离地高度如何确定？

（3）窗和带型窗可以脱离墙体单独存在吗？

模块 12
二次结构工程量计算

12.1 绘制构造柱

学习目的

根据本工程图纸内容，完成构造柱的定义和绘制。

学习内容

定义和绘制构造柱；层间复制构件和将图元复制到其他层。

操作步骤

1. -1 层构造柱的定义和绘制

构造柱是在墙体中竖向布置的二次结构，由柱身和马牙槎构成，如图 12.1.1 所示，常见于横、纵墙相交处、门窗洞口过宽时的两侧，以及墙长过长时。本图纸中，已经在建筑图中标明了所有构造柱的位置，故可以依据图纸完成构造柱的绘制。

图 12.1.1 构造柱

通过结施 -01（2）第 7 项的第（3）条和图九可以确定构造柱的配筋，如图 12.1.2 所示，通过平面图确定构造柱的尺寸，在构造柱中新建构造柱，截面尺寸通过测量为 200 mm×300 mm，槎宽为注明的情况按构造柱图集中标注的 60 mm 即可，在软件中默认也是 60 mm，不用调整。构件信息如图 12.1.3 所示。新建完成后切换对应图纸点画即可。在 1 ～ 5 层均有该图元，可以选中 GZ2 图元复制到其他层，选择 1 ～ 5 层，确认复制。

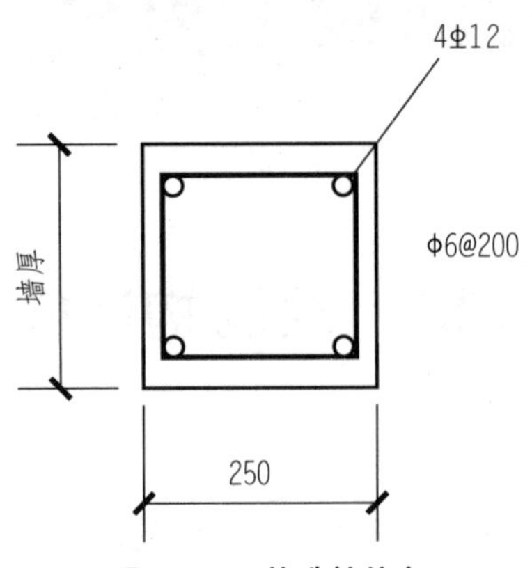

图 12.1.2　构造柱信息

属性列表　图层管理

	属性名称	属性值	附加
1	名称	GZ2	
2	类别	构造柱	☐
3	截面宽度(B边)(...	200	☐
4	截面高度(H边)(...	300	☐
5	马牙槎设置	带马牙槎	☐
6	马牙槎宽度(mm)	60	☐
7	全部纵筋	4Φ12	☐
8	角筋		☐
9	B边一侧中部筋		☐
10	H边一侧中部筋		☐
11	箍筋	Φ6@200(2*2)	☐
12	箍筋肢数	2*2	
13	材质	现浇混凝土	☐
14	混凝土类型	(碎石最大粒径40mm 坍落度...	☐
15	混凝土强度等级	(C25)	☐
16	混凝土外加剂	无	
17	泵送类型	混凝土泵	
18	泵送高度(m)		
19	截面周长(m)	1	☐
20	截面面积(m²)	0.06	☐
21	顶标高(m)	层顶标高	☐
22	底标高(m)	层底标高	☐
23	备注		☐

截面编辑

图 12.1.3　GZ2 信息

2. 1 ～ 4 层构造柱的定义及绘制

1 层构造柱除了有 GZ2 以外，还有 GZ1 和 GZ4，但钢筋信息与 GZ2 相同，故可复制构件后修改截面尺寸即可，GZ1 截面尺寸为 250 mm×250 mm，GZ4 截面尺寸为

300 mm×250 mm，构件信息如图 12.1.4 和图 12.1.5 所示。

属性列表　图层管理

	属性名称	属性值	附加
1	名称	GZ1	
2	类别	构造柱	☐
3	截面宽度(B边)(...	250	☐
4	截面高度(H边)(...	250	☐
5	马牙槎设置	带马牙槎	☐
6	马牙槎宽度(mm)	60	☐
7	全部纵筋	4⌀12	☐
8	角筋		☐
9	B边一侧中部筋		☐
10	H边一侧中部筋		☐
11	箍筋	⌀6@200(2*2)	☐
12	箍筋肢数	2*2	
13	材质	现浇混凝土	☐
14	混凝土类型	(碎石最大粒径40mm ...	☐
15	混凝土强度等级	(C25)	☐
16	混凝土外加剂	(无)	
17	泵送类型	(混凝土泵)	
18	泵送高度(m)		
19	截面周长(m)	1	☐
20	截面面积(m²)	0.063	☐
21	顶标高(m)	层顶标高	☐
22	底标高(m)	层底标高	☐

截面编辑

图 12.1.4　GZ1 信息

属性列表　图层管理

	属性名称	属性值	附加
1	名称	GZ4	
2	类别	构造柱	☐
3	截面宽度(B边)(...	300	☐
4	截面高度(H边)(...	250	☐
5	马牙槎设置	带马牙槎	☐
6	马牙槎宽度(mm)	60	☐
7	全部纵筋	4⌀12	☐
8	角筋		☐
9	B边一侧中部筋		☐
10	H边一侧中部筋		☐
11	箍筋	⌀6@200(2*2)	☐
12	箍筋肢数	2*2	
13	材质	现浇混凝土	☐
14	混凝土类型	(碎石最大粒径40mm ...	☐
15	混凝土强度等级	(C25)	☐
16	混凝土外加剂	(无)	
17	泵送类型	(混凝土泵)	
18	泵送高度(m)		
19	截面周长(m)	1.1	☐
20	截面面积(m²)	0.075	☐
21	顶标高(m)	层顶标高	☐
22	底标高(m)	层底标高	☐

截面编辑

图 12.1.5　GZ4 信息

构件定义完成之后切换对应图纸点画即可，点画时若无法捕捉中点可按 F4 键（台式计算机）或“Fn + F4”组合键（笔记本计算机）切换插入点后点画。弧形墙上图纸示意的 GZ1 位置不准确，但根据图纸可以看出 GZ1 为窗边构造柱，可采用智能布置的方式处理，按门窗洞进行智能布置，如图 12.1.6 所示。再选择弧形墙上的两个 C1821，单击鼠标右键。

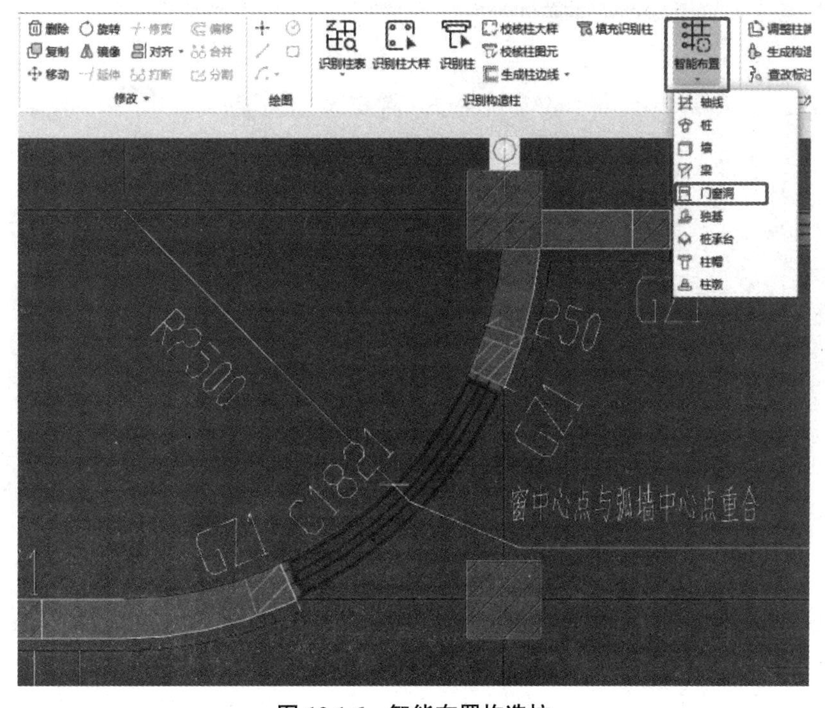

图 12.1.6　智能布置构造柱

布置后效果如图 12.1.7 所示，智能布置的构造柱默认做至门窗洞顶，需要修改标高。选中 C1821 两侧的 GZ1，在“属性”列表中修改顶标高至层顶标高，修改后如图 12.1.8 所示。布置完成后，因为 2 ～ 4 层同 1 层一样，可以批量选择 GZ1 和 GZ4，复制到其他层，选择 2 ～ 4 层，确认即可。

图 12.1.7　窗旁构造柱

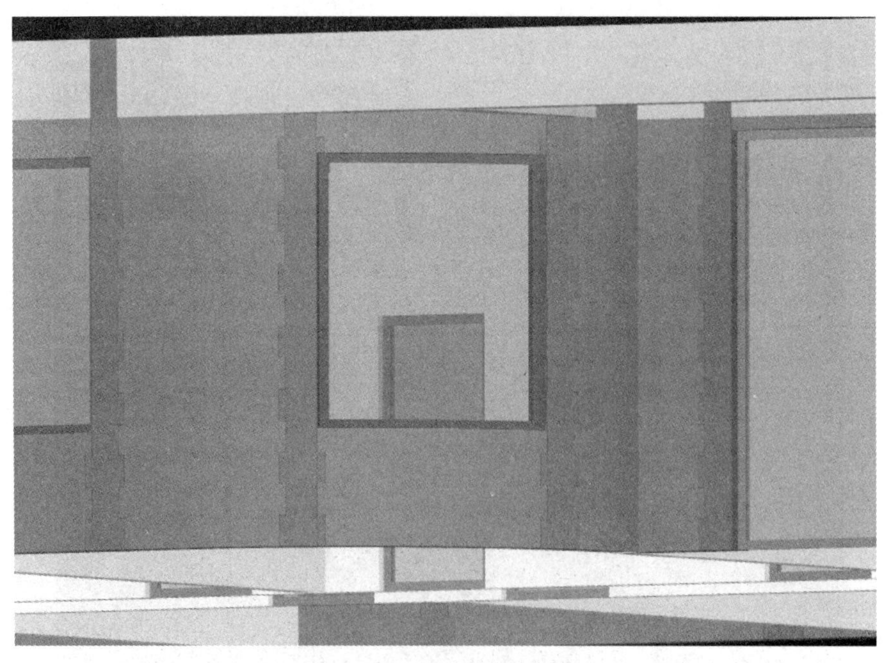

图 12.1.8　构造柱标高调整

3. 5层构造柱的定义和绘制

GZ1和GZ4信息与其他楼层一致，可使用层间复制构件的功能将构件复制到5层，GZ3的钢筋信息与其他构件一样，可以先复制一个构件，再修改属性，截面尺寸为240 mm×240 mm，因为是女儿墙上构造柱，所以标高应和女儿墙保持一致，顶标高调至15.3 m，如图12.1.9所示。

属性列表　图层管理

	属性名称	属性值	附加
1	名称	GZ3	
2	类别	构造柱	☐
3	截面宽度(B边)(...	240	☐
4	截面高度(H边)(...	240	☐
5	马牙槎设置	带马牙槎	☐
6	马牙槎宽度(mm)	60	☐
7	全部纵筋	4Φ12	☐
8	角筋		☐
9	B边一侧中部筋		☐
10	H边一侧中部筋		☐
11	箍筋	Φ6@200(2*2)	☐
12	箍筋肢数	2*2	
13	材质	现浇混凝土	☐
14	混凝土类型	(碎石最大粒...	☐
15	混凝土强度等级	(C25)	☐
16	混凝土外加剂	(无)	
17	泵送类型	(混凝土泵)	
18	泵送高度(m)		
19	截面周长(m)	0.96	☐
20	截面面积(m²)	0.058	☐
21	顶标高(m)	15.3	☐
22	底标高(m)	层底标高	☐
23	备注		☐

截面编辑

图 12.1.9　GZ3 信息

构件定义完成后点画即可，弧形墙上构造柱处理思路同其他楼层，构造柱绘制效果如图12.1.10所示。

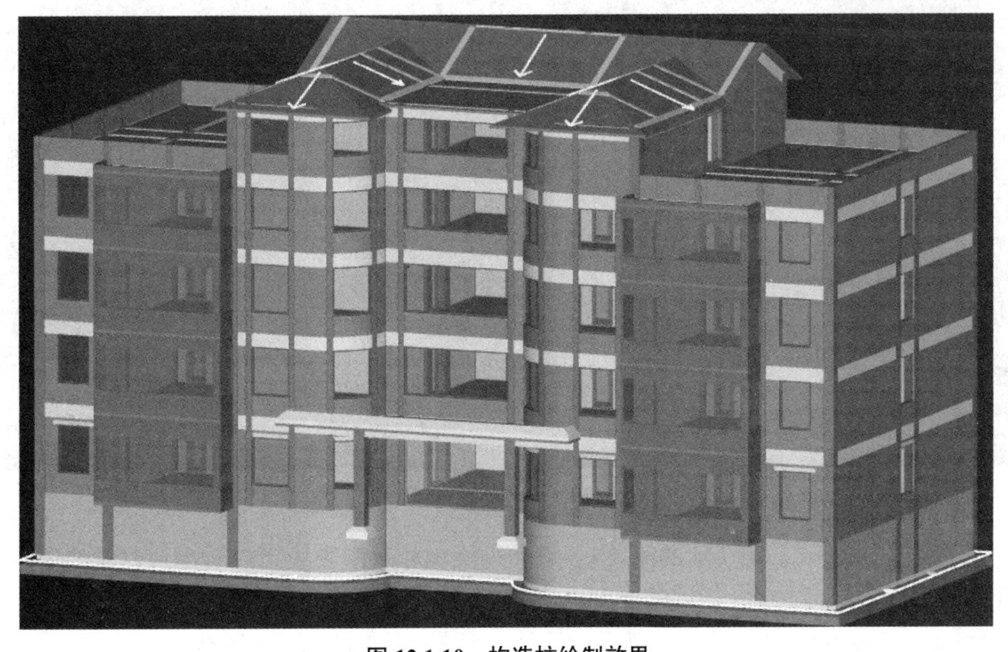

图 12.1.10　构造柱绘制效果

思 考

构造柱一般设置在哪些位置？

12.2 绘制过梁

学习目的

根据本工程图纸内容，完成过梁的定义和绘制。

学习内容

定义过梁；点画及智能布置过梁。

操作步骤

1. −1 层过梁的定义和绘制

当门窗洞的上方没有梁需要砌墙时，为了支撑洞口上部砌体所传来的各种荷载，并将这些荷载传给门窗等洞口两边的墙，常在门窗洞口上设置过梁，如图 12.2.1 所示。因此，应先分析过梁信息，判断是否需要做过梁，即计算门窗洞的顶标高到梁底标高之间是否有距离。从结施 −06 可以看出，④轴、Ⓑ轴、Ⓒ轴上的梁高均为 600 mm，梁顶标高为 −0.1 m，那么梁底标高为（−0.1）−0.6 ＝ −0.7（m），④轴、Ⓑ轴、Ⓒ轴上门及门洞的高度均为 2 m，门底标高随墙为层底标高 −2.8 m，那么门顶标高即 −2.8 ＋ 2 ＝ −0.8（m）。由此可以看出，门及门洞的顶部距离梁底仍有一段距离，即顶部需要布置过梁。

图 12.2.1 过梁

根据结施 −01（2）第 7 项的第（4）条和过梁尺寸及配筋表可以看出，过梁的信息取决于墙厚和门窗洞口宽度，内墙的厚度均为 200 mm，−1 层的门和门洞的宽度为 1 000 mm、1 200 mm、1 500 mm，因此需要新建两个构件，查表信息如图 12.2.2 所示。

过梁尺寸及配筋表

门窗洞口宽度	b≤1 200		>1 200且≤2 400		>2 400且≤4 000		>4 000且≤5 000	
断面b×h	b×120		b×180		b×300		b×400	
配筋 / 墙厚	①	②	①	②	①	②	①	②
b=90	2Φ10	2Φ14	2Φ12	2Φ16	2Φ14	2Φ18	2Φ16	2Φ20
90<b<240	2Φ10	3Φ12	2Φ12	3Φ14	2Φ14	3Φ16	2Φ16	3Φ20
b≥240	2Φ10	4Φ12	2Φ12	4Φ14	2Φ14	4Φ16	2Φ16	4Φ20

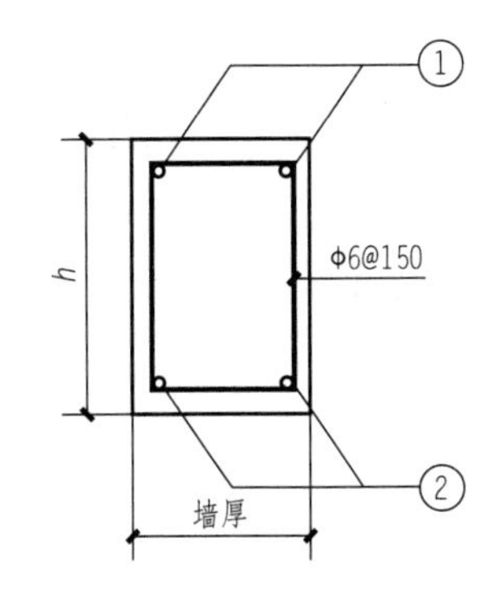

图 12.2.2　-1 层对应过梁表信息

新建时，名称中要体现过梁的位置和适应的门、窗、洞口的宽度。本层过梁均设置在内墙上，宽度范围错开，如构件 2 范围不包含 1 200，可将范围填写至 1 201 ～ 2 400。截面宽度不需要填写，会默认随墙厚；若不同于墙厚，则必须填写截面宽度。截面高度和上、下部纵筋信息查过梁表，箍筋信息通过查询图纸［图号结施 -01（2）］图十一 b 可知为 ϕ6@150（2），位置选为洞口上方，起点和终点伸入墙内的长度在图纸中未说明，暂按默认的 250 处理，新建构件属性如图 12.2.3 和图 12.2.4 所示。

属性列表　图层管理

	属性名称	属性值	附加
1	名称	内墙GL 0~1200	
2	截面宽度(mm)		☐
3	截面高度(mm)	120	☐
4	中心线距左墙...	(0)	☐
5	全部纵筋		☐
6	上部纵筋	2Φ10	☐
7	下部纵筋	3Φ12	☐
8	箍筋	Φ6@150(2)	☐
9	肢数	2	☐
10	材质	现浇混凝土	☐
11	混凝土类型	(碎石最大粒径40mm 坍落度...	☐
12	混凝土强度等级	(C25)	☐
13	混凝土外加剂	(无)	
14	泵送类型	(混凝土泵)	
15	泵送高度(m)		
16	位置	洞口上方	☐
17	顶标高(m)	洞口顶标高加过梁高度	☐
18	起点伸入墙内...	250	☐
19	终点伸入墙内...	250	☐
20	长度(mm)	(500)	☐
21	截面周长(m)	0.24	☐
22	截面面积(m²)	0	☐
23	备注		☐
24	⊞ 钢筋业务属性		
36	⊞ 土建业务属性		
40	⊞ 显示样式		

图 12.2.3　内墙上 GL 0 ～ 1 200 信息

属性列表　图层管理

	属性名称	属性值	附加
1	名称	内墙GL 1201~2400	
2	截面宽度(mm)		☐
3	截面高度(mm)	180	☐
4	中心线距左墙...	(0)	☐
5	全部纵筋		☐
6	上部纵筋	2Φ12	☐
7	下部纵筋	3Φ14	☐
8	箍筋	Φ6@150(2)	☐
9	肢数	2	☐
10	材质	现浇混凝土	☐
11	混凝土类型	(碎石最大粒径40mm 坍落度...	☐
12	混凝土强度等级	(C25)	☐
13	混凝土外加剂	(无)	
14	泵送类型	(混凝土泵)	
15	泵送高度(m)		
16	位置	洞口上方	☐
17	顶标高(m)	洞口顶标高加过梁高度	☐
18	起点伸入墙内...	250	☐
19	终点伸入墙内...	250	☐
20	长度(mm)	(500)	☐
21	截面周长(m)	0.36	☐
22	截面面积(m²)	0	☐
23	备注		☐
24	⊞ 钢筋业务属性		
36	⊞ 土建业务属性		
40	⊞ 显示样式		

图 12.2.4　内墙上 GL 1 201 ～ 2 400 信息

新建完成后可查看门及门洞的信息，选择对应的过梁进行点画，也可以采用智能布置的方式处理。先选择需要布置的构件，单击“智能布置”按钮，选择按门窗洞口宽度进行布置，如图 12.2.5 所示。构件选择门和门洞，布置范围设为 0 ～ 1 200，单击“确定”按钮即可，如图 12.2.6 所示。内墙 GL 0 ～ 1 200 布置完成后切换构件，再一次单击“智能布置”按钮，选择按门窗洞口宽度进行布置，构件选择门和门洞，布置范围与第一个构件错开，因为软件输入的数值范围包含等于，所以需输入 1 201 ～ 2 400，最后单击“确定”按钮即可。

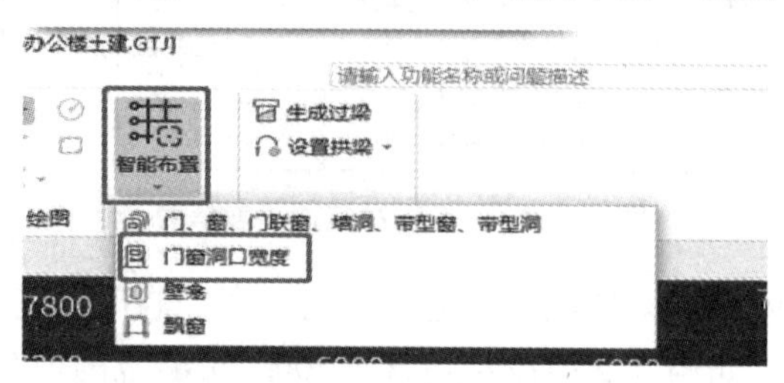

图 12.2.5　智能布置过梁

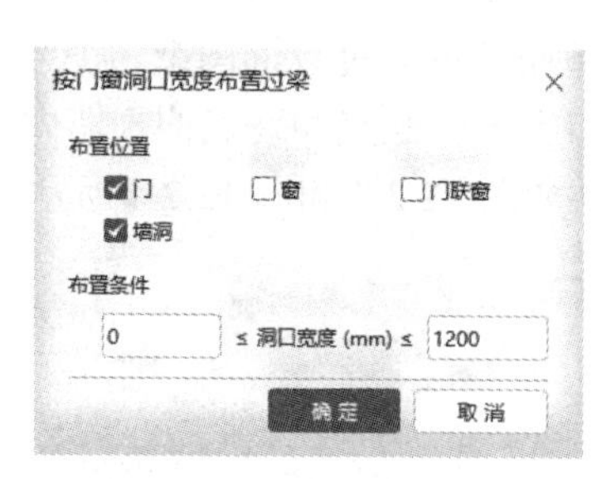

图 12.2.6　填写布置信息

2. 首层过梁的定义及绘制

先判断门窗洞口上方是否需要做过梁，也可以通过动态观察模型直接查看，同时显示墙体门窗和梁图元。若门窗洞口上方与梁无空隙，则不需要做过梁，反之则需要布置过梁。经判断外墙上有 C1521、C1621、C1821、C2421、M5032、D4232 需要布置过梁，因此需要新建两个过梁构件：外墙 GL 1 201 ～ 2 400、外墙 GL 4 001 ～ 5 000。内墙上 M1021、M1524、D1224 需要布置过梁，因此需要新建两个过梁构件：内墙 GL 0 ～ 1 200、内墙 GL 1 201 ～ 2 400。查表信息如图 12.2.7 所示。内墙上过梁构件可以从 -1 层进行层间复制，外墙上过梁构件根据图纸信息新建构件，如图 12.2.8 和图 12.2.9 所示。

过梁尺寸及配筋表

门窗洞口宽度	b≤1 200		>1 200且≤2 400		>2 400且≤4 000		>4 000且≤5 000	
断面b×h	b×120		b×180		b×300		b×400	
墙厚 \ 配筋	①	②	①	②	①	②	①	②
b=90	2Φ10	2Φ14	2Φ12	2Φ16	2Φ14	2Φ18	2Φ16	2Φ20
90<b<240	2Φ10	3Φ12	2Φ12	3Φ14	2Φ14	3Φ16	2Φ16	3Φ20
b≥240	2Φ10	4Φ12	2Φ12	4Φ14	2Φ14	4Φ16	2Φ16	4Φ20

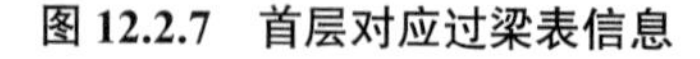
图 12.2.7　首层对应过梁表信息

	属性名称	属性值	附加
1	名称	外墙GL 1201~2400	
2	截面宽度(mm)		☐
3	截面高度(mm)	180	☐
4	中心线距左墙...	(0)	☐
5	全部纵筋		☐
6	上部纵筋	2Φ12	☐
7	下部纵筋	4Φ14	☐
8	箍筋	Φ6@150(2)	☐
9	肢数	2	☐
10	材质	现浇混凝土	☐
11	混凝土类型	(碎石最大粒径40mm ...	☐
12	混凝土强度等级	(C25)	☐
13	混凝土外加剂	(无)	
14	泵送类型	(混凝土泵)	
15	泵送高度(m)		
16	位置	洞口上方	☐
17	顶标高(m)	洞口顶标高加过梁高度	☐
18	起点伸入墙内...	250	☐
19	终点伸入墙内...	250	☐
20	长度(mm)	(500)	☐
21	截面周长(m)	0.36	☐
22	截面面积(m²)	0	☐
23	备注		☐
24	+ 钢筋业务属性		
36	+ 土建业务属性		
40	+ 显示样式		

图 12.2.8　外墙上 GL 1 201 ～ 2 400 信息

	属性名称	属性值	附加
1	名称	外墙GL 4001~5000	
2	截面宽度(mm)		☐
3	截面高度(mm)	400	☐
4	中心线距左墙...	(0)	☐
5	全部纵筋		☐
6	上部纵筋	2Φ16	☐
7	下部纵筋	4Φ20	☐
8	箍筋	Φ6@150(2)	☐
9	肢数	2	☐
10	材质	现浇混凝土	☐
11	混凝土类型	(碎石最大粒径40mm ...	☐
12	混凝土强度等级	(C25)	☐
13	混凝土外加剂	(无)	
14	泵送类型	(混凝土泵)	
15	泵送高度(m)		
16	位置	洞口上方	☐
17	顶标高(m)	洞口顶标高加过梁高度	☐
18	起点伸入墙内...	250	☐
19	终点伸入墙内...	250	☐
20	长度(mm)	(500)	☐
21	截面周长(m)	0.8	☐
22	截面面积(m²)	0	☐
23	备注		☐
24	+ 钢筋业务属性		
36	+ 土建业务属性		
40	+ 显示样式		

图 12.2.9　外墙上 GL 4 001 ～ 5 000 信息

构件新建完成后，若仍按门窗洞口宽度智能布置，则无法区分内、外墙，因此只能按照门、窗、门联窗、墙洞、带型窗、带型洞进行智能布置。选择需要布置的构件，单击“智能布置”按钮，选择门、窗、门联窗、墙洞、带型窗、带型洞，再批量选择对应的门窗洞，如图 12.2.10 所示。布置过梁构件内墙 GL 0 ～ 1 200 时，需选择对应的门 M1021、墙洞 D1224；布置过梁构件内墙 GL 1 201 ～ 2 400 时，需选择对应的门 M1524。布置过梁构件外墙 GL 1 201 ～ 2 400 时，需选择对应的窗 C1521、C1621、C1821、C2421；布置过梁构件外墙 GL 4 001 ～ 5 000 时，需选择对应的门 M5032、墙洞 D4232。这样，就把首层的过梁绘制好了。

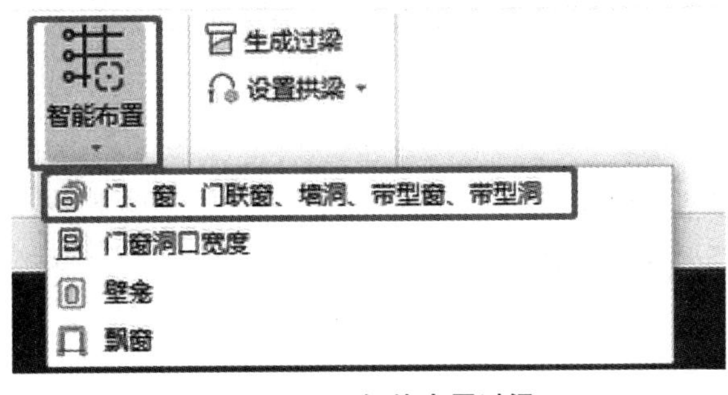

图 12.2.10　智能布置过梁

3. 2 ～ 4 层过梁的定义和绘制

同时显示墙体门窗墙洞和梁图元，动态观察，判断门窗洞口上方是否需要布置过梁。经判断，外墙上有 M5032、D4232 需要布置过梁，因此需要过梁构件：外墙 GL 4 001 ～ 5 000。内墙上有 M1021、M1524、D1224 需要布置过梁，因此需要两个过梁构件：内墙 GL 0 ～ 1 200、内墙 GL 1 201 ～ 2 400。可以从首层将构件复制过来进行布置，布置方法同首层。选择需要布置的构件，单击“智能布置”按钮，选择门、窗、门联窗、墙洞、带型窗、带型洞，再批量选择对应的门窗洞，布置过梁构件内墙 GL 0 ～ 1 200 时，需选择对应的门 M1021、墙洞 D1224；布置过梁构件内墙 GL 1 201 ～ 2 400 时，需选择对应的门 M1524。布置过梁构件外墙 GL 4 001 ～ 5 000 时，需选择对应的门 M5032、墙洞 D4232。

因为 3 层、4 层和 2 层一致，所以布置完成后，可批量选择所有过梁图元复制到 3 层和 4 层。

4. 5 层过梁的定义及绘制

经判断，内墙上有 M1021、M1521、D1221 需要布置过梁，因此需要两个过梁构件：内墙 GL 0 ～ 1 200、内墙 GL 1 201 ～ 2 400。可以从首层将构件复制过来进行布置，布置过梁构件内墙 GL 0 ～ 1 200 时，需选择对应的门 M1021、墙洞 D1221；布置过梁构件内墙 GL 1 201 ～ 2 400 时，需选择对应的门 M1521。

过梁布置完成后，显示全部楼层的效果如图 12.2.11 所示。

图 12.2.11　过梁布置效果

思 考

（1）过梁布置的位置在哪里？

（2）如何判断是否需要布置过梁？

12.3　绘制窗台压顶

学习目的

根据本工程图纸内容，完成窗台压顶的定义和绘制。

学习内容

定义窗台压顶；绘制窗台压顶。

操作步骤

从结施 -01 第 7 项的第（5）条可以看到：“外墙窗下增加通长钢筋混凝土现浇带，截面尺寸为：墙厚 ×180”，如图 12.3.1 所示，这个现浇带就是布置在窗下的窗台压顶。

窗台压顶可以减少或者避免窗下的八字形墙体裂缝，也可以起到防水、方便窗户安装以及增加窗台下部墙体的整体性和稳定性的作用。

(5).外墙窗下增加通长钢筋混凝土现浇带,截面尺寸为:墙厚*180,　　圈梁宽度b≤240mm时,配筋上、下各2Φ10,Φ6@200箍;　　当b>240mm时,配筋上下各2Φ12,Φ6@200

图 12.3.1　窗台压顶说明

首层窗台压顶的定义和绘制方法如下。通长的窗台压顶可用圈梁处理，新建矩形圈梁构件，因为窗户全部布置在外墙上，所以窗台压顶的宽度均为墙厚 250 mm，故截面尺寸为 250 mm×180 mm，配筋为 b > 240 mm 时的情况。窗台压顶需布置在窗下，窗离地高度均为 900 mm，因此窗底标高为层底标高＋ 0.9 m，标高填至窗底标高，即层底标高＋ 0.9 m。窗台压顶构件属性参数设置如图 12.3.2 所示。

属性列表　图层管理

	属性名称	属性值	附加
1	名称	窗台压顶	
2	截面宽度(mm)	250	☐
3	截面高度(mm)	180	☐
4	轴线距梁左边...	(125)	☐
5	上部钢筋	2Φ12	☐
6	下部钢筋	2Φ12	☐
7	箍筋	Φ6@200	☐
8	肢数	2	
9	材质	现浇混凝土	☐
10	混凝土类型	(碎石最大粒径20mm 坍落度90～110)	☐
11	混凝土强度等级	(C25)	☐
12	混凝土外加剂	(无)	
13	泵送类型	(混凝土泵)	
14	泵送高度(m)		
15	截面周长(m)	0.86	☐
16	截面面积(m²)	0.045	☐
17	起点顶标高(m)	层底标高+0.9	☐
18	终点顶标高(m)	层底标高+0.9	☐
19	备注		☐

图 12.3.2　窗台压顶构件属性参数设置

窗台压顶沿墙通长布置，可采用智能布置的方式处理。单击“智能布置”按钮，选择按墙中心线进行布置，如图 12.3.3 所示。再批量选择所有的外墙，单击鼠标右键即布置成功。

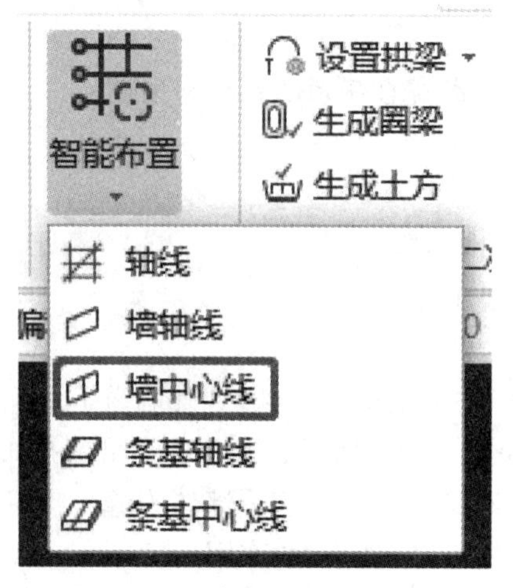

图 12.3.3　窗台压顶智能布置

2 ～ 4 层同首层，可批量选择窗台压顶，复制到其他层。

5 层重新布置，布置方式同其他楼层。

小贴士

窗台压顶除了通长布置的做法外，也可能是非通长的，一般会伸入墙内一定长度，图纸中说明如图 12.3.4 所示。

6.3　外门窗防水:　　外窗台内高外低,泛水坡度不小于10％,严防倒返水;门窗框与外饰面间

留7X5(宽X深)mm的凹槽,采用耐候密封胶封缝。外门窗樘与墙体之间缝隙用聚氨酯

发泡材料填实;窗台标高处设置80mm厚C20钢筋混凝土板带,伸入窗洞两侧墙体600mm。

图 12.3.4　非通长窗台压顶说明示例

非通长窗台压顶可以用过梁布置，但需要注意将位置调至洞口下方，如图 12.3.5 所示。新建完成后，按窗智能布置即可。

属性列表　图层管理

	属性名称	属性值	附加
1	名称	窗台压顶	
2	截面宽度(mm)		☐
3	截面高度(mm)	80	☐
4	中心线距左墙...	(0)	☐
5	全部纵筋		☐
6	上部纵筋		☐
7	下部纵筋		☐
8	箍筋		☐
9	肢数	2	☐
10	材质	现浇混凝土	☐
11	混凝土类型	(碎石最大粒径40mm 坍落...	☐
12	混凝土强度等级	(C25)	☐
13	混凝土外加剂	(无)	
14	泵送类型	(混凝土泵)	
15	泵送高度(m)		
16	位置	洞口下方	☐
17	顶标高(m)	洞口底标高	☐
18	起点伸入墙内...	300	☐
19	终点伸入墙内...	300	☐
20	长度(mm)	(600)	☐
21	截面周长(m)	0.16	☐
22	截面面积(m²)	0	☐
23	备注		☐

图 12.3.5　非通长窗台压顶属性参数设置

思 考

通长的窗台压顶用什么构件处理？非通长窗台压顶用什么构件处理？

12.4　绘制女儿墙压顶

学习目的

根据本工程图纸内容，完成女儿墙压顶的定义和绘制。

学习内容

定义女儿墙压顶；绘制女儿墙压顶。

操作步骤

女儿墙压顶是指在女儿墙最顶部增强连续性、整体性的混凝土结构。根据建施 -10 的 B-B 剖面图（图 12.4.1）可以看出，女儿墙顶有压顶，用圈梁新建压顶，属性如图 12.4.2 所示，截面尺寸为 360 mm×60 mm，其中箍筋为异形箍，应在其他箍筋中计算长度并输入，如图 12.4.3 所示。调整顶标高和女儿墙顶保持一致，为 15.3 m。

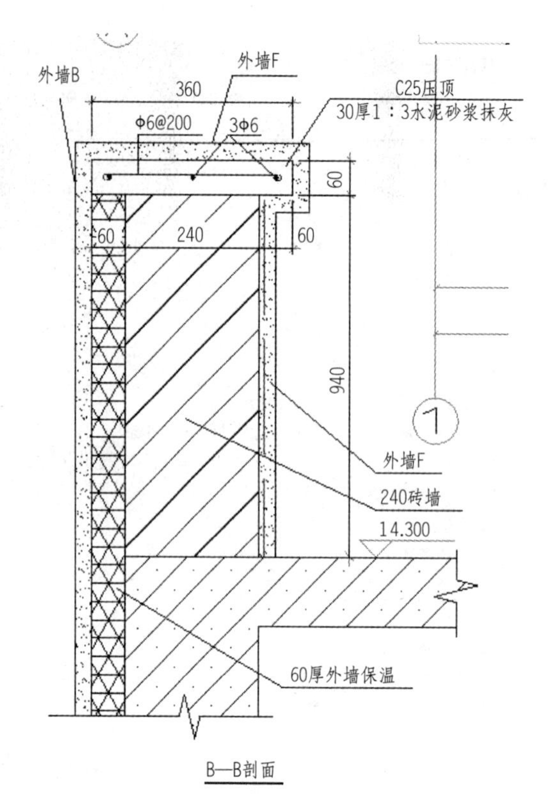

图 12.4.1　女儿墙压顶大样图

属性列表　图层管理

	属性名称	属性值	附加
1	名称	女儿墙压顶	
2	截面宽度(mm)	360	☐
3	截面高度(mm)	60	☐
4	轴线距梁左边...	(180)	☐
5	上部钢筋	3Φ6	☐
6	下部钢筋		☐
7	箍筋		☐
8	肢数	2	
9	材质	现浇混凝土	☐
10	混凝土类型	(碎石最大粒径20mm 坍落...	☐
11	混凝土强度等级	(C25)	☐
12	混凝土外加剂	(无)	
13	泵送类型	(混凝土泵)	
14	泵送高度(m)		
15	截面周长(m)	0.84	☐
16	截面面积(m²)	0.022	☐
17	起点顶标高(m)	15.3	☐
18	终点顶标高(m)	15.3	☐
19	备注		☐

图 12.4.2　女儿墙压顶属性

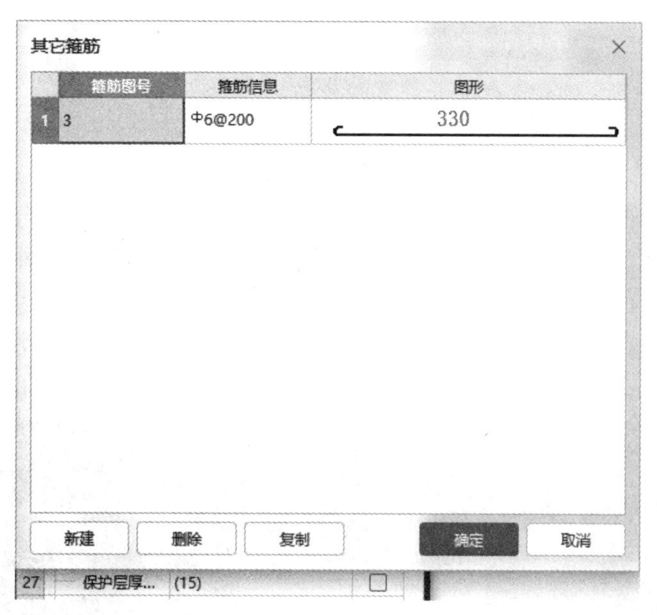

图 12.4.3　女儿墙压顶其他箍筋

女儿墙压顶沿女儿墙布置，可采用智能布置的方式处理。单击“智能布置”按钮，选择按墙中心线进行布置，再批量选择所有的女儿墙，单击鼠标右键即布置成功。女儿墙压顶布置效果如图 12.4.4 所示。

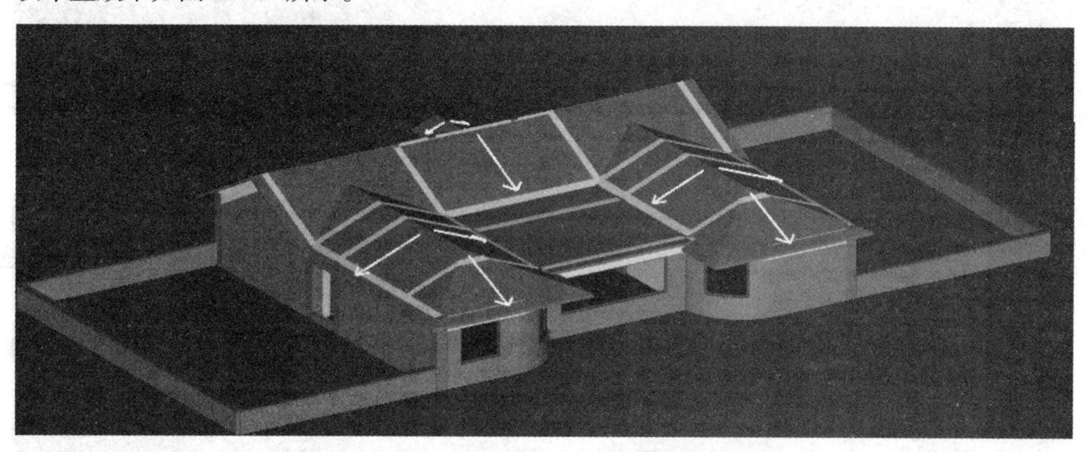

图 12.4.4　女儿墙压顶布置效果

12.5　绘制入口台阶

学习目的

根据本工程图纸内容，完成入口台阶的定义和绘制。

学习内容

定义入口台阶；绘制入口台阶并设置踏步边。

操作步骤

首层入口处设有台阶，从室外地坪做到室内地面标高，在其他的台阶中新建台阶，台阶高度为 450 mm，顶标高为 0 m，显示首层平面图，沿台阶的外边缘进行直线和三点弧绘制。绘制后并没有台阶的效果，还需要在台阶二次编辑中设置踏步边。选择左、右两边和下边，单击鼠标右键，输入踏步个数为 3 阶，踏步宽度如平面图标注为 300 mm，如图 12.5.1 所示。输入完成后单击“确定”按钮即可。入口台阶布置效果如图 12.5.2 所示。

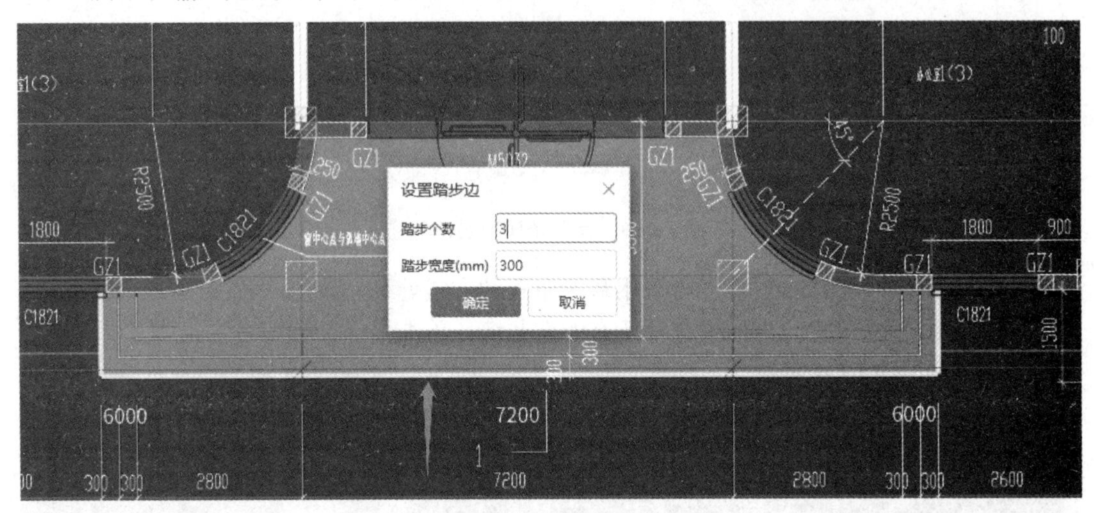

图 12.5.1　设置踏步边

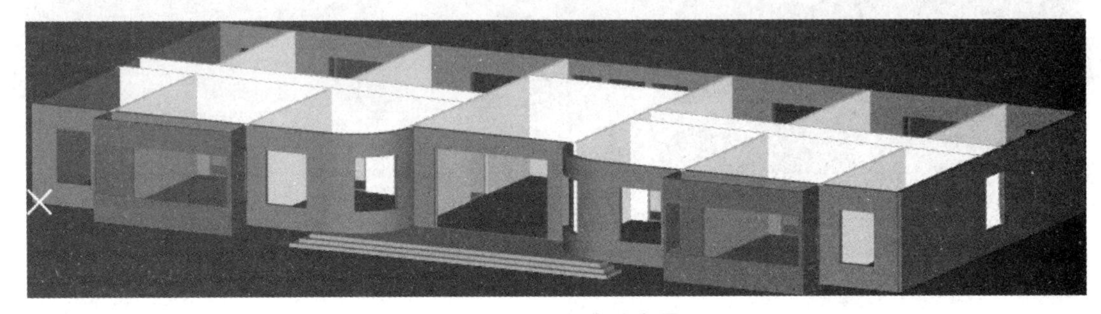

图 12.5.2　入口台阶布置

12.6　修改计算规则

学习目的

了解修改计算规则的思路。

学习内容

导出或另存为工程；修改计算规则。

操作步骤

1. 导出工程

完成所有钢筋的处理后，因为后期装饰和土建提量可能将之前的模型进行修改，会对钢筋有影响，所以需要另存一个模型（一个作为后期钢筋提量使用，另一个装饰建模并且作为后期土建提量使用），若土建和定额规则在新建工程时为正确选择，也可以通过导出工程的方法修改并同时另存一个模型，如图 12.6.1 所示。

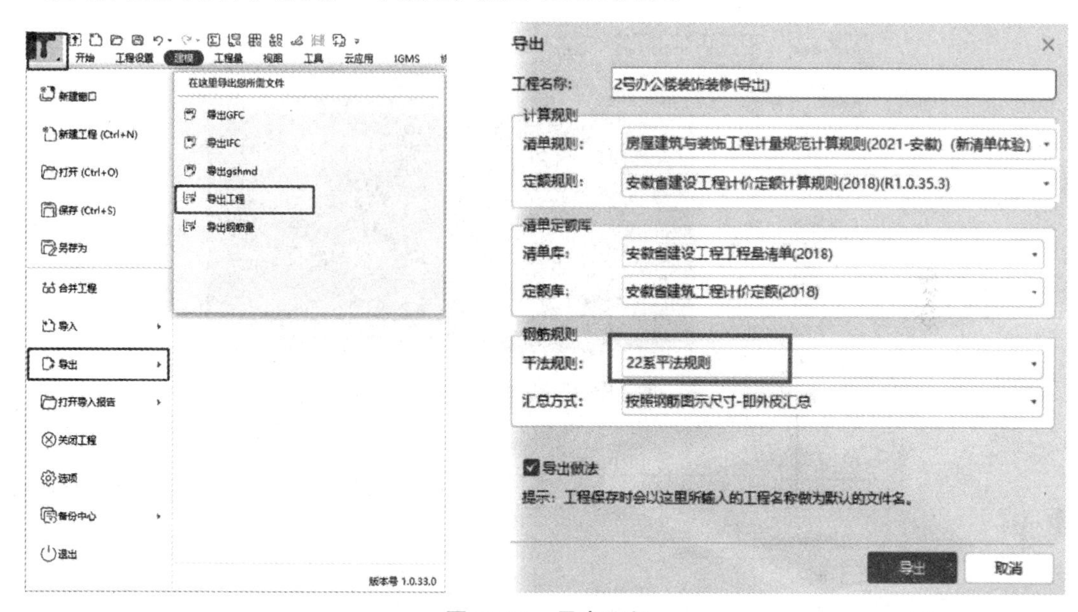

图 12.6.1　导出工程

2. 修改计算规则

钢筋计算规则可以通过修改钢筋设置中计算设置的计算规则和节点设置进行调整，土建计算规则可以通过修改土建设置中的计算规则进行调整，但是需要先检查哪里需要修改。

先将需要检查的图元进行汇总，选中图元，再单击鼠标右键查看计算式，注意有清单工程量和定额工程量两个计算结果。一般看清单工程量即可，若有些清单没有需要的工程量，可在定额工程量中查看，如部分清单工程量没有模板面积等。计算式比较复杂、难以看懂时，也可以查看三维扣减图，如图 12.6.2 所示。

结合对应的当地发布的清单定额工程量计算规则进行比较，对有计算错误的在土建设置的计算规则中进行修改，注意查看修改的是清单规则还是定额规则，选择需要修改规则的构件，通过过滤工程量和过滤扣减构件可以更快速地找到对应的规则，如图 12.6.3 所示。然后，将错误的调整为正确的即可。修改完成后，需要将之前查看计算式的图元重新汇总，才能更新计算结果。

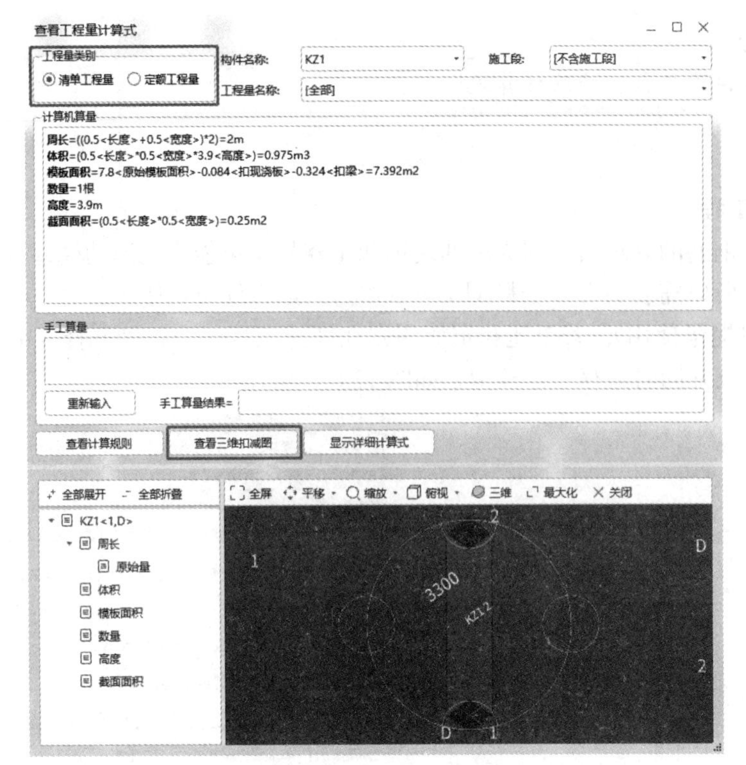

图 12.6.2　查看计算式

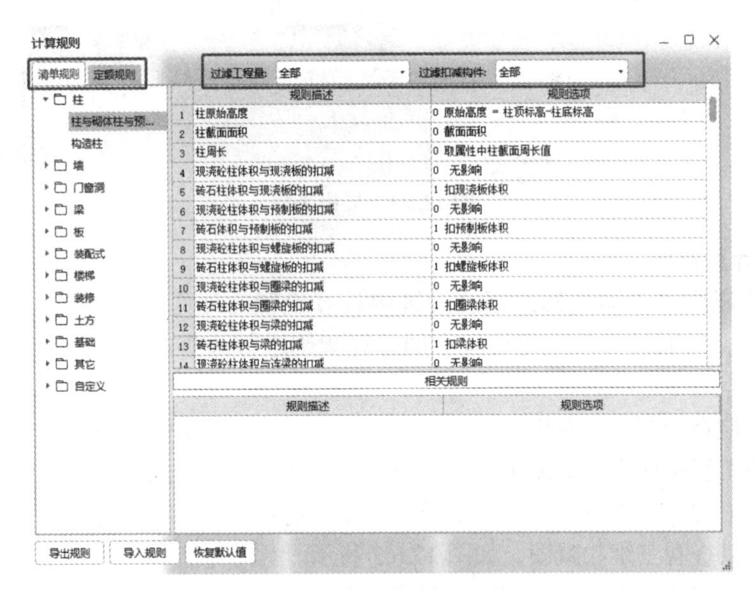

图 12.6.3　土建计算规则修改

模块 13 装饰装修工程量计算

13.1　绘制地下一层房间内装饰

学习目的

根据本工程图纸内容，完成装饰装修的定义和绘制。

学习内容

新建并识别 Excel 装修表；布置房间。

操作步骤

1. 新建 Excel 装修表

根据建施 -01 室内装修做法表中地下一层的做法新建 Excel 表格，楼梯间天棚详见建施 -15 的 3-3 楼梯剖面详图，从详图得知楼梯间天棚做法为棚 A。上方表头填写对应的构件名称，以方便构件的识别。Excel 表格内容见表 13.1.1。新建完成后保存并关闭。

表 13.1.1　地下一层做法

房间	楼地面	踢脚线	内墙面	天棚
楼梯间	地面 A：细石混凝土地面	踢 A：水泥踢脚	内墙 A：水泥砂浆墙面	棚 A：刷涂料顶棚
大厅	地面 B：混凝土地面	踢 A：水泥踢脚	内墙 A：水泥砂浆墙面	棚 A：刷涂料顶棚
走廊	地面 C：细石混凝土地面（带防水）	踢 A：水泥踢脚	内墙 A：水泥砂浆墙面	棚 A：刷涂料顶棚
储藏室	地面 D：水泥地面（带防水层）	踢 A：水泥踢脚	内墙 A：水泥砂浆墙面	棚 A：刷涂料顶棚

2. 识别 Excel 装修表

在地下一层的房间构件中单击识别 Excel 装修表，检查表格是否完整。检查完毕后单击“确定”按钮，即可生成对应的房间构件，并且房间中已依附对应的装饰做法，但仍然需要检查构件的信息，如踢脚线的高度、吊顶的离地高度、墙裙的高度等。如果有相应构件，则必须检查信息的准确性。通过建施 -02 可以看出，本工程踢脚线高度均为 100 mm，

因此需要修改踢脚线高度为 100 mm。并且，通过建施 -17 可以看出，-1 层房间的底标高为 -2.7 m，因此也需要修改房间、楼地面的标高和墙面的底标高为 -2.7 m，如图 13.1.1 所示。房间的标高在“属性列表”中进行修改，构件的标高在右侧依附图元的信息中进行修改。

图 13.1.1 房间信息修改

3. 绘制房间装饰

修改完成后，对照建筑图中地下一层平面图点画房间。点画房间时，若提示不能在非封闭区域布置或超出范围贯通到其他区域，如图 13.1.2 所示，则需要检查墙体是否闭合，即房间的封闭性。若墙体有未闭合的情况，可以批量选择所有的砌体墙，单击鼠标右键闭合。布置完成后，有 1 个楼梯间、1 个大厅、2 个走廊和 13 个储藏室。

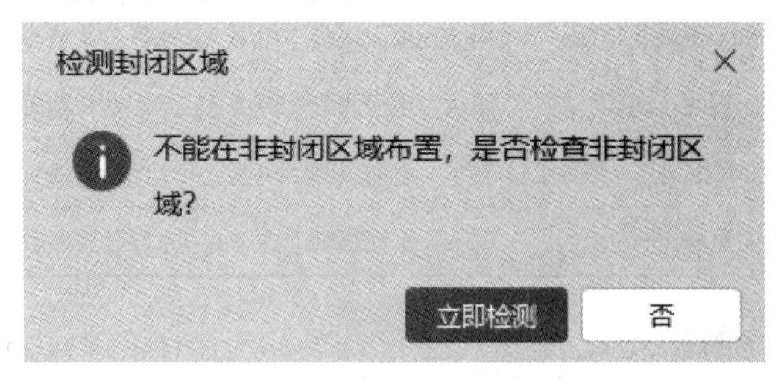

图 13.1.2 房间布置提示信息

13.2 绘制首层房间内装饰

学习目的

根据本工程图纸内容，完成首层装饰装修的定义和绘制。

学习内容

按房间识别装修表；布置房间内装饰。

操作步骤

1. 按房间识别装修表

首层房间内装饰做法可以根据建施 -01 室内装修做法表新建 Excel 表格并识别；也可以直接按房间识别装修表，切换到建筑图中的装修做法表，单击“按房间识别装修表”按钮，框选首层范围表格，单击鼠标右键，在弹出的快捷菜单中调整表格内容。

（1）楼梯间天棚详见建施 -15 的 3-3 楼梯剖面详图，从详图得知楼梯间天棚做法为棚 A。

（2）楼梯间踢脚线顺着楼梯平台和踏步螺旋向上，软件只能水平布置，因此建模时暂不处理，后期手算楼梯踢脚线。

（3）楼层平台楼地面做法为楼面 A1：铺地砖楼面；楼梯面层做法为楼面 A2：铺防滑地砖楼梯。楼梯面层暂不处理，后面再做修改。

（4）踢脚线和内墙裙为不同构件，需插入列并将对应信息分开填写。

（5）天棚和吊顶为不同构件，需插入列并将对应信息分开填写。

（6）阳台的装饰做法详见建施 -16 的阳台装修大样图，楼地面做法为楼面 B，内墙面做法为内墙 A，天棚做法为棚 A。

同时，上方表头填写对应的构件名称，以方便构件的识别。多余的无用信息可直接删除。完善表格后，单击“识别”按钮。

识别装修表格内容如图 13.2.1 所示。

按房间识别装修表

撤消　恢复　查找替换　删除行　删除列　插入行　插入列　复制行

房间	楼地面	踢脚	内墙裙	内墙面	天棚	吊顶	所属楼层
楼梯间	楼面A1:铺地砖楼面			内墙A:水泥砂浆墙面	棚A:刷涂料顶棚		2号办公楼[1]
大堂	楼面C:花岗岩楼面		裙A:花岗岩墙裙	内墙A:水泥砂浆墙面		棚B:装饰玻璃板吊顶,吊顶标高3.000	2号办公楼[1]
走廊	楼面D:预制水磨石楼面	踢B:石材踢脚		内墙A:水泥砂浆墙面		棚C:胶合板吊顶,吊顶标高3.000	2号办公楼[1]
办公室1	楼面A:铺地砖保温楼面	踢C:铺地砖踢脚		内墙A:水泥砂浆墙面		棚D:铝合金条板吊顶,吊顶标高3.000	2号办公楼[1]
办公室2	楼面B:大理石保温楼面	踢D:大理石板踢脚		内墙A:水泥砂浆墙面		棚D:铝合金条板吊顶,吊顶标高3.000	2号办公楼[1]
办公室3	楼面B:大理石保温楼面	踢D:大理石板踢脚		内墙A:水泥砂浆墙面	棚A:刷涂料顶棚		2号办公楼[1]
卫生间	楼面E:陶瓷锦砖(马赛克)楼面			内墙B:釉面砖墙面		棚E:纸面石膏板吊顶,吊顶标高3.000	2号办公楼[1]
阳台	楼面B:大理石保温楼面			内墙A:水泥砂浆墙面	棚A:刷涂料顶棚		2号办公楼[1]

图 13.2.1　识别装修表格内容

识别完成后，检查构件的信息。如踢脚线的高度改为 100 mm，墙裙的高度改为 1 500 mm，吊顶的标高为 3.0 m，到层底标高 -0.1 m 的离地高度为 3.0 －（-0.1）＝ 3 100（mm），构件的标高在右侧依附图元的信息中进行修改，每个房间依附的图元都要单独修改。

2. 绘制房间装饰

修改完成后，对照建筑图中首层平面图点画房间。

点画完成后，楼梯间的楼地面和楼梯面层需要分割开，根据《安徽省建筑工程计价定额（2018）》，楼梯面层按设计图示尺寸（包括踏步、休息平台以及 500 mm 宽以内的楼梯井）水平投影面积计算。楼梯与楼地面相连时，算至梯口梁内侧边沿，因此楼地面和楼梯面层的分界线为梯口梁内侧边沿，如图 13.2.2 所示。

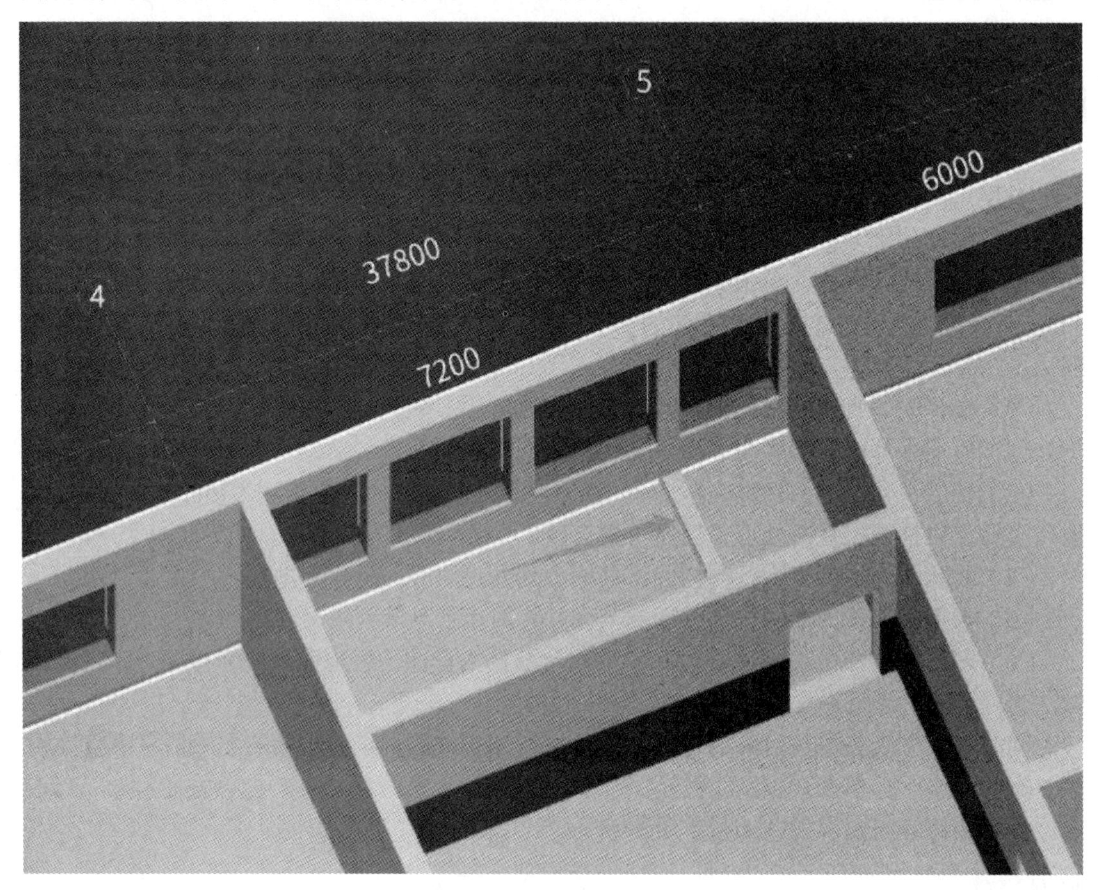

图 13.2.2　分界线位置

在楼地面中选中楼梯间楼地面，单击“分割”按钮，在梯口梁内侧边缘处直线绘制分界线，如图 13.2.3 所示。单击鼠标右键即分割成功，再选中左侧楼梯面层位置，在“属性列表”中修改“名称”为“楼面 A2：铺防滑地砖楼梯”。

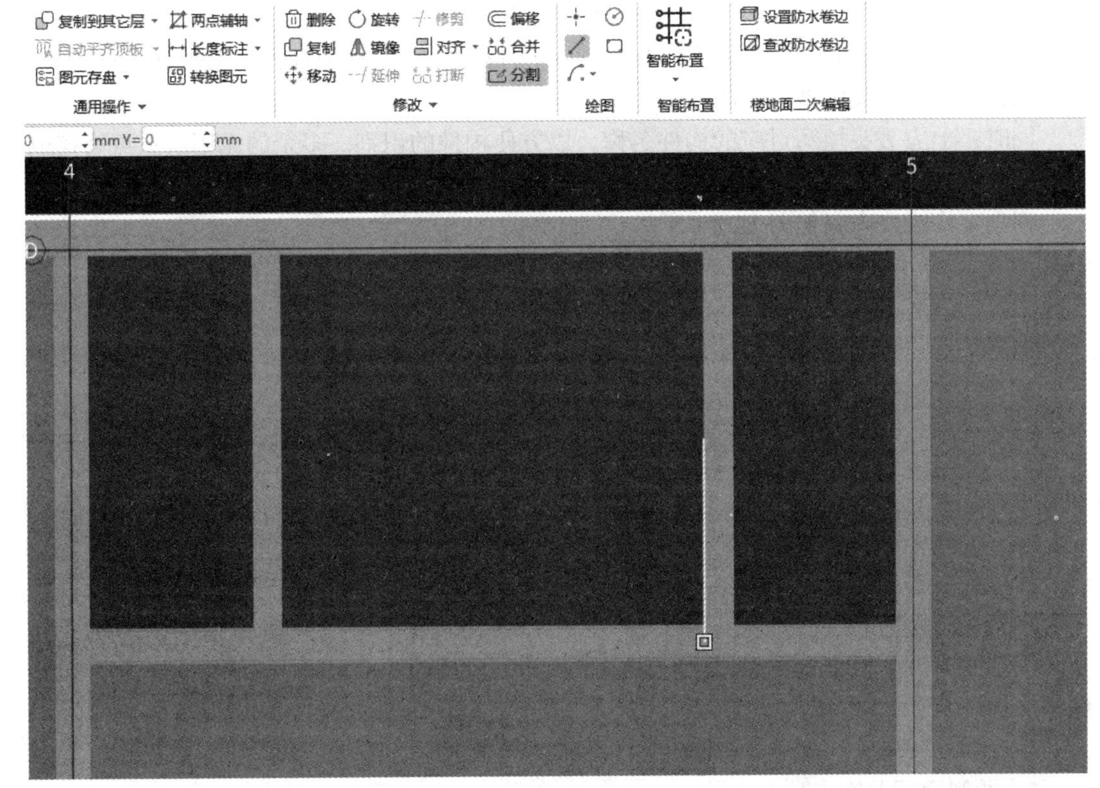

图 13.2.3　分割楼梯间楼地面

13.3　绘制 2 ～ 5 层房间内装饰

学习目的

根据本工程图纸内容，完成 2 ～ 5 层装饰装修的定义和绘制。

学习内容

按房间识别装修表；布置房间内装饰。

操作步骤

1. 按房间识别装修表

切换到建筑图中的装修做法表，单击"按房间识别装修表"按钮，框选首层范围表格，单击鼠标右键，再调整表格内容。

（1）楼梯间天棚详见建施 -15 的 3-3 楼梯剖面详图。从详图得知，楼梯间天棚做法为棚 A。

（2）楼梯间踢脚线后期手算楼梯踢脚线，暂不依附。

（3）楼梯间楼地面做法暂时先定为楼面 A1：铺地砖楼面。

（4）天棚和吊顶为不同构件，需插入列并将对应信息分开填写。

（5）阳台的装饰做法详见建施 -16 的阳台装修大样图，楼地面做法为楼面 B1，内墙面做法为内墙 A，天棚做法为棚 A。

同时，上方表头填写对应的构件名称，以方便构件的识别。多余的无用信息可直接删除。完善表格后，单击“识别”按钮。

识别装修表格内容如图 13.3.1 所示。

按房间识别装修表

撤消 恢复 查找替换 删除行 删除列 插入行 插入列 复制行

房间	楼地面	踢脚	内墙面	天棚	吊顶	所属楼层
楼梯间	楼面A1:铺地砖楼面		内墙A:水泥砂浆墙面	棚A:刷涂料顶棚		2号办公楼[2]
大堂	楼面C:花岗岩楼面	踢E:花岗岩踢脚板	内墙A:水泥砂浆墙面	棚A:刷涂料顶棚		2号办公楼[2]
走廊	楼面D:预制水磨石楼面	踢B:石材踢脚	内墙A:水泥砂浆墙面		棚C:胶合板吊顶 吊顶标高6.600、10.200	2号办公楼[2]
办公室1	楼面A1:铺地砖楼面	踢C:铺地砖踢脚	内墙A:水泥砂浆墙面	棚A:刷涂料顶棚		2号办公楼[2]
办公室2、3	楼面B1:大理石楼面	踢D:大理石板踢脚	内墙A:水泥砂浆墙面	棚A:刷涂料顶棚		2号办公楼[2]
卫生间	楼面E:陶瓷锦砖(马赛克)楼面		内墙B:釉面砖墙面	棚A:刷涂料顶棚		2号办公楼[2]
阳台	楼面B1:大理石楼面		内墙A:水泥砂浆墙面	棚A:刷涂料顶棚		2号办公楼[2]

图 13.3.1　识别装修表格内容

识别完成后，检查构件的信息。如踢脚线的高度改为 100 mm，吊顶的标高为 6.6 m，到层底标高 3.8 m 之间的离地高度为 6.6 − 3.8 = 2 800（mm），构件的标高在右侧依附图元的信息中进行修改，每个房间依附的图元都要单独修改。

2. 绘制房间装饰

修改完成后，对照建筑图中 2 层平面图点画房间。

点画完成后，楼梯间的楼地面和楼梯面层仍沿着梯口梁内侧边沿进行分割；再选中左侧楼梯面层位置，在“属性列表”中修改“名称”为“楼面 A2：铺防滑地砖楼梯”。

3. 复制房间装饰

3、4 层装饰和 2 层相同，可批量选择 2 层所有的装饰（含房间、楼地面、踢脚、墙面、天棚、吊顶）复制到其他楼层，选择 3、4 层单击“确定”按钮即可。

4 层的吊顶离地高度需要调整，需批量选择 4 层的吊顶，在属性列表中将离地高度修改为（13.5 − 11）×1 000 = 2 500（mm）。

4. 5 层房间装饰

5 层的房间装饰和 4 层的房间装饰大多相同，但是布置情况不同，且走廊的天棚做法也不一样，可以先复制之后再做修改。

在 5 层的房间构件中先层间复制构件，在复制时需要将房间内的装饰做法一并复制，默认将房间内的装饰做法一并复制，直接单击“确定”按钮即可，如图 13.3.2 所示。如果没有同时复制，会导致房间内没有对应的装饰做法。

复制完成后展开定义，将吊顶做法删除依附构件，如图 13.3.3 所示。在天棚构件中添加依附构件为“棚 A：刷涂料顶棚”，如图 13.3.4 所示。

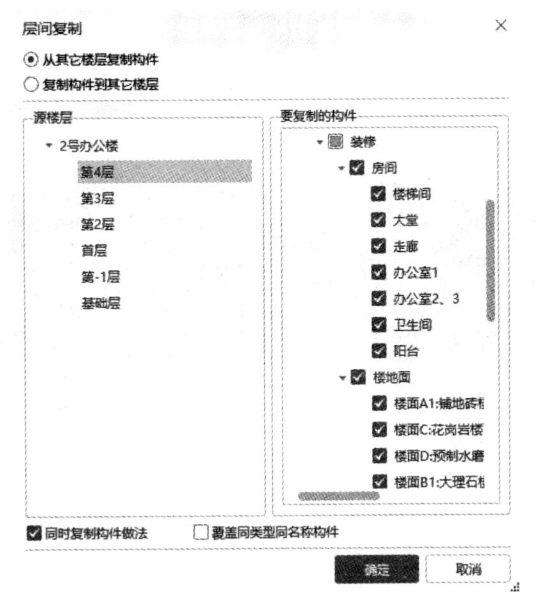

图 13.3.2　层间复制构件

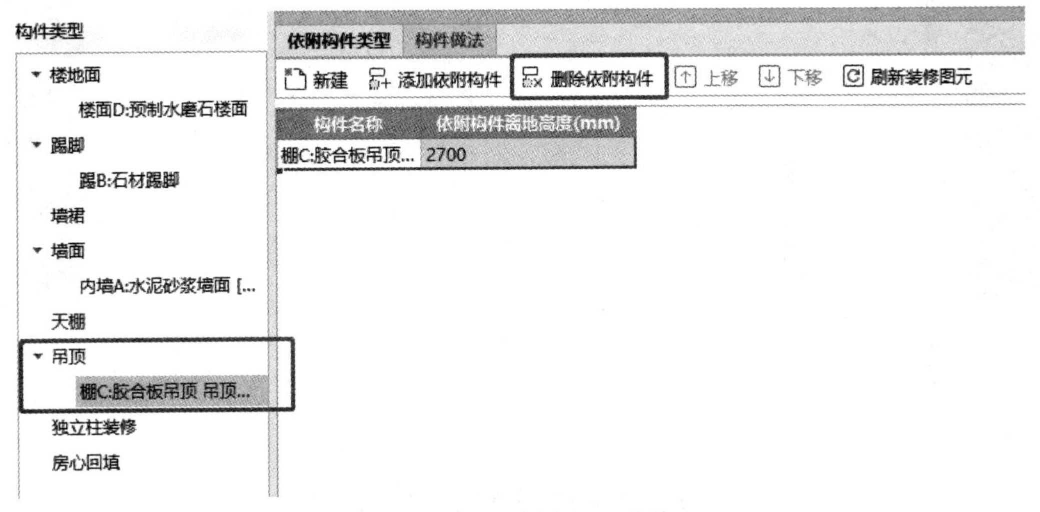

图 13.3.3　删除依附吊顶构件

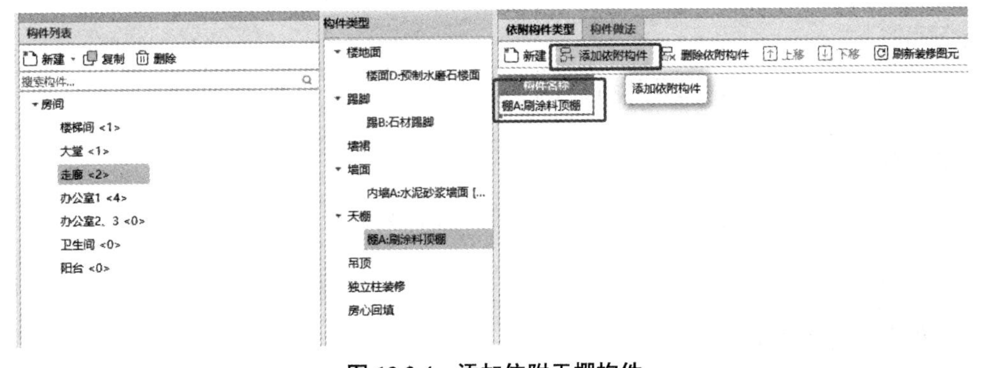

图 13.3.4　添加依附天棚构件

修改完成后，对照建筑图中 5 层平面图点画房间。

点画完成后，楼梯间的楼地面和楼梯面层仍沿着梯口梁内侧边沿进行分割；再选中左侧楼梯面层位置，在“属性列表”中修改“名称”为“楼面 A1：铺地砖楼面”。老虎窗外侧应布置外墙面装饰，因此要将已经布置的内墙面装饰选中删除，如图 13.3.5 所示。

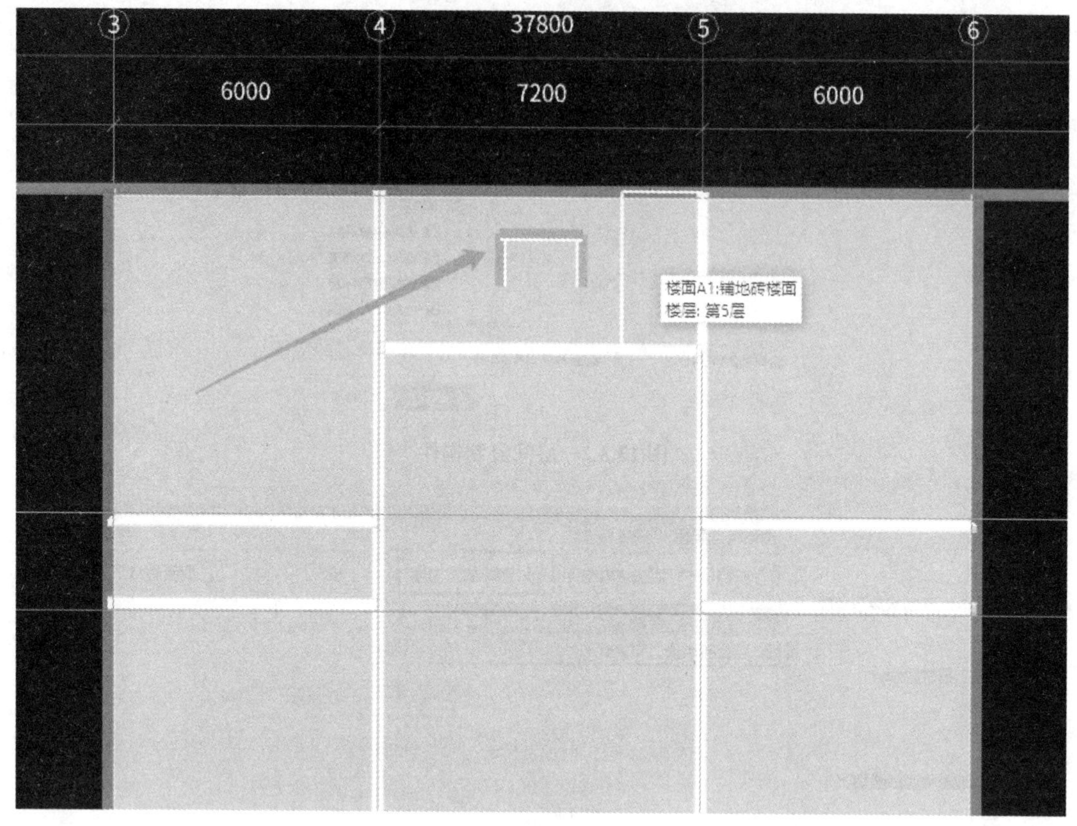

图 13.3.5　5 层装饰修改

13.4　绘制外墙面装饰

学习目的

根据本工程图纸内容，完成外墙面和外墙裙装饰的定义和绘制。

学习内容

外墙面装饰的定义和绘制；外墙裙装饰的定义和绘制。

操作步骤

1. 首层外墙面装饰

从南立面图可以看出，下部为外墙裙做法图纸，命名为“外墙 A：红色面砖饰面”，

外墙裙从室外地坪 −0.45 m 开始做起，高度为 1 500 mm，外墙裙上部为外墙面，做法为“外墙 B：白色面砖饰面”，在阳台位置栏板上外墙面做法为“外墙 C：浅灰色涂料饰面”，因此需要新建 1 个外墙裙构件和 2 个外墙面构件。

在墙裙中新建一个外墙裙，高度为 1 500 mm，底标高为 −0.45 m。属性参数设置如图 13.4.1 所示。在墙面中新建两个外墙面，属性参数设置如图 13.4.2 和图 13.4.3 所示，标高可不做修改，外墙 B 遇外墙裙工程量会自动扣减。外墙面构件有两个，可以改为与做法相同的颜色来区分不同的做法，在“属性列表”中的显示样式中修改填充颜色。但是，尽量不要改为红色，因为图元出现合法性错误的时候也显示红色，改为红色容易影响判断。

属性列表 图层管理

	属性名称	属性值	附加
1	名称	外墙A:红色面砖饰面	
2	高度(mm)	1500	☐
3	块料厚度(mm)	0	☐
4	所附墙材质	(程序自动判断)	☐
5	内/外墙裙标志	外墙裙	☑
6	起点底标高(m)	-0.45	☐
7	终点底标高(m)	-0.45	☐
8	备注		☐
9	+ 土建业务属性		
13	+ 显示样式		

图 13.4.1　外墙裙属性参数设置

属性列表 图层管理

	属性名称	属性值	附加
1	名称	外墙B:白色面砖饰面(...	
2	块料厚度(mm)	0	☐
3	所附墙材质	(程序自动判断)	☐
4	内/外墙面标志	外墙面	☑
5	起点顶标高(m)	墙顶标高	☐
6	终点顶标高(m)	墙顶标高	☐
7	起点底标高(m)	墙底标高	☐
8	终点底标高(m)	墙底标高	☐
9	备注		☐
10	+ 土建业务属性		
14	− 显示样式		
15	材质纹理	无	
16	填充颜色		
17	不透明度	(100)	

图 13.4.2　外墙面 B 属性参数设置

属性列表　图层管理

	属性名称	属性值	附加
1	名称	外墙C:浅灰色涂料饰面...	
2	块料厚度(mm)	0	☐
3	所附墙材质	(程序自动判断)	☐
4	内/外墙面标志	外墙面	☑
5	起点顶标高(m)	墙顶标高	☐
6	终点顶标高(m)	墙顶标高	☐
7	起点底标高(m)	墙底标高	☐
8	终点底标高(m)	墙底标高	☐
9	备注		☐
10	⊞ 土建业务属性		
14	⊟ 显示样式		
15	材质纹理	无	
16	填充颜色		
17	不透明度	(100)	

图 13.4.3　外墙面 C 属性参数设置

新建完成后，将外墙面 C 点画在阳台栏板处，栏板分为上、下部，可以在动态观察的时候点画，并将外墙裙和外墙面 B 点画在剩余外墙外边线位置，外墙面布置效果如图 13.4.4 所示。

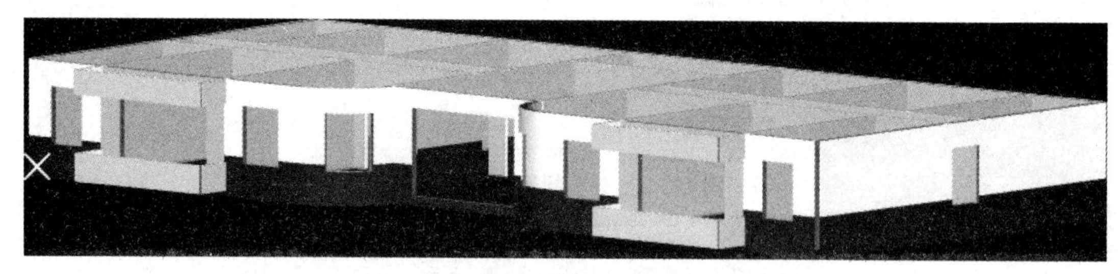

图 13.4.4　外墙面布置效果

2. 2 ～ 4 层外墙面装饰

2 ～ 4 层外墙面装饰与首层相同，可在首层批量选择外墙 B、C，单击“复制到其他层”按钮，选择 2 ～ 4 层，单击“确定”按钮。复制后还需要检查布置的情况，看是否有漏布，若有则点画补充。在阳台位置上、下部均有栏板，复制后上部的栏板会有缺失的情况，因为上部栏板的装饰布置到下面的栏板上了，所以进行合法性检查的时候就会提示墙面重叠布置，如图 13.4.5 所示。可以将下部重叠的墙面删除，再将上部缺失的墙面点画，注意提示重叠布置是因为在同一位置有两个图元，所以在删除的时候可仅删除一个图元，重新（按 F5 键）进行合法性检查就不会提示错误了。

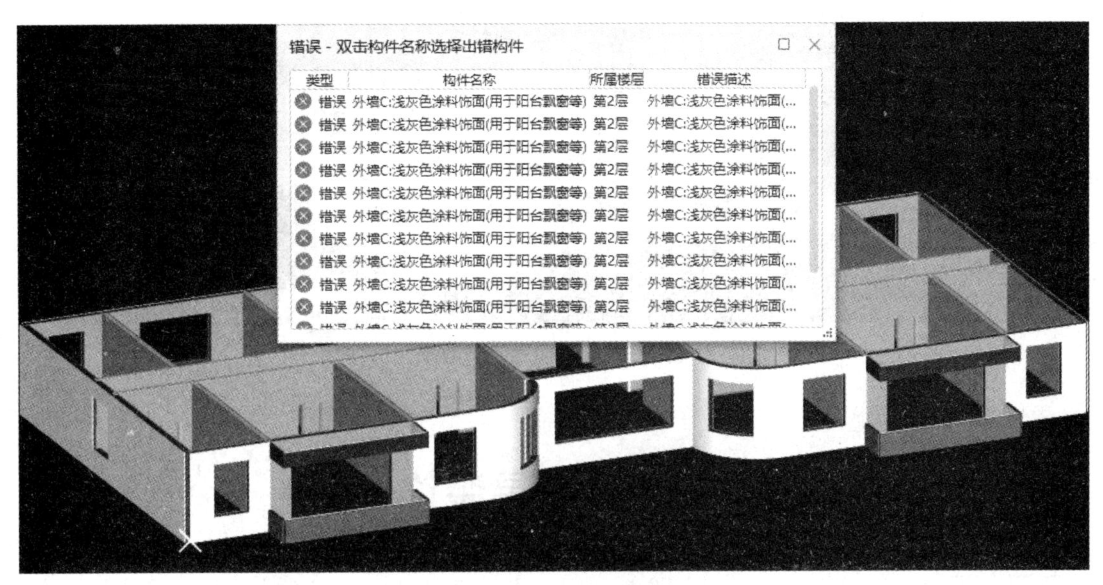

图 13.4.5　2 层外墙面

3. 5 层外墙面装饰

先将外墙面构件从楼下层间复制，再新建一个用于女儿墙内装修的外墙面“外墙 F：水泥砂浆墙面”，并修改显示样式为深灰色进行区分。外墙 F 属性参数设置如图 13.4.6 所示。

属性列表　图层管理

	属性名称	属性值	附加
1	名称	外墙F:水泥砂浆墙面(用于女儿墙内装修)	
2	块料厚度(mm)	0	☐
3	所附墙材质	(程序自动判断)	☐
4	内/外墙面标志	外墙面	☑
5	起点顶标高(m)	墙顶标高	☐
6	终点顶标高(m)	墙顶标高	☐
7	起点底标高(m)	墙底标高	☐
8	终点底标高(m)	墙底标高	☐
9	备注		☐
10	⊞ 土建业务属性		
14	⊟ 显示样式		
15	材质纹理	无	
16	填充颜色	■	
17	不透明度	(100)	

图 13.4.6　外墙面 F 属性参数设置

新建完成后点画外墙面装饰，将外墙面 C 点画在阳台栏板外侧，将外墙面 B 点画在剩余外墙外边线和女儿墙外侧位置，老虎窗的外侧也布置外墙面 B，外墙面 F 布置在女儿墙内侧和阳台栏板内侧，布置完成后外墙面装饰效果如图 13.4.7 所示。

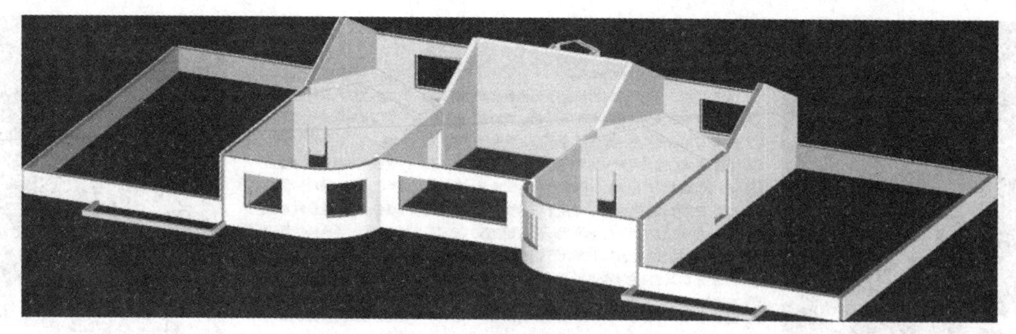

图 13.4.7　外墙面装饰效果

13.5　零星装饰

学习目的

根据本工程图纸内容，完成零星装饰的处理及对应构件的定义和绘制。

学习内容

独立柱装修的定义和绘制；单梁装修的定义和绘制；自定义贴面的定义和绘制；板装饰的处理及对应构件的定义和绘制。

操作步骤

1．首层独立柱装修

从南立面图可以看出，雨篷独立柱上装修做法为“外墙 D：挂贴花岗岩板”，可以用独立柱装修构件处理。在独立柱装修中新建构件，下部装饰从台阶上做起，因此底标高应改为 0。独立柱装修属性参数设置如图 13.5.1 所示。

新建完成后，点画布置在 KZ4 上，也可以采用智能布置的方式处理。

属性列表　图层管理

	属性名称	属性值	附加
1	名称	外墙D:挂贴花岗岩板(用于贴柱面)	
2	块料厚度(mm)	0	☐
3	顶标高(m)	柱顶标高	☐
4	底标高(m)	0	☐
5	备注		☐
6	⊞ 土建业务属性		
10	⊞ 显示样式		

图 13.5.1　独立柱装修属性参数设置

2．飘窗装修

从建施 -16 飘窗装修大样图（图 13.5.2）可以看出，飘窗上板的上表面做法为屋面

C1，下表面做法为棚 A，飘窗下板的上表面做法未给出，暂时命名为“飘窗下板上表面”，后期可以提出答疑，请设计人员明确做法，下表面做法为棚温 A。

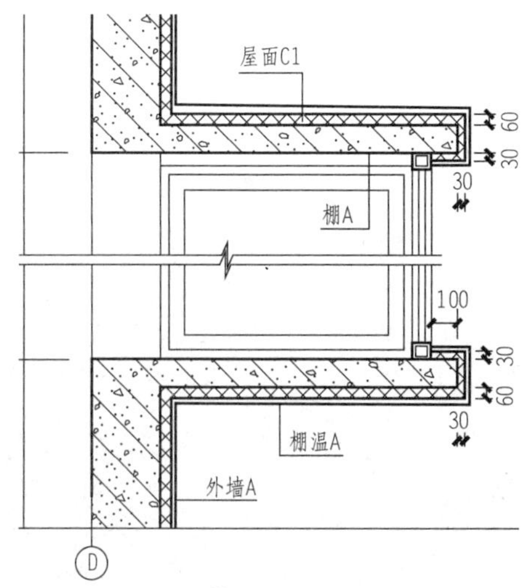

图 13.5.2　飘窗装修大样图

板上表面可以用屋面或楼地面处理，图纸已经明确上板做法为屋面，则在绘图界面最左侧模块“导航栏”中选中构件“其他”中的“屋面”构件处理。在首层新建屋面构件，名称改为对应做法“飘窗上板上表面屋 C1”，因为采用智能布置所以标高可不用修改。

下板上表面用楼地面处理，在装修的楼地面中新建构件，名称改为对应做法“飘窗下板上表面”，因为采用智能布置所以标高暂不用修改。

板下表面可以用天棚处理，新建天棚构件，名称改为对应做法“1. 飘窗底天棚，棚温 A：保温顶棚，2. 飘窗棚 A：刷涂料顶棚”。

新建完成后在对应构件中分别单击“智能布置”按钮，选择按现浇板进行布置，再根据名称选择对应的飘窗上板或下板，如图 13.5.3 所示，单击鼠标右键即布置成功。

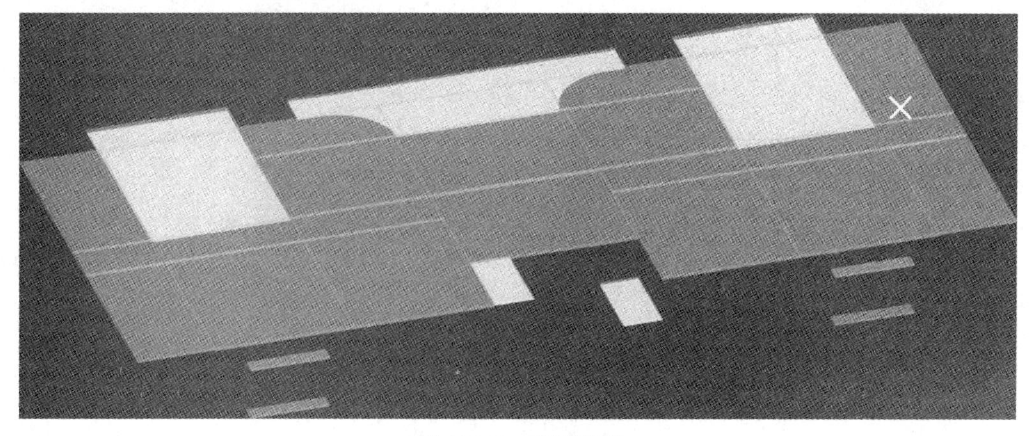

图 13.5.3　智能布置

2 ～ 4 层布置情况相同，可从首层复制到其他层，但是因为天棚没有标高，像这种双层板的天棚复制到其他层会重叠布置，所以天棚只能在对应楼层手动智能布置。

因为楼层的层高和飘窗高度不同，复制后容易出现构件没有依附在板上的情况，即标高不对，所以布置完成后需要检查装饰的标高是否正确，如果楼地面和屋面的标高不对，可选中后在“属性列表”中修改标高。

飘窗装饰效果如图 13.5.4 所示。

图 13.5.4　飘窗装饰效果

3．入口雨篷装修

首层入口雨篷装修从建施 -06 B–B 剖面（雨篷详图）（图 13.5.5），与建施 -11 南立面图（图 13.5.6）可以看出，雨篷下部天棚做法为“棚 F：刷涂料顶棚”，下部悬空梁外露做法为“外墙 E：贴红色彩釉面砖（三面）”，雨篷挑檐外侧斜面做法为“屋面 A：暗红色琉璃瓦（三面）”，垂直面做法为“外墙 E：贴红色彩釉面砖”，雨篷挑檐顶面和内侧做法为“抹 1：3 水泥砂浆”的外墙面做法。依次新建构件并绘制。

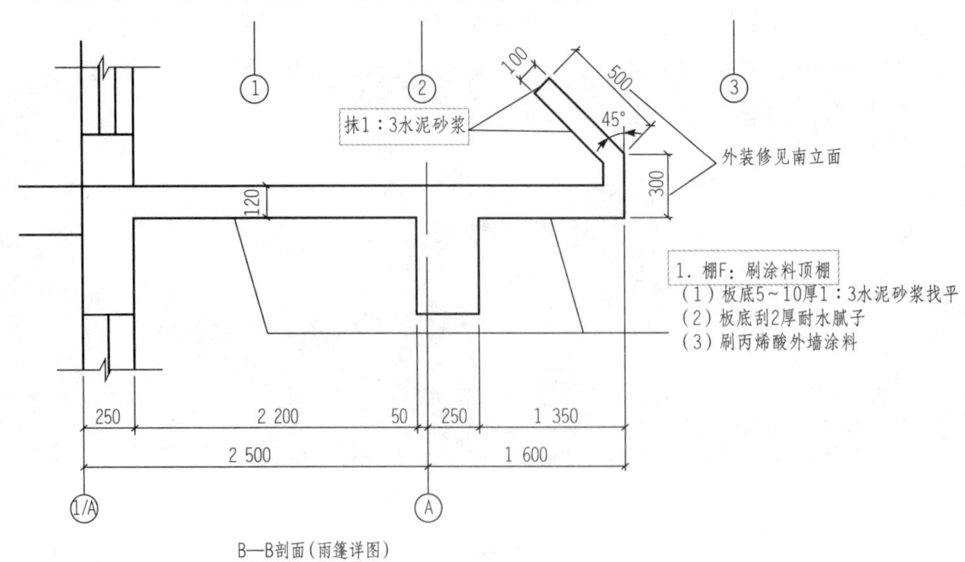

图 13.5.5　雨篷详图

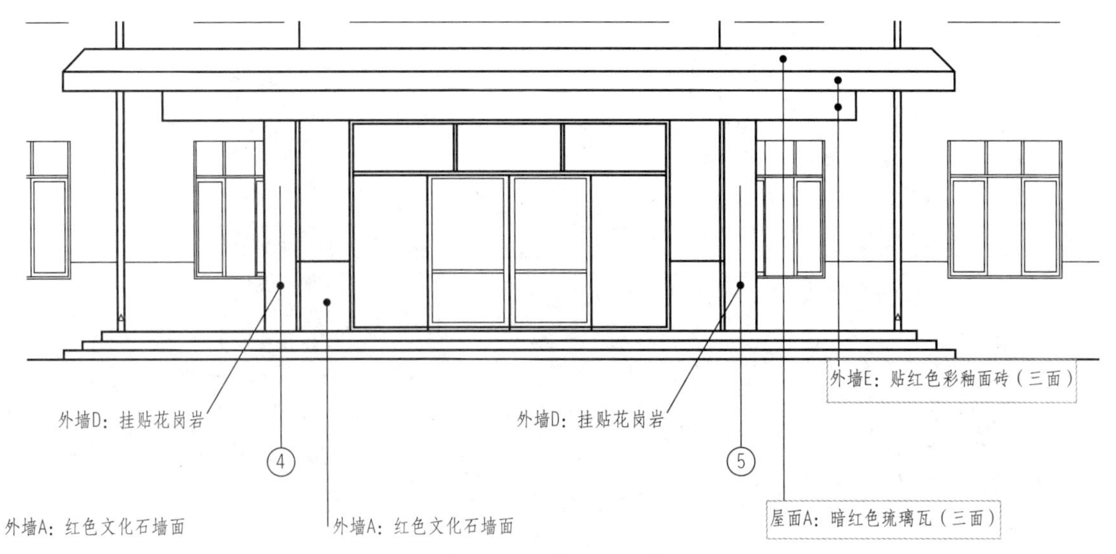

图 13.5.6　南立面雨篷

（1）雨篷下部天棚：新建天棚构件命名为“棚 F：刷涂料顶棚”，因为雨篷板并不是一块单独的板，所以无法智能布置，可以直接用直线和三点弧的方法沿板外边线和墙中心线绘制。其布置范围如图 13.5.7 所示。

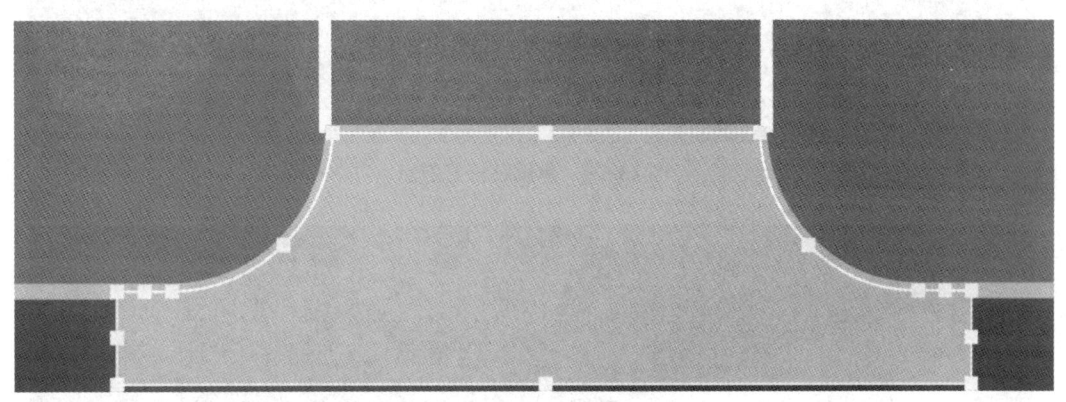

图 13.5.7　雨篷下部天棚布置范围

（2）雨篷悬空梁装饰：悬空梁装饰可以用单梁装修处理，新建单梁装修构件命名为“外墙 E：贴暗红色彩釉面砖”，修改显示样式为暗红色，点画在雨篷下方的悬空梁上，点画之后发现范围超出雨篷范围，如图 13.5.8 所示，因此需要将多余的单梁装修删除。

因为单梁装修是一个整体，所以需要先进行分割。选择 3 处单梁装修，单击打断，将梁与外墙相交位置指定为打断点，如图 13.5.9 所示，单击鼠标右键即打断成功，再将多余的装饰选中删除。布置效果如图 13.5.10 所示。

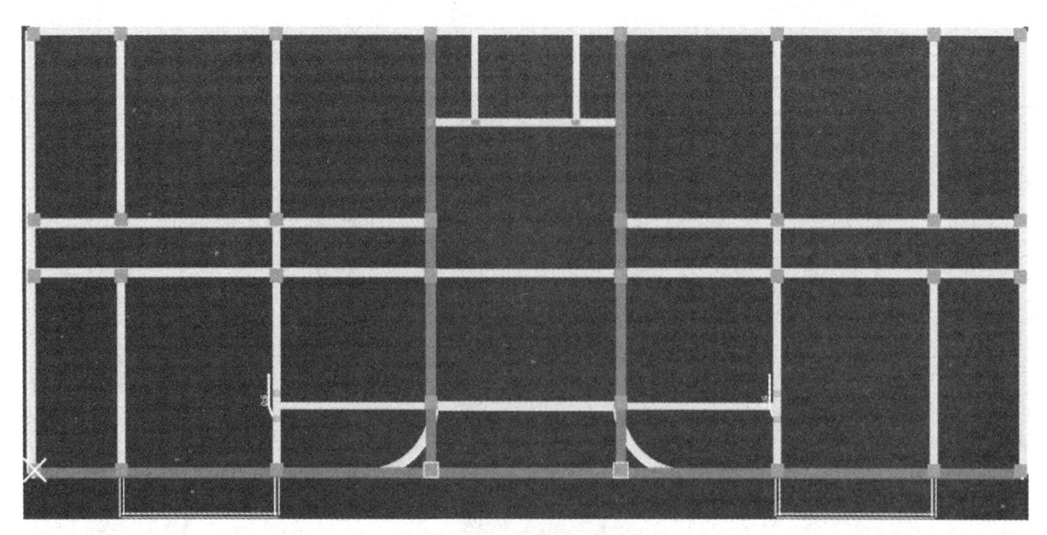

图 13.5.8　布置单梁装修

图 13.5.9　单梁装修打断点

图 13.5.10　单梁装修

根据《安徽省建设工程计价定额计算规则（2018）》，在天棚中默认将悬空梁外露面积并入计算，而本工程中悬空梁装饰做法与天棚并不一致，而且悬空梁已经布置了单梁装修，因此天棚不能再将悬空梁外露面积并入计算，需要修改计算规则。修改的计算规则仅针对雨篷，其他的天棚依然要计算屋内的悬空梁外露面积，因此只能选中雨篷的天棚，在“属性列表”中土建业务属性的计算规则中单独进行修改，在修改清单规则时可通过过滤工程量和过滤扣减构件快速地找到对应的设置。需要修改的工程量为天棚抹灰面积和天棚装饰面积，过滤扣减构件为梁，在设置中找到与悬空梁扣减的“增加凸出板底梁外露面积”，改为“无影响”，如图 13.5.11 和图 13.5.12 所示。修改后天棚会变成网格状，代表修改了它的计算规则，如图 13.5.13 所示。

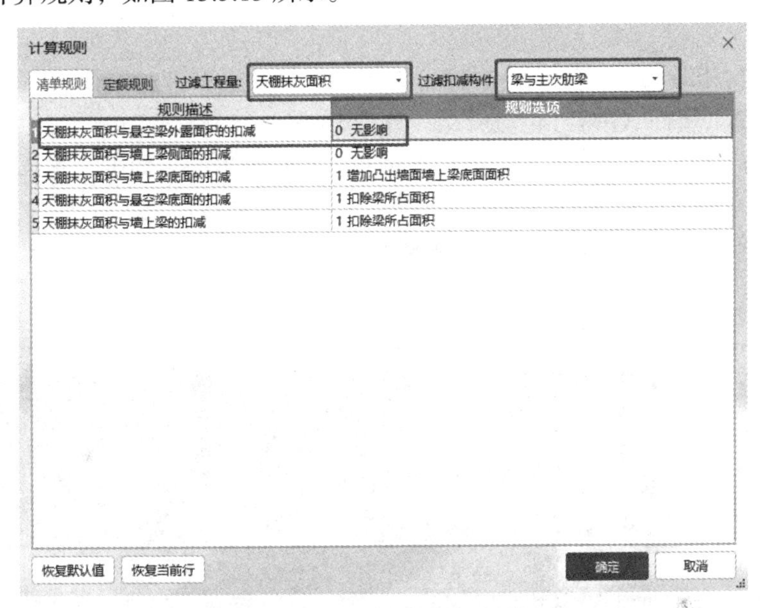

图 13.5.11　天棚修改计算规则（一）

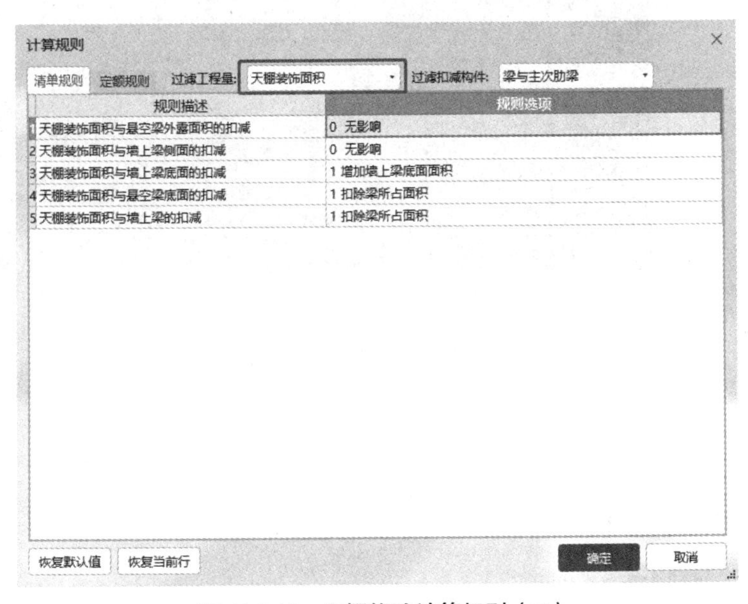

图 13.5.12　天棚修改计算规则（二）

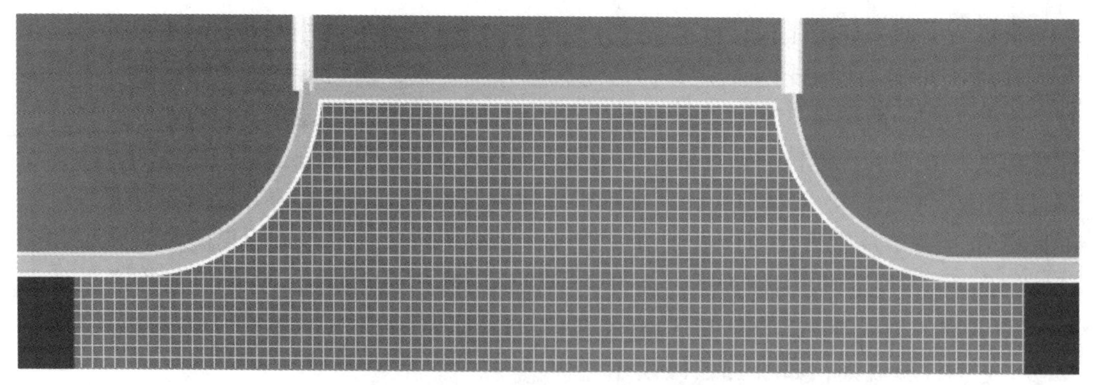

图 13.5.13　修改计算规则后的天棚

（3）雨篷挑檐装饰：雨篷挑檐装饰可以用自定义贴面处理，新建 3 个自定义贴面构件，分别命名为“屋面 A：暗红色琉璃瓦”“外墙 E：贴暗红色彩釉面砖”“雨篷内侧抹 1 ∶ 3 水泥砂浆”。单击“智能布置”按钮，按挑檐布置。在弹出的界面中，先选择构件为雨篷栏板，再选择左侧的自定义贴面构件，点画在右边栏板的截面上，如图 13.5.14 所示，布置完后单击“确定”按钮即可。自定义贴面效果如图 13.5.15 所示。

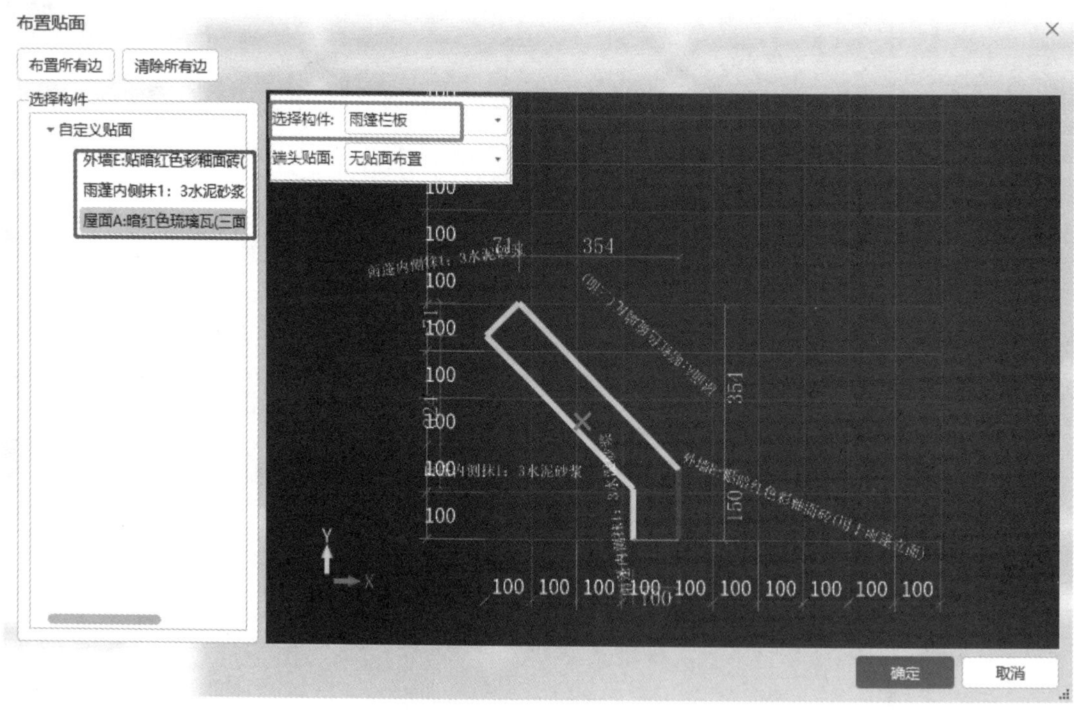

图 13.5.14　布置自定义贴面

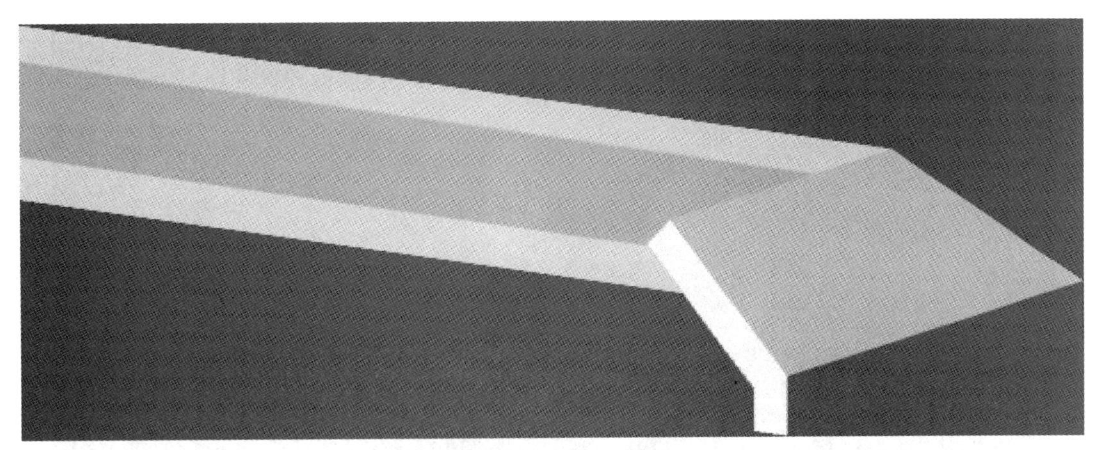

图 13.5.15　自定义贴面效果

4. 屋面装修

根据建施 -03 中屋面的做法可知，屋面 B 用于 4 层顶的上屋面，屋面 C 用于 5 层顶平屋面和阳台顶部雨篷，屋面 D 用于首层雨篷，屋面 E 用于 5 层顶斜屋面，这些做法可以用屋面构件处理。

（1）首层入口雨篷屋面。

新建屋面构件"屋面 D"，标高为默认的顶板顶标高。

新建完成后用直线和三点弧进行绘制，要注意屋面要绘制到墙边和栏板的边，因为屋面不会扣减伸入墙和栏板的部分。在显示设置中将挑檐显示出来，或者按挑檐的快捷键 T。贴着墙的外侧进行绘制，在雨篷栏板位置应沿着内边缘布置，但是无法捕捉到内边线，可以先画到外边线，绘制的时候有时无法捕捉到墙交点处，可以打开 2D 捕捉功能中的"交点"，如图 13.5.16 所示。初步绘制的屋面如图 13.5.17 所示。

在栏板位置的屋面边线还需要向内偏移，偏移的距离为栏板的厚度 100 mm。单击"修改"→"偏移"按钮，因为只需要将栏板位置的边线偏移，所以需要单击"多边偏移"单选按钮，如图 13.5.18 所示，选择需要偏移的屋面后单击鼠标右键确定，再选择需要偏移的边线后单击鼠标右键，将鼠标向内侧移动，输入偏移距离 100 mm，如图 13.5.19 所示，按 Enter 键即布置完成。雨篷屋面绘制效果如图 13.5.20 所示。

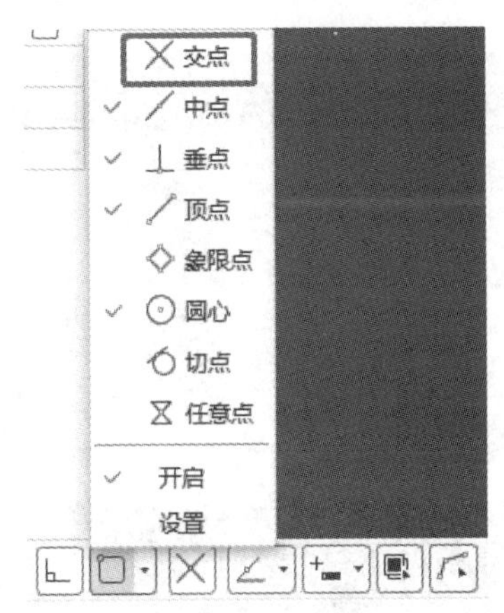

图 13.5.16　2D 捕捉"交点"功能

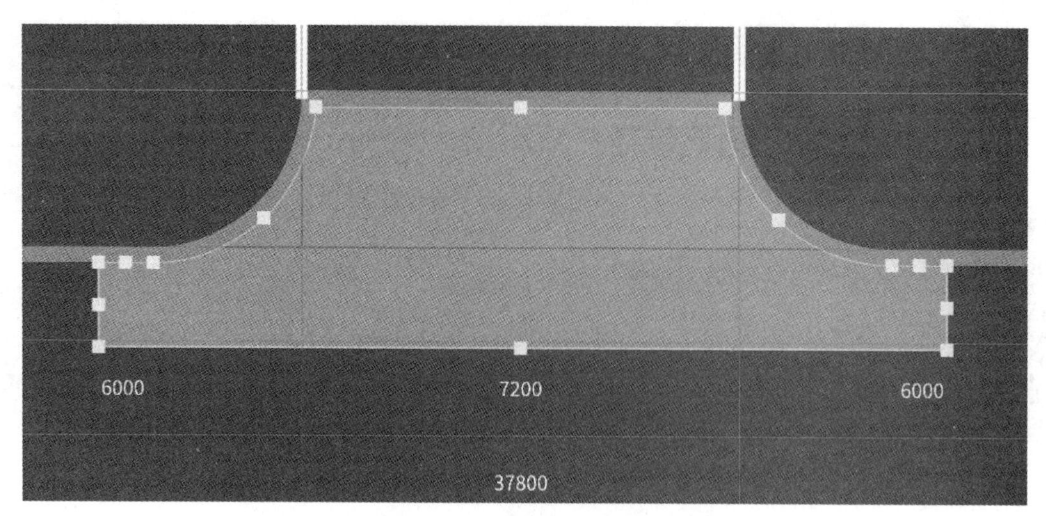

图 13.5.17　初步绘制的屋面

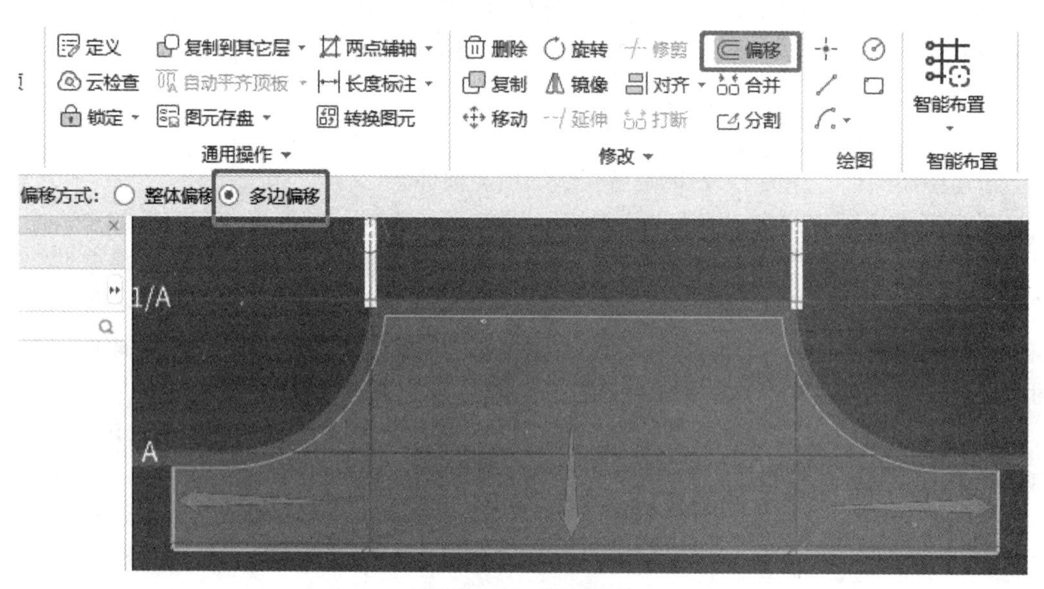

图 13.5.18　多边偏移

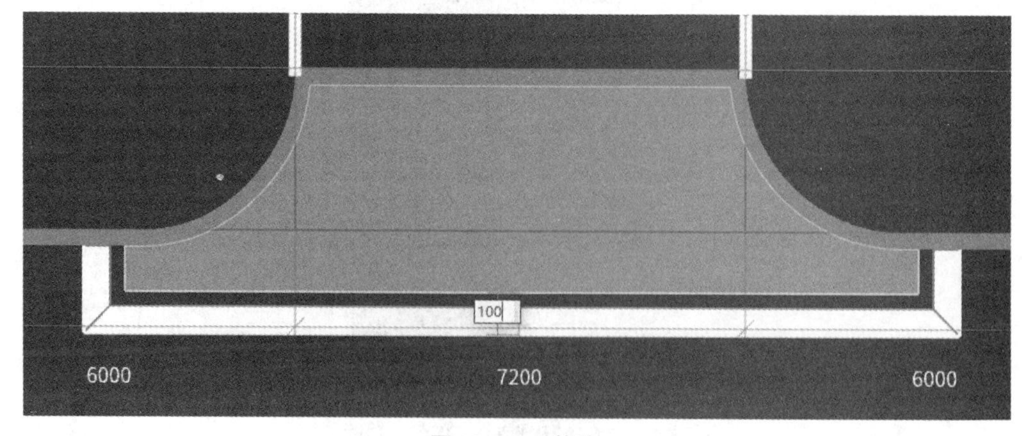

图 13.5.19　偏移

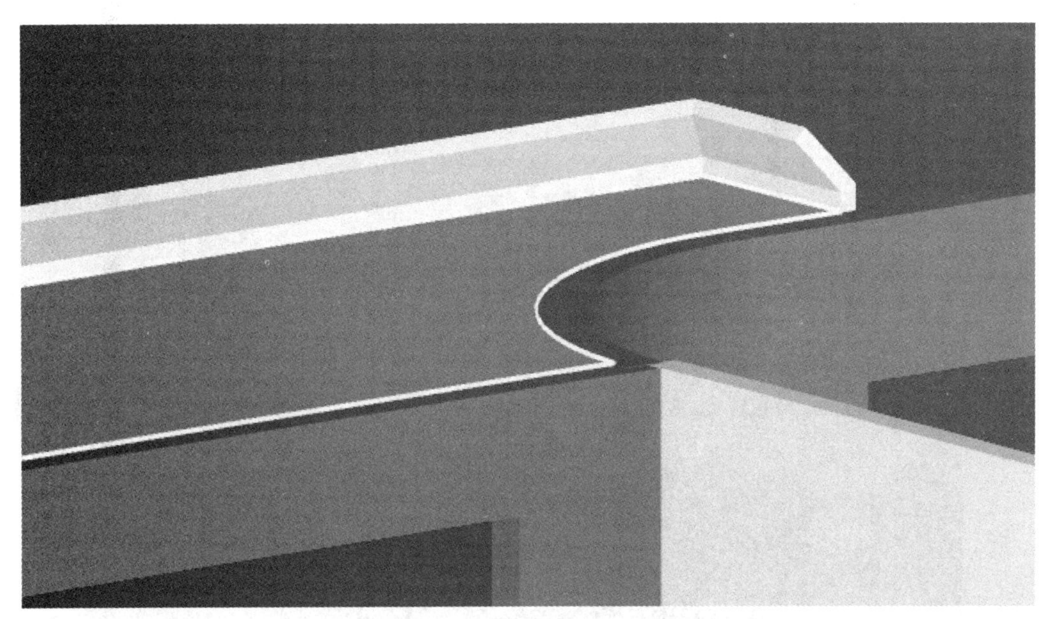

图 13.5.20　雨篷屋面绘制效果

（2）5 层屋面。

新建屋面构件，名称分别为屋面 B、C、E，标高为默认的顶板顶标高。如果标高不是顶板顶标高也不用修改，因为即使修改了布置上去标高也会自动调整为顶板顶标高。

新建完成后显示屋顶平面图，将屋面 B 使用点画功能，绘制在左、右两侧由女儿墙围护的上人屋面位置处，如图 13.5.21 所示。布置完成后选中屋面 B，修改标高为层底标高。

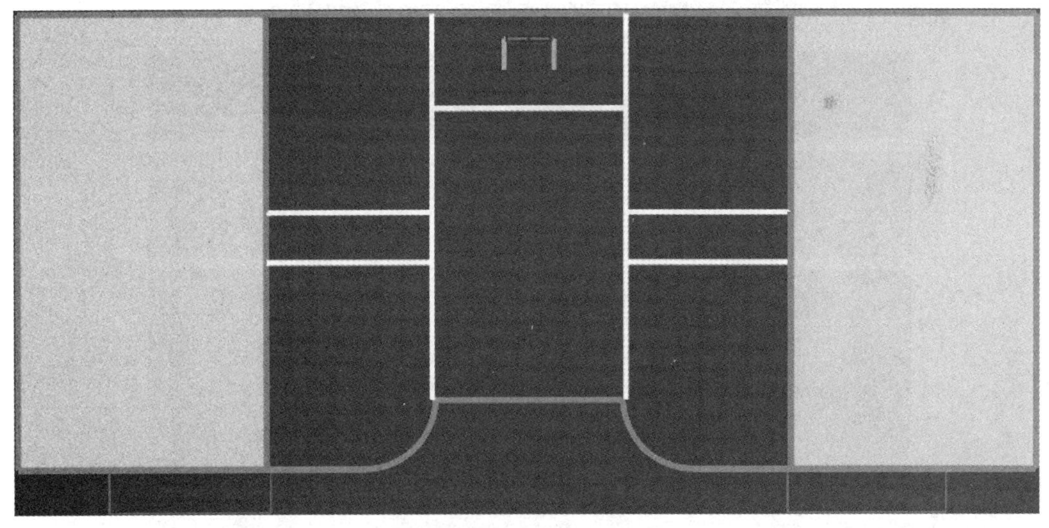

图 13.5.21　上人屋面 B

屋面 C 用于 5 层顶平屋面和阳台顶部雨篷，阳台顶部的屋面 C 可以采用智能布置，在智能布置中选择按外墙内边线、栏板内边线布置，再从右往左框选需要布置屋面的地方，如图 13.5.22 所示，单击鼠标右键，阳台顶部的屋面 C 就做好了。布置完成后选中阳台顶部屋面 C，修改标高为层底标高。

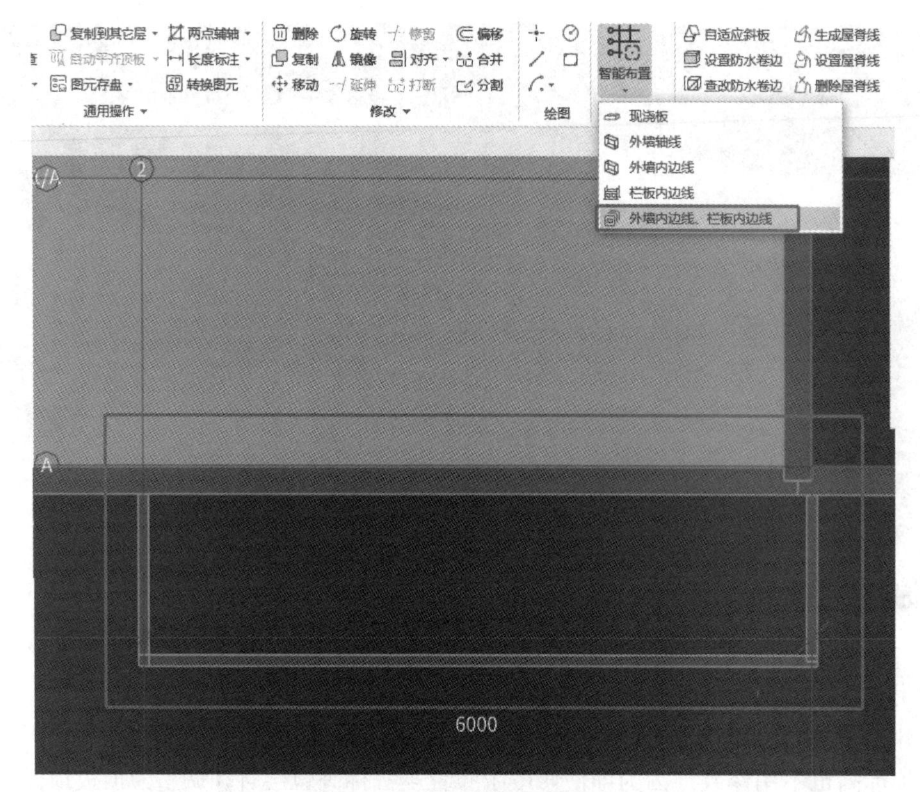

图 13.5.22　阳台顶部屋面 C

5 层顶平屋面的屋面 C 可以直接将屋顶平面图显示出来，沿图纸中的边线矩形绘制就可以了，如图 13.5.23 所示。布置完成后选中屋顶屋面 C，修改标高为 17.3 m。

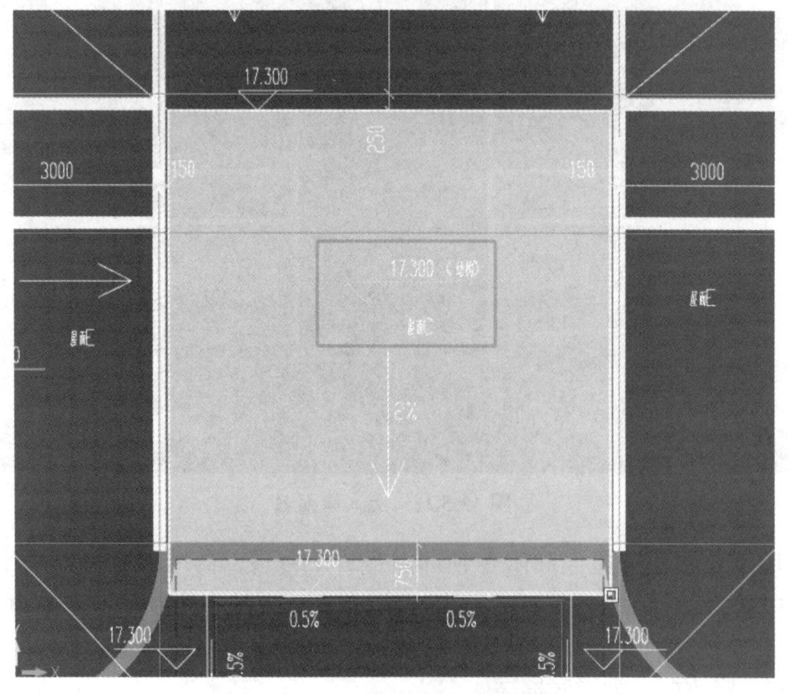

图 13.5.23　5 层顶平屋面的屋面 C

屋面 E 用于 5 层顶斜屋面，可采用智能布置的方式处理。在“智能布置”下拉菜单中选择按现浇板布置，再选择屋顶坡屋面板（不要忘记老虎窗上的坡屋面板），如图 13.5.24 所示，单击鼠标右键就布置完成了。智能布置的屋面标高正确，不用修改。

屋面布置效果如图 13.5.25 所示。

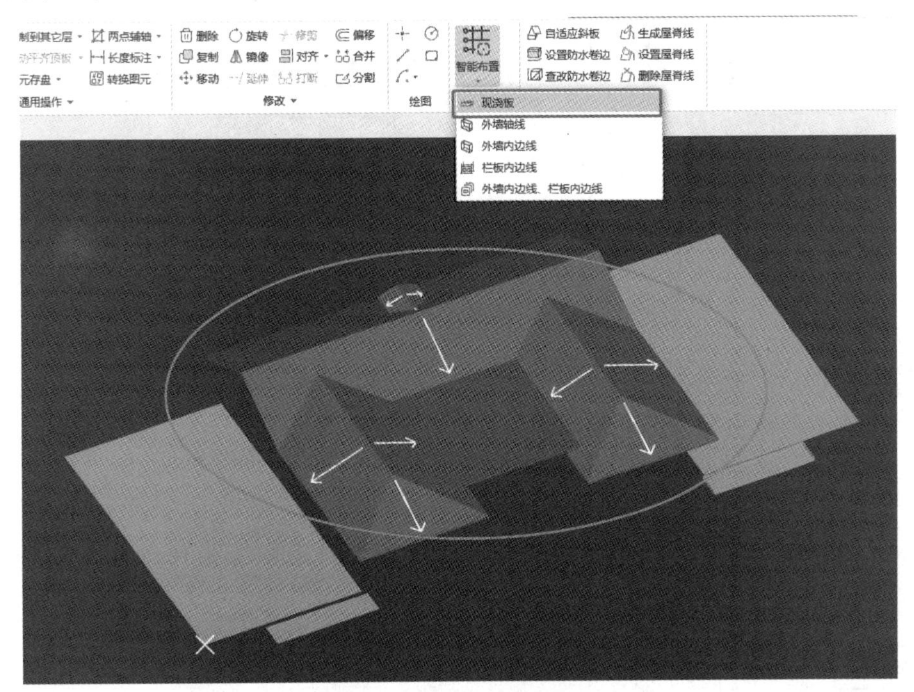

图 13.5.24　坡屋面的屋面 E

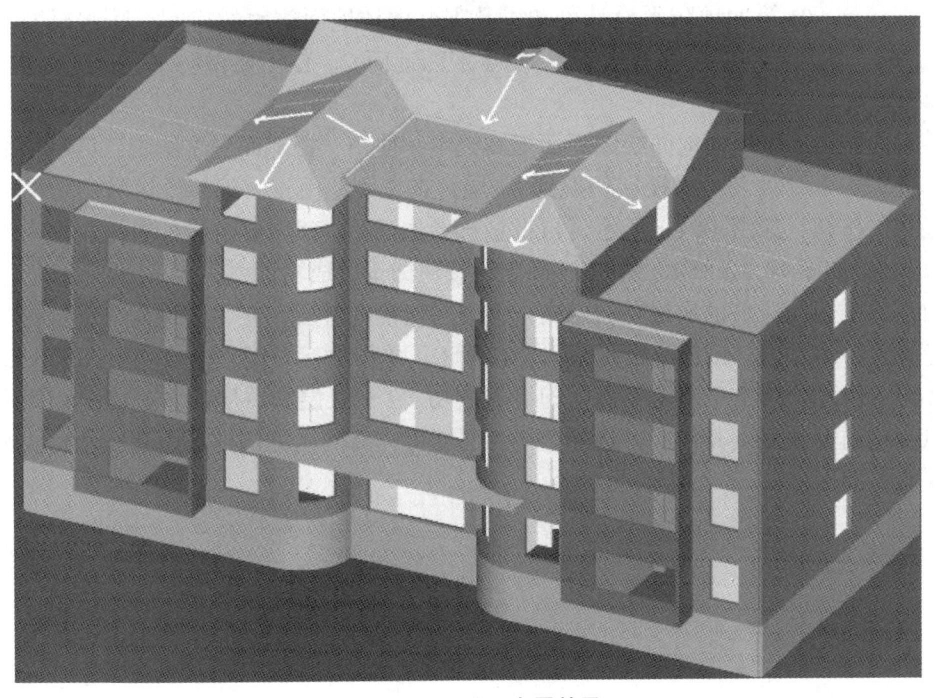

图 13.5.25　屋面布置效果

模块 14 防水保温工程量计算

14.1 防 水

学习目的

根据本工程图纸内容，完成楼地面和屋面的防水处理。

学习内容

楼地面的防水处理；屋面的防水处理；层间复制砌体墙构件，将图元复制到其他层。

操作步骤

1. 楼地面的防水处理

根据建施 -01 第四项防水设计可知，凡需要做楼地面防水的房间，防水层四周卷起 150 mm 高。从建施 -02 装饰做法表查得 -1 层的地面 C、D 需要做防水，1 ～ 4 层的楼面 E 需要做防水。

楼地面的防水可在楼地面绘图界面工具栏中，使用“楼地面二次编辑”区域中的“设置防水卷边”命令处理。将楼层切换到 -1 层，在“楼地面二次编辑”区域中单击“设置防水卷边”按钮，如图 14.1.1 所示，再批量选择地面 C、D 后单击鼠标右键，输入卷边高度 150 mm，如图 14.1.2 所示，单击“确定”按钮即设置成功。

首层的楼地面防水也是相同的做法，将楼层切换到首层，在“楼地面二次编辑”区域单击“设置防水卷边”按钮，再批量选择楼面 E，单击鼠标右键，输入卷边高度 150 mm，如图 14.1.3 所示，单击“确定”按钮即设置成功。2 ～ 4 层和首层的布置情况相同，可以批量选择楼面 E 复制到其他层，选择 2 ～ 4 层即可，有同名称构件是因其属性相同，覆盖目标层构件即可。

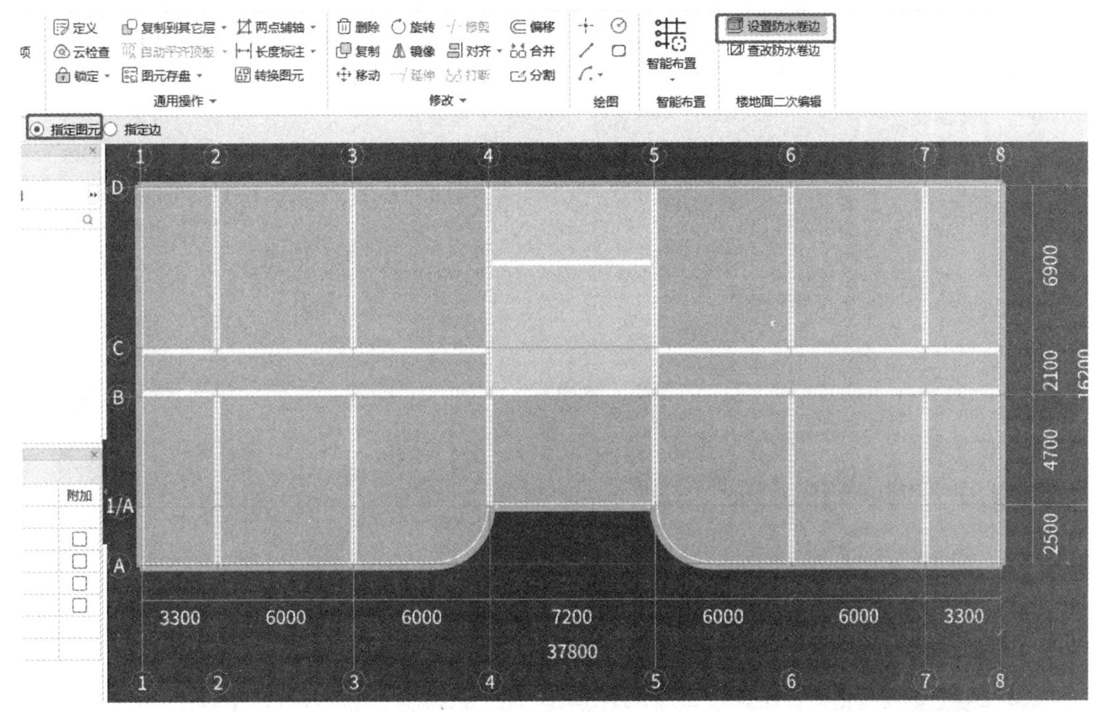

图 14.1.1　设置防水卷边

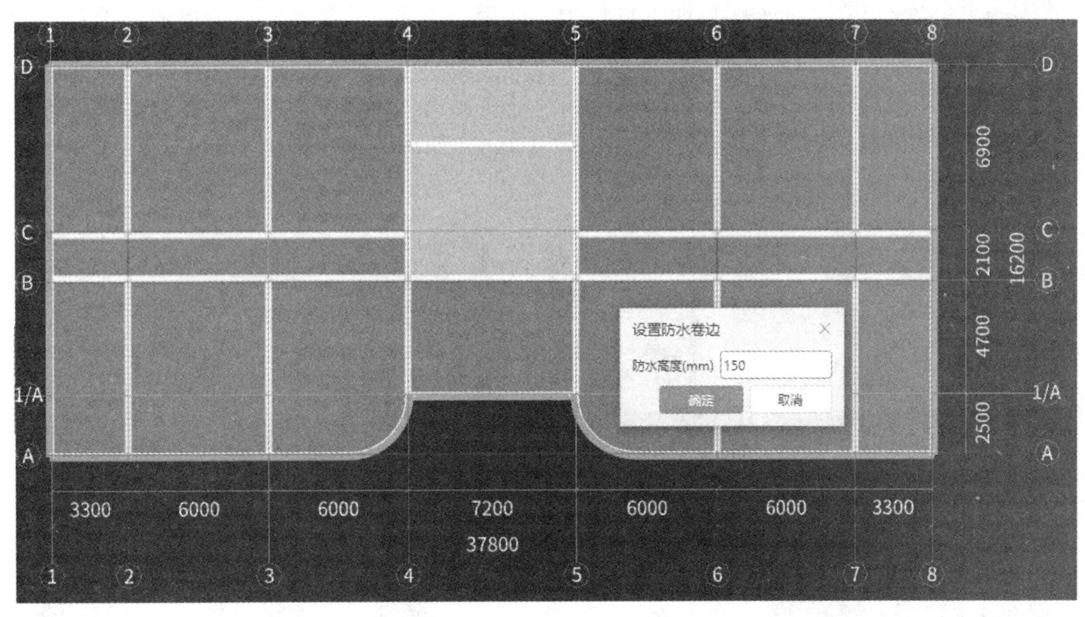

图 14.1.2　输入地面 C、D 卷边高度

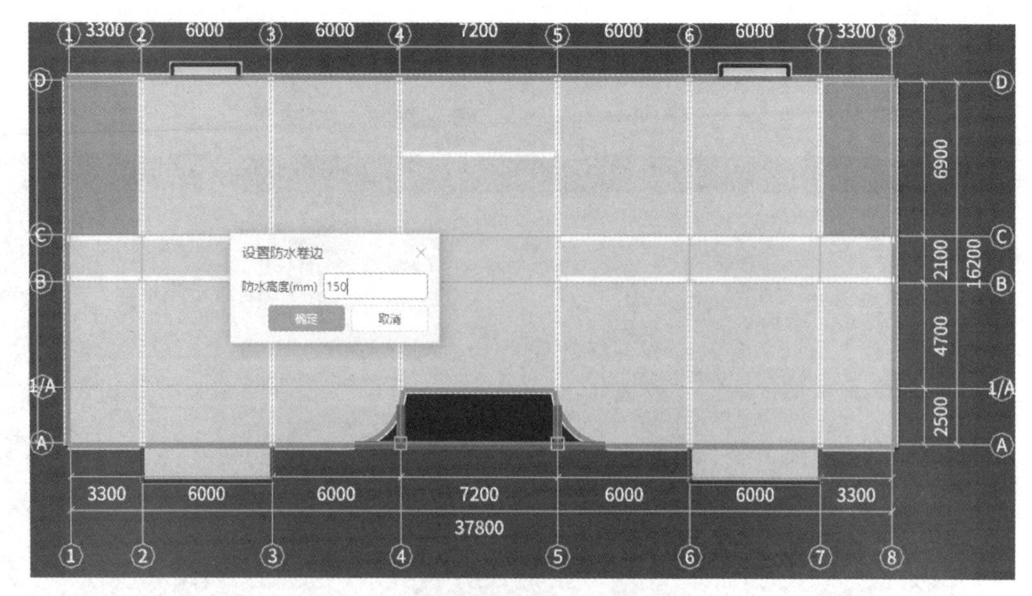

图 14.1.3　输入楼面 E 卷边高度

2．屋面的防水处理

从建施 -02 装饰做法表查得首层的屋面 D 需要做防水，卷边高度为 250 mm；5 层的屋面 B、C 需要做防水，卷边高度分别为 250 mm 和 200 mm。

屋面的防水可在屋面绘图界面工具栏中，使用“屋面二次编辑”区域中的“设置防水卷边”命令处理。

将楼层切换到首层，在“屋面二次编辑”区域单击“设置防水卷边”按钮，再批量选择屋面 D，单击鼠标右键，输入卷边高度 250 mm，如图 14.1.4 所示，单击“确定”按钮即设置成功。

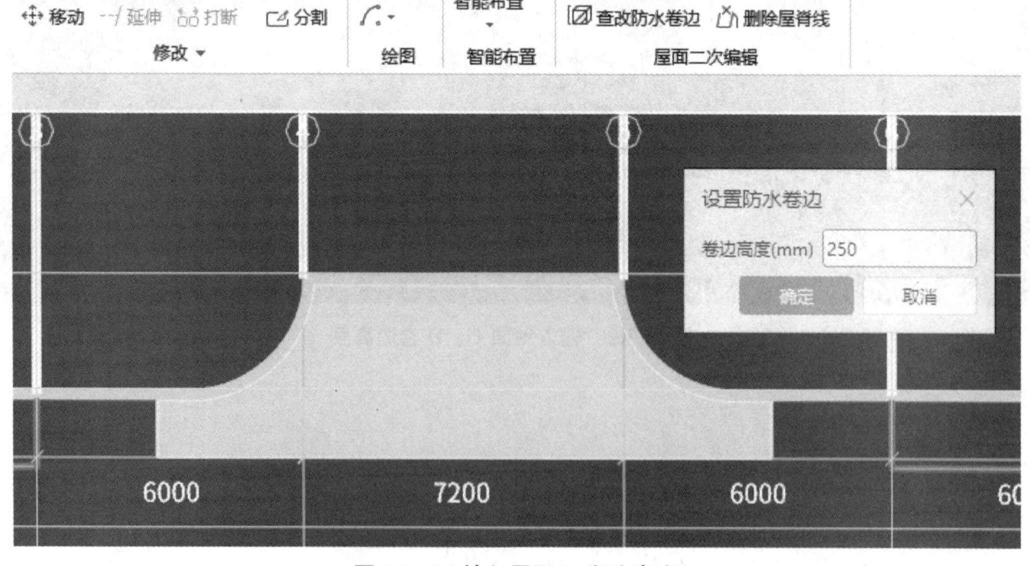

图 14.1.4　输入屋面 D 卷边高度

再将楼层切换到 5 层，在“屋面二次编辑”区域单击“设置防水卷边”按钮，再批量选择屋面 B，单击鼠标右键，输入卷边高度 250 mm，如图 14.1.5 所示，单击“确定”按钮即设置成功。

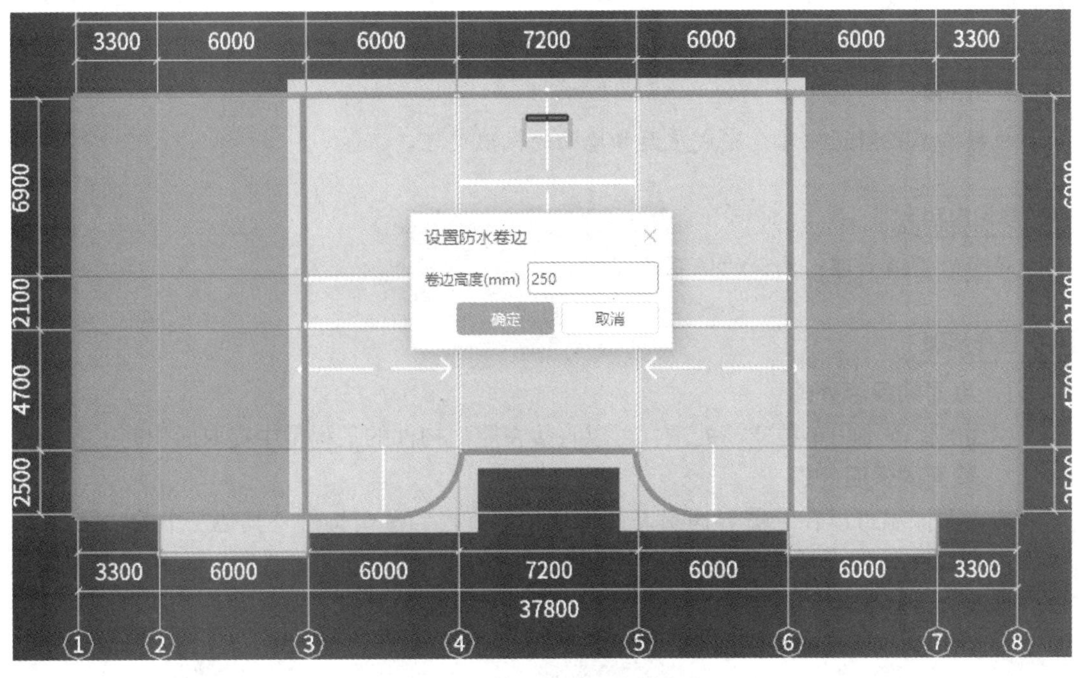

图 14.1.5　输入屋面 B 卷边高度

5 层的屋面 C 布置在阳台顶板和 5 层顶平屋面，而中间的 5 层顶平屋面的屋面 C 周边没有连接其他垂直构件，实际无法向上卷边，因此 5 层顶平屋面不需要做防水卷边，阳台顶板的屋面 C 用同样的方法设置防水卷边，再批量选择屋面 C，单击鼠标右键，输入卷边高度 200 mm，如图 14.1.6 所示，单击“确定”按钮。

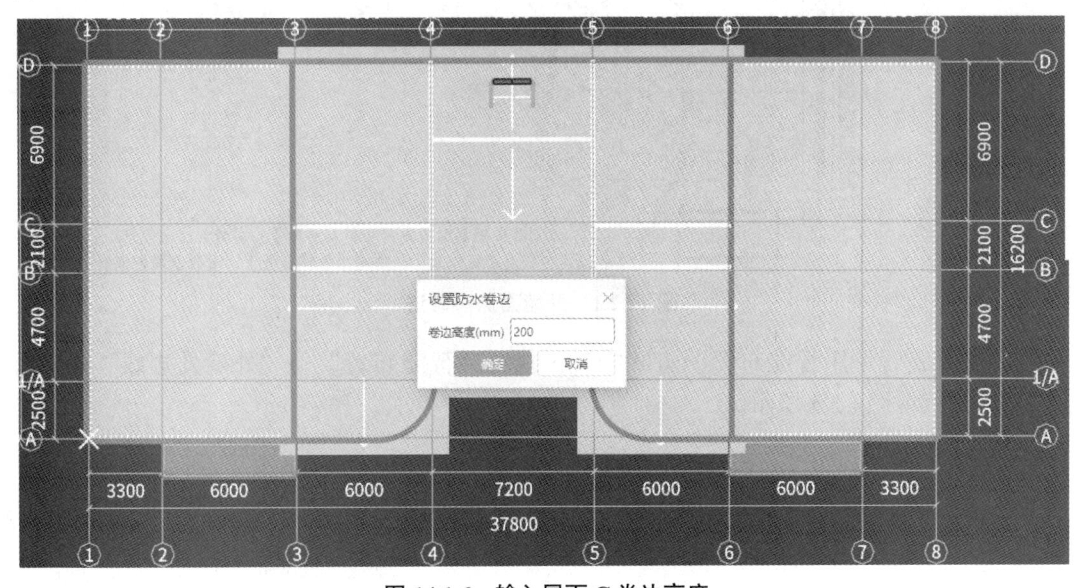

图 14.1.6　输入屋面 C 卷边高度

14.2 保　温

学习目的

根据本工程图纸内容，完成屋面和墙面的保温处理。

学习内容

屋面的保温处理；墙面的保温处理。

操作步骤

1. 屋面的保温处理

屋面的保温不用单独建模处理，可以直接在屋面构件的工程量中提取面积的工程量。

2. 墙面的保温处理

外墙面保温可以在绘图界面最左侧模块“导航栏”选中构件“其他”中的“保温层”构件去布置和处理。根据建施 -03 工程做法明细（二），如图 14.2.1 所示，外墙保温做法厚度为 60 mm，没有空气层则厚度为 0，因为外墙保温需要做至室外地坪，所以底标高要修改为室外地坪标高 -0.45 m，如图 14.2.2 所示。

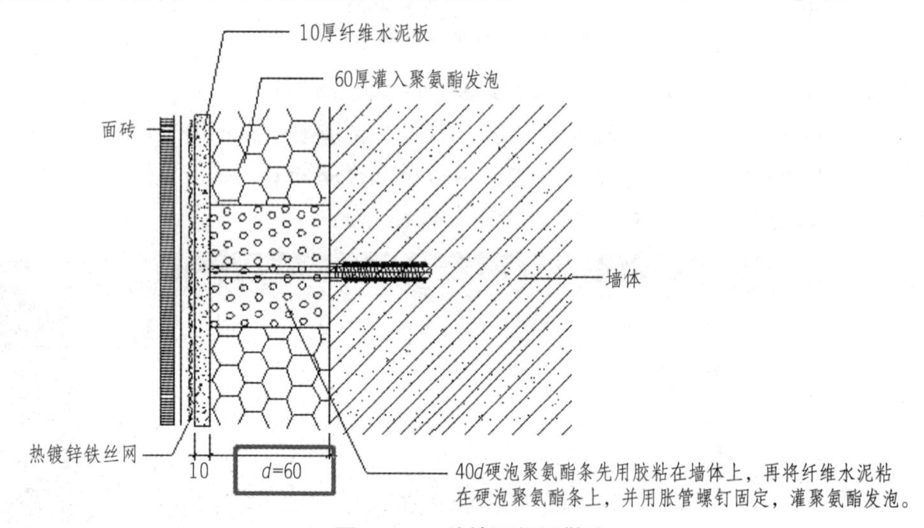

图 14.2.1　外墙面保温做法

新建完成后采用智能布置的方式处理，执行“智能布置”→“外墙外边线”→“首层”命令，如图 14.2.3 所示。

属性列表　图层管理

	属性名称	属性值	附加
1	名称	外墙保温	
2	材质	苯板	☐
3	厚度(不含空气...	60	☐
4	空气层厚度(mm)	0	☐
5	起点顶标高(m)	墙顶标高	☐
6	终点顶标高(m)	墙顶标高	☐
7	起点底标高(m)	-0.45	☐
8	终点底标高(m)	-0.45	☐
9	备注		☐
10	⊞ 土建业务属性		
14	⊞ 显示样式		

图 14.2.2　外墙保温属性

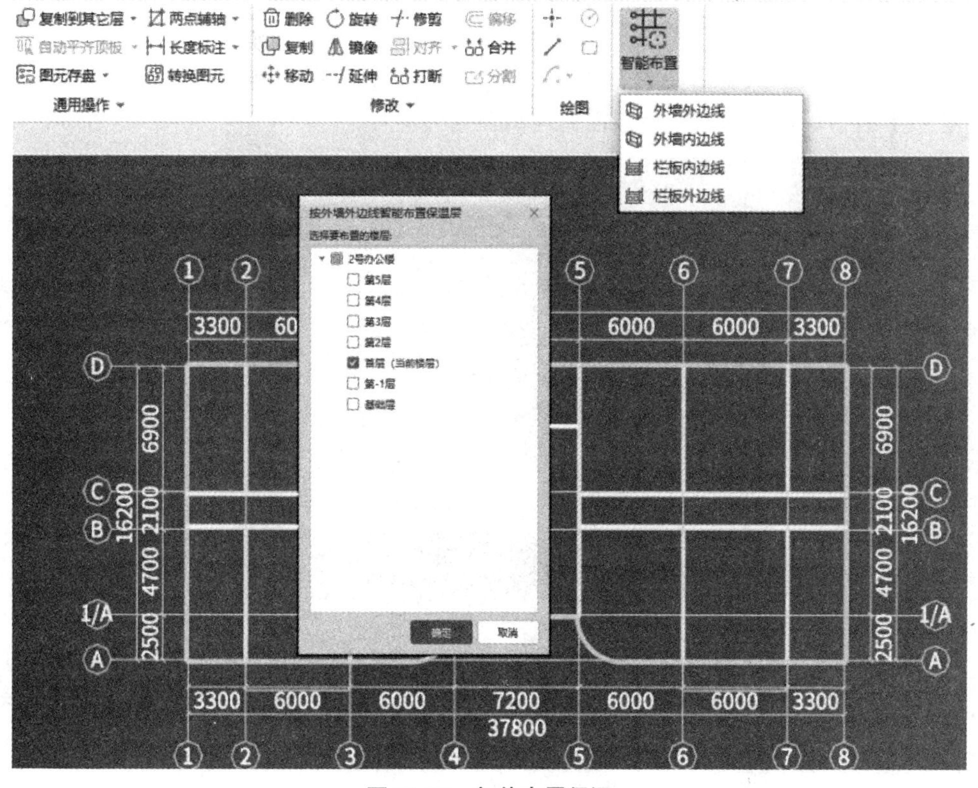

图 14.2.3　智能布置保温

因为阳台是封闭阳台，在左、右两边阳台处的保温应做在栏板外侧，所以需要将外墙上在阳台范围内的保温删除，可以用修剪功能处理，单击“修剪”按钮，先选择修剪边界线为栏板中心线，如图 14.2.4 所示，再单击鼠标右键确认，最后单击需要删除的部分。修剪完成后再将保温点画在栏板外侧，标高会自动随栏板标高调整，不用单独修改。

图 14.2.4　修剪保温

2 ～ 4 层的保温也采用相同的布置方法，将构件底标高改为墙底标高，先沿外墙外边线智能布置，再将阳台处修改。也可以做完 1 层后复制到其他层，但是需要注意阳台栏板处在复制时可能出现重叠布置，注意修改。

5 层的保温先层间复制构件，进行智能布置，因为保温层的厚度较大，在布置保温时要注意保持墙体平整，即在同一平面的墙上均要布置保温，所以女儿墙上为了和 4 层墙面保持平整也需要布置保温，如图 14.2.5 所示，智能布置的保温正好位于需要布置保温的位置，栏板上也是同样的道理，所以需要点画补充。

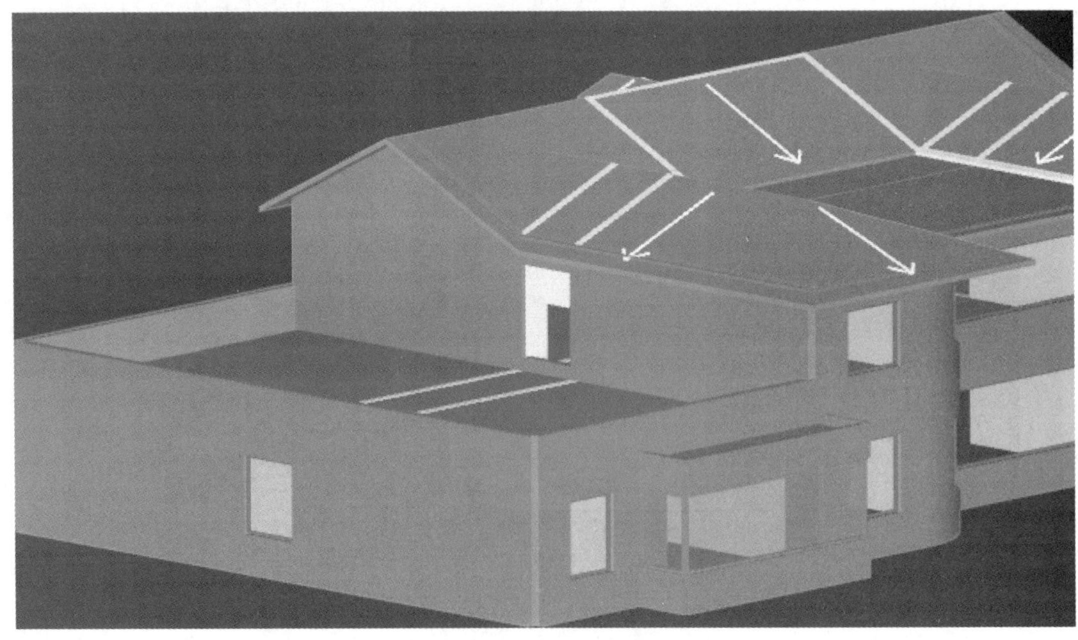

图 14.2.5　布置保温

③轴和⑥轴的外墙上也需要布置保温，这样才能形成封闭的一圈，起到保温的作用。

14.3 散 水

学习目的

根据本工程图纸内容，完成散水的定义和绘制。

学习内容

散水的定义和绘制。

操作步骤

因为室外地坪标高 −0.45 m 在 −1 层范围内，所以在 −1 层处理。将楼层切换到 −1 层，在其他类的散水中新建散水构件，通过建施 −16 的散水做法详图可知，散水厚度为 60 mm，顶标高为 −0.45 m，散水宽度为 1 000 mm，填写对应的信息，选择“智能布置”→“外墙外边线”选项，框选所有外墙（直接框选即可），软件会默认筛选外墙，如图 14.3.1 所示，选择后单击鼠标右键确认，输入散水宽度 1 000 mm，如图 14.3.2 所示，单击“确定”按钮即布置成功。

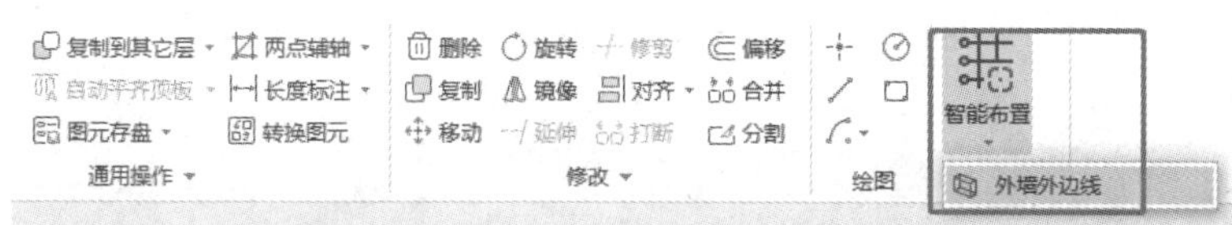

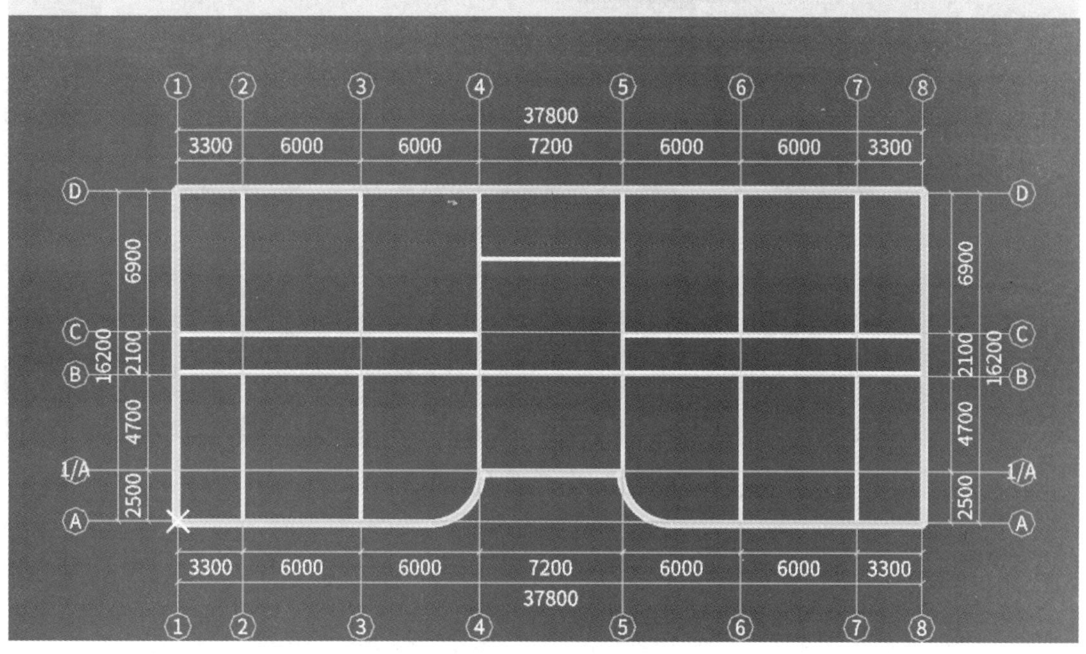

图 14.3.1　智能布置散水

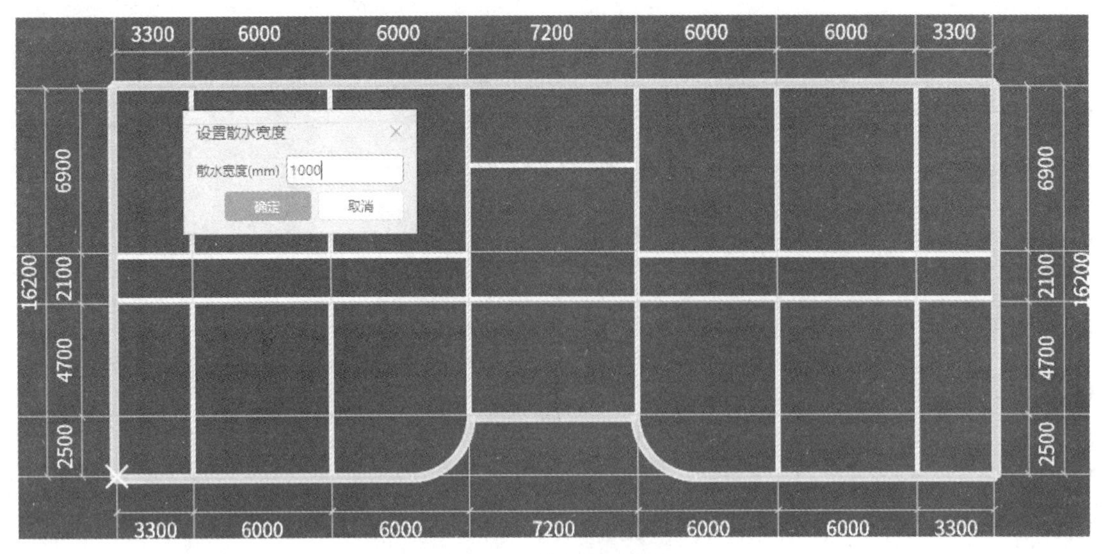

图 14.3.2　输入散水宽度

在南立面台阶位置不需要做散水，但是散水图元遇到台阶不会自动扣减，因此需要将与台阶重叠的部分分割删除。将图纸切换到首层平面图可以看到台阶的边线，选中散水图元，单击分割，沿台阶边线绘制分割线，如图 14.3.3 所示。绘制分割线后，单击鼠标右键确认。最后将台阶处散水删除即可，散水效果如图 14.3.4 所示。

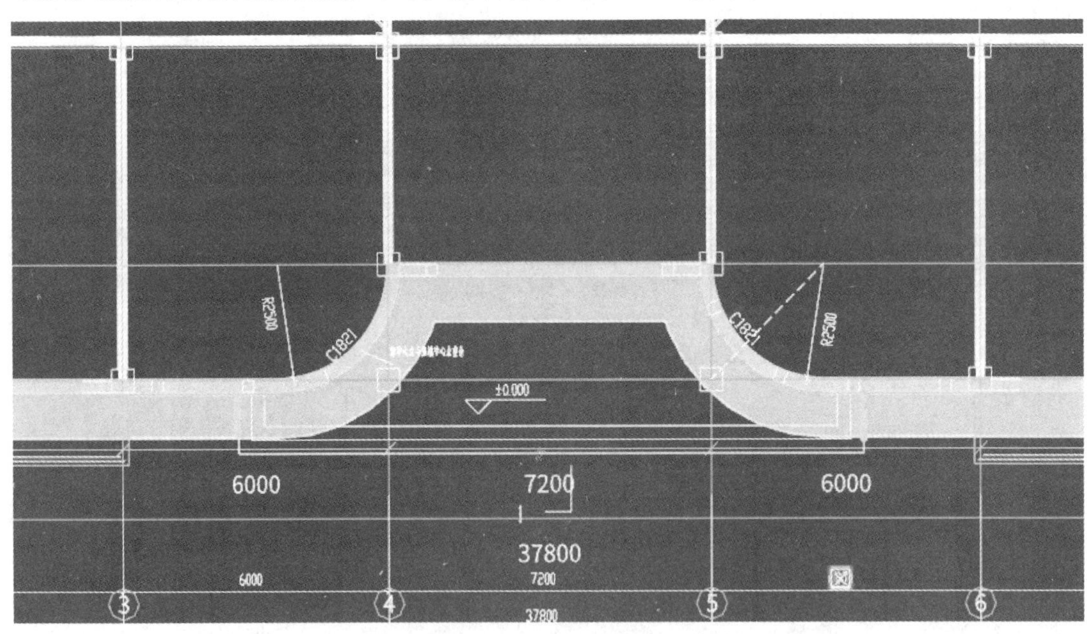

图 14.3.3　绘制分割线

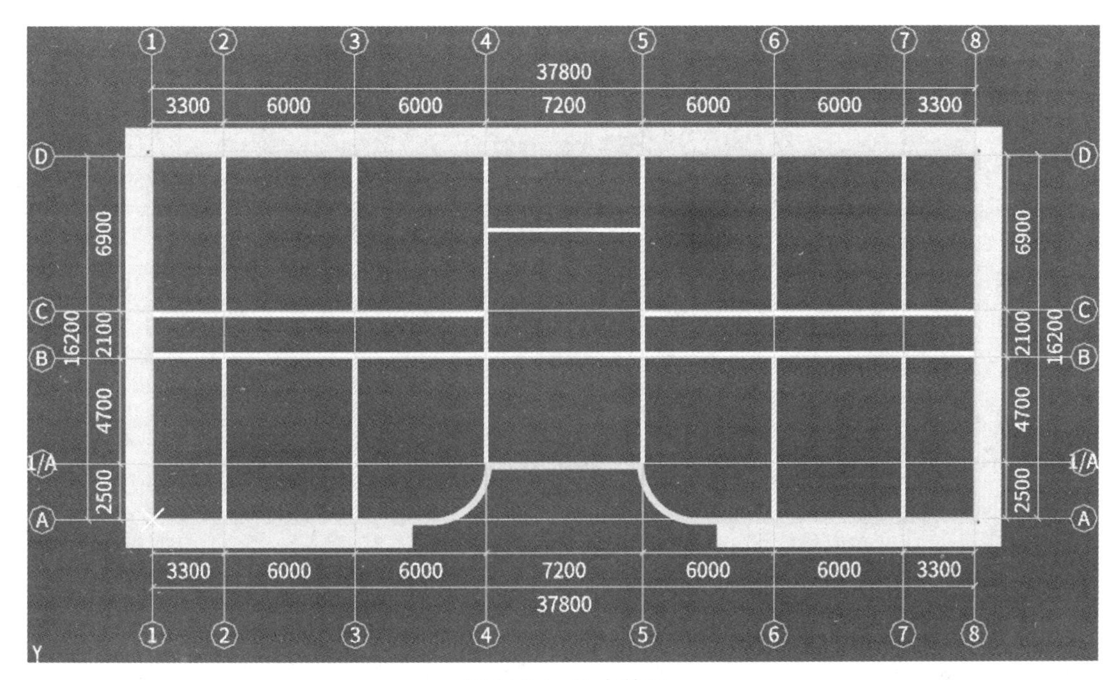
1
2
3
4
5
6
7
8
37800
3300
6000
6000
7200
6000
6000
3300
D
C
B
1/A
A
6900
2100
4700
2500
16200
Y

图 14.3.4　散水效果

模块 15
地下部分工程量计算

15.1 垫 层

学习目的

根据本工程图纸内容，完成混凝土垫层的定义和绘制。

学习内容

区别和定义各类型垫层；绘制及智能布置垫层。

操作步骤

1. 筏形基础垫层

为了将基础的底部进行找平，并将基础与下方土层隔离，在基础下方往往需要设置垫层，从结施 -02 右下角筏基剖面可以看出，筏板基础垫层厚度为 100 mm，比筏板基础宽出 100 mm，其底标高为 −3.77 m。

新建垫层有点式、线式和面式三类，点式垫层适用于独立基础、桩承台基础构件；线式垫层适用于条形基础、梁等构件；面式垫层适用于独立基础、桩承台基础、集水坑、下柱墩、筏板、坡道等构件。因此，筏板基础的垫层应为面式垫层。新建面式垫层属性如图 15.1.1 所示。厚度为 100 mm，混凝土类型改为现浇混凝土，这样软件才会计算垫层的模板面积，如果需要垫层模板面积的工程量可直接提取。标高可以暂时不用修改，即使在新建构件时进行修改，在智能布置之后标高仍然需要修改，因此可以先布置再进行调整。

属性列表　图层管理

	属性名称	属性值	附加
1	名称	筏板垫层	
2	形状	面型	☐
3	厚度(mm)	100	☐
4	材质	现浇混凝土	☐
5	混凝土类型	(碎石最大粒径20mm 坍落...	☐
6	混凝土强度等级	(C15)	☐
7	混凝土外加剂	(无)	
8	泵送类型	(混凝土泵)	
9	顶标高(m)	基础底标高	☐
10	备注		☐
11	+ 钢筋业务属性		
14	+ 土建业务属性		
17	+ 显示样式		

图 15.1.1　新建面式垫层属性（筏板垫层）

新建完成后选择“智能布置”→“筏板”选项进行布置，如图 15.1.2 所示，然后单击筏板，单击鼠标右键填写垫层出边距离为图纸所示的 100 mm 即布置成功，如图 15.1.3 所示。

图 15.1.2 筏板垫层智能布置

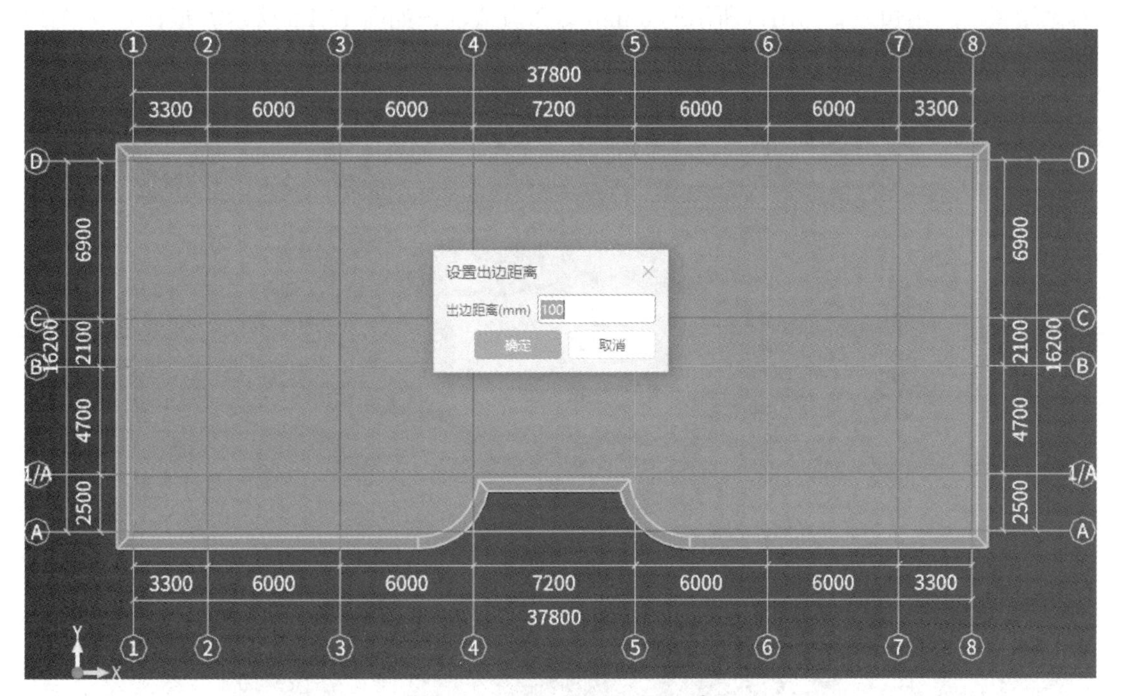

图 15.1.3 筏板垫层出边距离填写

因筏板垫层的顶标高为垫层底标高 −3.77 ＋垫层厚度 0.1 ＝ −3.67（m），所以在布置完

成后，应选中垫层，在“属性列表”中将标高修改为 −3.67 m。

2. 筏形基础防水层

在垫层上方还有 70 mm 厚的基础防水层，为了后期计算土方回填，需把防水层布置上去，让回填方体积能对防水层进行扣减。防水层布置的范围在筏板的正下方，没有出边，可以用垫层代为处理，新建面式垫层构件，属性如图 15.1.4 所示，注意厚度改为 70 mm，顶标高为基础底标高。

属性列表　图层管理

	属性名称	属性值	附加
1	名称	防水层	
2	形状	面型	☐
3	厚度(mm)	70	☐
4	材质	现浇混凝土	☐
5	混凝土类型	(碎石最大粒径20mm 坍落...	☐
6	混凝土强度等级	(C15)	☐
7	混凝土外加剂	(无)	
8	泵送类型	(混凝土泵)	
9	顶标高(m)	基础底标高	☐
10	备注		☐
11	⊕ 钢筋业务属性		
14	⊕ 土建业务属性		
17	⊕ 显示样式		

图 15.1.4　防水层属性

新建完成后选择“智能布置”→“筏板”选项进行布置，然后单击筏板，单击鼠标右键填写垫层出边距离为图纸所示的 0 mm 即布置成功，如图 15.1.5 所示。布置后效果如图 15.1.6 所示。

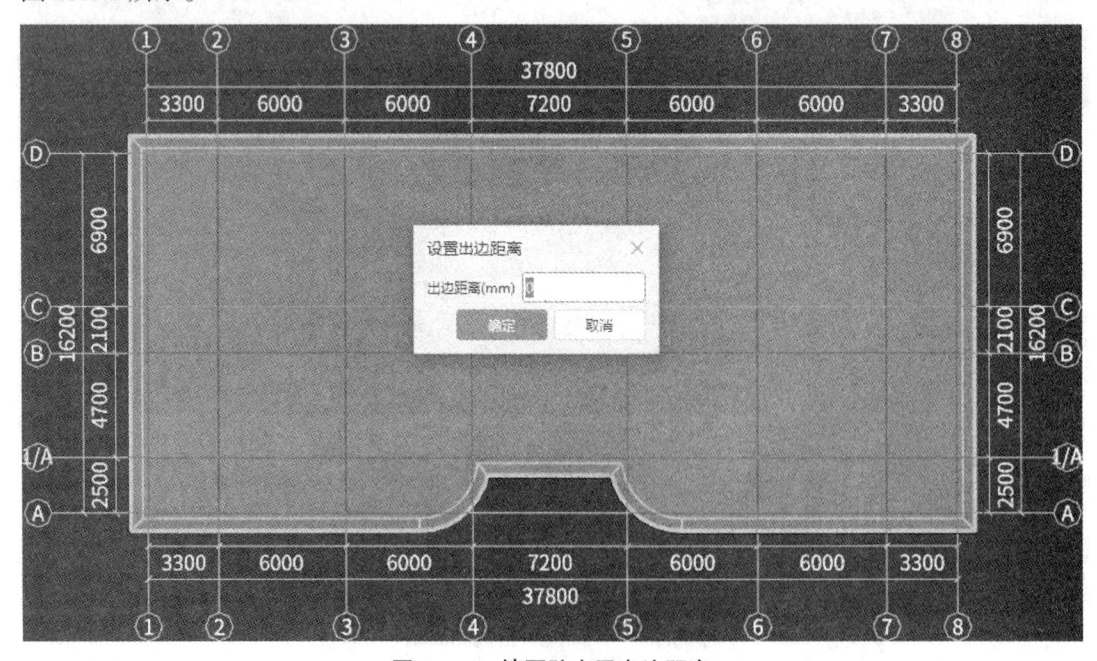

图 15.1.5　填写防水层出边距离

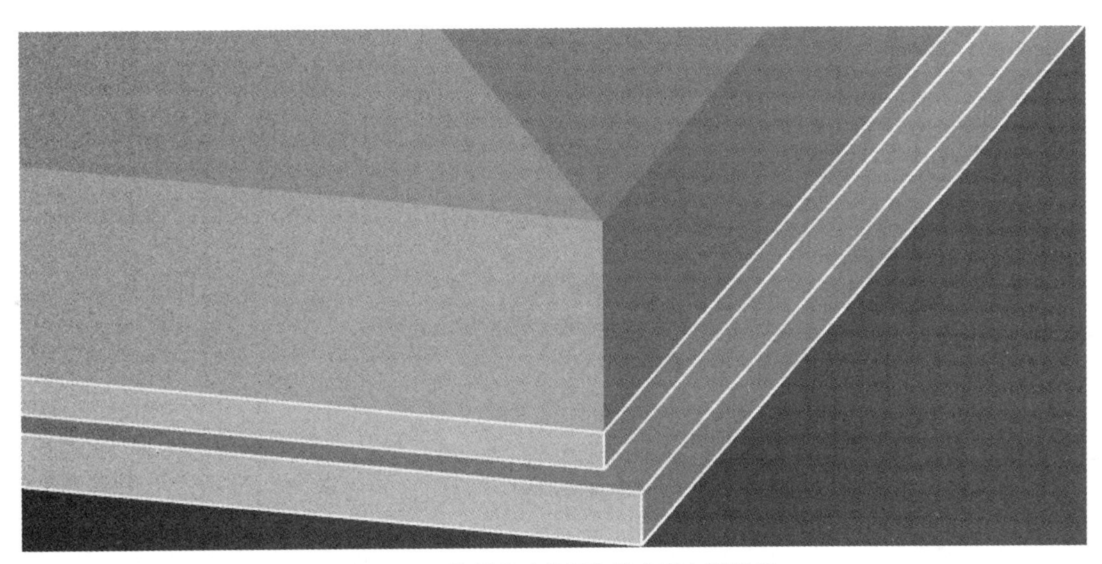

图 15.1.6　筏板基础垫层和防水层布置效果

3．筏板顶面垫层

筏板顶部还有 200 mm 厚 CL7.5 轻集料混凝土垫层的做法，如图 15.1.7 所示。可以用垫层处理，因为垫层遇基础梁会自动扣减。新建面式垫层构件，厚度为 200 mm，标高暂不修改，等绘制之后再做调整。属性如图 15.1.8 所示。

新建完成后选择“智能布置”→“筏板”选项进行布置，然后单击筏板，单击鼠标右键填写垫层出边距离，由于地面垫层布置的范围在基础梁以内，至少需往内偏移 500 mm，但输入的出边距离不能为负值，所以先填写为 0 mm 后再做调整。布置完成后，批量选择地面垫层，将顶标高改为 −2.7 m，并选择偏移功能，将鼠标光标放置在垫层边线以内，输入偏移数值 500 mm，如图 15.1.9 所示，再按 Enter 键即布置成功。

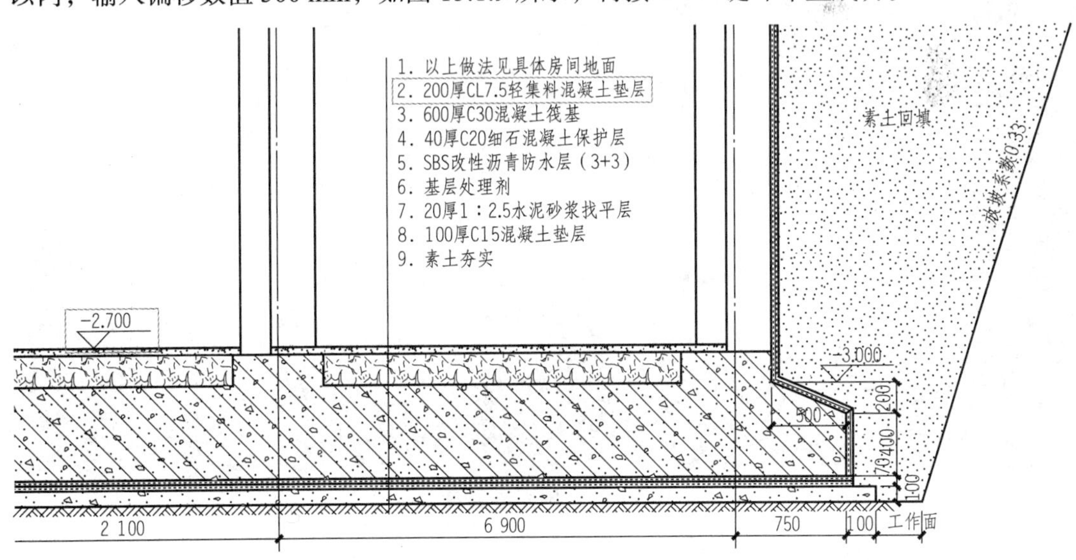

图 15.1.7　地面垫层

	属性名称	属性值	附加
1	名称	地面垫层	
2	形状	面型	☐
3	厚度(mm)	200	☐
4	材质	现浇混凝土	☐
5	混凝土类型	(碎石最大粒径20mm 坍落...	☐
6	混凝土强度等级	(C15)	☐
7	混凝土外加剂	(无)	
8	泵送类型	(混凝土泵)	
9	顶标高(m)	基础底标高	☐
10	备注		☐
11	⊞ 钢筋业务属性		
14	⊞ 土建业务属性		
17	⊞ 显示样式		

图 15.1.8　地面垫层属性

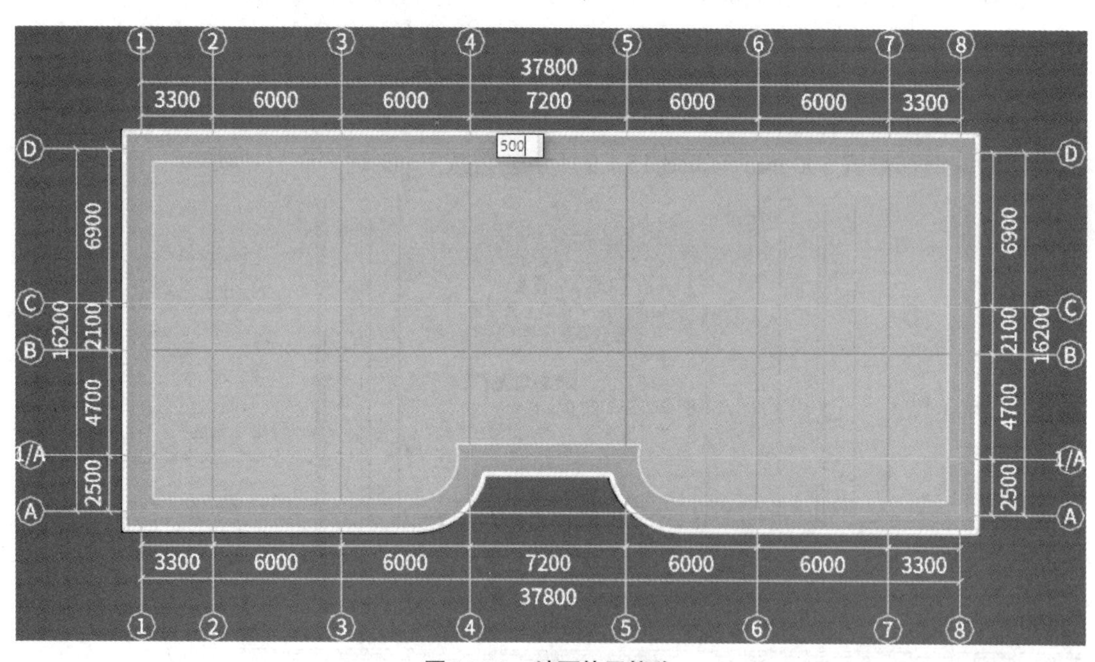

图 15.1.9　地面垫层偏移

4. 独立基础垫层

如结施 -04 KZ4 基础图所示，在 -1 层独立基础的下方也需要布置垫层，切换楼层至 -1 层，新建面式垫层，厚度为 100 mm，如图 15.1.10 所示。选择“智能布置”→“独基”选项进行布置，批量选择独立基础，单击鼠标右键填写垫层出边距离 100 mm，确定即可布置成功。布置效果如图 15.1.11 所示。

属性列表　图层管理

	属性名称	属性值	附加
1	名称	KZ4基础垫层	
2	形状	面型	☐
3	厚度(mm)	100	☐
4	材质	现浇混凝土	☐
5	混凝土类型	(碎石最大粒径20mm 坍落...	☐
6	混凝土强度等级	(C15)	☐
7	混凝土外加剂	(无)	
8	泵送类型	(混凝土泵)	
9	顶标高(m)	基础底标高	☐
10	备注		☐
11	⊞ 钢筋业务属性		
14	⊞ 土建业务属性		
17	⊞ 显示样式		

图 15.1.10　KZ4 基础垫层属性

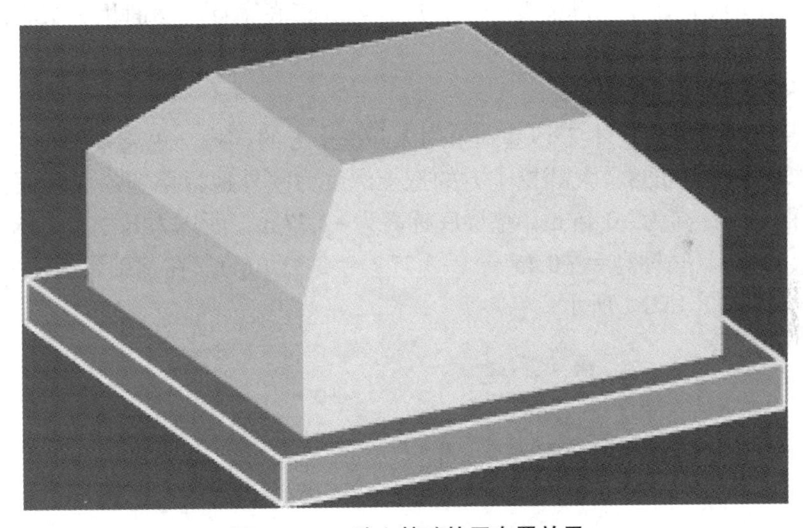

图 15.1.11　独立基础垫层布置效果

思 考

（1）点式、线式、面式垫层分别适用于哪些基础构件？

（2）独立基础垫层是否可以用点式垫层处理？

15.2 土　方

学习目的

根据本工程图纸内容，完成基础土方的定义和绘制。

学习内容

区别和定义各类型土方；绘制和智能布置土方。

操作步骤

根据《安徽省建设工程计价定额计算规则（2018）》，基础土方划分为挖一般土方、挖基槽土方、挖基坑土方。其中底宽≤ 7 m 且底长＞ 3 倍底宽为挖沟槽土方，一般用于条形基础、基础梁；底长≤ 3 倍底宽且底面积≤ 150 m^2 为挖基坑土方，一般用于独立基础、桩承台、柱墩、集水坑；超出上述范围为挖一般土方，一般用于筏形基础、地下室。

在本工程中有地下室和筏形基础需要开挖，开挖范围较大，适用于挖一般土方，即大开挖土方。在 -1 层有独立基础需要开挖，底长≤ 3 倍底宽且底面面积≤ 150 m^2，适用于挖基坑土方。

1. 大开挖土方

从建施 -17 可以看出，本工程基础采用大开挖土方的方式，距离垫层边工作面宽度为 150 mm，放坡系数为 0.33，大开挖土方的挖土深度为室外地坪至垫层底表面标高之间的距离。本工程室外标高为 -0.45 m，垫层底标高为 -3.77 m，所以大开挖土方的挖土深度＝室外地坪标高－垫层底标高＝ -0.45 －（-3.77）＝ 3.32（m）。在基础层新建大开挖土方，其属性参数设置如图 15.2.1 所示。

属性列表　图层管理

	属性名称	属性值
1	名称	大开挖
2	深度(mm)	3320
3	放坡系数	0.33
4	工作面宽(mm)	150
5	湿土厚度(mm)	(0)
6	顶标高(m)	-0.45
7	底标高(m)	-3.77
8	备注	
9	⊞ 土建业务属性	
13	⊞ 显示样式	

图 15.2.1　大开挖土方属性参数设置

新建完成后可显示垫层图元（快捷键 X），沿筏板垫层外边缘进行直线或三点弧绘制即可。

也可以单击“智能布置”按钮，按“面式垫层”进行布置，点选比较难以选中筏板垫层，可在“批量选择”界面中快速选中，单击鼠标右键即布置成功，如图 15.2.2 所示。

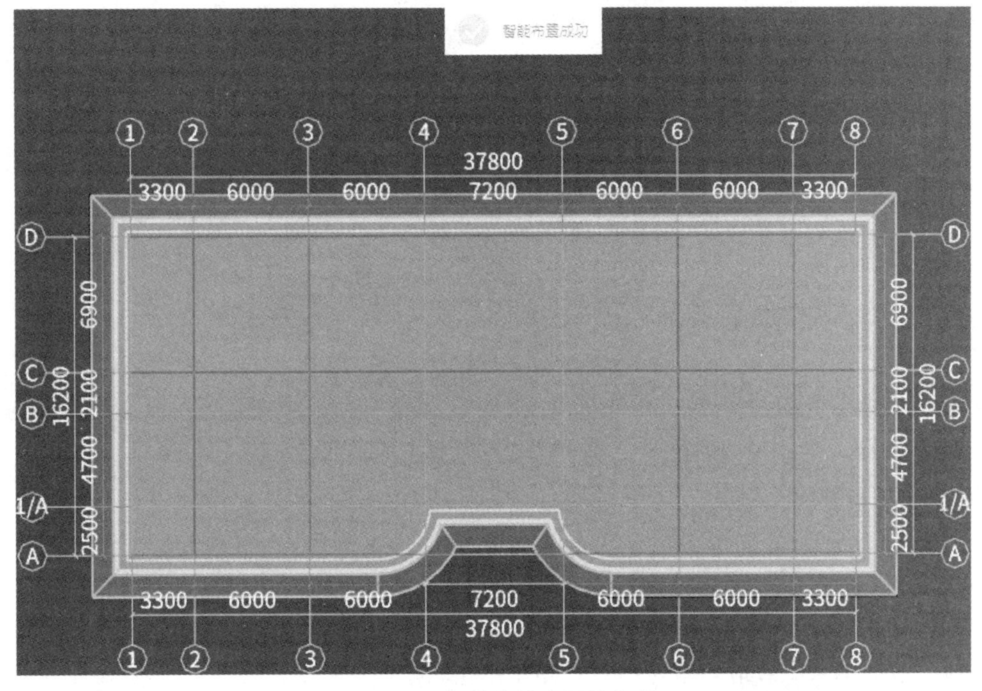

图 15.2.2　智能布置大开挖土方

除了这两种方式以外，也可以在垫层构件的二次编辑中直接生成土方。“土方类型”选择“大开挖土方”，“工作面宽”输入“150”，“放坡系数”为“0.33”，如图 15.2.3 所示。确定后选择到筏板垫层，单击鼠标右键生成。生成后将名称修改为“大开挖土方”，以方便后期提量，防止忘记，并检查生成的土方图元挖土深度和标高是否正确。

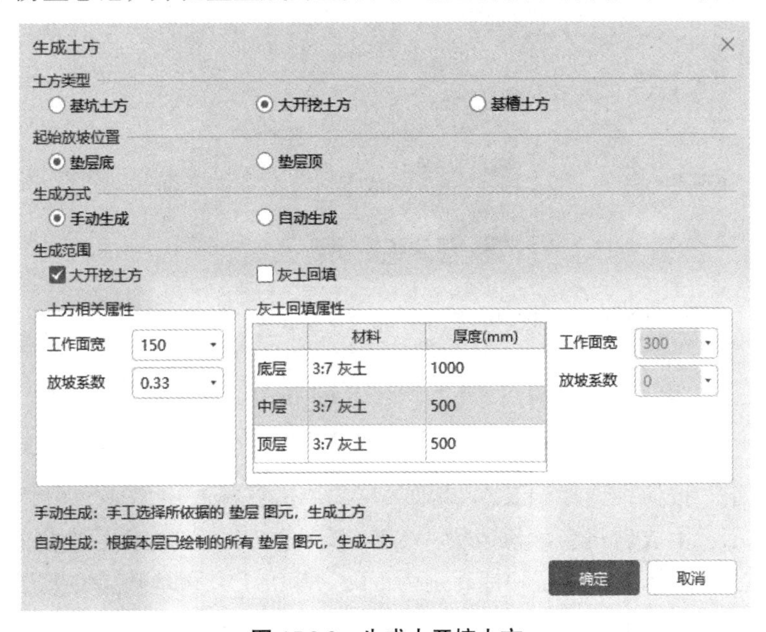

图 15.2.3　生成大开挖土方

布置好的大开挖土方如图 15.2.4 所示。

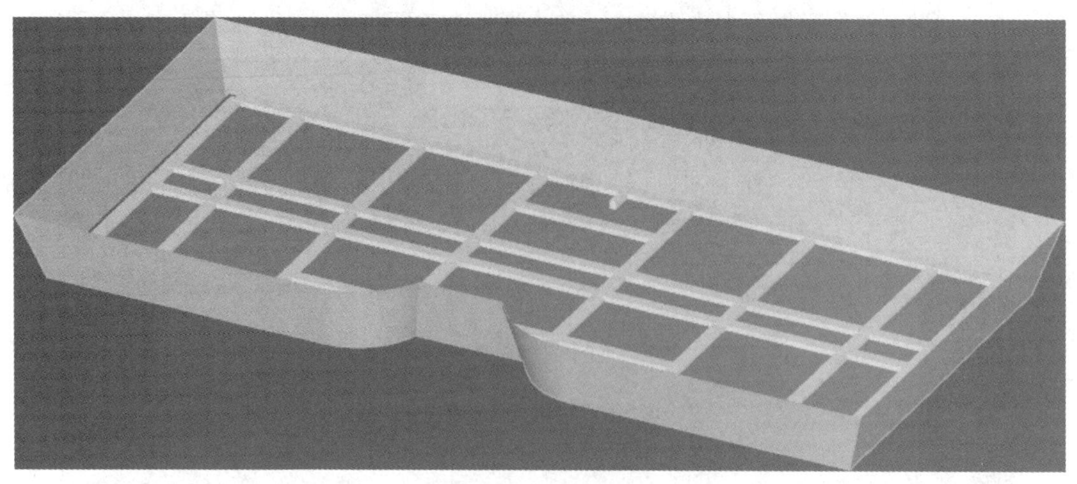

图 15.2.4　大开挖土方

2. 基坑土方

-1 层独立基础也采用生成土方的方式布置基坑土方。在垫层构件的二次编辑中生成土方。“土方类型”选择“基坑土方”，工作面宽考虑混凝土基础支模板需要工作面 400 mm，垫层出边 100 mm，因此“工作面宽”输入 400 － 100 ＝ 300（mm），因挖土深度较浅，所以不考虑放坡，系数为 0，如图 15.2.5 所示。

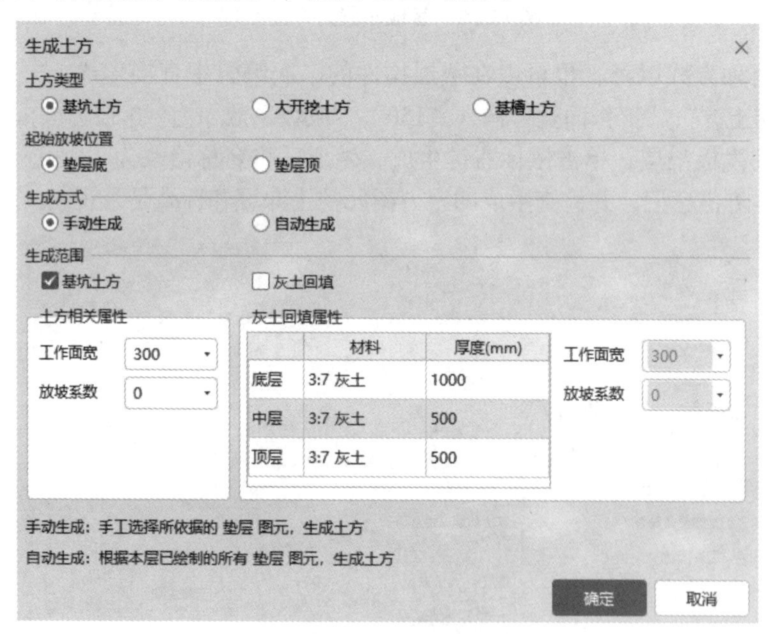

图 15.2.5　生成基坑土方

单击“确定”按钮，选择到 KZ4 基础垫层，单击鼠标右键生成。布置好的基坑土方如图 15.2.6 所示。生成后将名称修改为“ KZ4 基础土方”，以方便后期提量，防止忘记，并检查生成的土方图元挖土深度和标高是否正确。基坑土方和基础层的大开挖土方重叠部分软件会自动扣除，不用处理。

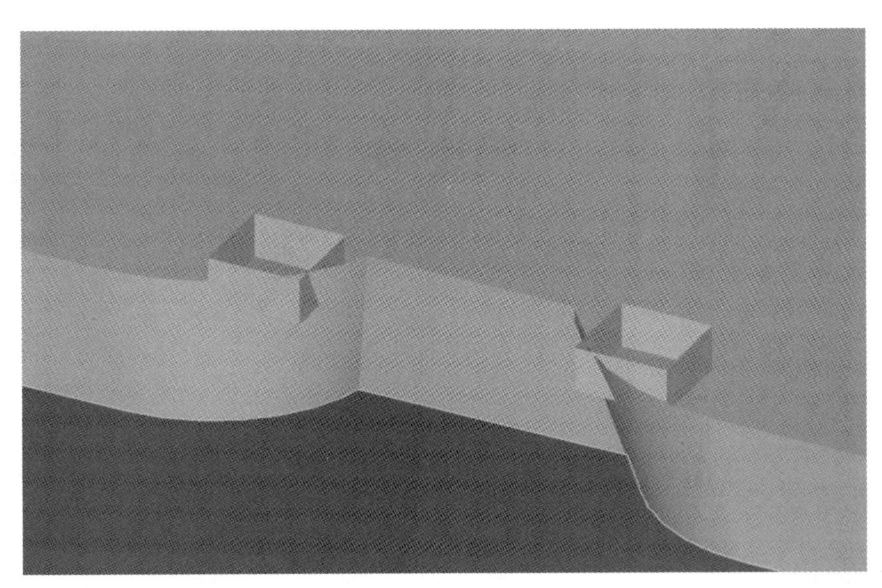

图 15.2.6　基坑土方

思 考

（1）挖土方的类型有哪些？如何划分范围？

（2）若 KZ4 独立基础垫层采用面式垫层，则新建基坑土方时可以采用智能布置吗？

（3）若 KZ4 独立基础垫层采用点式垫层，则新建基坑土方时可以采用智能布置吗？

模块 16
工程量清单的编制

16.1 建设工程造价费用构成

学习目的

掌握安徽 2018 版建设工程计价依据中的费用组成。

学习内容

安徽 2018 版建设工程计价依据中的费用组成。

操作步骤

安徽 2018 版建设工程计价依据中建设工程造价费用由分部分项工程费、措施项目费、不可竞争费、其他项目费和税金构成。

16.1.1 分部分项工程费

分部分项工程费是指各专业工程的分部分项工程应予列出的各项费用，由人工费、材料费、机械费和综合费构成。

1. 人工费

人工费是指支付给从事建设工程施工的生产工人和附属生产单位工人的各项费用，包括工资、奖金、津贴补贴、职工福利费、劳动保护费、社会保险费、住房公积金、工会经费和职工教育经费。

（1）工资：是指按计时工资标准和工作时间支付给个人的劳动报酬，或对已做工作按计件单价支付的劳动报酬。

（2）奖金：是指对超额劳动和增收节支支付给个人的劳动报酬。

（3）津贴补贴：是指为了补偿职工特殊或额外的劳动消耗和因其他特殊原因支付给个人的津贴，以及为了保证职工工资水平不受物价影响所支付给个人的物价补贴。

（4）职工福利费：是指企业按工资一定比例提取出来的专门用于职工医疗、补助以及其他福利事业的经费，包括发放给职工或为职工支付的各项现金补贴和非货币性集体福利。

（5）劳动保护费：是企业按规定发放的劳动保护用品的支出，如工作服、手套、防暑降温饮料以及在有碍身体健康的环境中施工的保健费用等。

（6）社会保险费：在社会保险基金的筹集过程当中，职工和企业（用人单位）按照规定的数额和期限向社会保险管理机构缴纳费用，它是社会保险基金的最主要来源，包括养老保险费、医疗保险费、失业保险费、工伤保险费、生育保险费。

1）养老保险费：是指企业按照规定标准为职工缴纳的基本养老保险费。

2）医疗保险费：是指企业按照规定标准为职工缴纳的基本医疗保险费。

3）失业保险费：是指企业按照规定标准为职工缴纳的失业保险费。

4）工伤保险费：是指企业按照规定标准为职工缴纳的工伤保险费。

5）生育保险费：是指企业按照规定标准为职工缴纳的生育保险费。

（7）住房公积金：是指企业按规定标准为职工缴纳的住房公积金。

（8）工会经费：是指企业按工会法规定的全部职工工资总额比例计提的工会经费。

（9）职工教育经费：是指按职工工资总额的规定比例计提，企业为职工进行专业技术和职业技能培训，专业技术人员继续教育、职工职业技能鉴定、职业资格认定、农民工现场安全和素质教育，以及根据需要对职工进行各类文化教育所发生的费用。

2. 材料费

材料费是指施工过程中耗费的原材料、辅助材料、构配件、零件、半成品或成品、工程设备的费用。其内容如下。

（1）材料原价：是指材料、工程设备的出厂价格或商家供应价格。

（2）运杂费：是指材料、工程设备自来源地运至工地仓库或指定堆放地点所发生的全部费用。

（3）运输损耗费：是指材料在运输装卸过程中不可避免的损耗。

（4）采购及保管费：是指为组织采购、供应和保管材料、工程设备的过程中所需要的各项费用，包括采购费、仓储费、工地保管费、仓储损耗。

3. 机械费

机械费是指施工作业所发生的施工机械、仪器仪表使用费或其租赁费。

（1）机械费：以施工机械台班消耗量乘以施工机械台班单价表示，施工机械台班单价应由下列七项费用组成。

1）折旧费：是指施工机械在规定的耐用总台班内，陆续收回其原值的费用。

2）检修费：是指施工机械在规定的耐用总台班内，按规定的检修间隔进行必要的检修，以恢复其正常功能所需的费用。

3）维护费：是指施工机械在规定的耐用总台班内，按规定的维护间隔进行各级维护和临时故障排除所需的费用，保障机械正常运转所需替换设备与随机配备工具附具的摊销费用、机械运转及日常维护所需润滑与擦拭的材料费用及机械停滞期间的维护费用等。

4）安拆费及场外运费：安拆费是指施工机械在现场进行安装与拆卸所需的人工、材料、机械和试转费用以及机械辅助设施的折旧、搭设、拆除等费用；场外运费是指施工机械整体或分体自停放地点运至施工现场或由一施工地点运至另一施工地点的运输、装卸、辅助材料等费用。

5）人工费：是指施工机械机上司机（司炉）和其他操作人员的人工费。

6）燃料动力费：是指施工机械在运转作业中所消耗的各种燃料及水、电等费用。

7）其他费用：是指施工机械按照国家规定应缴纳的车船使用税、保险费及检测费等。

（2）仪器仪表使用费：是指工程施工所需使用的仪器仪表的摊销及维修费用。

4. 综合费

综合费由企业管理费、利润构成。

（1）企业管理费：是指建设工程施工企业组织施工生产和经营管理所需的费用，内容如下。

1）管理人员工资：是指按规定支付给管理人员的工资、奖金、津贴补贴、职工福利费、劳动保护费、社会保险费、住房公积金、工会经费和职工教育经费。

2）办公费：是指企业管理办公用的文具、纸张、账表、印刷品、书报、办公软件、现场监控，以及会议、水电、烧水和集体取暖降温（包括现场临时宿舍取暖降温）等费用。

3）差旅交通费：是指职工因公出差、调动工作的差旅费、住勤补助费，市内交通费和误餐补助费，职工探亲路费，劳动力招募费，职工退休、退职一次性路费，工伤人员就医路费，工地转移费以及管理部门使用的交通工具的油料、燃料等费用。

4）固定资产使用费：是指管理和试验部门及附属生产单位使用的属于固定资产的房屋、设备、仪器等的折旧、大修、维修或租赁费。

5）工具用具使用费：是指企业施工生产和管理使用的不属于固定资产的工具、器具、家具、交通工具和检验、试验、测绘、消防用具等的购置、维修和摊销费。

6）福利费：是指企业按工资一定比例提取出来的专门用于职工医疗、补助以及其他福利事业的经费，包括发放给管理人员或为管理人员支付的各项现金补贴和非货币性集体福利。

7）检验试验费：是指施工企业按照有关标准规定，对建筑以及材料、构件和建筑安装物进行一般鉴定、检查所发生的费用，包括自设试验室进行试验所耗用的材料等费用；不包括新结构、新材料的试验费，对构件做破坏性试验及其他特殊要求检验试验的费用和建设单位委托检测机构进行检测的费用，对此类检测发生的费用，由建设单位在工程建设其他费用中列支，但对施工企业提供的具有合格证明的材料进行检测而结果为不合格的，该检测费用由施工企业支付。

8）财产保险费：是指施工管理用财产、车辆等的保险费用。

9）财务费：是指企业为施工生产筹集资金或提供预付款担保、履约担保、职工工资支付担保等所发生的各种费用。

10）税金：是指企业按规定缴纳的房产税、车船使用税、土地使用税、印花税、城市维护建设税、教育费附加、地方教育附加以及水利建设基金等。

11）其他：包括技术转让费、技术开发费、投标费、业务招待费、绿化费、广告费、公证费、法律顾问费、审计费、咨询费、其他保险费等。

（2）利润：是指施工企业完成所承包工程获得的盈利。

16.1.2　措施项目费

措施项目费是指为完成建设工程施工，发生于该工程施工前和施工过程中的技术、生活、安全等方面的费用。其主要由下列费用构成。

（1）夜间施工增加费：是指正常作业因夜间施工所发生的夜班补助费；夜间施工降效，夜间施工照明设施、交通标志、安全标牌、警示灯等的移动和安拆费用。

（2）二次搬运费：是指因施工场地条件限制而发生的材料、成品、半成品等一次运输不能到达堆放地点，必须进行二次或多次搬运所发生的费用。

（3）冬雨期施工增加费：是指在冬期或雨期施工需增加的临时设施搭拆，施工现场的防滑处理、雨雪清除，对砌体、混凝土等的保温养护，人工及施工机械效率降低等所发生费用；不包括设计要求混凝土内添加防冻剂的费用。

（4）已完工程及设备保护费：是指竣工验收前，对已完工程及设备采取的覆盖、包裹、封闭、隔离等必要保护措施所发生的费用。

（5）工程定位复测费：是指工程施工过程中进行全部施工测量放线和复测工作的费用。

（6）临时保护设施费：是指在工程施工过程中，对已建成的地上、地下设施和建筑物进行的遮盖、封闭、隔离等必要保护措施所发生的费用。

（7）赶工措施费：是指建设单位要求施工工期少于安徽省现行定额工期 20% 时，施工企业为满足工期要求，采取相应措施所发生的费用。

（8）其他措施项目费：是指根据各专业特点、地区和工程特点所需要的措施费用。

16.1.3 不可竞争费

不可竞争费是指不能采用竞争的方式支出的费用。其由安全文明施工费和工程排污费构成，安全文明施工费中包含扬尘污染防治费。编制与审核建设工程造价时，其费率应按定额费率计取，不得调整。

1. 安全文明施工费

安全文明施工费：由环境保护费、文明施工费、安全施工费和临时设施费构成。

（1）环境保护费：是指施工现场为达到环保部门要求所支出的各项费用。

（2）文明施工费：是指施工现场文明施工所支出的各项费用。

（3）安全施工费：是指施工现场安全施工所支出的各项费用。

（4）临时设施费：是指施工企业进行建设工程施工所必须搭设的生活和生产用的临时建筑物、构筑物和其他临时设施所发生的费用，包括临时设施的搭设、维修、拆除、清理费或摊销费等。

2. 工程排污费

工程排污费：是指按规定缴纳的施工现场工程排污费。

其他应列入而未列的不可竞争费，按实际发生计取。

16.1.4 其他项目费

（1）暂列金额：是指建设单位在工程量清单或施工承包合同中暂定并包括在工程合同价款中的一笔款项。其用于施工合同签订时尚未确定或者不可预见的所需材料、工程设备、服务的采购，施工中可能发生的工程变更，合同约定调整因素出现时的工程价款调整以及发生的索赔、现场签证确认等的费用。

（2）专业工程暂估价：是指建设单位在工程量清单中提供的用于支付必然发生但暂时不能确定价格的专业工程的金额。

（3）计日工：是指在施工过程中，施工企业完成建设单位提出的施工图以外的零星项目或工作所需的费用。

（4）总承包服务费：是指总承包人为配合、协调建设单位进行的专业工程发包，对建设单位自行采购的材料、工程设备等进行保管以及施工现场管理，竣工资料汇总整理等服务所需的费用。

16.1.5　税金

税金是指国家税法规定的应计入建设工程造价内的增值税。

16.2　分部分项工程量清单的编制

学习目的

根据本工程图纸以及算量模型完成分部分项工程量清单的编制。

学习内容

广联达云计价平台 GCCP 6.0 的使用；分部分项清单五要素；各专业工程的项目特征描述；提取工程量。

操作步骤

1．新建预算项目

打开广联达云计价平台 GCCP6.0，选择“新建预算”→“招标项目”选项，输入项目名称“2# 办公楼”，地区标准与定额标准选择安徽 2018 版清单计价以及相关定额，如图 16.2.1 所示。

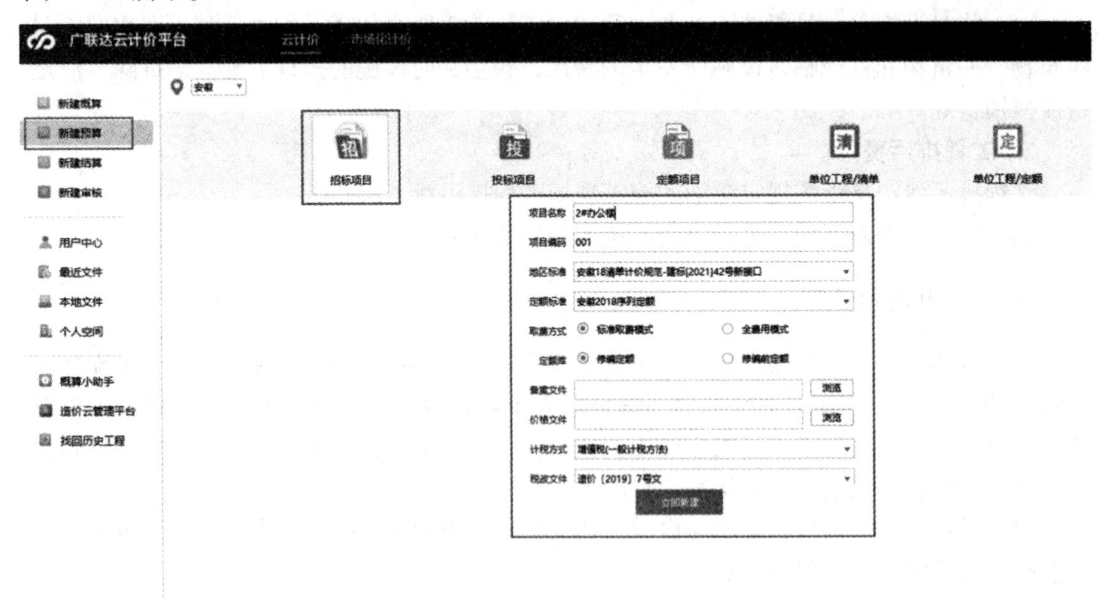

图 16.2.1　新建预算

单击“立即新建”按钮，进入编制界面，选择“单位工程”选项，根据工程实际情况选择相关专业，此处选择“建筑工程”选项，如图 16.2.2 所示。

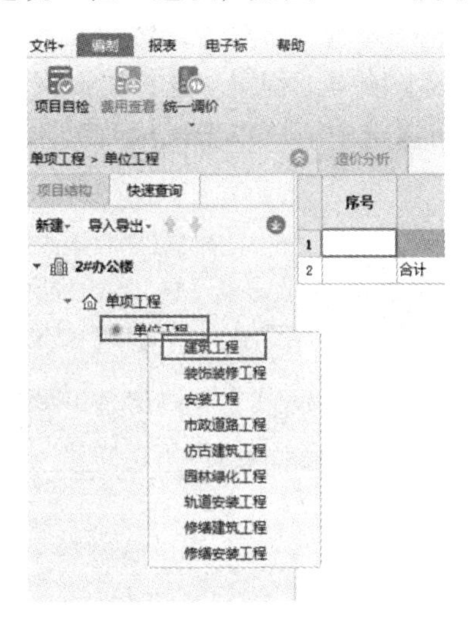

图 16.2.2　选择单位工程

如此，新建预算项目就完成了，下面可以进行分部分项清单的编制。分部分项清单有五要素，分别是项目编码、项目名称、项目特征、工程量以及计量单位。只有五要素齐全才是一份完整的清单。清单编制的思路是通过软件中的快速查询功能，根据所列的专业工程顺序，再结合本项目施工图纸内容，对施工图纸中存在的项目进行列项，如遇到施工图中有的内容但是清单列表没有，后续再通过补项补充。清单专业列表如图 16.2.3 所示。

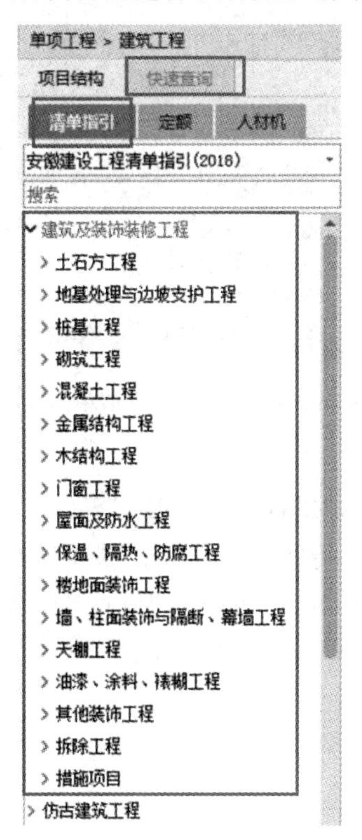

图 16.2.3　清单专业列表

2. 土石方工程清单的编制

执行“土石方工程”→“土方工程”命令，双击分项工程，例如第一项土石方中的第一条清单是平整场地，找到“平整场地”后双击，然后在“特征及内容”选项卡中输入项目特征，再根据图纸以及算量模型填写工程量。这样可以发现清单五要素就全部编制完成了。当第一条清单列好之后则可以选中清单单击鼠标右键插入分部，名称选择“土石方工程”即可，如图 16.2.4 所示。

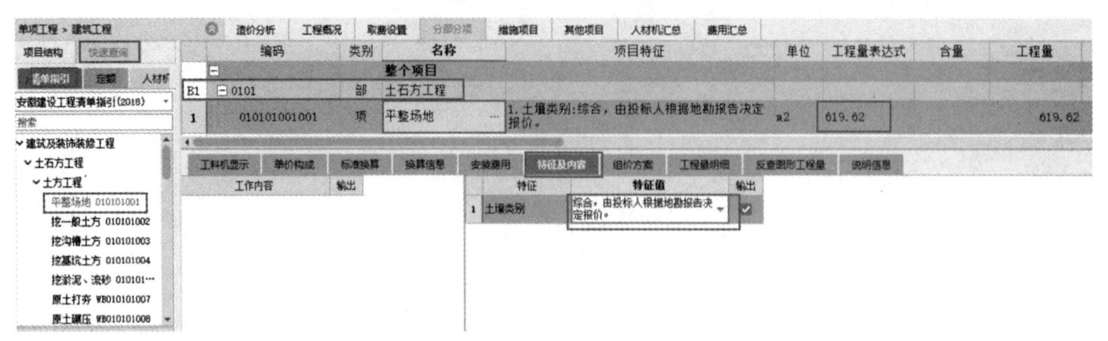

图 16.2.4 平整场地列项

第一条清单列完之后，再按照相同的思路完成后续清单的编制，整个土石方工程的清单编制如图 16.2.5 所示。

	编码	类别	名称	项目特征	单位	工程量表达式	含量	工程量
			整个项目					
B1	0101	部	土石方工程					
1	010101001001	项	平整场地	1.土壤类别:综合，由投标人根据地勘报告决定报价。	m2	619.62		619.62
2	010101002001	项	挖一般土方	1.部位:筏板大开挖 2.土壤类别:综合，由投标人根据地勘报告决定报价。 3.挖土深度:3.32m 4.弃土运距:由投标人根据施工现场实际情况自行考虑，决定报价。	m3	2506.0054		2506.01
3	WB010101011001	项	人工清底	1.土壤类别:综合，由投标人根据地勘报告决定报价。 2.机械挖土方后，基底和边坡遗留厚度≤0.3m的人工清理和修整	m2	688.545		688.55
4	010103001002	项	回填方	1.部位:地下室外墙边缘 2.密实度要求:满足规范要求 3.填方材料品种:素土回填 4.填方粒径要求:满足规范要求	m3	545.69		545.69
5	WB010101013001	项	机械运土方	1.土壤类别:综合，由投标人根据地勘报告决定报价。 2.运距:由投标人根据施工现场实际情况自行考虑，决定报价。	m3	2506.0054-545.69		1960.32

图 16.2.5 土石方工程清单的编制

3. 砌筑工程清单的编制

本项目无地基处理与边坡支护工程以及桩基工程，因此列项时直接跳过，进入砌筑工程列项。砌筑工程的分项主要是砖墙与砌体墙，需要考虑的项目特征主要有砖的品种规格、砂浆的种类、墙的厚度以及墙高是否超过 3.6 m 等，结合图纸信息以及算量模型的工程量完成砌筑工程的清单编制，如图 16.2.6 所示。

	编码	类别	名称	项目特征	单位	工程量表达式	含量	工程量
B1	0104		砌筑工程					
1	010402001003	项	砌块墙	1. 墙体类型：外墙 2. 砌块品种、规格、强度级：陶粒混凝土砌块 3. 砂浆强度级：M5水泥砂浆砌筑 4. 墙厚：250mm 5. 墙体高度：3.6m以内	m3	184.79-0.137		184.65
2	010402001005	项	砌块墙	1. 墙体类型：外墙 2. 砌块品种、规格、强度级：陶粒混凝土砌块 3. 砂浆强度级：M5水泥砂浆砌筑 4. 墙厚：250mm 5. 墙体高度：3.6m以上	m3	0.137		0.14
3	010402001004	项	砌块墙	1. 墙体类型：内墙 2. 砌块品种、规格、强度级：陶粒混凝土砌块 3. 砂浆强度级：M5水泥砂浆砌筑 4. 墙厚：200mm 5. 墙体高度：3.6m以内	m3	358.34-0.9233		357.42
4	010402001006	项	砌块墙	1. 墙体类型：内墙 2. 砌块品种、规格、强度级：陶粒混凝土砌块 3. 砂浆强度级：M5水泥砂浆砌筑 4. 墙厚：200mm 5. 墙体高度：3.6m以上	m3	0.9233		0.92
5	010401003001	项	实心砖墙	1. 墙体类型：女儿墙 2. 砖品种、规格、强度级：实心砖墙 3. 砂浆强度级：M5水泥砂浆砌筑 4. 墙厚：240mm	m3	14.1678		14.17

图 16.2.6　砌筑工程清单的编制

4. 混凝土工程清单的编制

进入混凝土工程的列项，混凝土部分的项目特征主要描述混凝土的强度等级以及混凝土的种类即可，因本项目为钢筋混凝土项目，混凝土构件众多，所以也可在项目特征添加“部位”特征，方便工程量的准确提取，如图 16.2.7 ～ 图 16.2.9 所示。

	编码	类别	名称	项目特征	单位	工程量表达式	含量	工程量
B1	0105		混凝土工程					
1	010501001001	项	垫层	1. 部位：筏板基础、独立基础 2. 混凝土种类：商品砼 泵送 3. 混凝土强度等级：C15	m3	68.8545		68.85
2	010501004001	项	满堂基础	1. 部位：筏板基础、基础梁 2. 混凝土种类：商品砼 泵送 3. 混凝土强度等级：C30 S6	m3	GCLMXHJ		434.49
3	010501003001	项	独立基础	1. 混凝土种类：商品砼 泵送 2. 混凝土强度等级：C30	m3	0.8614		0.86
4	010502001001	项	矩形柱	1. 部位：框架柱、梯柱 2. 柱截面周长：1.6m以内 3. 混凝土种类：商品砼 泵送 4. 混凝土强度等级：C30	m3	3.942		3.94
5	010502001002	项	矩形柱	1. 部位：框架柱 2. 柱截面周长：2.4m以内 3. 混凝土种类：商品砼 泵送 4. 混凝土强度等级：C30	m3	153.06		153.06
6	010502002001	项	构造柱	1. 混凝土种类：商品砼 非泵送 2. 混凝土强度等级：C25	m3	27.349		27.35
7	010503002001	项	矩形梁	1. 混凝土种类：商品砼 泵送 2. 混凝土强度等级：C30	m3	0.9495*4		3.8
8	010503004001	项	圈梁	1. 混凝土种类：商品砼 非泵送 2. 混凝土强度等级：C25	m3	17.19		17.19
9	010503005001	项	过梁（现浇）	1. 混凝土种类：商品砼 非泵送 2. 混凝土强度等级：C25	m3	6.2676		6.27
10	010504001001	项	直形墙	1. 部位：地下室外墙 2. 墙规格：300 3. 混凝土种类：商品砼 泵送 4. 混凝土强度等级：C30 S6	m3	79.7353		79.74
11	010505001001	项	有梁板	1. 混凝土种类：商品砼 泵送 2. 混凝土强度等级：C30	m3	GCLMXHJ		588.26

图 16.2.7　混凝土工程清单的编制（一）

12	010505008001	项	阳台板	1. 混凝土种类：商品砼 泵送 2. 混凝土强度等级：C30	m2	6*1.5*2*4		72
13	010505006002	项	栏板	1. 部位：阳台下挂 2. 混凝土种类：商品砼 泵送 3. 混凝土强度等级：C30	m3	4.806		4.81
14	010505006001	项	栏板	1. 部位：阳台栏板、飘窗栏板、门厅顶栏板 2. 混凝土种类：商品砼 非泵送 3. 混凝土强度等级：C25	m3	GCLMXHJ		10.17
15	010505008003	项	雨篷	1. 部位：飘窗上板（非顶层） 2. 混凝土种类：商品砼 泵送 3. 混凝土强度等级：C30	m2	GCLMXHJ		12.24
16	010505008004	项	雨篷	1. 板规格：飘窗下板 2. 混凝土种类：商品砼 非泵送 3. 混凝土强度等级：C25	m2	GCLMXHJ		16.32
17	010505007001	项	挑檐板	1. 部位：飘窗顶板、阳台顶板 2. 混凝土种类：商品砼 泵送	m3	GCLMXHJ		3.96
18	WB010505009001	项	坡屋面板	1. 混凝土种类：商品砼 泵送 2. 混凝土强度等级：C30	m3	GCLMXHJ		67.4
19	010506001001	项	直形楼梯	1. 混凝土种类：商品砼 泵送 2. 混凝土强度等级：C30	m2	GCLMXHJ		86.96
20	010507005001	项	压顶	1. 部位：女儿墙压顶 2. 混凝土种类：商混 非泵送 3. 混凝土强度等级：C25	m3	1.44		1.44

图 16.2.8　混凝土工程清单的编制（二）

21	010507001001	项	散水	部位：沿外墙一周 1、散水伸缩缝做法：沥青砂浆 2、60厚C15细石混凝土面层，撒1:1水泥砂子压实赶光 3、150厚3:7灰土宽出面层300 4、素土夯实，向外坡4%	m2	89.64		89.64
22	010507004001	项	台阶	部位：首层入口台阶 1、20厚花岗岩板铺面，正、背面及四周边满涂防污剂，稀水泥浆擦缝 2、撒素水泥面（洒适量清水） 3、30厚1:4硬性水泥砂浆粘结层 4、素水泥浆一道（内掺建筑胶） 5、100厚C15混凝土，台阶面向外坡1% 6、300厚3:7灰土垫层分两步夯实 7、素土夯实	m2	13.41		13.41
23	010507004002	项	台阶	部位：首层入口台阶平台 1、20厚花岗岩板铺面，正、背面及四周边满涂防污剂，稀水泥浆擦缝 2、撒素水泥面（洒适量清水） 3、30厚1:4硬性水泥砂浆粘结层 4、素水泥浆一道（内掺建筑胶） 5、100厚C15混凝土，台阶面向外坡1% 6、300厚3:7灰土垫层分两步夯实 7、素土夯实	m2	25.484		25.48

图 16.2.9　混凝土工程清单的编制（三）

5. 钢筋工程清单的编制

钢筋工程的项目特征描述比较简单，将钢筋种类规格描述清楚即可，按照清单指引的顺序，结合本工程图纸设计完成钢筋部分的列项，如图 16.2.10 所示。

	编码	类别	名称	项目特征	单位	工程量表达式	含量	工程量
B1	− 0105		钢筋工程					
1	010515001001	项	现浇构件钢筋	1. 钢筋种类、规格：HPB300 Φ6	t	4.777-2.654		2.123
2	010515001002	项	现浇构件钢筋	1. 钢筋种类、规格：HPB300 Φ8	t	14.91		14.91
3	010515001003	项	现浇构件钢筋	1. 钢筋种类、规格：HPB300 Φ10	t	39.627		39.627
4	010515001004	项	现浇构件钢筋	1. 钢筋种类、规格：HPB300 Φ12	t	0.357		0.357
5	010515001005	项	现浇构件钢筋	1. 钢筋种类、规格：HRB335 Φ10	t	5.354		5.354
6	010515001006	项	现浇构件钢筋	1. 钢筋种类、规格：HRB335 Φ12	t	14.919		14.919
7	010515001007	项	现浇构件钢筋	1. 钢筋种类、规格：HRB335 Φ14	t	0.182		0.182
8	010515001008	项	现浇构件钢筋	1. 钢筋种类、规格：HRB335 Φ16	t	4.773		4.773
9	010515001009	项	现浇构件钢筋	1. 钢筋种类、规格：HRB335 Φ18	t	26.735		26.735
10	010515001010	项	现浇构件钢筋	1. 钢筋种类、规格：HRB335 Φ20	t	11.15		11.15
11	010515001011	项	现浇构件钢筋	1. 钢筋种类、规格：HRB335 Φ22	t	8.538		8.538
12	010515001012	项	现浇构件钢筋	1. 钢筋种类、规格：HRB335 Φ25	t	62.07		62.07
13	010515001013	项	现浇构件钢筋	1. 钢筋种类、规格：HRB400 Φ8	t	0.024		0.024
14	010515001014	项	现浇构件钢筋	1. 钢筋种类、规格：HRB400 Φ12	t	12.644		12.644
15	010515001015	项	现浇构件钢筋	1. 钢筋种类、规格：HRB400 Φ14	t	10.717		10.717
16	010515001016	项	现浇构件钢筋	1. 钢筋种类、规格：HRB400 Φ25	t	21.698		21.698
17	010516003001	项	钢筋连接	1. 连接方式：电渣压力焊	个	2048		2048
18	010516003002	项	钢筋连接	1. 连接方式：直螺纹连接 2. 规格：18~25	个	774+554		1328
19	WB010516004001	项	砌体、板缝钢筋加固	1. 钢筋种类、规格：HPB300 Φ6 2. 绑扎类型：不绑扎	t	2.654		2.654

图 16.2.10　钢筋工程清单的编制

6. 门窗工程清单的编制

本工程为钢筋混凝土工程，为非金属结构以及木结构，因此混凝土及钢筋工程列完之后，直接进入门窗工程，门窗项目特征主要根据材质类型描述洞口尺寸，按照清单指引的顺序以及算量模型中的工程量编制清单即可，如图 16.2.11 和图 16.2.12 所示。

	编码	类别	名称	项目特征	单位	工程量表达式	含量	工程量
B1	− 0108		门窗工程					
1	010801001001	项	木质门	1. 门类型: 胶合板门 2. 门代号及洞口尺寸: M1020 1000*2000	m2	13*1*2		26
2	010801001002	项	木质门	1. 门类型: 胶合板门 2. 门代号及洞口尺寸: M1021 1000*2100	m2	88*1*2.1		184.8
3	010801001004	项	木质门	1. 门类型: 实木装饰门 2. 门代号及洞口尺寸: M1520 1500*2000	m2	2*1.5*2		6
4	010801001005	项	木质门	1. 门类型: 实木装饰门 2. 门代号及洞口尺寸: M1521 1500*2000	m2	2*1.5*2		6
5	010801001006	项	木质门	1. 门类型: 实木装饰门 2. 门代号及洞口尺寸: M1524 1500*2400	m2	8*1.5*2.4		28.8
6	010805002001	项	旋转门	1. 门类型: 玻璃旋转门 2. 门代号及洞口尺寸: M5032 5000*3200	樘	1*5*3.2		16
7	010803001001	项	金属卷闸门	1. 门类型: 卷闸门 2. 门代号及洞口尺寸: JLM1621 1600*2100	m2	2*1.6*2.1		6.72
8	010801001003	项	木质门	1. 门类型: 镶板门 2. 门代号及洞口尺寸: M1621 1600*2100	m2	2*1.6*2.1		6.72
9	010807001001	项	金属窗	1. 窗材质: 平开塑钢窗 2. 窗代号及洞口尺寸: C1324 1300*2400	m2	2*1.3*2.4		6.24
10	010807001002	项	金属窗	1. 窗材质: 平开塑钢窗 2. 窗代号及洞口尺寸: C1321 1300*2100	m2	4*1.3*2.1		10.92
11	010807001003	项	金属窗	1. 窗材质: 平开塑钢窗 2. 窗代号及洞口尺寸: C1318 1300*1800	m2	2*1.3*1.8		4.68
12	010807001004	项	金属窗	1. 窗材质: 平开塑钢窗 2. 窗代号及洞口尺寸: C1315 1300*1500	m2	2*1.3*1.5		3.9
13	010807001005	项	金属窗	1. 窗材质: 平开塑钢窗 2. 窗代号及洞口尺寸: C1521 1500*2100	m2	12*1.5*2.1		37.8
14	010807001006	项	金属窗	1. 窗材质: 平开塑钢窗 2. 窗代号及洞口尺寸: C1624 1600*2400	m2	2*1.6*2.4		7.68
15	010807001007	项	金属窗	1. 窗材质: 平开塑钢窗 2. 窗代号及洞口尺寸: C1621 1600*2100	m2	10*1.6*2.1		33.6

图 16.2.11 门窗工程清单的编制（一）

	编码	类别	名称	项目特征	单位	工程量表达式	含量	工程量
16	010807001008	项	金属窗	1. 窗材质: 平开塑钢窗 2. 窗代号及洞口尺寸: C1618 1600*1800	m2	4*1.6*1.8		11.52
17	010807001009	项	金属窗	1. 窗材质: 平开塑钢窗 2. 窗代号及洞口尺寸: C1615 1600*1500	m2	2*1.6*1.5		4.8
18	010807001010	项	金属窗	1. 窗材质: 平开塑钢窗 2. 窗代号及洞口尺寸: C1821 1800*2100	m2	12*1.8*2.1		45.36
19	010807001011	项	金属窗	1. 窗材质: 平开塑钢窗 2. 窗代号及洞口尺寸: C1818 1800*1800	m2	4*1.8*1.8		12.96
20	010807001012	项	金属窗	1. 窗材质: 平开塑钢窗 2. 窗代号及洞口尺寸: C1815 1800*1500	m2	3*1.8*1.5		8.1
21	010807001013	项	金属窗	1. 窗材质: 平开塑钢窗 2. 窗代号及洞口尺寸: C2421 2400*2100	m2	6*2.4*2.1		30.24
22	010807001014	项	金属窗	1. 窗材质: 平开塑钢窗 2. 窗代号及洞口尺寸: C2418 2400*1800	m2	2*2.4*1.8		8.64
23	010807001015	项	金属窗	1. 窗材质: 平开塑钢窗 2. 窗代号及洞口尺寸: C2415 2400*1500	m2	2*2.4*1.5		7.2
24	010807001016	项	金属窗	1. 窗材质: 平开塑钢窗 2. 窗代号及洞口尺寸: C5021 5000*2100	m2	2*5*2.1		21
25	010807001017	项	金属窗	1. 窗材质: 平开塑钢窗 2. 窗代号及洞口尺寸: C5018 5000*1800	m2	1*5*1.8		9
26	010807001018	项	金属窗	1. 窗材质: 平开塑钢窗 2. 窗代号及洞口尺寸: C5018 5000*1800	m2	1*5*1.8		9
27	010807001019	项	金属窗	1. 窗材质: 平开塑钢窗(飘窗) 2. 窗代号及洞口尺寸: PC1 (450*2+3100)*1800	m2	2*(0.45*2+3.1)*1.8		14.4
28	010807001020	项	金属窗	1. 窗材质: 平开塑钢窗(飘窗) 2. 窗代号及洞口尺寸: PC1 (450*2+3100)*2100	m2	6*(0.45*2+3.1)*2.1		50.4
29	010807001021	项	金属窗	1. 窗材质: 平开塑钢窗(阳台窗) 2. 窗代号及洞口尺寸: YTC1 (1450*2+6000)*2100	m2	6*(1.45*2+6)*2.1		112.14
30	010807001022	项	金属窗	1. 窗材质: 平开塑钢窗(阳台窗) 2. 窗代号及洞口尺寸: YTC1 (1450*2+6000)*1800	m2	2*(1.45*2+6)*1.8		32.04

图 16.2.12 门窗工程清单的编制（二）

7. 屋面及防水工程清单的编制

屋面及防水工程分为屋面工程以及防水工程，屋面做法较多，根据安徽 2018 版计价依据的相关要求，将各做法分别列项，这时的项目特征描述主要源于图纸中的做法要求，如图 16.2.13 ～ 图 16.2.15 所示。

	编码	类别	名称	项目特征	单位	工程量表达式	含量	工程量
B2	010901		屋面工程					
B3	01090101	部	屋面B：防滑地砖屋面（上人屋面，用于四层顶室外处）					
1	011102003004	项	块料楼地面	1、5厚防滑地砖，5厚DTA砂浆（干拌瓷砖粘结砂浆）铺卧	m2	293.9064		293.91
2	010902003001	项	屋面刚性层	1、40厚C20细石混凝土随打随抹平，3m×3m分缝，缝宽10，缝 填聚苯板	m2	293.9064		293.91
3	WB010902005001	项	隔汽（离）层	1、0.4厚聚氯乙烯塑料薄膜隔离层	m2	293.9064		293.91
4	010902001001	项	屋面卷材防水	1、3+3mm自粘型SBS改性沥青防水卷材	m2	319.19		319.19
5	011101006001	项	屋面找平层	1、20厚DS砂浆（干拌地面、楼面、屋面砂浆）找平层	m2	293.9064		293.91
6	011001001001	项	屋面找坡层	1、平均100厚胶粉聚苯颗粒保温并找2%坡	m2	293.9064		293.91
B3	01090102	部	屋面C：防水屋面（不上人带保温，用于五层顶平屋面、阳台顶部雨篷）					
7	010902003002	项	屋面面层	1、满土银粉保护剂	m2	70.16		70.16
8	010902001002	项	屋面卷材防水	1、SBS防水层四周卷边200	m2	80.4077		80.41
9	011101006002	项	屋面找平层	1、20厚1：3水泥砂浆找平层	m2	70.16		70.16
10	011001001002	项	屋面找坡层	1、平均40厚加气碎块混凝土找2%坡	m2	70.16		70.16
11	011001001004	项	保温隔热屋面	1、100厚胶粉聚苯颗粒保温层	m2	70.16		70.16

图 16.2.13　屋面工程清单的编制（一）

B3	01090103	部	屋面D：防水屋面（不上人不带保温，用于首层雨篷）					
12	010902003003	项	屋面面层	1、满土银粉保护剂	m2	40.9822		40.98
13	010902001003	项	屋面卷材防水	1、SBS防水层四周卷边250	m2	49.4079		49.41
14	011101006003	项	屋面找平层	1、20厚1：3水泥砂浆找平层	m2	40.9822		40.98
15	011001001005	项	屋面找坡层	1、最薄40厚加气碎块混凝土找2%坡	m2	40.9822		40.98
B3	01090104	部	屋面E：红色水泥瓦屋面（用于斜屋面）					
16	010901001001	项	瓦屋面	1、红色水泥瓦用DS砂浆（干拌地面、楼面、屋面砂浆）铺窝，最薄处≥10，檐口瓦加30×25木挂挖条，用钉钉	m2	326.8627		326.86
17	011101006009	项	屋面找平层	1、10厚DS砂浆找平	m2	326.8627		326.86
18	WB010401018001	项	钢丝网	1、18号镀锌钢丝网，网孔20×20，与混凝土屋面板内伸出的圆8钢筋绑扎 2、钢筋混凝土屋面板，从板内伸出圆8钢筋，伸出板面70，双向中距900	m2	326.8627		326.86
19	011001001006	项	保温隔热屋面	1、65厚挤塑聚苯板用DEA专用粘接砂浆粘贴	m2	326.8627		326.86
20	010902001004	项	屋面卷材防水	1、3+3mm自粘型SBS改性沥青防水卷材	m2	326.8627		326.86
21	010901001002	项	瓦屋面	1、琉璃瓦用20厚1：1：4水泥石灰砂浆卧铺	m2	326.8627		326.86

图 16.2.14　屋面工程清单的编制（二）

B3	01090105	部	屋面A：暗红色琉璃瓦（用于雨篷斜板）					
22	011101006016	项	屋面找平层	1、10厚DS砂浆找平	m2	7.95		7.95
23	WB010401018002	项	钢丝网	1、满铺1厚钢板网，菱孔15*40，搭接处用18号镀锌铁丝绑扎，并与预埋圆10钢筋头绑牢 2、钢筋混凝土屋面板，预埋圆10钢筋头，露出屋面20，中距双向900	m2	7.95		7.95
B3	01090106	部	屋C1：凸窗顶部屋面					
24	011101006011	项	屋面找平层	1、3厚DS砂浆保护层	m2	16.32+1.29*4{天棚屋面C1}+(3.4+0.6*2)*0.1		21.94
25	010902002001	项	屋面涂膜防水	1、刷1.5厚水泥基防水涂料上卷外墙200	m2	21.76+1.29*4{天棚屋面C1}+(3.4+0.6*2)*0.1		27.38
26	011001001007	项	保温隔热屋面	1、5厚DBI砂浆，中间压入一层玻纤网格布 2、DEA砂浆粘帖60厚剂塑聚苯板，用砂浆找1%坡	m2	16.32+1.29*4{天棚屋面C1}+(3.4+0.6*2)*0.1		21.94

图 16.2.15　屋面工程清单的编制（三）

屋面工程的部分编制完成后，接下来按照顺序完成其余部位的防水工程列项，根据本施工图纸内容，还有楼层中的防水以及地下室防水，项目特征描述根据图纸做法完成，如图 16.2.16 所示。

B2	010902	部	楼地面防水工程					
109	010904002001	项	楼面涂膜防水	部位：地面C、地面D、楼面E 1.1.5厚高聚物水泥基防水涂料 2.防水层沿墙上翻高度150mm	m2	752.3		752.3
B2	010903	部	地下室防水工程					
B3	01090301	部	地下室底板防水					
110	WB01110100…	项	细石混凝土找平层	1、40厚C20细石混凝土保护层	m2	GCLMXHJ		676.87
111	010902001005	项	卷材防水	1、SBS改性沥青防水层(3+3) 2、基层处理剂	m2	GCLMXHJ		723.42
112	011101006010	项	水泥砂浆楼地面找平层	1、20厚1:2.5水泥砂浆找平层	m2	GCLMXHJ		676.87
B3	01090302	部	地下室侧墙防水					
113	011201001001	项	墙面一般抹灰	1、20厚1:2.5水泥砂浆找平层	m2	GCLMXHJ		346.16
114	010903001001	项	墙面卷材防水	1、基层处理剂 2、SBS改性沥青防水层(3+3)	m2	GCLMXHJ		346.16
115	010903005001	项	墙面防水保护层	1、20厚1:2.5水泥砂浆找平层	m2	GCLMXHJ		346.16

图 16.2.16　楼地面防水及地下室防水工程清单的编制

8．保温工程清单的编制

保温工程，只需要在各部位做法中找到保温做法即可，按照图纸信息填入项目特征，如图 16.2.17 所示。

	编码	类别	名称	项目特征	单位	工程量表达式	含量	工程量
B1	0110		保温工程					
1	011001001003	项	保温隔热屋面	1、40厚挤塑保温板本建筑物屋面外侧均采用80厚现喷硬质发泡聚氨酯保温层，导热系数<0.024	m2	GCLMXHJ		731.91
2	011001003001	项	保温隔热墙面	部位：外墙面、外墙裙 1、抹10厚聚合物砂浆 2、在纤维水泥板上钉0.9厚热镀锌铁丝网，网孔12.7×12.7 3、在纤维水泥板与墙体d厚空腔内，分层灌聚氨酯发泡 4、10厚纤维水泥板用膨胀螺钉与墙体固定，板里面离墙d 5、粘帖40×60硬泡聚氨酯条 6、基层墙面去除浮灰、扫净	m2	1661.2114-120.28		1540.93
3	011001003002	项	保温隔热墙面	部位：用于阳台飘窗等 1、抹5厚聚合物砂浆，中间压入一层玻纤网格布 2、在纤维水泥板与墙体60厚空腔内，分层灌聚氨酯发泡 3、10厚纤维水泥板用膨胀螺钉与墙体固定，板里面离墙60 4、粘帖40×60硬泡聚氨酯条 5、基层墙面去除浮灰、扫净	m2	GCLMXHJ		120.28
4	011001005001	项	保温隔热楼地面	1.保温隔热部位:楼面A 2.保温隔热材料品种、规格及厚度:40厚聚苯乙烯泡沫塑料保温层	m2	243.0931		243.09
5	011001005002	项	保温隔热楼地面	1.保温隔热部位:楼面B 2.保温隔热材料品种、规格及厚度:30厚聚苯乙烯泡沫塑料保温层	m2	147.02		147.02
6	011001002001	项	保温隔热天棚	保温隔热部位:棚温A 1、钢筋混凝土板板底扫净刷界面剂一道 2、DEA砂浆粘帖60厚剂塑聚苯板，并用带大垫圈的圆5胀管螺钉固定，双向中距700 3、抹5厚DBI砂浆，中间压入一层玻纤网格布	m2	GCLMXHJ		25.16

图 16.2.17　保温工程清单的编制

9．楼地面装饰工程清单的编制

楼地面做法也比较多，需要注意的是部分地面做法包含防水层，但是防水已经在前面的内容列好了，无须重复列项，如图 16.2.18 ～ 图 16.2.21 所示。

编码	类别	名称	项目特征	单位	工程量表达式	含量	工程量
B2 ⊟ 011101	部	地面A：细石混凝土地面					
1　011101003001	项	细石混凝土楼地面	1、40厚C20细石混凝土随打随抹压实赶光	m2	22.05		22.05
2　010501001002	项	垫层	1、60厚C15混凝土垫层	m2	22.05		22.05
3　010501001003	项	垫层	1、200厚CL7.5轻集料混凝土垫层	m2	22.05		22.05
B2 ⊟ 011102	部	地面B：混凝土地面					
4　011101003002	项	混凝土楼地面	1、100厚C20混凝土随打随抹压实赶光	m2	37.45		37.45
5　010501001004	项	垫层	1、200厚CL7.5轻集料混凝土垫层	m2	37.45		37.45
B2 ⊟ 011103	部	地面C：细石混凝土地面（带防水层）					
6　011101003003	项	细石混凝土楼地面	1、30厚C20细石混凝土随打随抹	m2	48.48		48.48
7　011101006012	项	水泥砂浆楼地面找平层	1、20厚1：3水泥砂浆找平层	m2	48.48		48.48
8　010501001005	项	垫层	1、50厚C15混凝土垫层	m2	48.48		48.48
9　010501001006	项	垫层	1、200厚CL7.5轻集料混凝土垫层	m2	48.48		48.48
B2 ⊟ 011104	部	地面D：水泥地面（带防水层）					
10　011101001001	项	水泥砂浆楼地面	1、20厚1：2.5水泥砂浆抹面压实赶光 2、素水泥浆一道（内掺建筑胶）	m2	446.5188		446.52
11　WB011101007002	项	细石混凝土找平层	1、35厚C15细石混凝土随打随抹	m2	446.5188		446.52
12　WB011101007003	项	细石混凝土找平层	1、30厚C15细石混凝土找平层	m2	446.5188		446.52
13　010501001007	项	垫层	1、200厚CL7.5轻集料混凝土垫层	m2	446.5188		446.52
B2 ⊟ 011105	部	楼面A：铺地砖保温楼面					
14　011102003005	项	块料楼地面	1、10厚地砖，稀水泥浆擦缝 2、6厚建筑胶水泥砂浆结合层 3、素水泥浆一道（内掺建筑胶）	m2	242.8617		242.86
15　WB011101007004	项	细石混凝土找平层	1、30厚C15细石混凝土保护层随打随抹平	m2	243.0931		243.09
16　011101006013	项	水泥砂浆楼地面找平层	1、10厚1：3水泥砂浆找平层 2、素水泥浆一道（内掺建筑胶）	m2	243.0931		243.09

图 16.2.18　楼地面装饰工程清单的编制（一）

编码	类别	名称	项目特征	单位	工程量表达式	含量	工程量
B2 ⊟ 011106	部	楼面A1：铺地砖楼面					
17　011102003006	项	块料楼地面	1、10厚铺地砖，稀水泥浆擦缝 2、25厚1：3干硬性水泥砂浆结合层 3、素水泥浆一道（内掺建筑胶）	m2	921.13		921.13
18　010501001008	项	垫层	1、65厚CL7.5轻集料混凝土垫层	m2	921.81		921.81
B2 ⊟ 011107	部	楼面B：大理石保温楼面					
19　011102003007	项	块料楼地面	1、10厚大理石板（正背面及四周边满涂防污剂）灌稀水泥浆擦缝 2、撒水泥面（洒适量清水） 3、15厚1：3干硬性水泥砂浆粘结层	m2	148.77		148.77
20　WB011101007005	项	细石混凝土找平层	1、30厚C15细石混凝土保护层	m2	147.02		147.02
21　011101006014	项	水泥砂浆楼地面找平层	1、15厚1：3水泥砂浆找平层 2、素水泥浆一道（内掺建筑胶）	m2	147.02		147.02
B2 ⊟ 011108	部	楼面B1：大理石楼面					
22　011102003008	项	块料楼地面	1、铺20厚大理石板（正背面及四周边满涂防污剂）灌稀水泥浆擦缝 2、素水泥浆一道（内掺建筑胶） 3、30厚1：3干硬性水泥砂浆粘结层	m2	446.31		446.31
23　010501001009	项	垫层	1、50厚CL7.5轻集料混凝土垫层	m2	441.06		441.06
B2 ⊟ 011109	部	楼面C：花岗岩楼面					
24　011102003009	项	块料楼地面	1、铺20厚花岗岩板（正背面及四周边满涂防污剂）灌稀水泥浆擦缝 2、撒水泥面（洒适量清水） 3、30厚1：3干硬性水泥砂浆粘结层	m2	361.08		361.08
25　010501001010	项	垫层	1、50厚CL7.5轻集料混凝土垫层	m2	360.5		360.5

图 16.2.19　楼地面装饰工程清单的编制（二）

编码	类别	名称	项目特征	单位	工程量表达式	含量	工程量
B2 011110	部	楼面D:预制水磨石楼面					
26 011102003010	项	块料楼地面	1、水泥砂浆灌缝，打蜡出光 2、铺25厚预制磨石板 3、撒水泥面（洒适量清水） 4、30厚1:3干硬性水泥砂浆粘结层	m2	220.5		220.5
27 010501001011	项	垫层	1、45厚CL7.5轻集料混凝土垫层	m2	213.44		213.44
B2 011111	部	楼面E:陶瓷锦砖（马赛克）楼面					
28 011102003011	项	块料楼地面	1、5厚陶瓷锦砖（马赛克）铺实拍平，稀水泥浆擦缝 2、撒水泥面（洒适量清水） 3、25厚1:3干硬性水泥砂浆粘结层	m2	176.72		176.72
29 011101006015	项	水泥砂浆楼地面找平层	1、25厚1:3水泥砂浆找平层，四周及竖管根部位抹小八字角 2、素水泥浆一道（内掺建筑胶）	m2	177.92		177.92
30 WB011101007006	项	细石混凝土找平层	1、最厚50最薄35厚C15细石混凝土从门口处向地漏找坡	m2	177.92		177.92
B2 011112	部	楼梯面层装修（含踏步平面、立面、休息平台）					
31 011106002001	项	块料楼梯面层	部位：楼A2：铺防滑地砖楼梯 1、12厚铺防滑地砖，稀水泥浆擦缝 2、素水泥浆一道（内掺建筑胶） 3、35厚1:3干硬性水泥砂浆结合层 4、钢筋混凝土楼梯	m2	GCLMXHJ		86.96

图 16.2.20　楼地面装饰工程清单的编制（三）

编码	类别	名称	项目特征	单位	工程量表达式	含量	工程量
B2 011113	部	踢脚线					
32 011105001001	项	踢A:水泥踢脚（高100）	1、6厚1:2.5水泥砂浆罩面压实赶光 2、素水泥浆一道 3、8厚1:3水泥砂浆打底扫毛 4、素水泥浆一道甩毛（内掺建筑胶）	m	418.37		418.37
33 011105002001	项	踢B:石材踢脚（高100）	1、稀水泥浆擦（勾）缝 2、10厚石材面层，正、背面及周边满涂防污剂（粘帖面涂强力胶） 3、6厚1:2.5水泥砂浆压实抹平 4、9厚1:3水泥砂浆打底扫毛或划出纹道	m	GCLMXHJ		296.92
34 011105002004	项	踢B:石材踢脚（高100）	部位：楼梯踏步踢脚 1、稀水泥浆擦（勾）缝 2、10厚石材面层，正、背面及周边满涂防污剂（粘帖面涂强力胶） 3、6厚1:2.5水泥砂浆压实抹平 4、9厚1:3水泥砂浆打底扫毛或划出纹道	m	35.15		35.15
35 011105003001	项	踢C:铺地砖踢脚（高100）	1、10厚铺地砖踢脚，稀水泥浆擦缝 2、5厚1:2水泥砂浆粘结层 3、素水泥浆一道（内掺建筑胶） 4、9厚1:3水泥砂浆打底压实抹平	m	759.72		759.72
36 011105002002	项	踢D:大理石板踢脚（高100）	1、稀水泥浆擦（勾）缝 2、10厚大理石面层，正、背面及周边满涂防污剂（粘帖面涂强力胶） 3、6厚1:2.5水泥砂浆压实抹平 4、9厚1:3水泥砂浆打底扫毛或划出纹道	m	352.56		352.56
37 011105002003	项	踢E:花岗岩踢脚板（高100）	1、稀水泥浆擦（勾）缝 2、10厚花岗岩面层，正、背面及周边满涂防污剂（粘帖面涂强力胶） 3、6厚1:2.5水泥砂浆压实抹平 4、9厚1:3水泥砂浆打底扫毛或划出纹道	m	143.26		143.26

图 16.2.21　楼地面装饰工程清单的编制（四）

10. 墙、柱面装饰工程清单的编制

墙、柱面工程也是根据图纸做法描述项目特征，然后在软件中提取对应工工程量，如图 16.2.22 和图 16.2.23 所示。

	编码	类别	名称	项目特征	单位	工程量表达式	含量	工程量
B1	0112		墙、柱面装饰工程					
1	011201001002	项	墙面一般抹灰	部位：内墙A 1、5厚1：2.5水泥砂浆找平抹光 2、9厚1：3水泥砂浆打底扫毛或划出纹道 3、素水泥浆一道甩毛（内掺建筑胶）	m2	5765.63		5765.63
2	011201001003	项	墙面一般抹灰	部位：内墙B 1、9厚1：3水泥砂浆打底压实抹平 2、素水泥浆一道甩毛（内掺建筑胶）	m2	499.004		499
3	011201001004	项	墙面一般抹灰	部位：裙A 1、6厚1：2.5水泥砂浆压实抹平 2、10厚1:3水泥砂浆打底扫毛或划出纹道 3、素水泥浆一道甩毛（内掺建筑胶）	m2	39.9977		40
4	011201001005	项	墙面一般抹灰	部位：外墙E 1、6厚1：0.2：2.5水泥石灰膏砂浆刮平扫毛或划出纹道 2、10厚1：3水泥砂浆打底扫毛或划出纹道 3、刷界面剂	m2	7.8403		7.84
5	011201001006	项	墙面一般抹灰	部位：外墙F，水泥砂浆墙面（用于女儿墙内装修） 1、6厚1：2.5水泥砂浆罩面 2、12厚1：3水泥砂浆打底扫毛或划出纹道 3、刷素水泥浆一道（内掺建筑胶）	m2	80.384		80.38
6	011201001007	项	墙面一般抹灰	部位：雨棚栏板内侧 1、抹1：3水泥砂浆	m2	10.3948		10.39
7	011204003001	项	块料墙面	内墙B:釉面砖墙面 1、白水泥擦缝 2、5厚釉面砖面层（粘前先将釉面砖浸水两小时以上） 3、5厚1：2建筑胶水泥砂浆粘结层 4、素水泥浆一道	m2	499.33		499.33
8	011204003002	项	块料墙面	部位：裙A，花岗岩墙裙（高1500） 1、稀水泥浆擦（勾）缝 2、10厚花岗岩板，正、背面及四周边满涂防污剂（粘帖面涂强力胶）	m2	41.0027		41

图 16.2.22　墙、柱面装饰工程清单的编制（一）

	编码	类别	名称	项目特征	单位	工程量表达式	含量	工程量
9	011204003003	项	块料墙面	部位：外墙A红色面砖饰面（用于外墙裙）、外墙B白色面砖饰面（用于外墙面） 1、瓷砖胶粘剂粘帖面砖	m2	GCLMXHJ		1494.03
10	011204003004	项	块料墙面	部位：外墙E，贴暗红色彩釉面砖（用于雨篷立面） 1、1：1水泥细砂浆勾缝 2、10厚彩釉面砖，在粘帖面上涂抹5厚粘结剂	m2	7.84		7.84
11	011204001001	项	挂贴花岗岩板（用于贴柱面）	部位：外墙D 1、30厚花岗岩板，由板背面预留穿孔穿圆4不锈钢挂钩与双向钢筋网固定，花岗岩板与墙之间的空隙层内用1:2.5水泥砂浆灌实 2、圆6双向钢筋网(中距按花岗岩板尺寸)与墙内预留钢筋(伸出墙面50)电焊 3、墙内预留圆8钢筋伸出墙面50，双向中距按花岗岩板尺寸	m2	13.856		13.86

图 16.2.23　墙、柱面装饰工程清单的编制（二）

11．天棚工程清单的编制

本项目的天棚工程有天棚抹灰以及天棚吊顶，列项以及工程量如图 16.2.24 和图 16.2.25 所示。

	编码	类别	名称	项目特征	单位	工程量表达式	含量	工程量
B1	0113		天棚工程					
B2	011301	部	天棚抹灰					
1	011301001001	项	天棚抹灰	部位：棚A 1、板底刷水泥浆一道甩毛（内掺建筑胶） 2、10厚1：0.5：3水泥石灰膏砂浆	m2	2667.91+9.4221[自定义线]		2677.33
2	011301001002	项	天棚抹灰	部位：棚F 1、板底5-10厚1:3水泥砂浆找平	m2	35.089		35.09
B2	011302	部	天棚吊顶					
3	011302001001	项	装饰玻璃板吊顶	部位：棚B 1、钢筋混凝土板预留圆8钢筋吊环（勾），双向中距900， 2、50×70木主龙骨，用圆8钢筋吊于板底预留环 3、50×50木次龙骨（正面刨光），中距按饰面玻璃尺寸定，用8号镀锌铁丝与主龙骨固定 4、胶贴8厚装饰玻璃板 5、粘帖装饰条	m2	72.1		72.1
4	011302001002	项	胶合板吊顶	部位：棚C 1、钢筋混凝土预留圆8钢筋吊环（勾），双向中距900 2、50×70木主龙骨，用8号镀锌铁丝固定于板底预留吊环 3、50×50木次龙骨(正面刨光)，中距450-600(按胶合板尺寸确定)，并用12号铁丝与主龙骨固定 4、5厚胶合板面层 5、刷无光油漆	m2	48.64*3		145.92

图 16.2.24　天棚工程清单的编制（一）

5	011302001003	项	铝合金条板吊顶	部位：棚D 1、现浇钢筋混凝土底板预留圆10吊环(勾)，双向中距≤1500 2、圆6钢筋吊杆，中距横向≤1500，纵向≤1200 3、U型轻钢主龙骨CB38×12，中距≤1500，与钢筋吊杆固定 4、U型轻钢次龙骨LB45×48，中距≤1500 5、1.0厚铝合金条板，离缝安装带插缝板	m2	289.49		289.49
6	011302001004	项	纸面石膏板吊顶	部位：棚E 1、钢筋混凝土板内预留圆10吊环(勾)，中距横向≤1500，纵向 ≤1100 2、圆6钢筋吊杆，中距横向≤1200，纵向≤1100，吊杆上部与预留 钢筋吊环固定 3、U型轻钢主龙骨CB50×20，中距≤1200 4、U型轻钢主龙骨横撑CB60×27，中距1200，u型轻钢龙骨 CB60×27中距429 5、12厚纸面石膏板，用自攻螺钉与龙骨固定 6、满刷乳化光油防潮涂料两道 7、满刮2厚面层耐水腻子 8、涂料饰面	m2	44.48		44.48

图 16.2.25　天棚工程清单的编制（二）

12. 油漆、涂料、裱糊工程清单的编制

油漆、涂料、裱糊工程主要内容为装饰的面层做法，编制内容如图 16.2.26 所示。

	编码	类别	名称	项目特征	单位	工程量表达式	含量	工程量
B1	0112		油漆、涂料、裱糊工程					
1	011406001001	项	抹灰面油漆	部位：内墙A 1、刷耐擦洗白色涂料	m2	5719.57		5719.57
2	011406001004	项	抹灰面油漆	部位：棚A 1、板底刮2厚耐水腻子 2、刷耐擦洗白色涂料	m2	2667.91+9.4221{自定义线}		2677.33
3	011406001005	项	抹灰面油漆	部位：外墙C 1、浅灰色涂料饰面 2、弹性底涂，柔性腻子	m2	116.43		116.43
4	011406001006	项	抹灰面油漆	部位：棚F 1、板底刮2厚耐水腻子 2、刷丙烯酸外墙涂料	m2	35.0896		35.09
5	011406001007	项	抹灰面油漆	部位：棚温A、屋C1 1、柔性腻子 2、浅灰色涂料饰面	m2	GCLMXHJ		34

图 16.2.26　油漆、涂料、裱糊工程清单的编制

13. 其他装饰工程清单的编制

其他装饰在本项目只有一项，就是成品檐沟，如图 16.2.27 所示。

	编码	类别	名称	项目特征	单位	工程量表达式	含量	工程量
B1	0115		其他装饰工程					
1	011502008001	项	成品檐沟	1、成品檐沟	m	46.4+21		67.4

图 16.2.27　其他装饰工程清单的编制

14. 措施项目清单的编制

措施项目在分部分项中列取的一般为可以算量的措施项目，如模板、脚手架、垂直运输及超高降效这一类。在进行列措施清单之前建议先根据定额的相关说明以及计算规则再结合项目实际情况，掌握本项目有哪些措施项目需要计列。注意，装饰的垂直运输以及超高降效可以直接通过软件记取。本工程计量的措施项目如图 16.2.28 ～ 图 16.2.30 所示。

	编码	类别	名称	项目特征	单位	工程量表达式	含量	工程量
B1	− 0117		措施项目					
B2	− 011701	部	脚手架工程					
1	011701002001	项	外脚手架	1. 部位: 建筑外围四周 2. 搭设高度: 14.75m/17.75m 3. 脚手架材质: 钢管脚手架	m2	GCLMXHJ		1757.6
2	WB011701009001	项	工具式脚手架	1. 搭设方式、部位: 内墙砌筑脚手架 2. 搭设高度: 3.6m以内 3. 脚手架材质: 钢管脚手架	m2	2730.88+115.22{屋面外墙}-138.38		2707.72
3	WB011701009002	项	工具式脚手架	1. 搭设方式、部位: 内墙砌筑脚手架 2. 搭设高度: 3.6m以上 3. 脚手架材质: 钢管脚手架	m2	83.55+54.83		138.38
4	011701006001	项	满堂脚手架	1. 搭设方式、部位: 基础筏板 2. 脚手架材质: 钢管脚手架	m2	706.2		706.2
5	011701006002	项	满堂脚手架	1. 搭设方式、部位: 屋面闪顶层顶棚装饰 2. 搭设高度: 5.2m以内 3. 脚手架材质: 钢管脚手架	m2	133.78		133.78
6	WB011701011001	项	钢管挑出式 安全网	1. 搭设部位: 建筑外围四周 2. 围护（网）材质: 钢管挑出式安全网	m2	372.15*2{二层挑2道}		744.3

图 16.2.28　措施项目清单的编制（一）

	编码	类别	名称	项目特征	单位	工程量表达式	含量	工程量
B2	− 011702	部	混凝土模板及支架（撑）					
7	011702001001	项	垫层	1. 部位: 基础垫层 2. 材质: 复合木模板	m2	11.7125		11.71
8	011702001003	项	基础	1. 基础类型: 筏板基础、基础梁 2. 材质: 复合木模板	m2	GCLMXHJ		155.35
9	011702001002	项	基础	1. 基础类型: 独立基础 2. 材质: 复合木模板	m2	4.2102		4.21
10	011702002001	项	矩形柱	1. 部位: 框架柱、梯柱 2. 柱截面尺寸: 1.6m以内 3. 材质: 复合木模板	m2	53.6561		53.66
11	011702002002	项	矩形柱	1. 部位: 框架柱 2. 柱截面尺寸: 2.4m以内 3. 材质: 复合木模板	m2	1070.3344		1070.33
12	011702003001	项	构造柱	1. 部位: 构造柱 2. 材质: 复合木模板	m2	291.7801		291.78
13	011702006001	项	矩形梁	1. 部位: 楼梯间 2. 材质: 复合木模板	m2	7.8625*4		31.45
14	011702008001	项	圈梁	1. 部位: 墙中圈梁 2. 材质: 复合木模板	m2	147.08		147.08
15	011702009001	项	过梁	1. 部位: 门窗过梁（现浇） 2. 材质: 复合木模板	m2	100.0792		100.08
16	011702011003	项	直形墙	1. 部位: 地下室外墙300 2. 材质: 复合木模板	m2	531.6112		531.61
17	011702014001	项	有梁板	1. 部位: 有梁板 （梁+板） 2. 材质: 复合木模板	m2	GCLMXHJ		4222.82
18	WB011702029002	项	阳台	1. 部位: 阳台板 2. 材质: 复合木模板	m2	6*1.5*2*4		72
19	011702021001	项	栏板	1. 部位: 栏板 2. 材质: 复合木模板	m2	GCLMXHJ		228.26
20	011702023001	项	雨篷	1. 部位: 雨篷 2. 材质: 复合木模板	m2	GCLMXHJ		28.56

图 16.2.29　措施项目清单的编制（二）

	编码	类别	名称	项目特征	单位	工程量表达式	含量	工程量
21	011702022001	项	挑檐	1. 部位: 挑檐 2. 材质: 复合木模板	m2	GCLMXHJ		24.07
22	011702014002	项	坡屋面板	1. 部位: 坡屋面板 2. 材质: 复合木模板	m2	GCLMXHJ		533.18
23	011702024001	项	楼梯	1. 部位: 直行楼梯 2. 材质: 复合木模板	m2	GCLMXHJ		86.96
24	011702029001	项	散水	1. 部位: 散水 2. 材质: 复合木模板	m2	103.2*0.06		6.19
25	011702027001	项	台阶	1. 部位: 首层入口台阶 2. 材质: 复合木模板	m2	13.41		13.41
26	WB011702039001	项	压顶	1. 部位: 女儿墙压顶 2. 材质: 复合木模板	m2	16.79		16.79
B2	− 011703	部	垂直运输及超高降效					
27	011703001001	项	建筑垂直运输	1. 部位: ±0以下 2. 建筑物建筑类型及结构形式: 钢筋混凝土结构 3. 建筑物檐口高度、层数: 地下一层	m2	619.62		619.62
28	011703001002	项	建筑垂直运输	1. 部位: ±0以上 2. 建筑物建筑类型及结构形式: 钢筋混凝土结构 3. 建筑物檐口高度、层数: 20m以内，地上5层	m2	3098.08		3098.08
B2	− 011704	部	大型机械设备进出场及安拆					
29	011705001001	项	大型机械设备进出场及安拆	1. 机械设备名称: 大型机械 2. 机械设备规格型号: 满足项目及施工需要	台次	1		1

图 16.2.30　措施项目清单的编制（三）

15. 工程量的提取

（1）钢筋工程量的提取。分部分项清单五要素包括工程量，前期已对本项目图纸进行了建模，接下来学习如何在软件模型中提取工程量。首先是钢筋量的提取，打开保存好的钢筋模型，确保最后一次绘制结束时进行了全楼汇总，单击“工程量”选项卡，单击“查看报表”按钮，如图 16.2.31 所示。

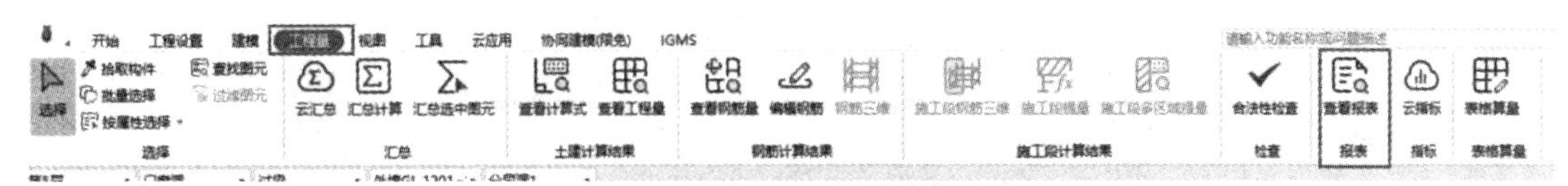

图 16.2.31 “查看报表”按钮

提取钢筋量时一般查看汇总表中的“钢筋级别直径汇总表”“构件汇总信息分类统计表”“钢筋接头汇总表”3 张表格即可。

“钢筋级别直径汇总表”如图 16.2.32 所示，它汇总了不同种类的钢筋区分不同直径的钢筋质量，属于提量中很关键的一张表格。根据列的清单提取对应直径级别的质量即可。

	级别	合计(t)	6	8	10	12	14	16	18	20	22	25
1	HPB300	59.746	4.824	14.939	39.626	0.357						
2	HRB335	133.931			5.346	14.922	0.235	4.79	26.735	11.295	8.538	62.07
3	HRB400	45.083		0.024		12.644	10.717					21.698
4	合计(t)	238.76	4.824	14.963	44.972	27.923	10.952	4.79	26.735	11.295	8.538	83.768

图 16.2.32 “钢筋级别直径汇总表”

“构件汇总信息分类统计表”如图 16.2.33 所示，这张表格的主要作用是体现出砌体通长筋的质量，因为砌体加筋是单独列项的，因此它的量需要单独提取，注意需要在“钢筋级别直径汇总表”中将砌体加筋的量扣减出来。

	汇总信息	HPB300					HRB335									HRB400				
		6	8	10	12	合计(t)	10	12	14	16	18	20	22	25	合计(t)	8	12	14	25	合计(t)
1	板负筋		2.355	1.897		4.252		5.454							5.454	0.007				0.007
2	板受力筋		1.956	24.238	0.357	26.551	5.178	2.595							7.773					
3	独立基础																0.023			0.023
4	筏板主筋									2.636	24.245				26.881					
5	构造柱	0.48				0.48		1.933							1.933					
6	过梁	0.314		0.209		0.523		0.512	0.235	0.131		0.417			1.295					
7	基础梁																12.621		21.698	34.319
8	剪力墙	0.166				0.166												10.717		10.717
9	栏板		0.726	0.631		1.357														
10	梁	0.346	0.284	12.003		12.633		1.995		2.022		2.426	0.803	59.757	67.003					
11	楼梯		0.2			0.2	0.168	0.4							0.568					
12	砌体通长拉结筋	2.649				2.649														
13	圈梁	0.522		0.047		0.569		1.755							1.755	0.017				0.017
14	现浇板			0.603		0.603														
15	柱	0.346	9.417			9.763		0.278			2.49	8.451	7.735	2.313	21.267					
16	合计(t)	4.823	14.938	39.628	0.357	59.746	5.346	14.922	0.235	4.789	26.735	11.294	8.538	62.07	133.929	0.024	12.644	10.717	21.698	45.083

图 16.2.33 “构件汇总信息分类统计表”

“钢筋接头汇总表”如图 16.2.34 所示，顾名思义，钢筋接头的数量来自这张表格的提取。

	搭接形式	楼层名称	构件类型	18	20	22	25
1	电渣压力焊	第-1层	柱		128	200	
2			合计		128	200	
3		首层	柱		128	216	
4			合计		128	216	
5		第2层	柱	128	200	64	
6			合计	128	200	64	
7		第3层	柱	128	200	64	
8			合计	128	200	64	
9		第4层	柱	128	200	64	
10			合计	128	200	64	
11		第5层	柱		136	64	
12			合计		136	64	
13		整楼	—	384	992	672	
14	直螺纹连接	基础层	筏板基础	774			
15			合计	774			
16		整楼	—	774			
17	套管挤压	基础层	基础梁				252
18			合计				252
19		第-1层	柱				64
20			梁				14
21			合计				78
22		首层	柱				72
23			梁				36
24			合计				108
25		第2层	梁				34
26			合计				34
27		第3层	梁				34
28			合计				34
29		第4层	梁				34
30			合计				34
31		第5层	梁				14
32			合计				14
33		整楼	—				554
34	电渣压力焊	整项目	柱	384	992	672	
35	直螺纹连接	整项目	筏板基础	774			
36	套管挤压	整项目	柱				136
37			梁				166

图 16.2.34 “钢筋接头汇总表”

（2）土建工程量的提取。土建相比钢筋，构件数量众多，但在软件中提取工程量的思路完全一致，都是提取对应构件的需求工程量，如混凝土提取体积、模板提取面积等。此处以砌体墙的工程量为例介绍，首先打开装饰装修的模型，同样单击“查看报表”按钮，这里查看的是“土建报表量”，单击“绘图输入工程量汇总表”按钮，如图 16.2.35 所示。

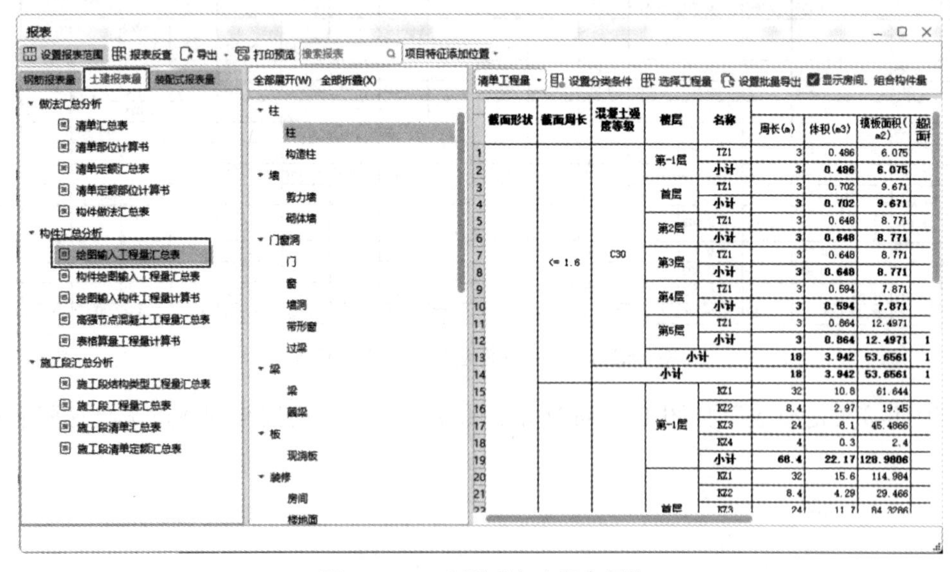

图 16.2.35 查看“土建报表量”

选择“砌体墙”选项，砌体墙的计量单位为立方米，也就是算体积，可以直接在表格中提取，可以看到初始的表格是区分了楼层进行汇总的，如果想提取所有楼层的砌体墙的总量，可以单击报表上方的“设置分类条件”按钮，选择需要的条件勾选，不需要的条件不勾选，如图 16.2.36 所示。

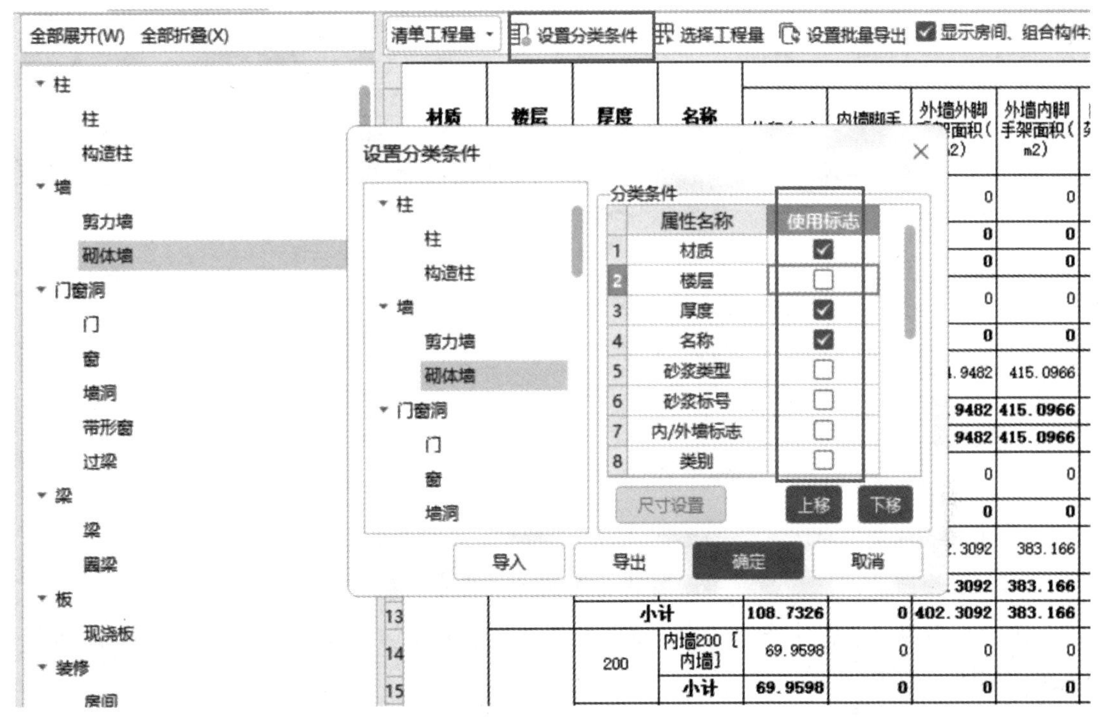

图 16.2.36　设置分类条件

当砌体墙只设置显示名称时，砌体墙土建量报表如图 16.2.37 所示。

清单工程量 · 设置分类条件　选择工程量　设置批量导出　☑显示房间、组合构件量

	名称	体积(m3)	内墙脚手架长度(m)	外墙外脚手架面积(m2)	外墙内脚手架面积(m2)	内墙脚手架面积(m2)	外墙外侧钢丝网片总长度(m)	外墙内侧钢丝网片总长度(m)	内墙两侧钢丝网片总长度
1	内墙200［内墙］	358.3371	196.7	0	0	2730.8807	0	0	825.4
2	女儿墙240［外墙］	14.1678	0	69.64	68.68	0	3.76	0	
3	外墙250［外墙］	184.7687	0	1887.031	1650.3692	0	1171.284	20.1626	
4	合计	557.2736	196.7	1956.671	1719.0492	2730.8807	1175.044	20.1626	825.4

图 16.2.37　砌体墙土建量报表（一）

当只想显示体积这一个工程量时，可以通过报表上方的“选择工程量”按钮进行调整，如图 16.2.38 所示。

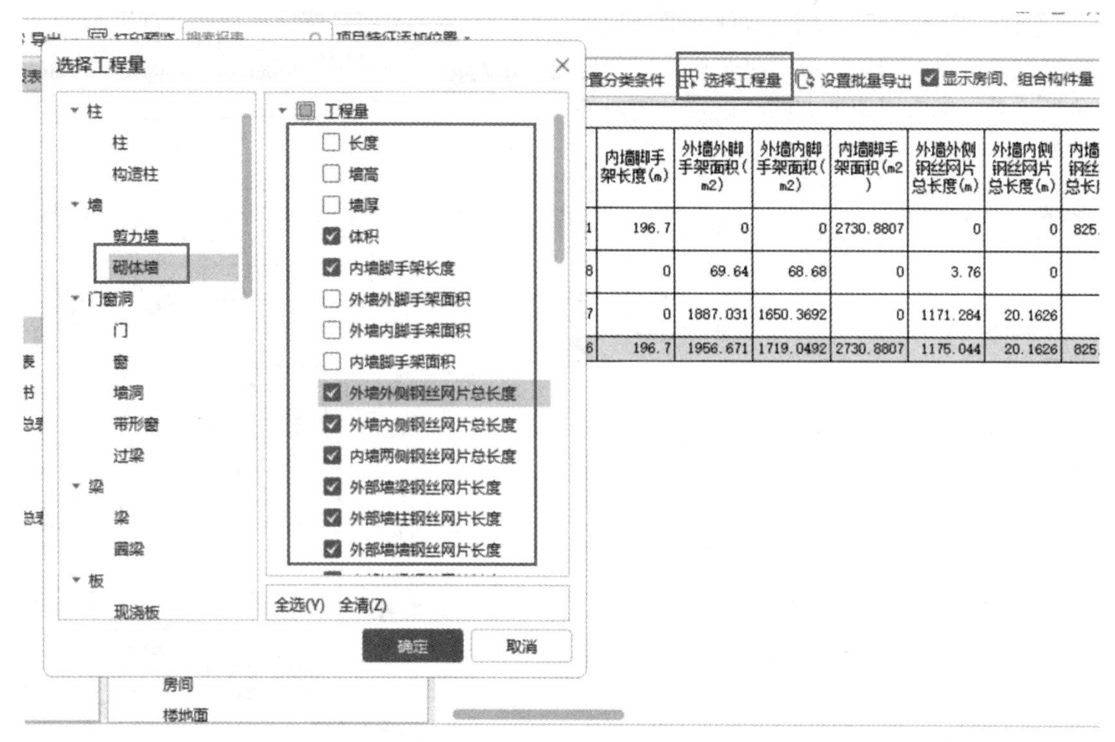

图 16.2.38　选择工程量

因此，当只显示砌体墙的体积，提取整个项目所有楼层的砌体墙体积时，砌体墙土建量报表如图 16.2.39 所示。

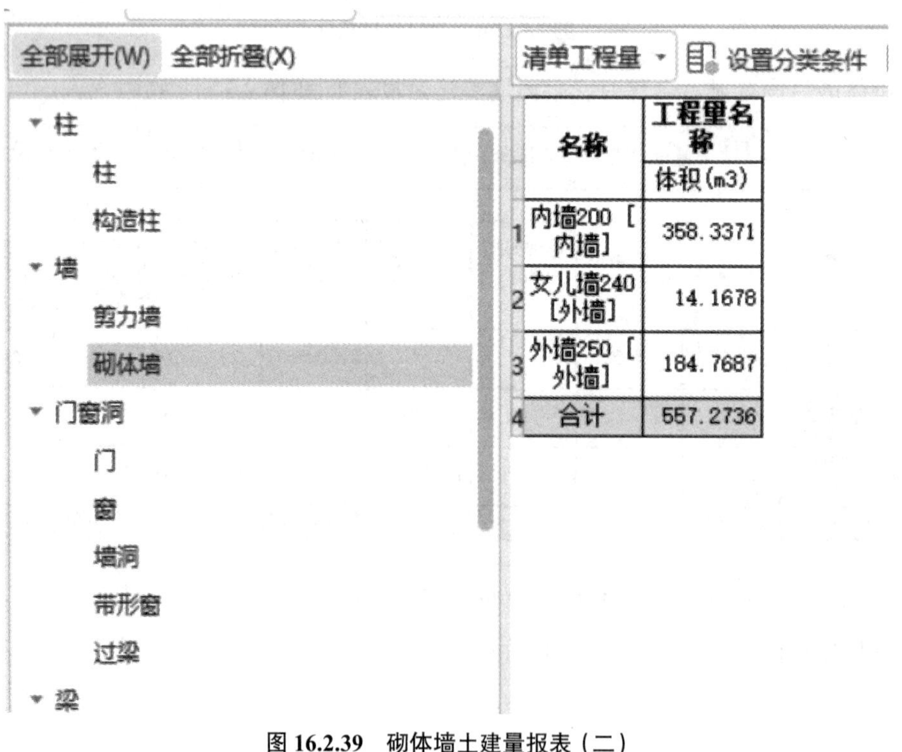

图 16.2.39　砌体墙土建量报表（二）

如果想只提取部分楼层的工程量，不是一层也不是全部楼层，软件也可操作，单击报表左上方的“设置报表范围”按钮，即可根据自己的需求选择想要提取工程量的楼层，此时的报表只会显示勾选的楼层的工程量，钢筋量同理，如图 16.2.40 所示。软件默认勾选全部楼层。

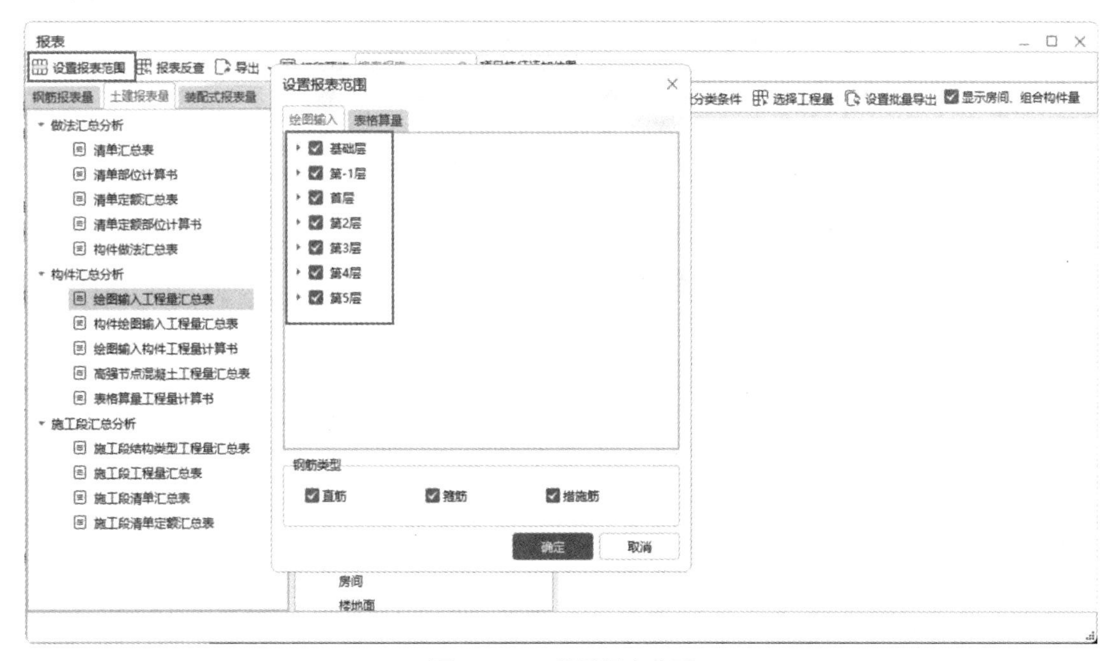

图 16.2.40　设置报表范围

16.3　措施项目清单的编制

在广联达云计价平台 GCCP6.0 软件中，措施项目清单如图 16.3.1 所示。软件中已经将常规的措施项目列好，并且计算的基数包括对应的费率已经根据相关费用定额填写完毕，因此措施项目清单的编制就是根据工程实际情况补充新的措施项目（一般为施工单位根据施工方案确定是否增加措施项目），根据报价策略调整费率（一般为施工方调整）等。

造价分析　工程概况　取费设置　分部分项　措施项目　其他项目　人材机汇总　费用汇总　措施模板：建筑工程　根据2018版计价依据，单价措施应在分部分项界面记取

	序号	名称	单位	组价方式	计算基数	基数说明	费率(%)	综合合价	单价构成文件
		措施项目						0	
1	JC-01	夜间施工增加费	项	计算公式组价	DERGF+DEJXF-DXJX_DERGF-DXJX_DEJXF	分部分项定额人工费+分部分项定额机械费-大型机械子目定额人工费-大型机械子目定额机械费	0.5	0	缺省模板(实物量或计算公式组价)
2	JC-02	二次搬运费	项	计算公式组价	DERGF+DEJXF-DXJX_DERGF-DXJX_DEJXF	分部分项定额人工费+分部分项定额机械费-大型机械子目定额人工费-大型机械子目定额机械费	1	0	缺省模板(实物量或计算公式组价)
3	JC-03	冬雨季施工增加费	项	计算公式组价	DERGF+DEJXF-DXJX_DERGF-DXJX_DEJXF	分部分项定额人工费+分部分项定额机械费-大型机械子目定额人工费-大型机械子目定额机械费	0.8	0	缺省模板(实物量或计算公式组价)
4	JC-04	已完工程及设备保护费	项	计算公式组价	DERGF+DEJXF-DXJX_DERGF-DXJX_DEJXF	分部分项定额人工费+分部分项定额机械费-大型机械子目定额人工费-大型机械子目定额机械费	0.1	0	缺省模板(实物量或计算公式组价)
5	JC-05	工程定位复测费	项	计算公式组价	DERGF+DEJXF-DXJX_DERGF-DXJX_DEJXF	分部分项定额人工费+分部分项定额机械费-大型机械子目定额人工费-大型机械子目定额机械费	1	0	缺省模板(实物量或计算公式组价)
6	JC-06	非夜间施工照明费	项	计算公式组价	DERGF+DEJXF-DXJX_DERGF-DXJX_DEJXF	分部分项定额人工费+分部分项定额机械费-大型机械子目定额人工费-大型机械子目定额机械费	0.4	0	缺省模板(实物量或计算公式组价)
7	JC-07	临时保护设施费	项	计算公式组价	DERGF+DEJXF-DXJX_DERGF-DXJX_DEJXF	分部分项定额人工费+分部分项定额机械费-大型机械子目定额人工费-大型机械子目定额机械费	0.2	0	缺省模板(实物量或计算公式组价)
8	JC-08	赶工措施费	项	计算公式组价	DERGF+DEJXF-DXJX_DERGF-DXJX_DEJXF	分部分项定额人工费+分部分项定额机械费-大型机械子目定额人工费-大型机械子目定额机械费	2.2	0	缺省模板(实物量或计算公式组价)

图 16.3.1　措施项目清单

16.4 其　他

剩下的其他项目费用根据工程实际情况填写，不可竞争费用根据相关政策费用文件填写，税金根据国家法律规定的税率填写。

参考文献

[1] 中华人民共和国住房和城乡建设部，中华人民共和国国家质量监督检验检疫总局. GB 50500—2013 建设工程工程量清单计价规范 [S]. 北京：中国计划出版社，2013.

[2] 建设部标准定额研究所. 全国统一安装工程预算定额 [S]. 北京：中国计划出版社，2001.

[3] 黄臣臣，陆军. 工程自动算量软件应用 [M]. 北京：中国建筑工业出版社，2020.

[4] 肖启艳. 工程造价软件应用 [M]. 北京：北京理工大学出版社，2022.

[5] 谷洪雁，刘玉. 工程结算与数字化应用 [M]. 北京：化学工业出版社，2022.

[6] 何辉，刘霞. 建筑工程计量 [M]. 北京：中国建筑工业出版社，2021.

[7] 中国建设工程造价管理协会. 工程造价数字化管理 [M]. 北京：中国计划出版社，2023.